冶金工业出版社

高职高专"十四五"规划教材

应 用 数 学

主　编　韦立宏　李传鸿
副主编　刘　闯　秦　楠

扫码输入刮刮卡密码
查看本书数字资源

北　京
冶　金　工　业　出　版　社
2023

内 容 提 要

本书共十二章，主要内容包括：函数、极限、连续，导数与微分，导数的应用，不定积分，定积分，定积分的应用，微分方程，向量代数、空间解析几何，多元函数微分学，重积分，无穷级数，曲线积分与曲面积分。

本书可作为工科类高职高专院校的教材，也可作为专升本等学历提升人员的参考书。

图书在版编目(CIP)数据

应用数学/韦立宏，李传鸿主编 . —北京：冶金工业出版社，2023.8
高职高专"十四五"规划教材
ISBN 978-7-5024-9671-5

Ⅰ.①应…　Ⅱ.①韦…　②李…　Ⅲ.①应用数学—高等职业教育—教材　Ⅳ.①O29

中国国家版本馆 CIP 数据核字(2023)第 206190 号

应用数学

出版发行	冶金工业出版社	**电　话**	(010)64027926
地　　址	北京市东城区嵩祝院北巷 39 号	**邮　编**	100009
网　　址	www.mip1953.com	**电子信箱**	service@ mip1953.com

责任编辑　杜婷婷　马媛馨　美术编辑　吕欣童　版式设计　郑小利
责任校对　石　静　责任印制　禹　蕊
三河市双峰印刷装订有限公司印刷
2023 年 8 月第 1 版，2023 年 8 月第 1 次印刷
787mm×1092mm　1/16；17.75 印张；429 千字；275 页
定价 55.00 元

投稿电话　(010)64027932　投稿信箱　tougao@cnmip.com.cn
营销中心电话　(010)64044283
冶金工业出版社天猫旗舰店　yjgycbs.tmall.com
(本书如有印装质量问题，本社营销中心负责退换)

前　言

本书是根据国家教育部对高职院校"高等数学"课程教学大纲的要求，由从事高职数学教学工作的教师及合作企业相关专家，结合多年教学经验和企业对所需专业人才素质要求，不断完善、反复修订而成的校企"双元"合作教材。

本书本着"以应用为月的，以必需、够用为度"的原则，在保证科学性的基础上，注意讲清概念，减少数理论证，注重学生基本运算能力和分析问题、解决问题能力的培养，重视理论联系实际，深入浅出，通俗易懂，并在每节后都配有适当习题，以供学生检测学习效果。本书最后，附有习题参考答案，便于学生查阅。

本书突出以下特点：一是淡化某些繁杂形式，注重核心内容，但简而不略；二是突出数学知识与专业知识的衔接，使数学的知识、思维的方式向专业领域迁移、渗透与发散；三是通过价值引领提升学生的综合素养与思维能力，激发学生科技报国的家国情怀和使命担当，帮助学生树立正确的世界观、人生观和价值观。

本书由伊春职业学院韦立宏、李传鸿任主编，伊春职业学院刘闯、建龙西林钢铁有限公司秦楠任副主编，伊春职业学院朱丹丹、建龙西林钢铁有限公司张达瑞参编。具体编写分工为：第一、二章由李传鸿编写，第三、四章由朱丹丹编写，第五～八章由韦立宏编写，第九、十章由刘闯编写，第十一章由秦楠编写，第十二章由张达瑞编写。全书由韦立宏统稿。

本书在编写过程中，参考了有关著作和资料，在此向其作者表示感谢。

由于编者水平所限，书中不妥之处，敬请广大读者批评指正。

编　者

2023 年 3 月 16 日

目　录

第一章 函数 极限 连续

第一章课件

函数是高等数学主要的研究对象，极限是贯穿高等数学始终的一个重要概念，它是高等数学的基本推理工具，连续性是一种特殊的极限情况，是自然界连续现象的数学体现。本章内容是高等数学的基础。

第一节 函 数

一、函数的概念

定义 设 D 为一个非空实数集合，若存在确定的对应规则 f，使得对于数集 D 中的任意一个数 x，按照 f 都有唯一确定的实数 y 与之对应，则称 f 是定义在集合 D 上的函数。

D 称为函数 f 的定义域，x 称为自变量，y 称为因变量。如果对于自变量 x 的某个确定的值 x_0，因变量 y 能得到一个确定的值，那么就称 f 在 x_0 处有定义，函数 f 的函数值记为

$$y\big|_{x=x_0}, \quad f(x)\big|_{x=x_0} \quad 或 \quad f(x_0)$$

实数集 $B = \{y \mid y = f(x), x \in D\}$ 称为函数 f 的值域。

当且仅当它们的定义域和对应规则都分别相同时，它们才表示同一函数。

有时会遇到给定 x 值，对应的 y 值有多个的情形，为了叙述方便称之为多值函数。而符合上述定义的函数称为单值函数。对于多值的情形，可以限制 y 的值域使之成为单值再进行研究。例如：$y = \sin x$，则可限制 $y \in \left[-\dfrac{\pi}{2}, \dfrac{\pi}{2}\right]$ 而使它化为函数 $y = \arcsin x$，来研究 $y = \arcsin x$ 的性态。

二、函数的表示法

函数 $f(x)$ 的具体表达方式是不尽相同的，这就产生了函数的不同表示法，函数的表示法通常有公式法、表格法和图示法三种。

三、分段函数

有些函数虽然也是以数学式表示，但是它们在定义域的不同范围具有不同的表达式，这样的函数称为分段函数。

例1 旅客乘坐火车可免费携带不超过 20kg 的物品，超过 20kg 而小于 50kg 的部分每公斤交费 0.20 元，超过 50kg 部分每公斤交费 0.30 元。求运费与携带物品重量的函数关系。

$$y = \begin{cases} 0, & x \in [0,20] \\ 0.2(x-20), & x \in (20,50] \\ 0.2(50-20) + 0.3(x-50), & x > 50 \end{cases}$$

例 2   符号函数 sgn$x$，其中

$$\operatorname{sgn}x = \begin{cases} 1 & x > 0 \\ 0 & x = 0 \\ -1 & x < 0 \end{cases}$$

例 3   取整函数，记为

$$y = [x]$$

$$[x] = \begin{cases} \cdots & \cdots \\ 1 & 1 \leqslant x < 2 \\ 0 & 0 \leqslant x < 1 \\ -1 & -1 \leqslant x < 0 \\ -2 & -2 \leqslant x < -1 \\ \cdots & \cdots \end{cases}$$

四、反函数

设 $f(x)$ 为定义在 D 上的函数，其值域为 A，若对于数集 A 中的每一个 y，数集 D 中都有唯一的一个数 x 使 $f(x) = y$，这就是说变量 x 是变量 y 的函数，这个函数称为函数 $y = f(x)$ 的反函数，记为 $x = f^{-1}(y)$。

其定义域为 A，值域为 D。函数 $y = f(x)$ 与 $x = f^{-1}(y)$ 二者的图形是相同的。

习惯上，我们将函数 $y = f(x)$ 的反函数 $x = f^{-1}(y)$ 用 $y = f^{-1}(x)$ 表示，这时二者的图形关于直线 $y = x$ 对称。

五、初等函数

（一）基本初等函数

把常数函数 $y = c$（c 为常数），幂函数 $y = x^u$（u 为任意实数），指数函数 $y = a^x$（$a > 0$，且 $a \neq 1$），对数函数 $y = \log_a x$（$a > 0$，$a \neq 1$），三角函数 $y = \sin x$、$y = \cos x$、$y = \tan x$、$y = \cot x$ 和反三角函数 $y = \arcsin x$、$y = \arccos x$、$y = \arctan x$、$y = \operatorname{arccot} x$ 等六种函数统称为基本初等函数。

（二）复合函数

若函数 $y = F(u)$，定义域为 U_1，函数 $u = \phi(x)$ 的值域为 U_2，其中 $U_2 \subseteq U_1$，则 y 通过变量 u 成为 x 的函数，这个函数称为由函数 $y = F(u)$ 和 $u = \phi(x)$ 构成的复合函数，记为

$$y = F[\phi(x)]$$

（三）初等函数

由基本初等函数经过有限次四则运算和有限次复合构成，并且可以用一个数学式子表示的函数称为初等函数，例如 $y = \sqrt{\ln 5x - 3^x + \sin x}$、$y = \dfrac{\sqrt[3]{2x} + \tan 3x}{x^2 \cos x - 2^{-x}}$ 等，都是初等函数。

注意：有的分段函数也是初等函数，例如

$$y = \sqrt{(x)^2} = |x|$$

六、函数的基本性质

（一）单调函数

设函数 $y = f(x)$ 在区间 I 上有定义，若对 I 上任意两点 x_1、x_2。当 $x_1 < x_2$ 时，恒有 $f(x_1) \leqslant f(x_2) [$ 或 $f(x_1) \geqslant f(x_2)]$，则称 $f(x)$ 在 I 上单调增加，也称递增（或单调减少，也称递减）。

（二）奇偶性

设 $y = f(x)$ 的定义域关于原点对称，如果对于定义域中的任何 x，都有 $f(-x) = f(x)$，则称 $y = f(x)$ 为偶函数；如果 $f(-x) = -f(x)$，则称 $f(x)$ 为奇函数。

（三）周期性

设函数 $f(x)$ 的定义域为 $(-\infty, \infty)$，若存在正数 T，使得对一切实数 x，都有
$$f(x \pm T) = f(x)$$
则称 $f(x)$ 为周期函数。T 称为 $f(x)$ 的一个周期。

若 T 是函数 $f(x)$ 的周期，则 $2T$ 也是它的周期。事实上，
$$f(x + 2T) = f(x + T) = f(x) = f(x - T) = f(x - T - T) = f(x - 2T)$$

若 T 是函数 $f(x)$ 的周期，则 nT（n 是正整数）也是它的周期。人们规定最小正周期为函数的周期。

例 4 设 $f(x)$ 是以 ω 为周期的函数，试证函数 $f(ax)(a > 0)$ 是以 $\dfrac{\omega}{a}$ 为周期的周期函数。

证 设 $g(x) = f(ax)$，则
$$g\left(x + \frac{\omega}{x}\right) = f\left[a\left(x + \frac{\omega}{a}\right)\right] = f(ax + \omega) = f(ax) = g(x) = f(ax - \omega)$$
$$= f\left[a\left(x - \frac{\omega}{a}\right)\right] = g\left(x - \frac{\omega}{a}\right)$$

所以，$f(ax)$ 是以 $\dfrac{\omega}{a}$ 为周期的周期函数。

（四）有界性

设函数 $f(x)$ 在区间 I 上有定义，若存在正数 M，当 $x \in I$ 时，恒有 $|f(x)| \leqslant M$ 成立，则称 $f(x)$ 为 I 上的有界函数；如果不存在这样的正数，则称 $f(x)$ 为 I 上的无界函数。

❖ **价值引领**

祖冲之与圆周率

1500 多年前，我国著名的数学家祖冲之计算出圆周率 π 的值在 3.1415926 和

3.1415927 之间，并且得出了两个用分数表示的近似值：约率为 22/7，密率为 355/113。祖冲之的这一成就，正是基于对刘徽割圆术的继承和发展，领先了西方约 1000 年，在全世界享有很高的声誉。巴黎"发现宫"科学博物馆的墙壁上介绍了祖冲之求得的圆周率，莫斯科大学礼堂的走廊上镶嵌着祖冲之的大理石塑像，月球上有以祖冲之命名的环形山，如果祖冲之没有熟练的技巧和坚强的毅力，是无法达成如此成就的，或许当时的艰苦，只有祖冲之明白。

凡成大事者都有超乎常人的意志力和忍耐力，遇到艰难险阻或陷入困境，我们要坚持下去，挺过去就是胜者。

习题 1-1

1. 指出（1）~（4）题中的函数哪些是同一函数。

（1）$f(x) = \dfrac{x^2 + 2x - 3}{x + 3}$ 与 $g(x) = x - 1$；

（2）$f(x) = \ln x^3$ 与 $g(x) = 3\ln x$；

（3）$f(x) = \ln x^2$ 与 $g(x) = 2\ln x$；

（4）$f(x) = (1 - \cos^2 x)^{\frac{1}{2}}$ 与 $g(x) = \sin x$。

2. 求下列函数的定义域。

（1）$y = \sqrt{x - 2} + \dfrac{1}{x - 3} + \ln(5 - x)$；

（2）$f(\ln x)$，其中 $f(u)$ 的定义域为（0，1）。

3. 确定下列函数的奇偶性。

（1）$f(x) = \sqrt[3]{(1 - x)^2} + \sqrt[3]{(1 + x)^2}$；

（2）$f(x) = a^x - a^{-x}$（$a > 0$）；

（3）$f(x) = \ln(x + \sqrt{1 + x^2})$；

（4）$f(x) = x^3 + 4$；

（5）$f(x) = \sin x + \cos x$。

4. 下列各函数中哪些是周期函数？对于周期函数，指出其周期。

（1）$y = \cos(x - 2)$；　　　　　　（2）$y = \cos 4x$；

（3）$y = 1 + \sin \pi x$；　　　　　　（4）$y = x \cos x$；

（5）$y = \sin^2 x$。

第二节　极限的概念

一、数列的极限

定义 1　设有数列 $\{x_n\}$ 和常数 A，若对于任意给定的正数 ε，总存在一个自然数 N，使得当 $n > N$ 时，恒有

$$|x_n - A| < \varepsilon$$

则称 A 为数列 $\{x_n\}$ 的极限，或称数列收敛于 A，记为

$$\lim_{n\to\infty} x_n = A \quad \text{或} \quad x_n \to A \quad (n \to +\infty)$$

极限存在的数列称为收敛数列，极限不存在的数列称为发散数列。

若将数列 $\{x_n\}$ 中的每一项都以数轴上的点表示，则 $\lim_{n\to\infty} x_n = A$ 的几何解释为：对于任意给定的正数 ε，总存在一个正整数 N，使得 $N+1$ 项起的所有项所对应的点 x_n 都落在区间 $(A-\varepsilon, A+\varepsilon)$ 内，即在区间 $(A-\varepsilon, A+\varepsilon)$ 外至多有 $x_1, x_2, x_3, \cdots, x_n$ 所对应的有限个点。

例1 用定义验证 $\lim_{n\to\infty} \dfrac{n + \sin n}{n} = 1$。

证 因为 $\left| \dfrac{n + \sin n}{n} - 1 \right| = \left| \dfrac{\sin n}{n} \right| \leqslant \dfrac{1}{n}$

所以 $\forall 0 < \varepsilon < 1$，要使 $\left| \dfrac{n + \sin n}{n} - 1 \right| < \varepsilon$，应使 $\dfrac{1}{n} < \varepsilon$，故可取 $N = \left[\dfrac{1}{\varepsilon} \right]$，于是当 $n > N$ 时，必有

$$\left| \frac{n + \sin n}{n} - 1 \right| < \varepsilon \text{ 成立，所以 } \lim_{n\to\infty} \frac{n + \sin n}{n} = 1$$

收敛数列有如下性质：

（1）若数列 $\{x_n\}$ 收敛，则其极限值是唯一的，且其任一子数列也收敛于该极限值；

（2）若数列收敛，则数列必有界。

二、$x \to x_0$ 时函数 $f(x)$ 的极限

定义2 若对于任意给定的正数 ε，总存在一个正数 δ，当 $0 < |x - x_0| < \delta$ 时，恒有

$$|f(x) - A| < \varepsilon$$

则称常数 A 为函数 $f(x)$ 当 x 趋向于 x_0 时的极限，或者说函数 $f(x)$ 在 x_0 处的极限为 A，记为

$$\lim_{x\to x_0} f(x) = A \quad \text{或} \quad f(x) \to A \quad (x \to x_0)$$

从几何图形上看，$0 < |x - x_0| < \delta$ 表示点 x 与 x_0 的距离小于 δ 但不与 x_0 重合，即点 x 落在 $(x_0 - \delta, x_0) \cup (x_0, x_0 + \delta)$ 内，称点集 $(x_0 - \delta, x_0 + \delta)$ 为 x_0 的 δ 邻域，记为 $U(x_0, \delta)$；称 $(x_0 - \delta, x_0) \cup (x_0, x_0 + \delta)$ 为 x_0 的去心 δ 邻域，记为 $U(\hat{x}_0, \delta)$。$\lim_{x\to x_0} f(x) = A$ 的几何意义为：对于任意给定的不论多么小的正数 ε，作两条直线 $y = A + \varepsilon$ 和 $y = A - \varepsilon$，总存在一个 x_0 的去心 δ 邻域 $U(\hat{x}_0, \delta)$，在这个邻域内 $y = f(x)$ 的图形落在这两条直线之间，如图 1-1 所示。

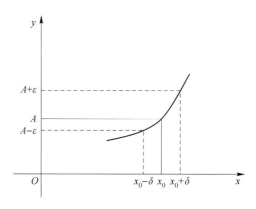

图 1-1

例2　证明 $\lim\limits_{x \to 1} \dfrac{2(x^2 - 1)}{x - 1} = 4$。

证　设 $f(x) = \dfrac{2(x^2 - 1)}{x - 1}$，$A = 4$，$x_0 = 1$，因为

$$|f(x) - A| = \left| \frac{2(x^2 - 1)}{x - 1} - 4 \right| = 2|x - 1| \quad (x \neq 1)$$

故对 $\forall \varepsilon > 0$，取 $\delta = \dfrac{\varepsilon}{2}$，当 $0 < |x - x_0| = |x - 1| < \delta$ 时，就恒有

$$|f(x) - A| = 2|x - 1| < 2 \cdot \frac{\varepsilon}{2} = \varepsilon$$

所以

$$\lim\limits_{x \to 1} \frac{2(x^2 - 1)}{x - 1} = 4$$

例3　证明 $\lim\limits_{x \to x_0} \sin x = \sin x_0$。

证　因为 $|\sin x - \sin x_0| = \left| 2\cos \dfrac{x + x_0}{2} \sin \dfrac{x - x_0}{2} \right| \leqslant 2 \left| \sin \dfrac{x - x_0}{2} \right| \leqslant |x - x_0|$

故对 $\forall \varepsilon > 0$，取 $\delta = \varepsilon$，当 $0 < |x - x_0| < \delta$ 时，就恒有

$$|\sin x - \sin x_0| < \varepsilon$$

所以

$$\lim\limits_{x \to x_0} \sin x = \sin x_0$$

极限定义中对于 x 如何趋向于 x_0 没有限制，即 x 可以任意地趋向于 x_0。有时只考虑 x 从 x_0 的左侧或从 x_0 的右侧趋向于 x_0，这就产生了左极限和右极限的概念。

定义3　若 x 小于 x_0 而趋向于 x_0（记为 $x \to x_0^-$）时 $f(x)$ 趋向于数 A，则称 A 为当 $x \to x_0$ 时 $f(x)$ 的左极限，或简称 $f(x)$ 在 x_0 处的左极限为 A，记为

$$\lim\limits_{x \to x_0^-} f(x) = A \quad \text{或} \quad f(x_0 - 0) = A$$

若 x 大于 x_0 而趋向于 x_0（记为 $x \to x_0^+$）时 $f(x)$ 趋向于数 A，则称 A 为当 $x \to x_0$ 时 $f(x)$ 的右极限，或简称 $f(x)$ 在 x_0 处的右极限为 A，记为

$$\lim\limits_{x \to x_0^+} f(x) = A \quad \text{或} \quad f(x_0 + 0) = A$$

左极限和右极限统称单侧极限。

定理1　函数 $f(x)$ 当 $x \to x_0$ 时极限存在的充分必要条件是：$f(x)$ 在 x_0 处的左右极限都存在并且相等，即 $\lim\limits_{x \to x_0^-} f(x) = \lim\limits_{x \to x_0^+} f(x)$，这个值就是 $f(x)$ 当 $x \to x_0$ 的极限。

例4　已知函数 $f(x) = \begin{cases} x + 1, & -\infty < x < 0 \\ x^2 & 0 \leqslant x \leqslant 1 \\ 1 & x > 1 \end{cases}$，求 $f(x)$ 在 $x = 0$ 和 $x = 1$ 处的极限。

解　(1) 因为

$$\lim\limits_{x \to 0^-} f(x) = \lim\limits_{x \to 0^-} (x + 1) = 1$$

$$\lim\limits_{x \to 0^+} f(x) = \lim\limits_{x \to 0^+} x^2 = 0$$

所以它在 $x = 0$ 处的极限不存在。

（2）因为

$$\lim_{x \to 1^-} f(x) = \lim_{x \to 1^-} x^2 = 1$$

$$\lim_{x \to 1^+} f(x) = \lim_{x \to 1^+} 1 = 1$$

所以它在 $x = 1$ 处的极限存在且为 1。

三、$x \to \infty$ 时函数 $f(x)$ 的极限

一般地，当 $|x|$ 无限增大时 $f(x)$ 趋于 A 可描述如下。

定义 4 若对于任意给定的正数 ε，总存在一个正数 N，当 $|x| > N$ 时，恒有 $|f(x) - A| < \varepsilon$，则称常数 A 为函数 $f(x)$ 当 x 趋向于无穷大时的极限，记为

$$\lim_{x \to \infty} f(x) = A \quad \text{或} \quad f(x) \to A \quad (x \to \infty)$$

定义的几何意义是：不论直线 $y = A - \varepsilon$ 和 $y = A + \varepsilon$ 所夹的条形域多么窄，只要 x 离原点充分远（即 $|x| > N$），函数 $f(x)$ 的图形都在该条形域内，如图 1-2 所示。

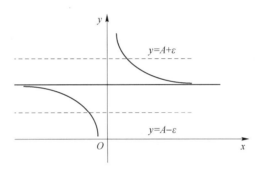

图 1-2

例 5 证明 $\lim\limits_{x \to \infty} \dfrac{x}{x^2 + 1} = 0$。

证 $\left| \dfrac{x}{x^2 + 1} - 0 \right| = \dfrac{|x|}{x^2 + 1} < \dfrac{|x|}{|x|^2} = \dfrac{1}{|x|}$

因此对 $\forall \varepsilon > 0$，可取 $N = \dfrac{1}{\varepsilon}$，当 $|x| > N$ 时，恒有

$$\left| \frac{x}{x^2 + 1} - 0 \right| < \varepsilon$$

故 $\lim\limits_{x \to \infty} \dfrac{x}{x^2 + 1} = 0$。类似地可以证明 $\lim\limits_{x \to \infty} \dfrac{1}{x} = 0$。

与 $x \to x_0$ 的情况相类似，$x \to \infty$ 也存在两种特殊情况：x 无限地增大或无限地减少，即表示点 x 沿着 Ox 轴无限地向右移动，或无限地向左移动，这时分别记为

$$\lim_{x \to +\infty} f(x) = A \quad \text{和} \quad \lim_{x \to -\infty} f(x) = A$$

定理 2 若 $x \to x_0$（或 $x \to \infty$）时函数 $f(x)$ 的极限存在，则存在 $\delta > 0$（或 $R > 0$），使得 $f(x)$ 在 x_0 的邻域 $N(\hat{x}_0, \delta)$ 内 ［或 $N(0, R)$ 之外］有界。

证明从略。

上述定理称为有界性定理。它表明,极限存在的函数必定在其定义域的某个局部范围内有界,但这并不意味着它在整个定义域有界,这是应当注意的。

❖ **价值引领**

割 圆 术

所谓"割圆术",是用圆内接正多边形的面积去无限逼近圆面积并以此求取圆周率的方法。刘徽指出:"割之弥细,所失弥少。割之又割,以至于不可割,则与圆合体而无所失矣。"刘徽用割圆术将圆周率精确到小数点后 3 位,南北朝时期的祖冲之在刘徽研究的基础上,将圆周率精确到了小数点后 7 位,这一成就比欧洲人要早 1000 多年。

刘徽作为古代的数学家,令今天的很多大学生自愧不如,今天的人们只是学到了更多的知识,但大多数人并不创新知识。和刘徽比,谁更聪明智慧呢? 作为新时代的青年人,要拥有敏锐的双眼,勇于创新,在实践中不断完善自我,成为时代的引领者。

习题 1-2

1. 根据函数极限的定义证明:

(1) $\lim\limits_{x \to 3}(3x - 1) = 8$; (2) $\lim\limits_{x \to -2}\dfrac{x^2 - 4}{x + 2} = -4$。

2. 证明 $\lim\limits_{x \to a}|f(x)| = 0 \Leftrightarrow \lim\limits_{x \to a}f(x) = 0$。

3. 求 $f(x) = \dfrac{x}{x}$,$g(x) = \dfrac{|x|}{x}$ 当 $x \to 0$ 时的左、右极限,并说明它们在 $x \to 0$ 时的极限是否存在。

4. 若 $f(x)$ 在 $x = a$ 处的极限不存在,则 $|f(x)|$ 在 $x = a$ 处极限也不存在,对吗?

第三节 极 限 运 算

一、无穷大与无穷小

(一) 无穷大量

若函数 $f(x)$ 的绝对值 $|f(x)|$ 在 x 的某种趋向下无限增大,则称 $f(x)$ 为在 x 的这种趋向下的无穷大量,简称为无穷大,当 $x \to x_0$ 时 $f(x)$ 为无穷大量,记作 $\lim\limits_{x \to x_0}f(x) = \infty$,当 $x \to \infty$ 时,$f(x)$ 为无穷大量,记作 $\lim\limits_{x \to \infty}f(x) = \infty$。

例如:$\lim\limits_{x \to 1}\dfrac{1}{x - 1} = \infty$,$\lim\limits_{x \to \infty}x^2 = \infty$。

（二）无穷小量

若函数 $\alpha = \alpha(x)$ 在 x 的某种趋向下以零为极限，则称 $\alpha = \alpha(x)$ 为 x 的这种趋向下的无穷小量，简称无穷小。

（三）无穷小的性质

（1）有限个无穷小量的代数和仍然是无穷小量。
（2）有界函数与无穷小量的乘积是无穷小量。
证明从略。

（四）无穷大和无穷小的关系

若 $\lim f(x) = \infty$，则 $\lim \dfrac{1}{f(x)} = 0$。反之，设 $f(x) \neq 0$，若 $\lim f(x) = 0$，则 $\lim \dfrac{1}{f(x)} = \infty$。
证明从略。

（五）极限与无穷小的关系

$\lim f(x) = A$ 当且仅当 $f(x) = A + \alpha(x)$，其中 $\alpha(x)$ 为 x 的这种趋向下的无穷小量。

二、极限的运算法则

定理 1　若 $\lim f(x) = A$，$\lim g(x) = B$，则：
（1）$\lim[f(x) \pm g(x)] = \lim f(x) \pm \lim g(x) = A \pm B$；
（2）$\lim[f(x) \cdot g(x)] = \lim f(x) \cdot \lim g(x) = AB$；
（3）$\lim \dfrac{f(x)}{g(x)} = \dfrac{\lim f(x)}{\lim g(x)} = \dfrac{A}{B}(B \neq 0)$。

证　只证（3），要证结论（3）成立，只需证在 x 的如上变化过程中 $\alpha(x) = \dfrac{f(x)}{g(x)} - \dfrac{A}{B} = \dfrac{Bf(x) - Ag(x)}{Bg(x)}$ 为无穷小。事实上，由（1）、（2）可知 $Bf(x) - Ag(x)$ 为无穷小，$\lim g(x)B = B^2 > 0$，所以当 x 满足一定条件时恒有 $\left| g(x)B - B^2 \right| < \dfrac{B^2}{2}$，从而 $g(x)B > \dfrac{B^2}{2}$，$\left| \dfrac{1}{g(x)B} \right| = \dfrac{1}{g(x)B} < \dfrac{2}{B^2}$，即 $\dfrac{1}{g(x)B}$ 有界。所以 $\alpha(x) = \dfrac{1}{g(x)B}[Bf(x) - Ag(x)]$ 为无穷小量。

推论 1　$\lim cf(x) = c\lim f(x)$。
推论 2　若 $\lim f(x) = A$，且 m 为自然数，则
$$\lim[f(x)]^m = [\lim f(x)]^m = A^m$$
定理 2　设函数 $y = f[\varphi(x)]$ 由函数 $y = f(u)$，$u = \varphi(x)$ 复合而成，若 $\lim\limits_{x \to x_0} \varphi(x) = u_0$，且 x_0 的一个邻域内（除 x_0 外）$\varphi(x) \neq u_0$，又有 $\lim\limits_{u \to u_0} f(u) = A$ 则
$$\lim\limits_{x \to x_0} f[\varphi(x)] = \lim\limits_{u \to u_0} f(u) = A$$
证明从略。

定理 2 可以采用作变量替换的方法计算函数的极限。

例 1　求 $\lim\limits_{x \to -1} \dfrac{4x^2 - 3x + 1}{2x^2 - 6x + 4}$。

解　$\lim\limits_{x \to -1} \dfrac{4x^2 - 3x + 1}{2x^2 - 6x + 4} = \dfrac{\lim\limits_{x \to -1}(4x^2 - 3x + 1)}{\lim\limits_{x \to -1}(2x^2 - 6x + 4)} = \dfrac{4(-1)^2 - 3(-1) + 1}{2(-1)^2 - 6(-1) + 4} = \dfrac{2}{3}$

例 2　求 $\lim\limits_{x \to 3} \dfrac{x - 3}{x^2 - 9}$。

解　$\lim\limits_{x \to 3} \dfrac{x - 3}{x^2 - 9} = \lim\limits_{x \to 3} \dfrac{x - 3}{(x - 3)(x + 3)} = \lim\limits_{x \to 3} \dfrac{1}{x + 3} = \dfrac{1}{6}$

例 3　若 $a_n \neq 0$，$b_m \neq 0$，m、n 为正整数，试证

$$\lim_{x \to \infty} \frac{a_n x^n + a_{n-1} x^{n-1} + \cdots + a_1 x + a_0}{b_m x^m + b_{m-1} x^{m-1} + \cdots + b_1 x + b_0} = \begin{cases} \dfrac{a_n}{b_m}, & m = n \\[2mm] 0, & m > n \\[2mm] \infty, & m < n \end{cases}$$

证　当 $x \to \infty$ 时，所给函数的分子分母都趋向于无穷大。将原式变形为

$$\lim_{x \to \infty} \frac{a_n x^n + a_{n-1} x^{n-1} + \cdots + a_1 x + a_0}{b_m x^m + b_{m-1} x^{m-1} + \cdots + b_1 x + b_0} = \lim_{x \to \infty} \left[\frac{x^n}{x^m} \cdot \frac{a_n + a_{n-1} \dfrac{1}{x} + \cdots + a_1 \dfrac{1}{x^{n-1}} + a_0 \dfrac{1}{x^n}}{b_m + b_{m-1} \dfrac{1}{x} + \cdots + b_1 \dfrac{1}{x^{m-1}} + b_0 \dfrac{1}{x^m}} \right]$$

$$= \begin{cases} \dfrac{a_n}{b_m}, & m = n \\[2mm] 0, & m > n \\[2mm] \infty, & m < n \end{cases}$$

例 4　求 $\lim\limits_{x \to 0} \dfrac{\sqrt{1 + x} - 1}{x}$。

解　$\lim\limits_{x \to 0} \dfrac{\sqrt{1 + x} - 1}{x} = \lim\limits_{x \to 0} \dfrac{(\sqrt{1 + x} - 1)(\sqrt{1 + x} + 1)}{x(\sqrt{1 + x} + 1)} = \lim\limits_{x \to 0} \dfrac{x}{x(\sqrt{1 + x} + 1)}$

$$= \lim\limits_{x \to 0} \dfrac{1}{\sqrt{1 + x} + 1} = \dfrac{1}{2}$$

例 5　求 $\lim\limits_{x \to \infty} \dfrac{\sin x}{x}$。

解　由于 $x \to 0$ 时，$\dfrac{1}{x} \to 0$，$|\sin x| \leqslant 1$，故有 $\lim\limits_{x \to \infty} \dfrac{\sin x}{x} = 0$。

例 6　计算 $\lim\limits_{x \to 2} \left(\dfrac{x^2}{x^2 - 4} - \dfrac{1}{x - 2} \right)$。

解　$\lim\limits_{x \to 2} \left(\dfrac{x^2}{x^2 - 4} - \dfrac{1}{x - 2} \right) = \lim\limits_{x \to 2} \dfrac{x^2 - x - 2}{x^2 - 4} = \lim\limits_{x \to 2} \dfrac{x + 1}{x + 2} = \dfrac{3}{4}$

例 7　计算 $\lim\limits_{x \to \infty} 2^{\frac{1}{x}}$。

解　令 $u = \dfrac{1}{x}$，因为 $\lim\limits_{x \to \infty} \dfrac{1}{x} = 0$，且 $\lim\limits_{u \to 0} 2^u = 1$，所以 $\lim\limits_{x \to \infty} 2^{\frac{1}{x}} = 1$。

三、极限存在的夹逼准则与重要极限 $\lim\limits_{x\to 0}\dfrac{\sin x}{x}=1$

（一）夹逼准则

已知 $f(x)\le g(x)\le h(x)$ 且 $\lim f(x)=\lim h(x)=A$，则 $\lim g(x)=A$。关于数列极限也有类似的结论。

（二）重要极限 $\lim\limits_{x\to 0}\dfrac{\sin x}{x}=1$

先证明 $\lim\limits_{x\to 0^+}\dfrac{\sin x}{x}=1$，不妨设 $0<x<\dfrac{\pi}{2}$，在图1-3所示的单位圆中，设 $\angle AOB=x$，点 A 处的切线为直线 AC，$BD\perp OA$。因 $S_{\triangle AOB}<S_{\text{扇形}AOB}<S_{\triangle AOC}$，故有 $\dfrac{1}{2}\sin x<\dfrac{1}{2}x<\dfrac{1}{2}\tan x$，即有 $\sin x<x<\tan x$，所以 $1<\dfrac{x}{\sin x}<\dfrac{1}{\cos x}$，所以有 $\cos x<\dfrac{\sin x}{x}<1$。因 $\lim\limits_{x\to 0^+}\cos x=1$，应用夹逼准则可得 $\lim\limits_{x\to 0^+}\dfrac{\sin x}{x}=1$。又因为 $\lim\limits_{x\to 0^-}\dfrac{\sin x}{x}=$

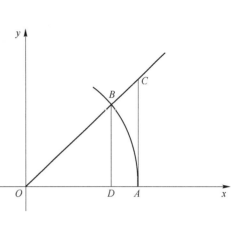

图1-3

$\lim\limits_{-x\to 0^+}\dfrac{\sin(-x)}{-x}=1$，从而推得 $\lim\limits_{x\to 0}\dfrac{\sin x}{x}=1$。

例8 求下列各函数的极限：

（1）$\lim\limits_{x\to 0}\dfrac{\sin ax}{\sin bx}$（$b\neq 0$）；

（2）$\lim\limits_{x\to 0}\dfrac{\tan mx}{nx}$（$n\neq 0$）；

（3）$\lim\limits_{x\to 0}\dfrac{1-\cos x}{x^2}$；

（4）$\lim\limits_{x\to\infty}x\sin\dfrac{1}{x}$；

（5）$\lim\limits_{x\to 0}\dfrac{\arctan x}{x}$；

（6）$\lim\limits_{x\to 0}\dfrac{\sin 3x-\sin x}{x}$。

解（1）$\lim\limits_{x\to 0}\dfrac{\sin ax}{\sin bx}=\dfrac{a}{b}\lim\limits_{x\to 0}\left(\dfrac{\sin ax}{ax}\cdot\dfrac{bx}{\sin bx}\right)=\dfrac{a}{b}$；

（2）$\lim\limits_{x\to 0}\dfrac{\tan mx}{nx}=\lim\limits_{x\to 0}\left(\dfrac{\sin mx}{nx}\cdot\dfrac{1}{\cos mx}\right)=\dfrac{m}{n}\lim\limits_{x\to 0}\left(\dfrac{\sin mx}{mx}\cdot\dfrac{1}{\cos mx}\right)=\dfrac{m}{n}$；

（3）$\lim\limits_{x\to 0}\dfrac{1-\cos x}{x^2}=\lim\limits_{x\to 0}\dfrac{2\sin^2\dfrac{x}{2}}{x^2}=\dfrac{1}{2}\lim\limits_{x\to 0}\left(\dfrac{\sin\dfrac{x}{2}}{\dfrac{x}{2}}\right)^2=\dfrac{1}{2}$；

（4）$\lim\limits_{x\to\infty}x\sin\dfrac{1}{x}=\lim\limits_{x\to\infty}\dfrac{\sin\dfrac{1}{x}}{\dfrac{1}{x}}=1$；

（5）设 $\arctan x=t$，则 $x\to 0$ 时，$t\to 0$，故 $\lim\limits_{x\to 0}\dfrac{\arctan x}{x}=\lim\limits_{t\to 0}\dfrac{t}{\tan t}=1$；

（6）$\lim\limits_{x \to 0} \dfrac{\sin 3x - \sin x}{x} = \lim\limits_{x \to 0} \dfrac{2\cos 2x \sin x}{x} = \lim\limits_{x \to 0}\left(2\cos 2x \cdot \dfrac{\sin x}{x}\right) = 2$。

四、单调有界准则与重要极限 $\lim\limits_{x \to \infty}\left(1 + \dfrac{1}{x}\right)^x = \mathrm{e}$

（1）单调有界准则：单调有界数列必有极限。

（2）重要极限 $\lim\limits_{n \to \infty}\left(1 + \dfrac{1}{n}\right)^n = \mathrm{e}$。

证　设 $x_n = \left(1 + \dfrac{1}{n}\right)^n$，由二项式定理有

$$x_n = 1 + n \cdot \dfrac{1}{n} + \dfrac{n(n-1)}{2!} \cdot \dfrac{1}{n^2} + \dfrac{n(n-1)(n-2)}{3!} \cdot \dfrac{1}{n^3} + \cdots + \dfrac{n(n-1)(n-2)\cdots 2 \cdot 1}{n!} \cdot \dfrac{1}{n^n}$$

$$= 2 + \dfrac{1}{2!}\left(1 - \dfrac{1}{n}\right) + \dfrac{1}{3!}\left(1 - \dfrac{1}{n}\right)\left(1 - \dfrac{2}{n}\right) + \cdots + \dfrac{1}{n!}\left(1 - \dfrac{1}{n}\right)\left(1 - \dfrac{2}{n}\right)\cdots\left(1 - \dfrac{n-1}{n}\right)$$

同理可得

$$x_{n+1} = 2 + \dfrac{1}{2!}\left(1 - \dfrac{1}{n+1}\right) + \dfrac{1}{3!}\left(1 - \dfrac{1}{n+1}\right)\left(1 - \dfrac{2}{n+1}\right) + \cdots + \dfrac{1}{n!}\left(1 - \dfrac{1}{n+1}\right)\left(1 - \dfrac{2}{n+1}\right)\cdots\left(1 - \dfrac{n-1}{n+1}\right) +$$

$$\dfrac{1}{(n+1)!}\left(1 - \dfrac{1}{n+1}\right)\left(1 - \dfrac{2}{n+1}\right)\cdots\left(1 - \dfrac{n}{n+1}\right)$$

比较 x_n 与 x_{n+1} 的展开式，得到 $x_n < x_{n+1}$，即 $\{x_n\}$ 为单调增加数列。另一方面，由

$$x_n = 1 + 1 + \dfrac{1}{2!}\left(1 - \dfrac{1}{n}\right) + \dfrac{1}{3!}\left(1 - \dfrac{1}{n}\right)\left(1 - \dfrac{2}{n}\right) + \cdots + \dfrac{1}{n!}\left(1 - \dfrac{1}{n}\right)\left(1 - \dfrac{2}{n}\right)\cdots\left(1 - \dfrac{n-1}{n}\right) < 1 +$$

$$1 + \dfrac{1}{2} + \dfrac{1}{2^2} + \cdots + \dfrac{1}{2^{n-1}}$$

$$= 1 + \dfrac{1 - \left(\dfrac{1}{2}\right)^n}{1 - \dfrac{1}{2}} < 3$$

所以 $\{x_n\}$ 有界。由单调有界准则知 $\lim\limits_{n \to \infty}\left(1 + \dfrac{1}{n}\right)^n$ 存在，记此极限为 e，即 $\lim\limits_{n \to \infty}\left(1 + \dfrac{1}{n}\right)^n = \mathrm{e}$。

e 是一个很重要的数，它是一个无理数，它近似等于 2.71828182……。以 e 为底的指数与对数函数在数学分析和工程技术、自然科学中都有广泛的应用。

还可以证明，函数 $f(x) = \left(1 + \dfrac{1}{x}\right)^x$ 当 $x \to \infty$ 时，或者 $f(x) = (1 + x)^{\frac{1}{x}}$ 当 $x \to 0$ 时，都有极限，且

$$\lim\limits_{x \to \infty}\left(1 + \dfrac{1}{x}\right)^x = \lim\limits_{x \to 0}(1 + x)^{\frac{1}{x}} = \lim\limits_{n \to \infty}\left(1 + \dfrac{1}{n}\right)^n = \mathrm{e}$$

例 9　计算 $\lim\limits_{x \to \infty}\left(1 + \dfrac{1}{x}\right)^{\frac{x}{2}}$。

解　$\lim\limits_{x \to \infty}\left(1 + \dfrac{1}{x}\right)^{\frac{x}{2}} = \lim\limits_{x \to \infty}\left[\left(1 + \dfrac{1}{x}\right)^x\right]^{\frac{1}{2}} = \mathrm{e}^{\frac{1}{2}}$

例 10　计算 $\lim\limits_{x \to 0}(1 - x)^{\frac{2}{x}}$。

解　$\lim\limits_{x \to 0}(1 - x)^{\frac{2}{x}} = \lim\limits_{x \to 0}\left[(1 + (-x))^{\frac{1}{-x}}\right]^{-2} = \mathrm{e}^{-2}$

❖ **价值引领**

对极限的不同观点

早在春秋战国时期（公元前770—公元前221），古人就对极限有了思考。道家的庄子在《庄子》"天下篇"中记载："一尺之捶，日取其半，万世不竭"。意思是说，把一尺长的木棒，每天取下前一天所剩的一半，如此下去，永远也取不完。也就是说，剩余部分会逐渐趋于零，但是永远不会是零。而墨家有不同的观点，提出一个"非半"的命题，墨子说"非半弗，则不动，说在端"。意思是说，将一线段按一半一半地无限分割下去，就必将出现一个不能再分割的"非半"，这个"非半"就是点。道家是"无限分割"的思想，而墨家则是无限分割最后会达到一个"不可分"的思想。极限值好比一个目标，我们要立足当下，确定好目标，要用理想之光照亮奋斗之路，用信念之力不断激励自我，才能开创美好的未来。

习题 1-3

1. 已知 $\lim\limits_{n\to\infty}\dfrac{a^2+bn-5}{3n-2}=2$，则 $a=$ _____，$b=$ _____。

2. 计算（1）~（25）题的极限。

(1) $\lim\limits_{x\to2}\dfrac{x^2+5}{x^2-3}$；

(2) $\lim\limits_{x\to1}\dfrac{x^2-2x+1}{x^3-x}$；

(3) $\lim\limits_{x\to\infty}\left(\dfrac{x}{x+1}-\dfrac{1}{x-1}\right)$；

(4) $\lim\limits_{x\to\infty}x^2\left(\dfrac{1}{x+1}-\dfrac{1}{x-1}\right)$；

(5) $\lim\limits_{x\to1}\dfrac{x^m-1}{x^n-1}$（$m$、$n$ 为整数）；

(6) $\lim\limits_{x\to0}\dfrac{\tan kx}{x}$；

(7) $\lim\limits_{x\to0^+}\dfrac{x}{\sqrt{1-\cos x}}$；

(8) $\lim\limits_{x\to0}x\cot2x$；

(9) $\lim\limits_{x\to0}\dfrac{\sqrt{2}-\sqrt{1+\cos x}}{\sin^2 x}$；

(10) $\lim\limits_{n\to\infty}\left(\dfrac{1+2+\cdots+n}{n+2}-\dfrac{n}{2}\right)$；

(11) $\lim\limits_{h\to0}\dfrac{(x+h)^2-x^2}{h}$；

(12) $\lim\limits_{x\to\infty}\left(1+\dfrac{5}{x}\right)^{-x}$；

(13) $\lim\limits_{x\to\infty}\left(\dfrac{3-2x}{2-2x}\right)^x$；

(14) $\lim\limits_{x\to\infty}\left(1-\dfrac{4}{x}\right)^{2x}$；

(15) $\lim\limits_{x\to0}\sqrt[x]{1+5x}$；

(16) $\lim\limits_{x\to\infty}\left(\dfrac{x}{1+x}\right)^{x+2}$；

(17) $\lim\limits_{x\to0}\dfrac{\ln(1-2x)}{x}$；

(18) $\lim\limits_{x\to0}(1-3x)^{\frac{2}{x}}$；

(19) $\lim\limits_{x\to0}\dfrac{\ln(h+x)-\ln h}{x}$，$h>0$；

(20) $\lim\limits_{x\to0}\dfrac{e^{2x}-1}{x}$；

(21) $\lim\limits_{x\to0}\dfrac{e^x-e-x}{x}$；

(22) $\lim\limits_{x\to0}(1+x^2)^{\cot^2 x}$；

(23) $\lim\limits_{x \to 0} \dfrac{x^2}{\sqrt{1 + x\sin x} - \sqrt{\cos x}}$;　　　　(24) $\lim\limits_{x \to 0}(1 - x)^{-\frac{1}{\sin x}}$;

(25) $\lim\limits_{x \to 0^+} \dfrac{1 - \sqrt{\cos x}}{1 - \cos \sqrt{x}}$。

第四节　函数的连续性

一、连续函数的概念

定义 1　设函数 $y = f(x)$ 在 x_0 的一个邻域内有定义，且
$$\lim_{x \to x_0} f(x) = f(x_0)$$
则称函数 $y = f(x)$ 在 x_0 处连续，或称 x_0 为函数 $y = f(x)$ 的连续点。

设 $\Delta x = x - x_0$，且称之为自变量 x 的改变量或增量，记 $\Delta y = f(x) - f(x_0)$ 或 $\Delta y = f(x_0 + \Delta x) - f(x_0)$ 称为函数 $y = f(x_0)$ 在 x_0 处的增量。那么函数 $y = f(x_0)$ 在 x_0 处连续。

定义 2　设函数 $y = f(x)$ 在 x_0 的一个邻域有定义，且 $\lim\limits_{x \to x_0}[f(x) - f(x_0)] = 0$ 或 $\lim\limits_{\Delta x \to 0}[f(x_0 + \Delta x) - f(x_0)] = \lim\limits_{\Delta x \to 0} \Delta y = 0$，则称函数 $y = f(x)$ 在 x_0 处连续。

若函数 $y = f(x)$ 在 x_0 处有：
$$\lim_{x \to x_0^-} f(x) = f(x_0) \quad \text{或} \quad \lim_{x \to x_0^+} f(x) = f(x_0)$$
则分别称 $y = f(x)$ 在 x_0 处是左连续或右连续。由此可知，函数 $y = f(x)$ 在 x_0 处连续的充要条件为：
$$\lim_{x \to x_0^-} f(x) = f(x_0) = \lim_{x \to x_0^+} f(x)$$
即函数在某点连续的充要条件为函数在该点处左、右连续。

若函数 $y = f(x)$ 在开区间 I 内的各点处均连续，则称该函数在开区间 I 内连续。若函数在 (a, b) 内连续，在 a 点右连续，在 b 点左连续，则称 $y = f(x)$ 在闭区间 $[a, b]$ 连续。

例 1　证明函数 $y = \sin x$ 在其定义域内连续。

证　$\forall x_0 \in (-\infty, +\infty)$，因为
$$\Delta y = f(x_0 + \Delta x) - f(x_0) = \sin(x_0 + \Delta x) - \sin x_0 = 2\cos\left(x_0 + \frac{\Delta x}{2}\right)\sin \frac{\Delta x}{2}$$
且 $|\sin x| \leqslant |x|$，故有
$$0 \leqslant |\Delta y| = 2\left|\cos\left(x_0 + \frac{\Delta x}{2}\right)\right|\left|\sin \frac{\Delta x}{2}\right| \leqslant 2\frac{|\Delta x|}{2} = |\Delta x|$$
因此 $\lim\limits_{\Delta x \to 0} \Delta y = 0$，这表明 $y = \sin x$ 在 x_0 处连续。由 x_0 的任意性可知它在定义域内连续。

例 2　证明 $y = a^x (a > 0, a \neq 1)$ 在定义域内连续。

证　$\forall x_0 \in (-\infty, +\infty)$，则有
$$\lim_{x \to x_0} a^x = \lim_{\Delta x \to 0} a^{x_0 + \Delta x} = \lim_{\Delta x \to 0} a^{x_0} a^{\Delta x} = a^{x_0} \lim_{\Delta x \to 0} a^{\Delta x} = a^{x_0} \text{故 } y = a^x$$
在定义域内连续。

例 3　试确定 $f(x) = \begin{cases} x\sin\dfrac{1}{x}, & x \neq 0 \\ 0, & x = 0 \end{cases}$ 在 $x = 0$ 处的连续性。

解　因为 $\lim\limits_{x \to 0} f(x) = \lim\limits_{x \to 0} x\sin\dfrac{1}{x} = 0 = f(0)$，所以 $f(x)$ 在 $x = 0$ 处连续。

例 4　试证明 $f(x) = \begin{cases} 2x + 1, & x \leq 0 \\ \cos x, & x > 0 \end{cases}$ 在 $x = 0$ 处连续。

证　因为 $\lim\limits_{x \to 0^+} f(x) = \lim\limits_{x \to 0^+} \cos x = 1$，$\lim\limits_{x \to 0^-} f(x) = \lim\limits_{x \to 0^-}(2x + 1) = 1$，且 $f(0) = 1$，所以它在 $x = 0$ 处连续。

二、连续函数的基本性质

定理 1　若函数 $f(x)$，$g(x)$ 均在 x_0 处连续，则 $f(x) + g(x)$，$f(x) - g(x)$，$f(x) \cdot g(x)$ 在 x_0 处均连续，又若 $g(x) \neq 0$，则 $\dfrac{f(x)}{g(x)}$ 在 x_0 处也连续。

证明从略。

定理 2　设函数 $y = f(u)$ 在 u_0 处连续，函数 $u = \varphi(x)$ 在 x_0 处连续，且 $u_0 = \varphi(x_0)$，则复合函数 $f[\varphi(x)]$ 在 x_0 处连续。

证明从略。

定理 3　若函数 $y = f(x)$ 在某区间上单值，单调且连续，则它的反函数 $y = f^{-1}(x)$ 在对应的区间上也单值，单调且连续，且它们的单调性相同，即它们同为递增或同为递减。

证明从略。

借助于定理 3，可以由三角函数的连续性推知各个反三角函数在各自的定义域内连续；由 $y = a^x (a > 0, a \neq 1)$ 的连续性推知对数函数 $y = \log_a x (a > 0, a \neq 1)$ 在 $(0, +\infty)$ 内连续；由对数函数和复合函数的连续性推知幂函数 $x^u = \mathrm{e}^{u\ln x}$ 在 $(0, +\infty)$ 内连续。

综上所述，可以断言：基本初等函数在其定义域内连续，由 $y = c$（c 为常数）是连续的，再根据定理 1 和定理 2，可以得到关于初等函数连续性的重要定理。

定理 4　初等函数在其定义域内是连续的。

例 5　求 $\lim\limits_{x \to 0} \dfrac{\sqrt{1 + x} - 1}{x}$。

解　$\lim\limits_{x \to 0} \dfrac{\sqrt{1 + x} - 1}{x} = \lim\limits_{x \to 0} \dfrac{x}{x(\sqrt{1 + x} + 1)} = \lim\limits_{x \to 0} \dfrac{1}{\sqrt{1 + x} + 1} = \dfrac{1}{2}$

例 6　求 $\lim\limits_{x \to 4} \dfrac{\sqrt{2x + 1} - 3}{\sqrt{x} - 2}$。

解　$\lim\limits_{x \to 4} \dfrac{\sqrt{2x + 1} - 3}{\sqrt{x} - 2} = \lim\limits_{x \to 4} \dfrac{(\sqrt{2x + 1} - 3)(\sqrt{2x + 1} + 3)(\sqrt{x} + 2)}{(\sqrt{x} - 2)(\sqrt{x} + 2)(\sqrt{2x + 1} + 3)} = \lim\limits_{x \to 4} \dfrac{2(\sqrt{x} + 2)}{\sqrt{2x + 1} + 3}$

$$= \dfrac{2(\sqrt{4} + 2)}{\sqrt{2 \times 4 + 1} + 3} = \dfrac{4}{3}$$

例 7　求 $\lim\limits_{x \to +\infty}(\sqrt{x^2 + x} - 2x)$。

解　$\lim\limits_{x \to +\infty} (\sqrt{x^2 + x} - 2x) = \lim\limits_{x \to \infty} \dfrac{(\sqrt{x^2 + x} - 2x)(\sqrt{x^2 + x} + 2x)}{\sqrt{x^2 + x} + 2x} = \lim\limits_{x \to \infty} \dfrac{-3x^2 + x}{\sqrt{x^2 + x} + 2x}$

$$= \lim\limits_{x \to \infty} \dfrac{-3 + \dfrac{1}{x}}{\sqrt{\dfrac{1}{x^4} + \dfrac{1}{x^3}} + \dfrac{2}{x}} = -\infty$$

三、闭区间上连续函数的性质

已知函数 $y = f(x)$ 在闭区间 $[a, b]$ 上连续，则：

(1)（最大值与最小值的可达性）存在 c_1、$c_2 \in [a, b]$，使 $\forall x \in [a, b]$，恒有 $f(c_1) \leqslant f(x) \leqslant f(c_2)$ 成立，即 $f(c_2)$、$f(c_1)$ 分别为 $f(x)$ 在 $[a, b]$ 上的最大值和最小值；

(2)（介值性）对 $\forall y_0 \in [f(c_1), f(c_2)]$，存在 $c \in [a, b]$ 使 $y_0 = f(c)$；

(3) 若 $f(a) \cdot f(b) < 0$，则至少存在一个 $c \in (a, b)$ 使 $f(c) = 0$。

例 8　证明方程 $e^x - \cos x - 1 = 0$ 在 $(0, 1)$ 内至少有一个实根。

证　设 $f(x) = e^x - \cos x - 1$，因 $f(x)$ 在 $[0, 1]$ 上连续，$f(0) = -1$，$f(1) = e - \cos 1 - 1 > e - 2 > 0$，由介值定理知存在 $c \in (0, 1)$ 使 $f(c) = 0$，即方程 $e^x - \cos x - 1 = 0$ 在 $(0, 1)$ 内至少有一个实根。

四、函数间断点及其分类

定义 3　设函数 $y = f(x)$ 在 x_0 的一个邻域有定义（x_0 可以除外），如果 $f(x)$ 在 x_0 处不连续，则称 x_0 为 $f(x)$ 的间断点，也称 $f(x)$ 在该点的间断。

（一）第一类间断点

左、右极限都存在的间断点称为第一类间断点。在第一类间断点中把左极限和右极限相等的间断点称为可去间断点。

（二）第二类间断点

左、右极限至少有一个不存在的间断点称为第二类间断点。

例 9　证明 $x = 0$ 为 $f(x) = \dfrac{|x|}{x}$ 的第一类间断点。

证　因为 $\lim\limits_{x \to 0^-} f(x) = \lim\limits_{x \to 0^-} \dfrac{-x}{x} = -1$，$\lim\limits_{x \to 0^+} f(x) = \lim\limits_{x \to 0^+} \dfrac{x}{x} = 1$

所以 $x = 0$ 为该函数的第一类间断点。

例 10　判断函数 $f(x) = \dfrac{\sin x}{x}$ 在 $x = 0$ 处间断点的类型。

解　因为 $\lim\limits_{x \to 0^+} f(x) = \lim\limits_{x \to 0^+} \dfrac{\sin x}{x} = 1$，$\lim\limits_{x \to 0^-} f(x) = \lim\limits_{x \to 0^-} \dfrac{\sin x}{x} = 1$

所以 $x = 0$ 是 $f(x) = \dfrac{\sin x}{x}$ 的第一类可去间断点。

例 11　证明 $x = 1$ 是 $f(x) = 3^{\frac{1}{x-1}}$ 的第二类间断点。

证　因 $f(x)$ 在 $x=1$ 处无定义，或 $x=1$ 是 $f(x)$ 的间断点。

又因为 $\lim\limits_{x\to 1^{-}}3^{\frac{1}{x-1}}=0$，$\lim\limits_{x\to 1^{+}}3^{\frac{1}{x-1}}=+\infty$，所以 $x=1$ 为所给函数的第二类间断点。

◆ **知识拓展**

揠 苗 助 长

宋人有闵其苗之不长而揠之者，芒芒然归，谓其人曰："今日病矣！予助苗长矣！"其子趋而往视之，苗则槁矣。

天下之不助苗长者寡矣。以为无益而舍之者，不耘苗者也；助之长者，揠苗者也。非徒无益，而又害之。

习题 1-4

1. 计算 （1）~ （6）题的极限。

（1）$\lim\limits_{x\to\frac{\pi}{2}}\ln\sin x$；

（2）$\lim\limits_{x\to+\infty}\dfrac{\ln(1+x)-\ln x}{x}$；

（3）$\lim\limits_{x\to 0}\dfrac{\sqrt{x+1}-1}{\sqrt{x+4}-2}$；

（4）$\lim\limits_{x\to+\infty}(\sqrt{x^{2}-x}-\sqrt{x^{2}+1})$；

（5）$\lim\limits_{x\to 0^{+}}\dfrac{2^{\frac{1}{x}}-1}{2^{\frac{1}{x}}+1}$；

（6）$\lim\limits_{x\to 0}\dfrac{\arcsin 3x}{x}$。

2. 设 $f(x)=\begin{cases}\dfrac{x^{2}-4}{x-2},& x\neq 2\\ A,& x=2\end{cases}$ 试确定数 A，使 $f(x)$ 为连续函数。

3. 求下列各函数 $y=f(x)$ 的间断点，并说明间断点的类型。

（1）$y=\dfrac{x^{2}-1}{x^{2}-4x+3}$；

（2）$y=\dfrac{1}{\ln|x|}$；

（3）$y=\sin x\cdot\cos\dfrac{1}{x}$；

（4）$y=\dfrac{x+|x|}{x}$。

第五节　无穷小量的比较

本节将专门讨论无穷小量的比较，这不仅在今后的学习中会一再涉及，而且在某些场合下，它将为极限计算提供比较简捷的途径。

定义 1　设 $\alpha(x)$ 和 $\beta(x)$ 为 $x\to x_{0}$（或 $x\to\infty$）时的两个无穷小量。

（1）如果 $\lim\dfrac{\alpha(x)}{\beta(x)}=c(c\neq 0)$，则称 $\alpha(x)$ 和 $\beta(x)$ 为同阶无穷小，或 $c=1$，则称 $\alpha(x)$ 和 $\beta(x)$ 为等价无穷小，记为 $\alpha(x)\sim\beta(x)(x\to x_{0}$ 或 $x\to\infty)$。

（2）如果 $\lim\dfrac{\alpha(x)}{\beta(x)}=0$，则称当 $x\to x_{0}$（或 $x\to\infty$）时 $\alpha(x)$ 是 $\beta(x)$ 的高阶无穷小，记

作 $\alpha(x) = o[\beta(x)]$。

例如：在 $x \to 0$ 时 $\sin x$ 和 $2x$ 都是无穷小量，且因 $\lim\limits_{x \to 0} \dfrac{\sin x}{2x} = \dfrac{1}{2}$，所以当 $x \to 0$ 时 $\sin x$ 和 $2x$ 是同阶无穷小量。

又如，因为在 $x \to 0$ 时，x、$\sin x$、$\tan x$、$1 - \cos x$、$\ln(1 + x)$、$e^x - 1$ 等都是无穷小量，并且 $\lim\limits_{x \to 0} \dfrac{\sin x}{x} = 1$，$\lim\limits_{x \to 0} \dfrac{\tan x}{x} = 1$，$\lim\limits_{x \to 0} \dfrac{1 - \cos x}{\frac{1}{2}x^2} = 1$，$\lim\limits_{x \to 0} \dfrac{\ln(1 + x)}{x} = 1$，$\lim\limits_{x \to 0} \dfrac{e^x - 1}{x} = 1$，所以有

$$x \sim \sin x, \ x \sim \tan x, \ 1 - \cos x \sim \frac{x^2}{2}, \ \ln(1 + x) \sim x, \ e^x - 1 \sim x$$

又如，x^2、$\sin x$ 都是 $x \to 0$ 时的无穷小量，且 $\lim\limits_{x \to 0} \dfrac{x^2}{\sin x} = 0$。所以，当 $x \to 0$ 时，x^2 是 $\sin x$ 的高阶无穷小量，即 $x^2 = o(\sin x)$。

定理 1　若 $\alpha(x) \sim \alpha_1(x)$，$\beta(x) \sim \beta_1(x)$，且 $\lim \dfrac{\alpha_1(x)}{\beta_1(x)}$ 存在（或无穷大量），则 $\lim \dfrac{\alpha(x)}{\beta(x)}$ 也存在（或无穷大量），并且 $\lim \dfrac{\alpha(x)}{\beta(x)} = \lim \dfrac{\alpha_1(x)}{\beta_1(x)} \left(\text{或} \lim \dfrac{\alpha(x)}{\beta(x)} = \infty \right)$。

证　$\lim \dfrac{\alpha(x)}{\beta(x)} = \lim \left[\dfrac{\alpha(x)}{\alpha_1(x)} \cdot \dfrac{\alpha_1(x)}{\beta_1(x)} \cdot \dfrac{\beta_1(x)}{\beta(x)} \right]$

$$= \lim \dfrac{\alpha(x)}{\alpha_1(x)} \cdot \lim \dfrac{\alpha_1(x)}{\beta_1(x)} \cdot \lim \dfrac{\beta_1(x)}{\beta(x)} = \lim \dfrac{\alpha_1(x)}{\beta_1(x)}$$

若 $\lim \dfrac{\alpha_1(x)}{\beta_1(x)} = \infty$，那么考虑 $\lim \dfrac{\alpha_1(x)}{\beta_1(x)} = 0$，即可仿上面证法。

例 1　计算 $\lim\limits_{x \to 0} \dfrac{\ln(1 + x)}{e^x - 1}$。

解　因为 $x \to 0$ 时，$\ln(1 + x) \sim x$，$e^x - 1 \sim x$，所以

$$\lim\limits_{x \to 0} \dfrac{\ln(1 + x)}{e^x - 1} = \lim\limits_{x \to 0} \dfrac{x}{x} = 1$$

例 2　计算 $\lim\limits_{x \to 0} \dfrac{1 - \cos x}{x \sin x}$。

解　因为 $x \to 0$ 时，$1 - \cos x \sim \dfrac{1}{2}x^2$，$\sin x \sim x$，所以

$$\lim\limits_{x \to 0} \dfrac{1 - \cos x}{x \sin x} = \lim\limits_{x \to 0} \dfrac{\frac{1}{2}x^2}{x \cdot x} = \dfrac{1}{2}$$

例 3　计算 $\lim\limits_{x \to 0} \dfrac{\tan x - \sin x}{\sin^3 x}$。

解　$\lim\limits_{x \to 0} \dfrac{\tan x - \sin x}{\sin^3 x} = \lim\limits_{x \to 0} \dfrac{\sin \dfrac{1 - \cos x}{\cos x}}{\sin^3 x} = \lim\limits_{x \to 0} \dfrac{1}{\cos x} \cdot \lim\limits_{x \to 0} \dfrac{1 - \cos x}{x^2} = 1 \cdot \lim\limits_{x \to 0} \dfrac{\frac{1}{2}x^2}{x^2} = \dfrac{1}{2}$

对于例 4，若一开始就由 $\sin x \sim x$、$\tan x \sim x$ 对原式作无穷小量替换，则将导致

$\lim\limits_{x\to 0}\dfrac{\tan x - \sin x}{\sin^3 x} = \lim\limits_{x\to 0}\dfrac{x-x}{x^3} = 0$ 的错误结果，读者要十分留意。

❖ **知识拓展**

关于"无穷小"的争论

无穷小是分析学中的重要概念，在 17—18 世纪微积分诞生初期，数学家们对无穷小的观点各持己见：无穷小究竟是不是零？无穷小及其分析是否合理？由此引起了数学界甚至哲学界长达一个半世纪的争论，造成了第二次数学危机。这次危机不但没有阻碍微积分的迅猛发展和广泛应用，反而让微积分驰骋在各个科技领域，解决了大量的物理问题、天文问题和数学问题，大大推进了工业革命的发展。

新时代，机遇与挑战并存，我们要做新时代的新青年，敢为人先，承担起时代赋予的责任与使命，不断提升自己的同时，开拓视野，开拓思维，培养创新精神，做最好的新时代新青年。

习题 1-5

1. 试用夹逼准则求下列极限。

（1）$\lim\limits_{n\to\infty}\left(\dfrac{1}{\sqrt{n^2+1}} + \dfrac{1}{\sqrt{n^2+2}} + \cdots + \dfrac{1}{\sqrt{n^2+n}}\right)$；

（2）$\lim\limits_{n\to\infty}\left[\dfrac{1}{n^2} + \dfrac{1}{(n+1)^2} + \cdots + \dfrac{1}{(n+n)^2}\right]$。

2. 计算下面（1）~（6）题的极限。

（1）$\lim\limits_{x\to 0}\dfrac{\sin 3x \cdot \sin 5x}{(x-x^3)^2}$；

（2）$\lim\limits_{x\to 0}\dfrac{\ln(1+x)}{\sin x}$；

（3）$\lim\limits_{x\to 0}\dfrac{1-\cos x}{(e^x-1)\ln(1+x)}$；

（4）$\lim\limits_{x\to 0}\dfrac{\arctan x}{\ln(1+\sin x)}$；

（5）$\lim\limits_{x\to 0}\dfrac{\sqrt{1+x}-1}{\tan 2x}$；

（6）$\lim\limits_{x\to 0}\dfrac{\sqrt{1+x\sin x}-1}{e^{x^2}-1}$。

第二章　导数与微分

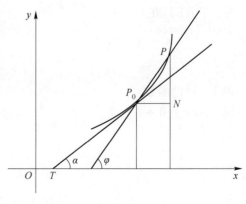第二章课件

导数与微分都是微分学的基本概念。导数概念是最初从寻找曲线的切线以及确定变速运动的瞬时速度而产生的。它在理论上和实践中有着广泛的应用。微分是伴随着导数而产生的概念，本章将介绍导数和微分的概念、微分法及其应用。

第一节　导数的定义

一、瞬时速度

从物理学中知道，如果物体做直线运动，它所移动的路程 S 是时间 t 的函数，记为 $S = S(t)$。则从时刻 t_0 到 $t_0 + \Delta t$ 的时间间隔内它的平均速度为

$$\frac{\Delta s}{\Delta t} = \frac{s(t_0 + \Delta t) - s(t_0)}{\Delta t}$$

在匀速运动中，这个比值是常量，但在变速运动中，它不仅与 t_0 有关，而且与 Δt 也有关。当 Δt 很小时，显然 $\frac{\Delta s}{\Delta t}$ 与在 t_0 时刻的速度相近似。如果当 Δt 趋于 0 时，平均速度 $\frac{\Delta s}{\Delta t}$ 的极限存在，那么，可以把这个极限值叫作物体在时刻 t_0 时的瞬时速度，记作 $V(t_0)$，即

$$V(t_0) = \lim_{\Delta t \to 0} \frac{s(t_0 + \Delta t) - s(t_0)}{\Delta t}。$$

二、曲线切线的斜率

在介绍曲线切线斜率之前先要介绍什么是曲线的切线，在中学里切线定义为与曲线只交一点的直线。这种定义只适用于少数几种曲线，如圆、椭圆等，对高等数学中研究的曲线就不适合了。定义曲线的切线如下。

定义 1　设点 P_0 是曲线 L 上的一个定点，当曲线 L 上的动点 P 沿曲线 L 趋向于点 P_0 时，如果割线 PP_0 的极限位置 P_0T 存在，则称直线 P_0T 为曲线 L 在点 P_0 处的切线，如图 2-1 所示。

设曲线的方程为 $y = f(x)$（图 2-1），在点 $P_0(x_0, y_0)$ 处的附近取一点 $P(x_0 + \Delta x, y_0 + \Delta y)$。那么割线 P_0P 的斜率为

$$\tan\varphi = \frac{\Delta y}{\Delta x} = \frac{f(x_0 + \Delta x) - f(x_0)}{\Delta x}$$

如果当点 P 沿曲线趋向于点 P_0 时，割线 P_0P 的极限位置存在，即点 P_0 处的切线存在。

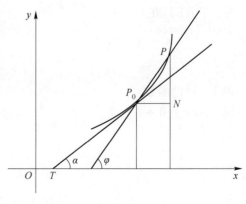

图 2-1

此刻 $\Delta x \to 0$，$\varphi \to \alpha$，割线斜率 $\tan\varphi$ 趋向于切线 P_0T 的斜率 $\tan\alpha$，即

$$\tan\alpha = \lim_{\Delta x \to 0} \frac{f(x_0 + \Delta x) - f(x_0)}{\Delta x}$$

三、定义

定义 2　设函数 $y = f(x)$ 在点 x_0 的一个邻域内有定义。给 x 以增量 Δx（$x_0 + \Delta x$ 仍在上述邻域内），函数 y 相应地有增量

$$\Delta y = f(x_0 + \Delta x) - f(x_0)$$

如果 $\lim\limits_{\Delta x \to 0} \dfrac{\Delta y}{\Delta x}$ 存在，则称此极限值为函数 $y = f(x)$ 在点 x_0 处的导数，记作 $f'(x_0)$ 或 $y'\big|_{x=x_0}$，或 $\dfrac{\mathrm{d}y}{\mathrm{d}x}\big|_{x=x_0}$，即

$$f'(x_0) = \lim_{\Delta x \to 0} \frac{f(x_0 + \Delta x) - f(x_0)}{\Delta x}$$

此时也称函数 $f(x)$ 在点 x_0 处可导。如果上述极限不存在，则称 $f(x)$ 在 x_0 处不可导。

容易联想：曲线 $y = f(x)$ 在点 $P_0(x_0, y_0)$ 处的切线斜率恰好等于 $f'(x_0)$。

定义 3　若函数 $y = f(x)$ 在某区间 I 内处处存在导数，则对应于该区间内每一个 x 值，都有一个确定的导数值 $f'(x)$ 与之对应，因而确定了一个新函数 $y'(x) = f'(x) = \dfrac{\mathrm{d}f(x)}{\mathrm{d}x} = \dfrac{\mathrm{d}y}{\mathrm{d}x}$，$x \in I$，称为 $y = f(x)$ 的导函数。显然 $f(x)$ 在 x_0 处的导数 $f'(x_0)$ 可理解为 $f(x)$ 的导函数 $f'(x)$ 在 x_0 处的值。

四、可导与连续的关系

定义 4　如果 $\lim\limits_{\Delta x \to 0^-} \dfrac{f(x_0 + \Delta x) - f(x_0)}{\Delta x}$ 存在，则称此极限为 $f(x)$ 在点 x_0 处的左导数，记作 $f'_-(x_0)$。同样，如果 $\lim\limits_{\Delta x \to 0^+} \dfrac{f(x_0 + \Delta x) - f(x_0)}{\Delta x}$ 存在，则称此极限值为 $f(x_0)$ 在 x_0 处的右导数，记作 $f'_+(x_0)$。

显然，$f(x)$ 在 x_0 处可导的充要条件是 $f'_-(x_0)$ 及 $f'_+(x_0)$ 存在且相等。

定理　如果函数 $y = f(x)$ 在点 x_0 处可导，则 $f(x)$ 在 x_0 处连续，其逆不真。

证　因为 $\lim\limits_{\Delta x \to 0} \Delta y = \lim\limits_{\Delta x \to 0} \left(\dfrac{\Delta y}{\Delta x} \Delta x \right) = f'(x_0) \lim\limits_{\Delta x \to 0} \Delta x = 0$，故 $f(x)$ 在 x_0 处连续。

例 1　讨论函数 $y = |x|$ 在 $x_0 = 0$ 处的连续性与可导性。

解　$\Delta y = f(0 + \Delta x) - f(0) = |\Delta x|$，所以 $\lim\limits_{\Delta x \to 0} \Delta y = 0$，即 $f(x) = |x|$ 在 $x_0 = 0$ 处连续。而

$$f'_-(0) = \lim_{\Delta x \to 0^-} \frac{\Delta y}{\Delta x} = \lim_{\Delta x \to 0^-} \frac{|\Delta x|}{\Delta x} = \lim_{\Delta x \to 0^-} \frac{-\Delta x}{\Delta x} = -1$$

$$f'_+(0) = \lim_{\Delta x \to 0^+} \frac{\Delta y}{\Delta x} = \lim_{\Delta x \to 0^+} \frac{|\Delta x|}{\Delta x} = \lim_{\Delta x \to 0^+} \frac{\Delta x}{\Delta x} = 1$$

所以 $y = |x|$ 在 $x_0 = 0$ 处不可导。

五、基本初等函数的导数。

例 2　设 $y = f(x) = c$（c 为常数），求 y'。

解　显然，对于任意一点 x，函数 $f(x)$ 的增量 $\Delta y = 0$，从而有 $\lim\limits_{\Delta x \to 0} \dfrac{\Delta y}{\Delta x} = 0$，即 $y' = (c)' = 0$。

例 3　证明 $(x^u)' = u x^{u-1}$（u 为实数）。

证　给 x 以改变量 Δx，得到

$$\Delta y = (x + \Delta x)^u - x^u = x^u \left[\left(\frac{x + \Delta x}{x} \right)^u - 1 \right] = x^u \left[e^{\ln\left(\frac{x + \Delta x}{x} \right)^u} - 1 \right] = x^u \left[e^{u\ln\left(1 + \frac{\Delta x}{x} \right)} - 1 \right]$$

于是

$$(x^u)' = \lim_{\Delta x \to 0} \frac{\Delta y}{\Delta x} = \lim_{\Delta x \to 0} \frac{x^u \left[e^{u\ln\left(1 + \frac{\Delta x}{x} \right)} - 1 \right]}{\Delta x} = \lim_{\Delta x \to 0} \frac{x^u \cdot u\ln\left(1 + \frac{\Delta x}{x} \right)}{\Delta x}$$

$$= u x^{u-1} \lim_{\Delta x \to 0} \ln\left(1 + \frac{\Delta x}{x} \right)^{\frac{x}{\Delta x}} = u x^{u-1} \ln e = u x^{u-1}$$

例 4　证明 $\sin' x = \cos x$，$\cos' x = -\sin x$。

证　只证 $\sin' x = \cos x$。令 $y = \sin x$，给 x 以改变量 Δx，得到 $\Delta y = \sin(x + \Delta x) - \sin x = 2\cos\left(x + \dfrac{\Delta x}{2} \right) \cdot \sin \dfrac{\Delta x}{2}$，所以

$$y' = \sin' x = \lim_{\Delta x \to 0} \frac{\Delta y}{\Delta x} = \lim_{\Delta x \to 0} \left[\cos\left(x + \frac{\Delta x}{2} \right) \frac{\sin \dfrac{\Delta x}{2}}{\dfrac{\Delta x}{2}} \right] = \cos x$$

例 5　证明 $(\log_a x)' = \dfrac{1}{x \ln a}$（$a > 0$，$a \neq 1$）。

证　给 x 以改变量 Δx，得到

$$\Delta y = \log_a(x + \Delta x) - \log_a x = \log_a\left(1 + \frac{\Delta x}{x} \right)$$

于是

$$(\log_a x)' = \lim_{\Delta x \to 0} \frac{\Delta y}{\Delta x} = \lim_{\Delta x \to 0} \frac{1}{\Delta x} \log_a\left(1 + \frac{\Delta x}{x} \right) = \frac{1}{x} \lim_{\Delta x \to 0} \log_a\left(1 + \frac{\Delta x}{x} \right)^{\frac{x}{\Delta x}} = \frac{1}{x} \log_a e = \frac{1}{x \ln a}$$

特例：当 $a = e$ 时，$(\ln x)' = \dfrac{1}{x}$。

例 6　证明 $(a^x)' = a^x \ln a$（$a > 0$，$a \neq 1$）。

证　给 x 以改变量 Δx，得到 $\Delta y = a^{x + \Delta x} - a^x$，所以

$$(a^x)' = \lim_{\Delta x \to 0} \frac{\Delta y}{\Delta x} = \lim_{\Delta x \to 0} \frac{a^{x + \Delta x} - a^x}{\Delta x} = a^x \lim_{\Delta x \to 0} \frac{a^{\Delta x} - 1}{\Delta x} = a^x \lim_{\Delta x \to 0} \frac{e^{\ln a \Delta x} - 1}{\Delta x}$$

$$= a^x \lim_{\Delta x \to 0} \frac{e^{\Delta x \ln a} - 1}{\Delta x} = a^x \lim_{\Delta x \to 0} \frac{\Delta x \ln a}{\Delta x} = a^x \ln a$$

❖ **知识拓展**

导数的由来

导数是微积分中的重要基础概念。大约在 1629 年，法国数学家费马研究了作曲线的切线和求函数极值的方法。1637 年左右，他写了一篇手稿《求最大值与最小值的方法》。在作切线时，他构造了差分 $f(A+E) - f(A)$，发现的因子 E 就是我们现在所说的导数 $f'(A)$。物理学、几何学、经济学等学科中的一些重要概念都可以用导数来表示。如：导数可以表示运动物体的瞬时速度和加速度，可以表示曲线在一点的斜率，还可以表示经济学中的边际和弹性。

习题 2-1

1. 已知 $y = x^3$，利用导数定义求 y' 及 $y'|_{x=0}$。

2. 试求出曲线 $y = \dfrac{1}{3}x^3$ 上与直线 $x - 4y = 5$ 平行的切线方程。

3. 证明函数 $f(x) = x|x|$ 在 $x = 0$ 处可导。

4. 已知函数 $f(x)$ 在点 x_0 处可导，试利用导数定义确定下列各题的系数 k。

(1) $\lim\limits_{x \to x_0} \dfrac{f(x) - f(x_0)}{x - x_0} = kf'(x_0)$；

(2) $\lim\limits_{h \to 0} \dfrac{f(x_0 + 2h) - f(x_0)}{h} = kf'(x_0)$；

(3) $\lim\limits_{\Delta x \to 0} \dfrac{f(x_0 + a\Delta x) - f(x_0 - a\Delta x)}{\Delta x} = kf'(x_0)$。

第二节 导 数 运 算

一、导数的四则运算

定理1 若函数 $u(x)$，$v(x)$ 在点 x 处可导，则有：

(1) $[u(x) \pm v(x)]' = u'(x) \pm v'(x)$；

(2) $[u(x) \cdot v(x)]' = u'(x)v(x) + u(x)v'(x)$；

(3) 若 $v(x) \neq 0$，$\left[\dfrac{u(x)}{v(x)}\right]' = \dfrac{u'(x)v(x) - u(x)v'(x)}{[v(x)]^2}$。

证 (1) 证明从略。

(2) 设 $y = u(x)v(x)$，给 x 以改变量 Δx，则

$$\begin{aligned}
\Delta y &= u(x + \Delta x)v(x + \Delta x) - u(x)v(x) \\
&= [u(x + \Delta x) - u(x)]v(x + \Delta x) + u(x)[v(x + \Delta x) - v(x)] \\
&= \Delta u v(x + \Delta x) + u(x)\Delta v
\end{aligned}$$

$$\frac{\Delta y}{\Delta x} = \frac{\Delta u}{\Delta x} v(x + \Delta x) + u(x)\frac{\Delta v}{\Delta x}$$

因为 $u'(x) = \lim\limits_{\Delta x \to 0}\dfrac{\Delta u}{\Delta x}$，$v'(x) = \lim\limits_{\Delta x \to 0}\dfrac{\Delta v}{\Delta x}$，所以

$$\lim_{\Delta x \to 0}\frac{\Delta y}{\Delta x} = \lim_{\Delta x \to 0}\left[\frac{\Delta u}{\Delta x}v(x + \Delta x) + u(x)\frac{\Delta v}{\Delta x}\right] = u'(x)v(x) + u(x)v'(x)$$

即　　　　　　　　　$y' = [u(x)v(x)]' = u'(x)v(x) + u(x)v'(x)$

（3）证明与（2）类似。

例1　设 $y = 3x^4 - e^x + 2\cos x + \ln x + 1$，求 y'。

解　$y' = (3x^4 - e^x + 2\cos x + \ln x + 1)'$

$\qquad = 3(x^4)' - (e^x)' + 2(\cos x)' + (\ln x)' + 1'$

$\qquad = 12x^3 - e^x - 2\sin x + \dfrac{1}{x}$

例2　设 $y = (2x + 3)(x - 1)(2 - x)$，求 y'。

解　$y' = (2x + 3)'[(x - 1)(2 - x)] + (2x + 3)[(x - 1)(2 - x)]'$

$\qquad = 2(x - 1)(2 - x) + (2x + 3)[(x - 1)'(2 - x) + (x - 1)(2 - x)']$

$\qquad = 2(x - 1)(2 - x) + (2x + 3)(2 - x) - (2x + 3)(x - 1)$

$\qquad = -6x^2 + 6x + 5$

例3　求 $\tan' x$ 和 $\cot' x$

解　$\tan' x = \left(\dfrac{\sin x}{\cos x}\right)' = \dfrac{(\sin x)'\cos x - \sin x(\cos x)'}{\cos^2 x} = \dfrac{\cos^2 x + \sin^2 x}{\cos^2 x} = \dfrac{1}{\cos^2 x} = \sec^2 x$

同理可求得 $\cot' x = -\csc^2 x$。

二、反函数的求导法

定理2　设 $y = f(x)$ 与 $x = \varphi(y)$ 互为反函数，函数 $y = f(x)$ 在 x 处连续，$x = \varphi(y)$ 在与 x 相对应的 y 处可导，且 $\varphi'(y) \neq 0$，则 $f(x)$ 在 x 处可导，且

$$f'(x) = \frac{1}{\varphi'(y)} \quad 或 \quad \frac{\mathrm{d}y}{\mathrm{d}x} = \frac{1}{\dfrac{\mathrm{d}x}{\mathrm{d}y}}$$

证　$\lim\limits_{\Delta x \to 0}\dfrac{\Delta y}{\Delta x} = \lim\dfrac{1}{\dfrac{\Delta x}{\Delta y}}$

因为 $f(x)$ 连续，所以，当 $\Delta x \to 0$ 时，$\Delta y \to 0$，且 $\varphi(y) \neq 0$，因此有

$$\lim_{\Delta x \to 0}\frac{\Delta y}{\Delta x} = \lim_{\Delta y \to 0}\frac{1}{\dfrac{\Delta x}{\Delta y}} = \frac{1}{\varphi'(y)}$$

即　　　　　　　　　　　　　$f'(x) = \dfrac{1}{\varphi'(y)}$

例4　求 $\arcsin x$ 与 $\arccos x$ 的导数。

解　$y = \arcsin x$ 的反函数是 $x = \sin y$，所以

$$(\arcsin x)' = \frac{1}{\dfrac{dx}{dy}} = \frac{1}{\cos y} = \frac{1}{\cos\arcsin x} = \frac{1}{\sqrt{1-(\sin\arcsin x)^2}} = \frac{1}{\sqrt{1-x^2}}$$

即 $(\arcsin x)' = \dfrac{1}{\sqrt{1-x^2}}$，同理可得 $(\arccos x)' = \dfrac{-1}{\sqrt{1-x^2}}$。类似可求得 $(\arctan x)' = \dfrac{1}{1+x^2}$，

$(\text{arccot} x)' = \dfrac{-1}{1+x^2}$。

三、复函数求导法

定理 3　设函数 $y = f(u)$，$u = \varphi(x)$ 均可导，则复合函数 $y = f[\varphi(x)]$ 也可导，且

$$y'_x = f'(u) \cdot \varphi'(x) \quad \text{或} \quad \frac{dy}{dx} = \frac{dy}{du} \cdot \frac{du}{dx}$$

证　设变量 x 有增量 Δx，相应地变量 u 有增量 Δu，从而 y 有增量 Δy。由于 u 可导，所以 $\lim\limits_{\Delta x \to 0} \Delta u = 0$。

$$\lim_{\Delta x \to 0} \frac{\Delta y}{\Delta x} = \lim_{\Delta x \to 0} \left(\frac{\Delta y}{\Delta u} \cdot \frac{\Delta u}{\Delta x} \right) = \lim_{\Delta x \to 0} \frac{\Delta y}{\Delta u} \cdot \lim_{\Delta x \to 0} \frac{\Delta u}{\Delta x}$$

$$= \lim_{\Delta u \to 0} \frac{\Delta y}{\Delta u} \cdot \lim_{\Delta x \to 0} \frac{\Delta u}{\Delta x} = f'(u) \cdot \varphi'(x)$$

即

$$\frac{dy}{dx} = \frac{dy}{du} \cdot \frac{du}{dx}$$

声明：上式推导过程中假定 $\Delta u \neq 0$。当 $\Delta u = 0$ 时，上述结论仍成立。

例 5　设 $y = \sec x$，求 y'。

解　$y = \sec x = \dfrac{1}{\cos x}$ 可看成 $y = \dfrac{1}{u}$ 与 $u = \cos x$ 复合而成，故

$$y' = \frac{dy}{du} \cdot \frac{du}{dx} = -\frac{1}{u^2} \cdot (-\sin x) = \frac{\sin x}{\cos^2 x} = \sec x \cdot \tan x$$

同理可求得：

$$(\csc x)' = -\csc\cot x$$

至此，已经推导出基本初等函数的导数公式，汇总如下：

(1) $(c)' = 0$;　　　　　　　　(2) $(x^\alpha)' = \alpha x^{\alpha-1}$;

(3) $(a^x)' = a^x \ln a$;　　　　　　(4) $(e^x)' = e^x$;

(5) $(\log_a x)' = \dfrac{1}{x\ln a}$;　　　　(6) $(\ln x)' = \dfrac{1}{x}$;

(7) $(\sin x)' = \cos x$;　　　　　(8) $(\cos x)' = -\sin x$;

(9) $(\tan x)' = \sec^2 x$;　　　　(10) $(\cot x)' = -\csc^2 x$;

(11) $(\sec x)' = \sec x \tan x$;　　(12) $(\csc x)' = -\csc\cot x$;

(13) $(\arcsin x)' = \dfrac{1}{\sqrt{1-x^2}}$;　(14) $(\arccos x)' = \dfrac{-1}{\sqrt{1-x^2}}$;

(15) $(\arcsin x)' = \dfrac{1}{1+x^2}$;　(16) $(\text{arccot} x)' = \dfrac{-1}{1+x^2}$。

例 6　设 $y = (2x+1)^5$，求 y'。

解　函数 $y = (2x + 1)^5$ 可看成 $y = u^5$ 与 $u = 2x + 1$ 复合而成，于是

$$y' = \frac{dy}{du} \cdot \frac{du}{dx} = 5u^{5-1} \cdot 2 = 10(2x + 1)^4$$

例 7　设 $y = \sin x^2$，求 y'。

解　函数 $y = \sin x^2$ 可看成 $y = \sin u$ 与 $u = x^2$ 复合而成，于是

$$y' = \frac{dy}{du} \cdot \frac{du}{dx} = \cos u \cdot 2x = 2x \cos x^2$$

例 8　设 $y = \ln\cos x$，求 y'。

解　$y = \ln\cos x$ 可以看成 $y = \ln u \cdot$ 与 $u = \cos x$ 复合而成，于是

$$y' = \frac{dy}{du} \cdot \frac{du}{dx} = \frac{1}{\cos x} \cdot (\cos x)' = -\frac{\sin x}{\cos x} = -\tan x$$

复合函数求导熟练后，中间变量可不必写出，可直接写出有关运算。

例 9　设 $y = \sqrt{1 - x^2}$，求 y'。

解　$y' = \frac{1}{2}(1 - x^2)^{-\frac{1}{2}}(1 - x^2)' = \frac{-x}{\sqrt{1 - x^2}}$

例 10　设 $y = \tan\frac{1}{x}$，求 y'。

解　$y' = \sec^2\frac{1}{x}\left(\frac{1}{x}\right)' = -\frac{1}{x^2}\sec^2\frac{1}{x}$

例 11　设 $y = \ln\sin\sqrt{x}$，求 y'。

解　$y' = \frac{1}{\sin\sqrt{x}}(\sin\sqrt{x})' = \frac{1}{\sin\sqrt{x}}\cos\sqrt{x}\ (\sqrt{x})' = \frac{\cot\sqrt{x}}{2x}$

例 12　设 $y = \arctan\ln(3x - 1)$，求 y'。

解　$y' = \frac{1}{1 + [\ln(3x - 1)]^2}[\ln(3x - 1)]' = \frac{1}{[1 + \ln^2(3x - 1)](3x - 1)}(3x - 1)'$

$$= \frac{3}{[1 + \ln^2(3x - 1)](3x - 1)}$$

例 13　设 $y = \frac{x}{\sqrt{1 + x^2}}$，求 y'。

解　$y' = \frac{\sqrt{1 + x^2} - x(\sqrt{1 + x^2})'}{(\sqrt{1 + x^2})^2} = \frac{\sqrt{1 + x^2} - \dfrac{x^2}{\sqrt{1 + x^2}}}{1 + x^2} = \frac{1}{(1 + x^2)^{\frac{3}{2}}}$

例 14　设 $y = \ln(x + \sqrt{x^2 + 1})$，求 y'。

解　$y = \frac{1}{x + \sqrt{x^2 + 1}}(x + \sqrt{x^2 + 1})' = \frac{1 + \dfrac{x}{\sqrt{x^2 + 1}}}{x + \sqrt{x^2 + 1}} = \frac{1}{\sqrt{x^2 + 1}}$

四、对数求导法

有些表达式由幂指函数或连乘除或开方表示时，常用两边取对数后再求导，这种方法称为对数求导法。

例 15 设 $y = \sqrt[3]{\dfrac{(x+1)^2}{(x-1)(x+2)}}$，求 y'。

解 两边取对数，得

$$\ln y = \frac{1}{3}\big[2\ln(x+1) - \ln(x-1) - \ln(x+2)\big]$$

把 y 看作关于 x 的函数，两边对 x 求导得

$$\frac{1}{y}\frac{\mathrm{d}y}{\mathrm{d}x} = \frac{1}{3}\left(2\frac{1}{x+1} - \frac{1}{x-1} - \frac{1}{x+2}\right)$$

所以

$$y' = \frac{\mathrm{d}y}{\mathrm{d}x} = \frac{1}{3}y\left(\frac{2}{x+1} - \frac{1}{x-1} - \frac{1}{x+2}\right) = \frac{1}{3}\sqrt[3]{\frac{(x+1)^2}{(x-1)(x+2)}}\left(\frac{2}{x+1} - \frac{1}{x-1} - \frac{1}{x+2}\right)$$

例 16 设 $y = (\tan x)^x$，求 y'。

解 两边取对数得

$$\ln y = x\ln\tan x = x(\ln\sin x - \ln\cos x)$$

于是

$$\frac{1}{y}y' = \ln\sin x - \ln\cos x + x\left[\frac{1}{\sin x}\cos x - \frac{1}{\cos x}(-\sin x)\right]$$

$$= \ln\tan x + x(\cot x + \tan x)$$

所以

$$y' = y\big[\ln\tan x + x(\cot x + \tan x)\big] = (\tan x)^x(\ln\tan x + x\cot x + x\tan x)$$

❖ **价值引领**

导数与国防

　　导数的概念从无到有，从萌芽到成熟经历了漫长而又艰辛的过程，我国的国防史也是一样。人们常说，国无防不立，民无兵不安。作为一个国家、一个民族最重要的无非就是两件事——发展与安全。

　　国家安全是民族复兴的根基，社会稳定是国家强盛的前提。必须坚定不移贯彻总体国家安全观，把维护国家安全贯穿党和国家工作各方面全过程，确保国家安全和社会稳定。

　　新时代大学生应视国家利益为最高、最根本的利益，将维护国家安全列为首要任务。所以，每位大学生都应当成为国家安全和利益的自觉维护者，要始终树立国家利益高于一切的观念。

习题 2-2

1. 设 $y = (1+x^2)\left(5 - \dfrac{1}{x^3}\right)$，求 $y'(1)$，$y'(a)$。

2. 求（1）~（8）题中所给函数的导数。

(1) $y = x^3 - 2x + 1$;

(2) $y = (\sqrt{x} + 1)\left(\dfrac{1}{\sqrt{x}} - 1\right)$;

(3) $y = \dfrac{x^2}{x^2 + 1}$;

(4) $y = \dfrac{x}{1 - \cos x}$;

(5) $y = x\tan x - \cot^2 x$;

(6) $y = \dfrac{x\ln x}{1 + x}$;

(7) $y = \dfrac{a^x \sin x}{1 + x}$;

(8) $y = x^\pi + \pi^x$。

3. 求（1）~（16）题中所给函数的导数。

(1) $y = (2x + 1)^2$;

(2) $y = \dfrac{1}{\sqrt{1 - x^2}}$;

(3) $y = \dfrac{1}{\ln(\ln x)}$;

(4) $y = \sqrt[3]{\dfrac{1}{1 + x^2}}$;

(5) $y = \sin^2(2x + 5)$;

(6) $y = \arctan x^2$;

(7) $y = \sin\sqrt{1 - x^2}$;

(8) $y = \sqrt{\tan\dfrac{x}{2}}$;

(9) $y = e^{\sqrt{\sin 2x}}$;

(10) $y = \sqrt{1 + e^{2x}}$;

(11) $y = \dfrac{x^2}{\sqrt{x^2 + a^2}}$;

(12) $y = \sqrt{x} + \sqrt{\ln x} - \dfrac{1}{\sqrt{x}}$;

(13) $y = \ln(1 + x + \sqrt{1 + x})$;

(14) $y = \ln(\tan x + \cot x)$;

(15) $y = x^{\sin x}$;

(16) $y = \sqrt{\dfrac{3x - 2}{(2x - 1)(x + 1)}}$。

第三节　函数的微分及其应用

一、微分概念

先看一个例子，边长为 x 的正方形，当边长增加 Δx 时（图 2-2），其面积增加多少？这个问题是容易解决的，设正方形的面积为 A，面积的增加部分记作 ΔA，则

$$\Delta A = (x + \Delta x)^2 - x^2 = 2x\Delta x + \Delta x^2$$

当 Δx 很小时，例如 $x = 1$、$\Delta x = 0.01$ 时，则 $2x\Delta x = 0.02$，而另一部分 $\Delta x^2 = 0.0001$，当 Δx 很小时，Δx^2 部分就比 $2x\Delta x$ 小得多。因此，如果要取 ΔA 的近似值时，显然 $2x\Delta x$ 是 ΔA 的一个很好的近似。$2x\Delta x$ 就称为 $A = x^2$ 的微分。下面来定义微分。

定义　设函数 $y = f(x)$ 在点 x 的一个邻域内有定义，如果函数 $f(x)$ 在点 x 处的增量 $\Delta y = f(x + \Delta x) - f(x)$ 可以表示为

$$\Delta y = A\Delta x + o(\Delta x)(\Delta x \to 0)$$

其中 A 与 Δx 无关，$o(\Delta x)$ 是 Δx 的高阶无穷小量，则称 $A\Delta x$ 为函数 $y = f(x)$ 在 x 处的微分，记作 $\mathrm{d}y$，即

$$\mathrm{d}y = A\Delta x$$

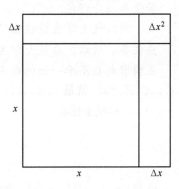

图 2-2

这时，称函数 $y = f(x)$ 在点 x 处可微。

定理1 设函数 $y = f(x)$ 在点 x 处可微，则函数 $y = f(x)$ 在点 x 处可导，且 $A = f'(x)$。反之，如果函数 $y = f(x)$ 在点 x 处可导，则 $f(x)$ 在点 x 处可微。

证 因为 $f(x)$ 在点 x 处可微，所以，有

$$\Delta y = A\Delta x + o(\Delta x)$$

$$\lim_{\Delta x \to 0} \frac{\Delta y}{\Delta x} = \lim_{\Delta x \to 0} \frac{A\Delta x + o(\Delta x)}{\Delta x} = \lim_{\Delta x \to 0} \left(A + \frac{o(\Delta x)}{\Delta x} \right) = A$$

即 $f(x)$ 在点 x 处可导，且 $A = f'(x)$。

反之，若 $f(x)$ 在 x 处可导，即

$$\lim_{\Delta x \to 0} \frac{\Delta y}{\Delta x} = f'(x)$$

从而有

$$\frac{\Delta y}{\Delta x} = f'(x) + \beta$$

其中 $\lim_{\Delta x \to 0} \beta = 0$。故有

$$\Delta y = f'(x)\Delta x + \beta\Delta x$$

因为 $\lim_{\Delta x \to 0} \frac{\beta\Delta x}{\Delta x} = \lim_{\Delta x \to 0} \beta = 0$，所以 $\Delta y = f'(x)\Delta x + o(\Delta x)$，所以函数 $f(x)$ 可微。且 $dy = f'(x)\Delta x$。

上述定理可叙述为：函数 $f(x)$ 在 x 处可微的充要条件是函数 $f(x)$ 在 x 处可导。

对特殊的函数 $y = x$，显然 $dy = dx = x'\Delta x = \Delta x$ 故有 $dx = \Delta x$。由此，可将微分表达式 $dy = f'(x)\Delta x$ 记为 $dy = f'(x)dx$。这恰好体现了函数的导数等于函数微分与自变量微分的商，过去把 $\frac{dy}{dx}$ 作为导数的一个完整符号，现在可以认为导数是微分的商，函数的可导性与可微性是一致的。

例1 求函数 $y = 2\ln x$ 的 $x = 1$ 处的微分，记作 $dy|_{x=1}$。

解 因为 $y' = \dfrac{2}{x}$，所以

$$dy|_{x=1} = \frac{2}{x}dx|_{x=1} = 2dx$$

二、微分的几何意义

上面已经讨论了增量 Δy、微分 dy 和导数 $f'(x)$ 之间的关系，下面从图形上直观地反映它们之间的关系。

如图 2-3 所示，$PN = \Delta x, NM = \Delta y, NT = PN\tan\alpha = f'(x)\Delta x$，所以 $dy = NT$。即函数 $y = f(x)$ 的微分 dy 就是曲线 $y = f(x)$ 在点 P 处切线的纵坐标在相应处 x 的增量，而 Δy 就是曲线 $y = f(x)$ 的纵坐标在点 x 处的增量。另外，当 $|\Delta x|$ 很小时，$|\Delta y - dy|$ 比 $|\Delta x|$ 小得多。

三、微分的基本公式及其运算法则

从函数微分 $dy = f'(x)dx$ 看出，求函数的微分只需求函数的导数，再乘以自变量的微分就行了。

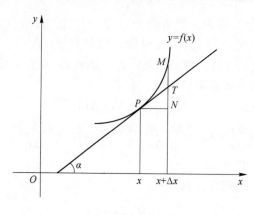

图 2-3

（一）基本初等函数的导数和微分公式

基本初等函数的导数和微分公式见表 2-1。

表 2-1　基本初等函数的导数和微分公式

导 数 公 式	微 分 公 式
$c' = 0$	$dc = 0$
$(x^u)' = ux^{u-1}$	$dx^u = ux^{u-1}dx$
$(e^x)' = e^x$	$de^x = e^x dx$
$(a^x)' = a^x \ln a$	$da^x = a^x \ln a dx$
$(\ln x)' = \dfrac{1}{x}$	$d\ln x = \dfrac{1}{x}dx$
$(\log_a x)' = \dfrac{1}{x \ln a}$	$d\log_a x = \dfrac{1}{x \ln a}dx$
$(\sin x)' = \cos x$	$d\sin x = \cos x dx$
$(\cos x)' = -\sin x$	$d\cos x = -\sin x dx$
$(\tan x)' = \sec^2 x$	$d\tan x = \sec^2 x dx$
$(\cot x)' = -\csc^2 x$	$d\cot x = -\csc^2 x dx$
$(\sec x)' = \sec x \tan x$	$d\sec x = \sec x \tan x dx$
$(\csc x)' = -\csc x \cot x$	$d\csc x = -\csc x \cot x dx$
$(\arcsin x)' = \dfrac{1}{\sqrt{1-x^2}}$	$d\arcsin x = \dfrac{1}{\sqrt{1-x^2}}dx$
$(\arccos x)' = \dfrac{-1}{\sqrt{1-x^2}}$	$d\arccos x = \dfrac{-1}{\sqrt{1-x^2}}dx$
$(\arctan x)' = \dfrac{1}{1+x^2}$	$d\arctan x = \dfrac{1}{1+x^2}dx$
$(\text{arccot} x)' = \dfrac{-1}{1+x^2}$	$d\text{arccot} x = \dfrac{-1}{1+x^2}dx$

（二）微分的四则运算

设函数 u、v 可微，则：

（1）$d(u \pm v) = du \pm dv$；

（2）$d(uv) = udv + vdu$；

（3）$d\left(\dfrac{u}{v}\right) = \dfrac{vdu - udv}{v^2}$（$v \neq 0$）。

（三）复合函数的微分

定理2　设 $y = f(u)$、$u = \varphi(x)$ 均可微，则 $y = f[\varphi(x)]$ 也可微，且

$$dy = f'(u)\varphi'(x)dx$$

结论是显然的。

由于 $du = \varphi'(x)dx$，所以上式可写为

$$dy = f'(u)du$$

上式的形式与 $y = f(x)$ 的微分 $dy = f'(x)dx$ 形式一样，这称为一阶微分的不变性。其意义是：不管 u 是自变量还是中间变量，函数 $y = f(u)$ 的微分形式总是 $dy = f'(u)du$。

例2　设 $y = e^{-3x}\cos 2x$，求 dy。

解　$y' = (e^{-3x})'\cos 2x + e^{-3x}(\cos 2x)'$

$\quad\quad = -3e^{-3x}\cos 2x - 2e^{-3x}\sin 2x$

$\quad\quad = -e^{-3x}(2\sin 2x + 3\cos 2x)$

所以

$$dy = -e^{-3x}(2\sin 2x + 3\cos 2x)dx$$

（四）微分在近似计算中的应用

近似计算是科技工作常遇到的问题，一般对近似公式有两条总要求：有足够好的精度和计算简便。用微分来作近似计算常常能满足这些要求。

当 $|\Delta x|$ 很小时，有

$$\Delta y \approx dy$$

即

$$f(x_0 + \Delta x) - f(x_0) \approx f'(x_0)\Delta x$$

或

$$f(x_0 + \Delta x) \approx f(x_0) + f'(x_0)\Delta x$$

例3　一个充好气的气球，半径为 4m，升空后，因外部气压降低气球半径增大了 10cm。问气球的体积近似增加多少？

解　球的体积公式是

$$V = \frac{4}{3}\pi r^3$$

取 $r_0 = 4$，$\Delta r = 0.1$，因为 $\Delta V \approx dv$，而 $dV = V'dr = 4\pi r^2 dr$，即

$$\Delta V \approx 4\pi r^2 \Delta r$$

将 $r_0 = 4$，$\Delta r = 0.1$，代入上式得体积近似增加了

$$\Delta V \approx 4 \times 3.14 \times 4^2 \times 0.1 \approx 20(\mathrm{m}^3)$$

例 4 计算 $\sqrt{4.2}$ 的近似值。

解 设 $f(x) = \sqrt{x}$，取 $x_0 = 4$，则 $\Delta x = 0.2$。

因为 $f'(x) = \dfrac{1}{2\sqrt{x}}$，故

$$\sqrt{4.2} = f(x_0 + \Delta x) \approx f(x_0) + f'(x_0)\Delta x$$

$$= \sqrt{4} + \frac{1}{2\sqrt{4}} \times 0.2 = 2.05$$

即 $\sqrt{4.2} = 2.05$。

❖ **知识拓展**

费马大定理

费马大定理，又被称为"费马最后的定理"，人类前赴后继挑战了 3 个世纪，多次震惊全世界，耗尽人类众多最杰出大脑的精力，也让千千万万数学爱好者痴迷。在费马大定理中，数学家们遇到了他们在证明方面最大的挑战，发现答案的人将会受到整个数学界特别的景仰。有人提供了奖赏，竞争也十分激烈，费马大定理有过一段涉及死亡和欺诈的荒唐历史，它甚至刺激了数学的发展。

幸运的是，从年少时就接触到费马大定理的怀尔斯在经过 30 年的精心准备后，长达 7 年的孤寂时间里，他把所有的精力都投入到费马大定理的研究中。正是怀尔斯的执着和努力，1994 年他终于迎来了自己的英雄时刻，并将与历史上那些最伟大的名字一道前行。

有梦想并为之不懈努力，过程固然辛苦，但是也许会有意想不到的收获。这世界不会辜负每一分努力和坚持，时光也不会怠慢执着而勇敢的每一个人。

习题 2-3

1. 求函数 $y = x^2 + x$，在 $x = 3$ 处，在 Δx 等于 0.1、0.01 时的增量与微分。

2. 求（1）~（8）题函数的微分。

（1）$y = \ln\sin\sqrt{x}$；

（2）$y = \sin\dfrac{1}{x} + \cos\dfrac{1}{x}$；

（3）$y = xe^{-x^2}$；

（4）$y = \arcsin\sqrt{1-x^2}$；

（5）$y = \dfrac{1 - \sin x}{1 + \sin x}$；

（6）$y = 3^{\ln\cos x}$；

（7）$y = \dfrac{\ln x}{x}$；

（8）$y = \arctan\sqrt{1 - \ln x}$。

3. 在下列各式等号右端括号内填入适当的系数，使等式成立。

(1) $dx = ($ $)d(ax)$；

(2) $xdx = ($ $)d(1-x^2)$；

(3) $e^{bx}dx = ($ $)de^{bx}$；

(4) $\sin\frac{3}{2}xdx = ($ $)d\left(\cos\frac{3}{2}x\right)$；

(5) $\frac{dx}{x} = ($ $)d(3-5\ln x)$；

(6) $\frac{dx}{\sqrt{1-x^2}} = ($ $)d(1-\arcsin x)$；

(7) $a^x dx = ($ $)d(2a^x+3)$；

(8) $\frac{dx}{1+9x^2} = ($ $)d\arctan 3x$；

(9) $\frac{x}{\sqrt{1-x^2}}dx = ($ $)d\sqrt{1-x^2}$；

(10) $\sec^2(2x+1)dx = ($ $)d[\tan(2x+1)]$。

4. 利用微分求下列各题函数的近似值。

(1) $\dfrac{1}{\sqrt{99.9}}$；

(2) $e^{1.01}$。

第四节　隐函数及出参数方程确定的函数的微分法

一、隐函数的微分法

设 $F(x, y)$ 是一个关于 x 和 y 的解析表达式，则方程 $F(x,y)=0$ 一般地确定了变量 y 是变量 x 的函数，但这个函数没有用 x 的显式表示，所以称为隐函数。

隐函数怎样求导呢？一种想法是从方程 $F(x,y)=0$ 中解出 y，成为显式 $y=y(x)$，然后求导，但这种想法有时行不通，这是因为不少方程要从中解出 y 很困难，有时甚至不可能。例如 $e^{xy}+x+y-1=0$，就很难解出 $y=y(x)$ 来，那么此时怎样求导呢？下面举例说明。

例1　设方程 $x^2+y^2=R^2$（R 为常数）确定函数 $y=y(x)$，求 $\dfrac{dy}{dx}$。

解　把 y 看作关于 x 的函数 $y=y(x)$，在方程两边对 x 求导，得

$$2x+2y\frac{dy}{dx}=0$$

由此解得

$$\frac{dy}{dx}=-\frac{x}{y}$$

下面先解出 y，再求导。由 $x^2+y^2=R^2$ 解出 y，得 $y=\pm\sqrt{R^2-x^2}$。

当 $y=\sqrt{R^2-x^2}$ 时，得 $\dfrac{dy}{dx}=-\dfrac{x}{\sqrt{R^2-x^2}}=-\dfrac{x}{y}$；

当 $y=-\sqrt{R^2-x^2}$ 时，得 $\dfrac{dy}{dx}=\dfrac{x}{\sqrt{R^2-x^2}}=-\dfrac{x}{y}$。

这结果与前面算出的结果相同。

例2　求由方程 $e^y+xy-e=0$ 所确定的隐函数 y 的导数 $\dfrac{dy}{dx}$。

解　把方程两边对 x 求导数，注意 y 是 x 的函数，即

$$e^y\frac{dy}{dx}+y+x\frac{dy}{dx}=0$$

从而

$$\frac{dy}{dx} = -\frac{y}{x + e^y}$$

例 3　求曲线 $x^2 + y^4 = 17$ 在 $x = 4$ 处对应于曲线上的点的切线方程。

解　把 y 看作关于 x 的函数，方程两边对 x 求导数，得

$$2x + 4y^3 \frac{dy}{dx} = 0$$

得

$$\frac{dy}{dx} = -\frac{x}{2y^3}$$

将 $x = 4$ 代入方程，得 $y = \pm 1$。即对应于 $x = 4$ 有两个纵坐标，这就是说曲线上有两个点 $P_1(4, 1)$ 和 $P_2(4, -1)$。

在 P_1 处的切线斜率 $y'|_{(4,1)} = -2$，在 P_2 处切线的斜率 $y'|_{(4,-1)} = 2$，所以，在点 P_1 处的切线方程为

$$y - 1 = -2(x - 4)$$

即

$$y + 2x - 9 = 0$$

在 P_2 点处的切线方程为

$$y + 1 = 2(x - 4)$$

即

$$y - 2x + 9 = 0$$

二、由参数方程所确定的函数的微分法

在解析几何中，参数方程的一般形式为

$$\begin{cases} x = \varphi(t) & \quad\quad (2\text{-}1) \\ y = \psi(t) & \quad\quad (2\text{-}2) \end{cases}$$

一般地讲这个方程确定了 y 是 x 的函数，（当然也可以说确定了 x 是 y 的参数），它是通过参数 t 联系起来的，现在来求 $\frac{dy}{dx}$。

对式（2-2）两边求微分，得

$$dy = \psi'(t) dt \quad\quad (2\text{-}3)$$

同样对式（2-1）两边求微分，得

$$dx = \varphi'(t) dt \quad\quad (2\text{-}4)$$

$\dfrac{式（2\text{-}3）}{式（2\text{-}4）}$得

$$\frac{dy}{dx} = \frac{\psi'(t)}{\varphi'(t)}$$

这表明对参数方程所确定的函数 $y = y(x)$ 求导，先求 dy 和 dx，然后相除即可。

例 4　已知椭圆的参数方程为

$$\begin{cases} x = a\cos t \\ y = b\sin t \end{cases}$$

求椭圆在 $t = \dfrac{\pi}{4}$ 相应的点处的切线方程。

解 当 $t = \dfrac{\pi}{4}$ 时，椭圆上的相应点 M_0 的坐标是：

$$x_0 = a\cos\frac{\pi}{4} = \frac{a\sqrt{2}}{2}$$

$$y_0 = b\sin\frac{\pi}{4} = \frac{b\sqrt{2}}{2}$$

曲线在点 M_0 的切线斜率为：

$$\frac{\mathrm{d}y}{\mathrm{d}x}\bigg|_{t=\frac{\pi}{4}} = \frac{(b\sin t)'}{(a\cos t)'}\bigg|_{t=\frac{\pi}{4}} = \frac{b\cos t}{-a\sin t}\bigg|_{t=\frac{\pi}{4}} = -\frac{b}{a}$$

代入点斜式方程，即得椭圆在点 M_0 处的切线方程

$$y - \frac{b\sqrt{2}}{2} = -\frac{b}{a}\left(x - \frac{a\sqrt{2}}{2}\right)$$

化简后得

$$bx + ay - \sqrt{2}ab = 0$$

例5 设炮弹与地平线成 α 角，初速为 v_0 射出，如果不计空气阻力，以发射点为原点，地平线为 x 轴，过原点垂直 x 轴方向向上的直线为 y 轴。由物理学知道它的运动方程为

$$\begin{cases} x = v_0 t\cos\alpha \\ y = v_0 t\sin\alpha - \dfrac{1}{2}gt^2 \end{cases}$$

求炮弹在时刻 t 时的速度大小与方向。

解 炮弹的水平方向速度为

$$v_x = \frac{\mathrm{d}x}{\mathrm{d}t} = v_0\cos t$$

炮弹的垂直方向速度为

$$v_y = \frac{\mathrm{d}y}{\mathrm{d}t} = v_0\sin\alpha - gt$$

所以，在 t 时的炮弹速度的大小为

$$|v| = \sqrt{v_x^2 + v_y^2} = \sqrt{v_0^2 - 2v_0\sin\alpha \cdot gt + g^2t^2}$$

它的位置是在 t 时所对应的点处的切线上，且沿炮弹的前进方向，其斜率为

$$\frac{\mathrm{d}y}{\mathrm{d}x} = \frac{v_0\sin\alpha - gt}{v_0\cos\alpha}$$

❖ **价值引领**

欧拉和拉格朗日

想必大家都熟悉拉格朗日定理，但是你知道其实是欧拉先证明出拉格朗日定理的吗？事情是这样的：有一天欧拉给学生们出了一道题，其实在给学生出题之前，欧拉已经做好了证明。可没想到第二天，自己的学生拉格朗日就把证明给了欧拉，而且和欧拉的方法完全不同，证明精彩绝伦，让人叹为观止。欧拉对拉格朗日说："你把这篇论文拿去发表吧！"后来欧拉打电话给出版社，说如果有个叫

拉格朗日的人让你们发表论文，出版费用全部由他承担。毕竟拉格朗日当时只是一个学生，没有钱出版文章。欧拉用他的无私奉献和倾囊相授赢得拉格朗日的尊敬，拉格朗日也继承了老师的优秀品质，把自己的知识传授给下一代优秀的学生。传承师者精神，发扬"捧着一颗心来，不带半根草去"的精神，以赤诚之心、奉献之心、仁爱之心投身教育事业，达到"有教无类""大爱无我"的境界。

习题 2-4

1. 求（1）~（5）题方程所确定的隐函数 y 的导数 $\dfrac{\mathrm{d}y}{\mathrm{d}x}$。

（1）$\dfrac{x}{y}=\ln(xy)$；　　　　　　　　（2）$2x^2-xy^2+y^3=0$；

（3）$\mathrm{e}^y=a\cos(x+y)$；　　　　　　（4）$\sqrt{x}+\sqrt{y}=\sqrt{a}$；

（5）$\mathrm{e}^{xy}+y\ln x=\sin 2x$。

2. 求曲线 $x^{\frac{2}{3}}+y^{\frac{2}{3}}=a^{\frac{2}{3}}$ 在点 $\left(\dfrac{\sqrt{2}}{4}a,\ \dfrac{\sqrt{2}}{4}a\right)$ 处的切线方程和法线方程。

3. 求下列参数方程所确定的函数的导数 $\dfrac{\mathrm{d}y}{\mathrm{d}x}$。

（1）$\begin{cases}x=at^2\\y=bt^3\end{cases}$；　　　　　　　　（2）$\begin{cases}x=\theta(1-\sin\theta)\\y=\theta\cos\theta\end{cases}$。

4. 已知 $\begin{cases}x=\mathrm{e}^t\sin t\\y=\mathrm{e}^t\cos t\end{cases}$，求当 $t=\dfrac{\pi}{3}$ 时 $\dfrac{\mathrm{d}y}{\mathrm{d}x}$ 的值。

第五节　高　阶　导　数

一、显函数的高阶导数

如果可以对函数 $f(x)$ 的导函数 $f'(x)$ 再求导，所得到的一个新函数，称为函数 $y=f(x)$ 的二阶导数，记作 $f''(x)$ 或 y'' 或 $\dfrac{\mathrm{d}^2y}{\mathrm{d}x^2}$。如对 $f''(x)$ 再求导，其结果称为 $y=f(x)$ 的三阶导数，记作 y''' 或 $f'''(x)$ 或 $\dfrac{\mathrm{d}^3y}{\mathrm{d}x^3}$。依此类推 $y=f(x)$ 的 n 阶导数，记作 $y^{(n)}$ 或 $f^{(n)}(x)$ 或 $\dfrac{\mathrm{d}^ny}{\mathrm{d}x^n}$，是 $y=f(x)$ 的 $n-1$ 阶导数的导数。把二阶及二阶以上的导数统称高阶导数。

例1　设 $y=x^3$，求 $y^{(3)}$、$y^{(4)}$。

解　$y'=3x^2$，$y''=6x$，$y^{(3)}=6$，$y^{(4)}=0$。由此看出如下规律：
设 $y=x^n$（n 为正整数），则 $y^n=n!$，$y^{(n+1)}=0$。

例2　设 $y=\mathrm{e}^x$，求 $y^{(n)}$。

解　$y'=\mathrm{e}^x,y''=\mathrm{e}^x,\cdots,y^{(n)}=\mathrm{e}^x$

例 3　设 $y = \ln(1+x)$，求 $y^{(n)}$。

解　$y' = \dfrac{1}{1+x} = (1+x)^{-1}$

$\quad y'' = -1(1+x)^{-2}$

$\quad y''' = (-1)(-2)(1+x)^{-3}$

$\quad y^{(4)} = (-1)(-2)(-3)(1+x)^{-4}$

一般地，可得

$$y^{(n)} = (-1)(-2)(-3)\cdots[-(n-1)](1+x)^{-n} = (-1)^{n-1}\frac{(n-1)!}{(1+x)^n}$$

例 4　设 $y = \sin x$，求 $\dfrac{\mathrm{d}^n y}{\mathrm{d}x^n}$。

解　$y' = \cos x = \sin\left(x + \dfrac{\pi}{2}\right)$

$\quad y'' = \cos\left(x + \dfrac{\pi}{2}\right) = \sin\left(x + 2 \cdot \dfrac{\pi}{2}\right)$

$\quad y^{(3)} = \cos\left(x + 2 \cdot \dfrac{\pi}{2}\right) = \sin\left(x + 3 \cdot \dfrac{\pi}{2}\right)$

一般地，可得 $y^{(n)} = \sin\left(x + n \cdot \dfrac{\pi}{2}\right)$，即

$$\frac{\mathrm{d}^n y}{\mathrm{d}x^n} = \sin\left(x + \frac{n\pi}{2}\right)$$

例 5　求由方程 $x^2 + y^2 = R^2$ 所确定的隐函数 y 的二阶导数 $\dfrac{\mathrm{d}^2 y}{\mathrm{d}x^2}$。

解　方程两边对 x 求导得

$$2x + 2y\frac{\mathrm{d}y}{\mathrm{d}x} = 0, \quad 即 \frac{\mathrm{d}y}{\mathrm{d}x} = -\frac{x}{y}$$

上式两边再对 x 求导，得

$$\frac{\mathrm{d}^2 y}{\mathrm{d}x^2} = -\frac{y - x\dfrac{\mathrm{d}y}{\mathrm{d}x}}{y^2} = -\frac{y - x \cdot \left(-\dfrac{x}{y}\right)}{y^2} = -\frac{x^2 + y^2}{y^3} = -\frac{R^2}{y^3}$$

例 6　求由方程 $x - y + \dfrac{1}{2}\sin y = 0$ 所确定的隐函数 y 的二阶导数 $\dfrac{\mathrm{d}^2 y}{\mathrm{d}x^2}$。

解　应用隐函数的求导法，得

$$1 - \frac{\mathrm{d}y}{\mathrm{d}x} + \frac{1}{2}\cos y \cdot \frac{\mathrm{d}y}{\mathrm{d}x} = 0$$

于是

$$\frac{\mathrm{d}y}{\mathrm{d}x} = \frac{2}{2 - \cos y}$$

再对上式两边 x 求导，得

$$\frac{\mathrm{d}^2 y}{\mathrm{d}x^2} = \frac{-2\sin y\dfrac{\mathrm{d}y}{\mathrm{d}x}}{(2 - \cos y)^2} = \frac{-4\sin y}{(2 - \cos y)^3}$$

二、由参数方程所确定的函数的二阶导数

用微分来求由参数方程所确定的函数的二阶导数。

例 7　设方程 $\begin{cases} x = a\cos t \\ y = b\sin t \end{cases}$，确定了 $y = y(x)$，求 $\dfrac{\mathrm{d}y}{\mathrm{d}x}$。

解　先求出一阶导数

$$\mathrm{d}y = b\cos t\,\mathrm{d}t$$

$$\mathrm{d}x = -a\sin t\,\mathrm{d}t \tag{2-5}$$

所以

$$y' = \frac{\mathrm{d}y}{\mathrm{d}x} = -\frac{b}{a}\cot t$$

$$\mathrm{d}y' = -\frac{b}{a}(-\csc^2 t)\,\mathrm{d}t \tag{2-6}$$

$\dfrac{式\ (2\text{-}6)}{式\ (2\text{-}5)}$ 得

$$y'' = \frac{\mathrm{d}y'}{\mathrm{d}x} = \frac{-\dfrac{b}{a}(-\csc^2 t)\,\mathrm{d}t}{-a\sin t\,\mathrm{d}t} = -\frac{b}{a^2}\cdot\frac{1}{\sin^3 t}$$

下面推导二阶导数公式。

例 8　设 $\begin{cases} x = g(t) \\ y = f(t) \end{cases}$，确定了函数 $y = y(x)$，求 $\dfrac{\mathrm{d}^2 y}{\mathrm{d}x^2}$。

解　
$$\mathrm{d}x = g'(t)\,\mathrm{d}t \tag{2-7}$$
$$\mathrm{d}y = f'(t)\,\mathrm{d}t$$

得

$$y' = \frac{\mathrm{d}y}{\mathrm{d}x} = \frac{f'(t)}{g'(t)}$$

$$\mathrm{d}y' = \frac{g'(t)f''(t) - f'(t)g''(t)}{[g'(t)]^2}\,\mathrm{d}t \tag{2-8}$$

$\dfrac{式\ (2\text{-}8)}{式\ (2\text{-}7)}$ 得

$$\frac{\mathrm{d}^2 y}{\mathrm{d}x^2} = \frac{\mathrm{d}y'}{\mathrm{d}x} = \frac{g'(t)f''(t) - f'(t)g''(t)}{[g'(t)]^3}$$

❖ **名人故事**

莱 布 尼 兹

　　莱布尼兹（1646—1716 年）出生于德国莱比锡的一个教授家庭，他是一个神童，14 岁就进入莱比锡大学学习法律，20 岁时，莱布尼兹递交了一篇出色的博士论文，因为年纪太小被拒，加上此前母亲已去世，他离开了这所大学和故乡。1672 年，他被大主教派往巴黎任外交官。作为外交官，对数学和科学深感兴趣的

莱布尼茨进入了巴黎的知识圈，结识了马勒伯朗士和法国巴黎科学院奠基人、光学宗师惠更斯等人，迅速汲取着科学养料。短短四年之内，便已经在微积分领域取得突破，这个数学新手已经迅速成长为一位宗师。相比于牛顿，莱布尼兹可谓是"跨领域"的天才，他并非数学科班出身，作为一名律师、政治家，却在数学和哲学领域产生了深远的影响。他的博学多才在科学史上罕有可比，其著作涉及数学、力学、机械、地质、逻辑、哲学、法律、外交、神学和语言等，被称为"17 世纪的亚里士多德"。

只有百炼成钢、发愤图强、坚持不懈、迎难而上，才能成为一个有所作为的人。实现梦想的过程中有很多挫折，只要坚持不懈，你总会站在光里。我们要践行初心，担当使命，坚持"吾将上下而求索"的不懈追求，不忘来路才能更好地走向未来。

习题 2-5

1. 求（1）~（6）题各函数的二阶导数 y''。

（1）$y = \mathrm{e}^{-x^2}$；

（2）$y = (\arcsin x)^2$；

（3）$y = \ln(x - \sqrt{x^2 - a^2})$；

（4）$y = \sin^2 x$；

（5）$y = (1 + x^2)\arctan x$；

（6）$y = \dfrac{x^2}{\sqrt{1 + x^2}}$。

2. 求下列各函数的 n 阶导数。

（1）$y = \mathrm{e}^{2x}$；

（2）$y = \dfrac{1}{1 - x}$；

（3）$y = \sin 2x$；

（4）$y = x\ln x$；

（5）$y = \dfrac{1}{x^2 - 1}$；

（6）$y = \dfrac{1 - x}{1 + x}$。

3. 求由下列方程所确定的隐函数 y 的二阶导数 $\dfrac{\mathrm{d}^2 y}{\mathrm{d}x^2}$。

（1）$y = \tan(x + y)$；

（2）$y = 1 + x\mathrm{e}^y$；

（3）$y = x + \arctan y$；

（4）$b^2 x^2 + a^2 y^2 = a^2 b^2$。

4. 求下列参数方程所确定的函数的二阶导数 $\dfrac{\mathrm{d}^2 y}{\mathrm{d}x^2}$。

（1）$\begin{cases} x = \dfrac{t^2}{2} \\ y = 1 - t \end{cases}$；

（2）$\begin{cases} x = 3\mathrm{e}^{-t} \\ y = 2\mathrm{e}^t \end{cases}$；

（3）$\begin{cases} x = t - \sin t \\ y = 1 - \cos t \end{cases}$；

（4）$\begin{cases} x = t^2 + 2t \\ y = \ln(1 + t) \end{cases}$。

5. 已知 $y\ln y = x + y$，求证：$(x + y)^2 y'' + yy' = 0$。

6. 设 $y = f(x)$ 的反函数 $x = f^{-1}(y)$ 存在一阶导数 $\dfrac{\mathrm{d}x}{\mathrm{d}y}$ 和二阶导数 $\dfrac{\mathrm{d}^2 x}{\mathrm{d}y^2}$，求证：$\dfrac{\mathrm{d}^2 x}{\mathrm{d}y^2} = -\dfrac{f''(x)}{[f'(x)]^3}$。

第三章　导数的应用

导数在自然科学与工程技术上都有着极其广泛的应用，本章将在介绍微分学中值定理的基础上，引出计算未定型极限的新方法——洛必达法则。并以导数为工具，讨论函数及其图形的性态，解决一些常见的应用问题。

第一节　中值定理　洛必达法则

一、中值定理

本节将介绍的三个定理，都是微分学的基本定理。运用这些定理，就能通过导数研究函数的一些问题，因此，它们在微积分的理论和应用中均占有重要地位。

罗尔定理　如果函数 $y = f(x)$ 满足下列条件：

（1）在 $[a, b]$ 上连续；

（2）在 (a, b) 内可导；

（3）$f(a) = f(b)$。

则至少存在一点 $\xi \in (a, b)$，使 $f'(\xi) = 0$。

证　由于 $f(x)$ 在 $[a, b]$ 上连续，所以 $f(x)$ 在闭区间 $[a, b]$ 上必定取得它的最大值 M 和最小值 m。这样只有两种可能情形。

（1）$M = m$，这时 $f(x)$ 在区间 $[a, b]$ 上必然取相同的数值 M：$f(x) = M$。由此有 $f'(x) = 0$，因此可以取 (a, b) 内任意一点作为 ξ 而有 $f'(\xi) = 0$。

（2）$M > m$。因为 $f(a) = f(b)$，所以 M 和 m 至少有一个不等于 $f(x)$ 在 $[a, b]$ 的端点处的函数值。不妨设 $M \neq f(a)$，那么必定在 $\xi \in (a, b)$ 使 $f(\xi) = M$。

下面证明 $f'(\xi) = 0$。

因 $f(x)$ 在 (a, b) 内可导，所以

$$f'(\xi) = \lim_{\Delta x \to 0^+} \frac{f(\xi + \Delta x) - f(\xi)}{\Delta x} = \lim_{\Delta x \to 0^-} \frac{f(\xi + \Delta x) - f(\xi)}{\Delta x}$$

因为
$$f(\xi + \Delta x) \leqslant f(\xi)$$

即
$$f(\xi + \Delta x) - f(\xi) \leqslant 0$$

当 $\Delta x > 0$ 时，

$$\frac{f(\xi + \Delta x) - f(\xi)}{\Delta x} \leqslant 0$$

从而有

$$f'(\xi) = \lim_{\Delta x \to 0^+} \frac{f(\xi + \Delta x) - f(\xi)}{\Delta x} \leqslant 0$$

同理可证

$$f'(\xi) = \lim_{\Delta x \to 0^-} \frac{f(\xi + \Delta x) - f(\xi)}{\Delta x} \geqslant 0$$

因此必然有 $f'(\xi) = 0$

拉格朗日中值定理 若函数 $f(x)$ 满足下列条件：

（1）$f(x)$ 在闭区间 $[a, b]$ 上连续；

（2）$f(x)$ 在开区间 (a, b) 内可导。

则至少存在一点 $\xi \in (a, b)$，使得

$$\frac{f(b) - f(a)}{b - a} = f'(\xi)$$

证 引进辅助函数

$$F(x) = f(x) - f(a) - \frac{f(b) - f(a)}{b - a}(x - a)$$

容易验证函数 $F(x)$ 在 $[a, b]$ 上满足罗尔定理条件，且

$$F'(x) = f'(x) - \frac{f(b) - f(a)}{b - a}$$

根据罗尔定理，可知在 (a, b) 内至少有一点 ξ，使 $F'(\xi) = 0$，即

$$f'(\xi) - \frac{f(b) - f(a)}{b - a} = 0$$

即

$$\frac{f(b) - f(a)}{b - a} = f'(\xi)$$

推论 设 $f(x)$ 在 $[a, b]$ 上连续，若在 (a, b) 内的导数恒为零，则在 $[a, b]$ 上 $f(x)$ 为常数。

证 取 $x_0 \in [a, b]$，任取 $x \in [a, b]$，$x \neq x_0$，则

$$\frac{f(x) - f(x_0)}{x - x_0} = f'(\xi)$$

ξ 在 x_0 与 x 之间，因为 $f'(x) = 0$，所以 $f'(\xi) = 0$，即

$$\frac{f(x) - f(x_0)}{x - x_0} = 0$$

故 $f(x) = f(x_0)$，即 $f(x)$ 为常数。

柯西中值定理 若函数 $f(x)$ 和 $F(x)$ 满足下列条件：

（1）在 $[a, b]$ 上连续；

（2）在 (a, b) 内可导，且 $F'(x)$ 在 (a, b) 内恒不为零。

则至少存在一点 $\xi \in (a, b)$，使

$$\frac{f(b) - f(a)}{F(b) - F(a)} = \frac{f'(\xi)}{F'(\xi)}$$

很明显，如果取 $F(x) = x$，那么 $F(b) - F(a) = b - a$，$F'(x) = 1$，该定理就变成拉格朗日中值公式了。

定理证明从略。

上述三个定理在理论上具有重要意义。因此，人们常称为微分学基本定理或微分中值定理。

例 1 不求函数 $f(x) = (x-1)(x-2)(x-3)$ 的导数，说明方程 $f'(x) = 0$ 有几个实

根，并指出它们所在的区间。

解　显然，$f(x)$ 在区间 $[1, 2]$ 和 $[2, 3]$ 上都满足罗尔定理，所以至少有 $\xi_1 \in (1, 2)$、$\xi_2 \in (2, 3)$ 使 $f'(\xi_1) = 0$，$f'(\xi_2) = 0$，即方程 $f'(x) = 0$ 至少有两个实根，又因为 $f'(x) = 0$ 是一个一元二次方程，最多有两个实根，所以方程 $f'(x) = 0$ 有两个实根，且分别在区间 $(1, 2)$ 和 $(2, 3)$ 内。

例 2　证明当 $x > 0$ 时，$\dfrac{x}{1+x} < \ln(1+x) < x$。

证　设 $f(x) = \ln(1+x)$，显然 $f(x)$ 在区间 $[0, x]$ 上满足拉格朗日中值定理的条件，应有

$$\frac{f(x) - f(0)}{x - 0} = f'(\xi), \ 0 < \xi < x$$

由于 $f(0) = 0$，$f'(x) = \dfrac{1}{1+x}$，因此上式即为

$$\ln(1+x) = \frac{x}{1+\xi}$$

又由 $0 < \xi < x$，有

$$\frac{x}{1+x} < \frac{x}{1+\xi} < x$$

即

$$\frac{x}{1+x} < \ln(1+x) < x$$

二、洛必达法则

洛必达法则是处理未定型极限的重要工具，是计算 $\dfrac{0}{0}$ 和 $\dfrac{\infty}{\infty}$ 型极限的新方法，能帮助我们解决许多迄今无法计算的极限问题。

定理　设：

（1）当 $x \to x_0$（或 $x \to \infty$）时，$f(x)$ 和 $F(x)$ 都趋于零；

（2）在点 x_0 的某去心邻域内（或 $|x| > M$，$M > 0$）$f'(x)$ 及 $F'(x)$ 都存在 $F'(x) \neq 0$；

（3）$\lim\limits_{\substack{x \to x_0 \\ (x \to \infty)}} \dfrac{f'(x)}{F'(x)}$ 存在 1 或为无穷大。

那么 $\lim\limits_{\substack{x \to x_0 \\ (x \to \infty)}} \dfrac{f(x)}{F(x)} = \lim\limits_{\substack{x \to x_0 \\ (x \to \infty)}} \dfrac{f'(x)}{F'(x)}$。

证明从略，下面对定理作若干说明。

（1）若在自变量 x 的某种趋向（$x \to x_0$ 或 $x \to \infty$）时，$f(x) \to \infty$，$F(x) \to \infty$，而定理其他相应的条件都满足，上式仍然成立，上述定理称为洛必达法则。

凡属于 $\dfrac{0}{0}$ 型和 $\dfrac{\infty}{\infty}$ 型的极限，只要定理所要求的相应条件得到满足，公式都成立。

（2）若施行一次洛必达法则后，问题尚未解决，而 $f'(x)$，$F'(x)$ 仍满足定理条件，则可继续使用洛必达法则，即

$$\lim \frac{f'(x)}{F'(x)} = \lim \frac{f''(x)}{F''(x)}$$

例 3 计算 $\lim\limits_{x\to 0}\dfrac{\sqrt[3]{1+x^2}-1}{x^2}$。

解 $\lim\limits_{x\to 0}\dfrac{\sqrt[3]{1+x^2}-1}{x^2}=\lim\limits_{x\to 0}\dfrac{(\sqrt[3]{1+x^2}-1)'}{(x^2)'}=\lim\limits_{x\to 0}\dfrac{\dfrac{1}{3}(1+x^2)^{-\frac{2}{3}}\cdot 2x}{2x}$

$\qquad\qquad =\lim\limits_{x\to 0}\dfrac{1}{3}(1+x^2)^{-\frac{2}{3}}=\dfrac{1}{3}$

例 4 计算 $\lim\limits_{x\to 0}\dfrac{a^x-b^x}{\ln(1+x)}$ $(a>0,\ a\neq 1,\ b>0,\ b\neq 1)$。

解 $\lim\limits_{x\to 0}\dfrac{a^x-b^x}{\ln(1+x)}=\lim\limits_{x\to 0}\dfrac{(a^x-b^x)'}{[\ln(1+x)]'}=\lim\limits_{x\to 0}\dfrac{a^x\ln a-b^x\ln b}{\dfrac{1}{1+x}}=\ln a-\ln b=\ln\dfrac{a}{b}$

例 5 求 $\lim\limits_{x\to 0}\dfrac{x-\sin x}{x^3}$。

解 $\lim\limits_{x\to 0}\dfrac{x-\sin x}{x^3}=\lim\limits_{x\to 0}\dfrac{1-\cos x}{3x^2}=\lim\limits_{x\to 0}\dfrac{\sin x}{6x}=\dfrac{1}{6}$

例 6 求 $\lim\limits_{x\to +\infty}\dfrac{\dfrac{\pi}{2}-\arctan x}{\dfrac{1}{x}}$。

解 $\lim\limits_{x\to +\infty}\dfrac{\dfrac{\pi}{2}-\arctan x}{\dfrac{1}{x}}=\lim\limits_{x\to +\infty}\dfrac{-\dfrac{1}{1+x^2}}{-\dfrac{1}{x^2}}=\lim\limits_{x\to +\infty}\dfrac{x^2}{1+x^2}=1$

例 7 求 $\lim\limits_{x\to +\infty}\dfrac{\ln x}{x^\alpha}$ $(\alpha>0)$。

解 $\lim\limits_{x\to +\infty}\dfrac{\ln x}{x^\alpha}=\lim\limits_{x\to +\infty}\dfrac{\dfrac{1}{x}}{\alpha x^{\alpha-1}}=\lim\limits_{x\to +\infty}\dfrac{1}{\alpha x^\alpha}=0$

例 8 求 $\lim\limits_{x\to +\infty}\dfrac{x^n}{\mathrm{e}^{\lambda x}}$ (n 为正整数，$\lambda>0$)。

解 应用洛必达法则 n 次，得

$$\lim\limits_{x\to +\infty}\dfrac{x^n}{\mathrm{e}^{\lambda x}}=\lim\limits_{x\to +\infty}\dfrac{nx^{n-1}}{\lambda\mathrm{e}^{\lambda x}}=\lim\limits_{x\to +\infty}\dfrac{n(n-1)x^{n-2}}{\lambda^2\mathrm{e}^{\lambda x}}=\cdots=\lim\limits_{x\to +\infty}\dfrac{n!}{\lambda^n\mathrm{e}^{\lambda x}}=0$$

其他尚有一些 $0\cdot\infty$、$\infty-\infty$、0^0、1^∞、∞^0 型的未定式，也可通过 $\dfrac{0}{0}$ 或 $\dfrac{\infty}{\infty}$ 型的未定式来计算，下面举例说明。

例 9 求 $\lim\limits_{x\to +0}x^n\ln x$ $(n>0)$。

解 $\lim\limits_{x\to 0^+}x^n\ln x=\lim\limits_{x\to 0^+}\dfrac{\ln x}{x^{-n}}=\lim\limits_{x\to 0^+}\dfrac{\dfrac{1}{x}}{-nx^{-n-1}}=\lim\limits_{x\to 0^+}\dfrac{-x^n}{n}=0$

例 10 求 $\lim\limits_{x\to\frac{\pi}{2}}(\sec x-\tan x)$。

解　$\lim\limits_{x \to \frac{\pi}{2}} (\sec x - \tan x) = \lim\limits_{x \to \frac{\pi}{2}} \dfrac{1 - \sin x}{\cos x} = \lim\limits_{x \to \frac{\pi}{2}} \dfrac{-\cos x}{-\sin x} = 0$

例 11　求 $\lim\limits_{x \to +0} x^x$。

解　$\lim\limits_{x \to 0^+} x^x = \lim\limits_{x \to 0^+} e^{x \ln x} = \lim\limits_{x \to 0^+} e^{\frac{\ln x}{\frac{1}{x}}}$

因为　$\lim\limits_{x \to 0^+} \dfrac{\ln x}{\dfrac{1}{x}} = \lim\limits_{x \to 0^+} \dfrac{\dfrac{1}{x}}{-\dfrac{1}{x^2}} = \lim\limits_{x \to 0^+} (-x) = 0$

所以　$\lim\limits_{x \to 0^+} x^x = e^0 = 1$

例 12　求 $\lim\limits_{x \to 0} \dfrac{\tan x - x}{x^2 \sin x}$。

解　如果直接用洛必达法则，那么分母的导数较繁琐。如果用一个等价无穷小替代，那么运算就方便得多。其运算如下：

$$\lim\limits_{x \to 0} \dfrac{\tan x - x}{x^2 \sin x} = \lim\limits_{x \to 0} \dfrac{\tan x - x}{x^3} \cdot \dfrac{x}{\sin x} = \lim\limits_{x \to 0} \dfrac{\tan x - x}{x^3} = \lim\limits_{x \to 0} \dfrac{\sec^2 x - 1}{3x^2}$$

$$= \lim\limits_{x \to 0} \dfrac{2\sec^2 x \tan x}{6x} = \dfrac{1}{3} \lim\limits_{x \to 0} \dfrac{\tan x}{x} = \dfrac{1}{3}$$

例 13　求 $\lim\limits_{x \to \infty} \dfrac{x + \sin x}{x}$。

解　$\lim\limits_{x \to \infty} \dfrac{x + \sin x}{x} = \lim\limits_{x \to \infty} \left(1 + \dfrac{\sin x}{x}\right) = 1$

若用洛必达法则会得到如下结果：

$$\lim\limits_{x \to \infty} \dfrac{x + \sin x}{x} = \lim\limits_{x \to \infty} \dfrac{1 + \cos x}{1}$$

而极限 $\lim\limits_{x \to \infty} (1 + \cos x)$ 显然不存在。此例说明，当定理条件不满足时，所求极限却不一定不存在，这就是说，当 $\lim \dfrac{f'(x)}{F'(x)}$ 不存在时，$\lim \dfrac{f(x)}{F(x)}$ 仍可能存在。

❖ **价值引领**

中 值 定 理

三大中值定理分别是拉格朗日中值定理、柯西中值定理、积分中值定理。人们对微分中值定理的研究，经历了 200 多年的时间。从费马定理开始，经历了从特殊到一般、从直观到抽象、从强条件到弱条件的发展阶段，人们正是在这一发展过程中，逐渐认识到微分中值定理的普遍性，微分中值定理的形成历史和发展过程深刻地揭示了数学发展是一个推陈出新、吐故纳新的过程，是一些新的有力工具和更简单方法的发现与一些陈旧的、复杂的东西被抛弃的过程，是一个由低级向高级发展的过程，是分析、代数和几何统一的过程。

如果没有时代的指引，人生就没有方向；如果不能竭尽全力，就无法实现人生价值；如果不做为国利民的事，就无法成就有为人生。因此，当代青年要紧跟着时代的需要，不怕苦难，砥砺前行。

习题 3-1

1. 下列函数中，在区间 $[-1, 1]$ 上满足罗尔定理条件的是_____。

A. $f(x) = e^x$

B. $g(x) = \ln|x|$

C. $h(x) = 1 - x^2$

D. $k(x) = \begin{cases} x\sin\dfrac{1}{x}, & x \neq 0 \\ 0, & x = 0 \end{cases}$

2. 验证罗尔定理对函数 $y = \ln\sin x$ 在区间 $\left[\dfrac{\pi}{6}, \dfrac{5}{6}\pi\right]$ 上的正确性，并求出定理中 ξ 的值。

3. 验证拉格朗日中值定理对函数 $y = 4x^3 - 5x^2 + x - 2$ 在区间 $[0, 1]$ 上的正确性，并求出定理中的 ξ 的值。

4. 不用求出函数 $f(x) = (x-1)(x-2)(x-3)(x-4)$ 的导数，说明方程 $f'(x) = 0$ 有几个实根，并指出它们所在的区间。

5. 证明恒等式：$\arcsin x + \arccos x = \dfrac{\pi}{2} \; (-1 \leqslant x \leqslant 1)$。

6. 证明：若方程 $a_0 x^n + a_1 x^{n-1} + \cdots + a_{n-1} x = 0$ 有一个正根 $x = x_0$。证明方程 $a_0 n x^{n-1} + a_1(n-1)x^{n-2} + \cdots + a_{n-1} = 0$，必有一个小于 x_0 的正根。

7. 若函数 $f(x)$ 在 (a, b) 内具有二阶导数，且有 $f(x_1) = f(x_2) = f(x_3)$，其中 $a < x_1 < x_2 < x_3 < b$，证明：在 (x_1, x_3) 内至少有一点 ξ，使得 $f''(\xi) = 0$。

8. 设函数 $f(x)$，$g(x)$ 在 $[a, b]$ 上连续，在 (a, b) 内可导，且在 $[a, b]$ 上 $f'(x) \leqslant g'(x)$，证明：$f(b) - f(a) \leqslant g(b) - g(a)$。

9. 设 $a > b > 0$，$n > 1$，证明：$nb^{n-1}(a-b) < a^n - b^n < na^{n-1}(a-b)$。

10. 设 $a > b > 0$，证明：$\dfrac{a-b}{a} < \ln\dfrac{a}{b} < \dfrac{a-b}{b}$。

11. 证明下列不等式：

（1）$|\arctan a - \arctan b| \leqslant |a - b|$；

（2）当 $x > 1$ 时，$e^x > e \cdot x$。

12. 证明：方程 $x^5 + x - 1 = 0$ 只有一个正根。

13. 用洛必达法则求下列极限：

（1）$\lim\limits_{x \to 0} \dfrac{e^x - 1}{x}$；

（2）$\lim\limits_{x \to 0} \dfrac{e^x - e^{-x}}{\sin x}$；

（3）$\lim\limits_{x \to a} \dfrac{\sin x - \sin a}{x - a}$；

（4）$\lim\limits_{x \to \pi} \dfrac{\sin 3x}{\tan 5x}$；

（5）$\lim\limits_{x \to \frac{\pi}{2}} \dfrac{\ln\sin x}{(\pi - 2x)^2}$；

（6）$\lim\limits_{x \to a} \dfrac{x^m - a^m}{x^n - a^n}$；

（7）$\lim\limits_{x \to 0^+} \dfrac{\ln\tan 7x}{\ln\tan 2x}$；

（8）$\lim\limits_{x \to \frac{\pi}{2}} \dfrac{\tan x}{\tan 3x}$；

(9) $\lim\limits_{x\to+\infty}\dfrac{\ln\left(1+\dfrac{1}{x}\right)}{\mathrm{arccot}x}$;

(10) $\lim\limits_{x\to0}\dfrac{\ln\ (1+x^2)}{\sec x-\cos x}$;

(11) $\lim\limits_{x\to0}x\cot2x$;

(12) $\lim\limits_{x\to0}x^2\mathrm{e}^{\frac{1}{x^2}}$;

(13) $\lim\limits_{x\to1}\left(\dfrac{2}{x^2-1}-\dfrac{1}{x-1}\right)$;

(14) $\lim\limits_{x\to\infty}\left(1+\dfrac{a}{x}\right)^x$;

(15) $\lim\limits_{x\to0^+}x^{\sin x}$;

(16) $\lim\limits_{x\to0^+}\left(\dfrac{1}{x}\right)^{\tan x}$。

第二节　函数的单调性及其极值

单调性是函数的重要性态之一，它既决定着函数递增和递减的状况，又能帮助我们研究函数的极值，还能证明某些不等式和分析函数的图形。

一、函数单调性的判定法

定理1　设 $f(x)$ 在 $[a,b]$ 上连续在 (a,b) 内可导：

（1）若当 $x\in(a,b)$ 时，$f'(x)>0$，则 $f(x)$ 在 $[a,b]$ 内单调递增；

（2）若当 $x\in(a,b)$ 时，$f'(x)<0$，则 $f(x)$ 在 $[a,b]$ 内单调递减。

证　设 x_1 和 x_2 为 $[a,b]$ 内的任意两点，且 $x_1<x_2$，由拉格朗日中值定理有

$$\frac{f(x_2)-f(x_1)}{x_2-x_1}=f'(\xi),\ \xi\in(a,b)$$

（1）若 $f'(x)>0$，则 $f'(\xi)>0$，于是

$$f(x_2)>f(x_1)$$

可知 $f(x)$ 在 $[a,b]$ 内递增。

（2）与（1）证法类似。

定理1的几何意义是：如果曲线 $y=f(x)$ 在某区间的切线与 x 轴正向夹角 α 是锐角，则该曲线在该区间内上升 [图3-1(a)]；若这个夹角是钝角，则该曲线在该区间内下降 [图3-1(b)]。

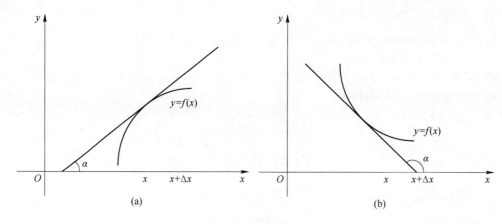

图 3-1

应当指出，如果函数的导数仅在个别点处为零，而在其余的点处均满足定理 1 的条件，那么定理 1 的结论仍然成立。例如 $y = x^3$，在 $x = 0$ 处的导数为零，但在 $(-\infty, +\infty)$ 内的其他点处的导数均大于零，因此它在 $(-\infty, +\infty)$ 内递增的。

确定某个函数的单调性的一般步骤是：

（1）确定函数的定义域；

（2）求出使 $f'(x) = 0$ 和 $f'(x)$ 不存在的点，并以这些点为分界点，将定义域分为若干个子区间；

（3）确定 $f'(x)$ 在各个子区间内的符号，从而判定出 $f(x)$ 的单调性。

例 1 求函数 $f(x) = x^3 - 3x$ 的单调区间。

解 （1）该函数的定义区间为 $(-\infty, +\infty)$。

（2）$f'(x) = 3(x+1)(x-1)$，令 $f'(x) = 0$，得 $x_1 = -1$，$x_2 = 1$，它们将定义区间分为三个子区间：$(-\infty, -1)$，$(-1, 1)$，$(1, +\infty)$。

（3）当 $x \in (-\infty, -1)$ 时，$f'(x) > 0$，$x \in (-1, 1)$ 时，$f'(x) < 0$，$x \in (1, +\infty)$ 时，$f'(x) > 0$，所以 $(-\infty, -1)$ 和 $(1, +\infty)$ 是 $f(x)$ 的递增区间，$(-1, 1)$ 是 $f(x)$ 的递减区间。

例 2 讨论函数 $f(x) = (x-1)x^{\frac{2}{3}}$ 的单调性。

解 （1）该函数的定义域为 $(-\infty, +\infty)$。

（2）$f'(x) = \frac{2}{3}x^{-\frac{1}{3}}(x-1) + x^{\frac{2}{3}} = \frac{5x-2}{3x^{\frac{1}{3}}}$，令 $f'(x) = 0$ 得 $x = \frac{2}{5}$，此外，显然 $x = 0$ 为 $f'(x)$ 不存在的点，于是 $x = 0$ 和 $x = \frac{2}{5}$ 将定义区间分为三个子区间：$(-\infty, 0)$，$\left(0, \frac{2}{5}\right)$，$\left(\frac{2}{5}, +\infty\right)$。

（3）因为 $x \in (-\infty, 0)$ 和 $\left(\frac{2}{5}, +\infty\right)$ 时，$f'(x) > 0$；$x \in \left(0, \frac{2}{5}\right)$ 时，$f'(x) < 0$，所以 $f(x)$ 在 $(-\infty, 0)$ 和 $\left(\frac{2}{5}, +\infty\right)$ 内单调递增，在 $\left(0, \frac{2}{5}\right)$ 内单调递减。

例 3 证明：当 $x > 1$ 时，$2\sqrt{x} > 3 - \frac{1}{x}$。

证 令 $f(x) = 2\sqrt{x} - \left(3 - \frac{1}{x}\right)$，则

$$f'(x) = \frac{1}{\sqrt{x}} - \frac{1}{x^2} = \frac{1}{x^2}\left(x^{\frac{3}{2}} - 1\right)$$

$f(x)$ 在 $[1, +\infty)$ 连续，在 $(1, +\infty)$ 内 $f'(x) > 0$，因此在 $[1, +\infty)$ 上 $f(x)$ 单调增加，从而当 $x > 1$ 时，$f(x) > f(1)$，即

$$2\sqrt{x} - \left(3 - \frac{1}{x}\right) > 0$$

故

$$2\sqrt{x} > 3 - \frac{1}{x} \quad (x > 1)$$

二、函数的极值及其求法

定义 设函数 $y = f(x)$ 在 x_0 的一个邻域内有定义，若对于该邻域内异于 x_0 的 x 恒有

（1）$f(x_0) > f(x)$，则称 $f(x_0)$ 为函数 $f(x)$ 的极大值，x_0 称为 $f(x)$ 的极大值点；

（2）$f(x_0) < f(x)$，则称 $f(x_0)$ 为函数 $f(x)$ 的极小值，x_0 称为 $f(x)$ 的极小值点。

函数的极大值、极小值统称为函数的极值，极大值点、极小值点统称为极值点。

定义告诉我们，极值只是函数在一个邻域内最大的值和最小的值，因此，极值是函数的局部性态，而函数的最大值与最小值则是指定区域内的整体性态，两者不可混淆。

定理 2　（极值的必要条件）设函数 $f(x)$ 在点 x_0 处可导，且 $f(x_0)$ 为极值，x_0 为极值点，则 $f'(x_0) = 0$。

证　设 $f(x_0)$ 为极大值，则由定义可知，必存在 x_0 的一个邻域 $U(x_0, \delta)$，当 $x_0 + \Delta x \in U(x_0, \delta)$ 时，有

$$f(x_0 + \Delta x) - f(x_0) < 0$$

因此，当 $\Delta x < 0$ 时，有

$$\frac{f(x_0 + \Delta x) - f(x_0)}{\Delta x} > 0$$

当 $\Delta x > 0$ 时，有

$$\frac{f(x_0 + \Delta x) - f(x_0)}{\Delta x} < 0$$

因为 $f(x)$ 在 x_0 处可导，所以有 $f'(x_0) = f'_-(x_0) = f'_+(x_0)$，由于

$$f'_-(x_0) = \lim_{\Delta x \to 0^-} \frac{f(x_0 + \Delta x) - f(x_0)}{\Delta x} \geqslant 0$$

$$f'_+(x_0) = \lim_{\Delta x \to 0^+} \frac{f(x_0 + \Delta x) - f(x_0)}{\Delta x} \leqslant 0$$

因此有 $f'(x_0) = 0$。

若 $f(x_0)$ 为极小值情形证明与上类似。

定理 2 的几何意义是：可导函数的图形在极值点处的切线与 Ox 轴平行，这说明对可导函数来讲，其极值点必在导数为零的那些点之中。导数为零的点称为驻点。

定理 3　（极值的第一充分条件）设函数 $f(x)$ 在点 x_0 的一个邻域内可导且 $f'(x_0) = 0$。

（1）如果当 x 取 x_0 左侧邻近的值时，$f'(x) > 0$；当 x 取 x_0 右侧邻近的值时，$f'(x) < 0$，那么 $f(x)$ 在点 x_0 处取得极大值。

（2）如果当 x 取 x_0 左侧邻近的值时，$f'(x) < 0$；当 x 取 x_0 右侧邻近的值时，$f'(x) > 0$，那么 $f(x)$ 在 x_0 处取得极小值。

（3）如果当 x 取 x_0 左右两侧邻近的值时，$f'(x)$ 恒为正或恒为负，那么 $f(x)$ 在 x_0 处没有极值。

证　情形（1）根据函数单调性的判定法，$f(x)$ 在 x_0 左侧邻近是单调增加的，在 x_0 右侧邻近是单调减少的，因此 $f(x_0)$ 是 $f(x)$ 的一个极大值，如图 3-2（a）所示。

类似地可论证情形（2）［图 3-2（b）］及情形（3）［图 3-2（c）、（d）］。

定理 4　（极值的第二充分条件）设函数 $f(x)$ 在点 x_0 处具有二阶导数且 $f'(x_0) = 0$，$f''(x_0) \neq 0$，那么

（1）当 $f''(x_0) < 0$ 时，$f(x)$ 在 x_0 处取得极大值；

（2）当 $f''(x_0) > 0$ 时，$f(x)$ 在 x_0 处取得极小值。

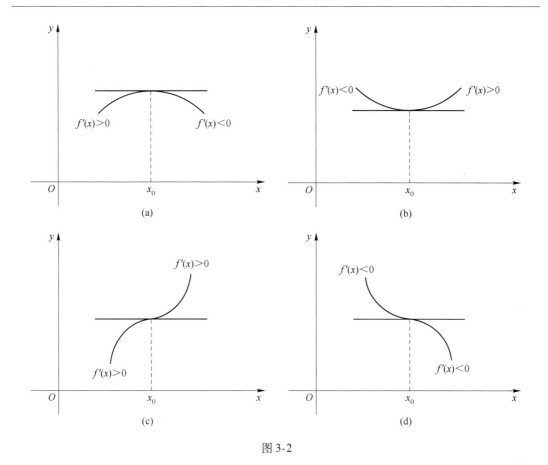

图 3-2

证 由于 $f''(x_0) < 0$，按二阶导数的定义有

$$f''(x_0) = \lim_{x \to x_0} \frac{f'(x) - f'(x_0)}{x - x_0} < 0$$

根据函数极限的局部保号性，当 x 在 x_0 的足够小的去心邻域内时，

$$\frac{f'(x) - f'(x_0)}{x - x_0} < 0$$

但 $f'(x_0) = 0$，所以上式为

$$\frac{f'(x)}{x - x_0} < 0$$

从而知道，对于这去心邻域内的 x 来说，$f'(x)$ 与 $x - x_0$ 符号相反。因此，当 $x - x_0 < 0$ 即 $x < x_0$ 时，$f'(x) > 0$；当 $x - x_0 > 0$ 即 $x > x_0$ 时，$f'(x) < 0$。于是根据定理 3 知道，$f(x)$ 在点 x_0 取得极大值。

类似地可以证明情形（2）。

例 4 求函数 $f(x) = x^3 - 3x^2 - 9x + 5$ 的极值。

解 （1）$f'(x) = 3x^2 - 6x - 9 = 3(x + 1)(x - 3)$。

（2）令 $3(x + 1)(x - 3) = 0$，求得驻点 $x_1 = -1$，$x_2 = 3$。

（3）由 $f'(x) = 3(x + 1)(x - 3)$ 来确定 $f'(x)$ 的符号：

当 x 在 -1 的左侧邻近时，$f'(x) > 0$；

当 x 在 -1 的右侧邻近时，$f'(x) < 0$。

所以函数 $f(x)$ 在 $x = -1$ 处取得极大值。同理，函数在 $x = 3$ 处取得极小值。

（4）算出极大值 $f(-1) = 10$，极小值 $f(3) = -22$。

例 5 求函数 $f(x) = (x-1)\sqrt[3]{x^2}$ 的极值。

解 （1）$f'(x) = \dfrac{5x-2}{3x^{\frac{1}{3}}}$。

（2）令 $f'(x) = 0$，求得驻点 $x_1 = \dfrac{2}{5}$。此外 $x = 0$ 为 $f(x)$ 的不可导点。

当 x 在 0 的左侧邻近时，$f'(x) > 0$；

当 x 在 0 的右侧邻近时，$f'(x) < 0$；

当 x 在 $\dfrac{2}{5}$ 的左侧邻近时，$f'(x) < 0$；

当 x 在 $\dfrac{2}{5}$ 的右侧邻近时，$f'(x) > 0$。

所以 $f(x)$ 在 $x = 0$ 时取极大值，极大值 $f(0) = 0$。在 $x_1 = \dfrac{2}{5}$ 时取极小值，极小值

$f\left(\dfrac{2}{5}\right) = -\dfrac{3}{5}\sqrt[3]{\dfrac{4}{25}}$。

◆ **价值引领**

艾宾浩斯记忆遗忘曲线

艾宾浩斯是德国著名心理学家，他根据人的短时记忆和长时记忆特征，发现了记忆遗忘规律，形成的坐标图曲线便是记忆遗忘曲线，也称为艾宾浩斯记忆遗忘曲线。艾宾浩斯在"艾宾浩斯记忆遗忘曲线"的研究过程中，创造性地提出了无意义音节和节省法，对此后记忆的研究乃至整个心理学的实验研究都产生了深远的影响。"艾宾浩斯记忆遗忘曲线"描述的实验结果在之后的 100 多年中的心理学研究过程中成为了引用最多的成果之一，应用也越来越广泛。

作为新时代的大学生，可以按"艾宾浩斯记忆遗忘曲线"制订各科的学习计划，不仅能改善记忆效果，还能提高学习效率。

习题 3-2

1. 确定下列函数的单调区间：

（1）$y = 2x^3 - 6x^2 - 18x - 7$；

（2）$y = 2x + \dfrac{8}{x}(x > 0)$；

（3）$y = x - e^x$；

（4）$y = x + \sqrt{1-x}$；

（5）$y = 2x^2 - \ln x$；

（6）$y = x - 2\sin x (0 \leqslant x \leqslant 2\pi)$；

（7）$y = \ln(x + \sqrt{1+x^2})$；

（8）$y = x^n e^{-x}(n > 0, x \geqslant 0)$。

2. 证明下列不等式:

(1) 当 $x > 0$ 时, $1 + \dfrac{1}{2}x > \sqrt{1 + x}$;

(2) 当 $x \geqslant 0$ 时, $\ln(1 + x) \geqslant \dfrac{\arctan x}{1 + x}$;

(3) 当 $x \geqslant 0$ 时, $x \geqslant \arctan x$;

(4) 当 $0 < x < \dfrac{\pi}{2}$ 时, $\sin x + \tan x > 2x$;

(5) 当 $0 < x < \dfrac{\pi}{2}$ 时, $\tan x > x + \dfrac{1}{3}x^3$。

3. 证明方程 $x^3 + x - 1 = 0$ 有且仅有一个正实根。

4. 求下列函数的极值点与极值。

(1) $y = x - \ln(1 + x)$;

(2) $y = \arctan x - \dfrac{1}{2}\ln(1 + x^2)$;

(3) $y = 2e^x - e^{-x}$;

(4) $y = x + \sqrt{1 - x}$;

(5) $y = 2x^3 - 3x^2$;

(6) $y = 2 - (x - 1)^{\frac{2}{3}}$。

第三节　函数的最大值和最小值

在许多数学和工程技术问题中，都会遇到函数的最大值和最小值的问题，下面我们来讨论函数的最大值和最小值的求法。

若函数 $f(x)$ 在闭区间 $[a, b]$ 上连续，那么它在该区间上一定有最大值和最小值。显然，如果其最大值和最小值在开区间 (a, b) 内取得，那么对可导函数它的最大值点和最小值点必在 $f(x)$ 的驻点中。然而，有时函数的最大值和最小值可能在区间的端点处得到，因此，求出 $f(x)$ 在 (a, b) 内的全部驻点处的值及 $f(a)$ 和 $f(b)$（如遇到不可导的点，还要算出不可导点处的函数值），将它们加以比较，其中最大者即为函数 $f(x)$ 在 $[a, b]$ 上的最大值，最小者即为 $f(x)$ 在 $[a, b]$ 上的最小值。

例1　求函数 $y = 2x^3 + 3x^2 - 12x + 14$ 在 $[-3, 4]$ 上的最大值与最小值。

解　$f'(x) = 6x^2 + 6x - 12 = 6(x + 2)(x - 1)$

令 $f'(x) = 0$，得驻点 $x_1 = -2$，$x_2 = 1$，由于

$$f(-3) = 2(-3)^3 + 3(-3)^2 - 12(-3) + 14 = 23$$
$$f(-2) = 2(-2)^3 + 3(-2)^2 - 12(-2) + 14 = 34$$
$$f(1) = 2 + 3 - 12 + 14 = 7$$
$$f(4) = 2 \times 4^3 + 3 \times 4^2 - 12 \times 4 + 14 = 142$$

经比较知，$f(x)$ 在 $x = 4$ 取得最大值 142，在 $x = 1$ 处取得最小值 $f(1) = 7$。

在解决实际问题时，注意下述结论，会使求最大或最小值显得方便而简洁。

（1）若函数 $f(x)$ 在闭区间 $[a, b]$、开区间 (a, b) 或无穷区间内仅有一个可能极值点 x_0，且 x_0 是 $f(x)$ 的驻点，则当 x_0 为极大（小）值点时，$f(x_0)$ 就是 $f(x)$ 在此区间上的最大（小）值。

（2）在实际问题中，若由分析得知，确实存在最大值或最小值，且所讨论的区间内仅有一个可能的极值点，那么这个点处的函数值一定是最大值或最小值。

例2　要造一圆柱形油罐，体积为 V，问底半径 r 和高 h 等于多少时，才能使表面积最小？

解　圆柱体体积 $V = \pi r^2 h$，故

$$h = \frac{V}{\pi r^2}$$

油罐表面积

$$S = 2\pi r^2 + 2\pi r h = 2\pi r^2 + 2\pi r \cdot \frac{V}{\pi r^2} = 2\pi r^2 + \frac{2V}{r}$$

求 S 对 r 的导数得：

$$S' = 4\pi r - \frac{2V}{r^2}$$

令 $S' = 0$，得

$$r = \sqrt[3]{\frac{V}{2\pi}}$$

代入 $h = \dfrac{V}{\pi r^2}$ 得

$$h = 2\sqrt[3]{\frac{V}{2\pi}}$$

故当底半径 $r = \sqrt[3]{\dfrac{V}{2\pi}}$，高 $h = 2\sqrt[3]{\dfrac{V}{2\pi}}$ 时，表面积最小。

❖ **名人故事**

塔姆利用泰勒公式救命

1920 年夏天，塔姆决定离开被白军控制的克里米亚，前往红军控制的叶利沙维特格勒（乌克兰中部城市，现称基洛夫格勒）。他随身没有带任何身份证件。越过前线后，他与偶遇的同伴被红军小分队抓住。由于没有身份证件，他差一点被当作白军密探立即枪决。幸运的是，小分队指挥官是一位辍学的大学生。塔姆说自己毕业于莫斯科大学的数学物理系。指挥官不相信塔姆的话，冷笑着说道："好吧，那么一个函数作泰勒展开到第 n 项之后，你就把误差项算出来。如果你算对了，就放你一条生路，否则就立刻枪毙。"于是塔姆手指发抖，战战兢兢地慢慢计算，当他完成时，指挥官看过答案，挥手叫他赶快离开。

作为新时代的青年人，要不断增强自身的学习能力，提升知识储备。学习不仅是为了了解知识，更是为了能够成为一个对国家对社会有用的人。

习题 3-3

1. 求下列函数的最大值和最小值。

（1）$y = 2x^3 - 3x^2$，$-1 \leqslant x \leqslant 4$；

（2）$y = x^4 - 8x^2 + 2$，$-1 \leqslant x \leqslant 3$；

（3）$y = x + \sqrt{1-x}$，$-5 \leqslant x \leqslant 1$；

（4）$y = \arctan \dfrac{1-x}{1+x}$，$x \in [0, 1]$；

（5）$y = x^{\frac{2}{3}} - (x^2 - 1)^{\frac{1}{3}}$，$0 < x < 2$。

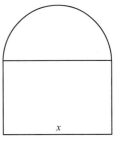

图 3-3

2. 函数 $f(x) = 2x^3 - 6x^2 - 18x - 7 (1 \leqslant x \leqslant 4)$ 在何处取得最大值？并求出它的最大值。

3. 某地区防空洞的截面拟建成矩形加半圆，如图 3-3 所示。截面的面积为 5m²。问底宽 x 为多少时才能使截面的周长最小，从而建造时最省材料？

第四节 曲线的凹凸性与拐点 函数图形的描绘

一、曲线的凹凸性与拐点

定义 1 若曲线 $y = f(x)$ 在某区间内位于其切线的上方，则称该曲线在此区间内是凹的［图 3-4(a)］，此区间称为凹区间；反之，若曲线位于其切线的下方，则称曲线在此区间内是凸的［图 3-4(b)］，此区间称为凸区间。

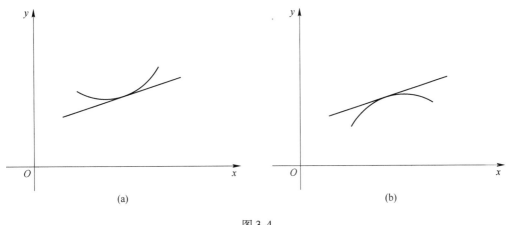

(a)   (b)

图 3-4

定义 2 设函数 $y = f(x)$ 在某区间内连续，则曲线 $y = f(x)$ 在该区间内的凹凸分界点，叫作该曲线的拐点。

注意： 拐点是曲线上的点，因此，拐点的坐标需用横坐标与纵坐标同时表示，如图 3-5 拐点 $M(x_0, f(x_0))$，不能仅用横坐标表示。

定理 1 设函数 $y = f(x)$ 在某区间 I 内的二阶导数 $f''(x) > 0$，则曲线 $y = f(x)$ 在区间 I 内是凹的；若 $f''(x) < 0$，则在区间 I 内曲线 $y = f(x)$ 是凸的。

证 设在区间 I 内 $f''(x) > 0$，任取 $C \in I$，则曲线 $y = f(x)$ 上过点 $(c, f(c))$ 的切线的方程为

$$g(x) = f(c) + f'(c)(x - c)$$

其中 $x \in I$，于是

$$g(x) - f(x) = f(c) - f(x) + f'(c)(x - c)$$

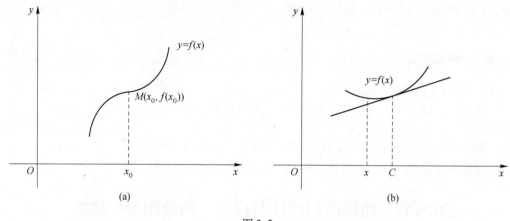

图 3-5

函数 $f(x)$ 在 $[x, c]$ 或 $[c, x]$ 上运用拉格朗日中值定理，得

$$f(x) - f(c) = f'(\xi)(x-c) \quad \xi \in (x, c) 或 (c, x)$$

因此

$$g(x) - f(x) = -[f(x) - f(c)] + f'(c)(x-c) = -f'(\xi)(x-c) + f'(c)(x-c)$$
$$= (x-c)[f'(c) - f'(\xi)]$$

因为 $f''(x) > 0$，所以 $f'(x)$ 递增。因此，不论 $\xi \in (x, c)$ 还是 $\xi \in (c, x)$，$(x-c)$ 与 $[f'(c) - f'(\xi)]$ 都为异号。故

$$g(x) - f(x) < 0$$

即 $g(x) < f(x)$。

这表明曲线 $y = f(x)$ 在切线 $y = g(x)$ 的上方，因此曲线是凹的，如图 3-5(b) 所示。$f''(x) < 0$ 的证明类似，从略。

定理 2 （拐点的必要条件）若函数 $y = f(x)$ 在 x_0 处的二阶导数 $f''(x_0)$ 存在，且点 $(x_0, f(x_0))$ 为曲线 $y = f(x)$ 的拐点，则 $f''(x_0) = 0$。

证明从略。

注意：$f''(x_0) = 0$ 所确定的点 $(x_0, f(x_0))$ 不一定是拐点。例如 $f(x) = x^4$ 在 $x = 0$ 处 $f''(0) = 0$，但点 $(0, f(0))$ 不是曲线 $f(x) = x^4$ 的拐点。

定理 3 若函数 $y = f(x)$ 在 x_0 处 $f''(0) = 0$ 且在 x_0 两侧的二阶导数变号，则点 $(x_0, f(x_0))$ 为曲线 $y = f(x)$ 的拐点。

证明从略。

例 1 求曲线 $y = x^3 - 6x^2 + 9x + 1$ 的拐点。

解 $y' = 3x^2 - 12x + 9$

$y'' = 6x - 12 = 6(x - 2)$

令 $y'' = 0$，得 $x = 2$。当 $x < 2$ 时，$y'' < 0$；当 $x > 2$ 时，$y'' > 0$，因此点 $(2, 3)$ 是该曲线的拐点。

例 2 求曲线 $y = 3x^4 - 4x^3 + 1$ 的拐点及凹、凸的区间。

解 函数 $y = 3x^4 - 4x^3 + 1$ 的定义域为 $(-\infty, +\infty)$，

$$y' = 12x^3 - 12x^2$$

$$y'' = 36x^2 - 24x = 36x\left(x - \frac{2}{3}\right)$$

解方程 $y'' = 0$，得 $x_1 = 0$，$x_2 = \frac{2}{3}$。

$x_1 = 0$，$x_2 = \frac{2}{3}$，把 $(-\infty, +\infty)$ 分成三个部分区间：$(-\infty, 0]$，$\left[0, \frac{2}{3}\right]$，$\left[\frac{2}{3}, +\infty\right)$。

在 $(-\infty, 0)$ 内，$y'' > 0$，因此在区间 $(-\infty, 0]$ 上这曲线是凹的。在 $\left(0, \frac{2}{3}\right)$ 内 $y'' < 0$，因此在区间 $\left[0, \frac{2}{3}\right]$ 上这曲线是凸的。在 $\left(\frac{2}{3}, +\infty\right)$ 内，$y'' > 0$，因此在区间 $\left[\frac{2}{3}, +\infty\right)$ 上曲线是凹的。

$x = 0$ 时，$y = 1$，点 $(0, 1)$ 是这曲线的一个拐点。$x = \frac{2}{3}$ 时，$y = \frac{11}{27}$，点 $\left(\frac{2}{3}, \frac{11}{27}\right)$ 也是曲线的拐点。

例3 求曲线 $y = \sqrt[3]{x}$ 的拐点。

解 $y = \sqrt[3]{x}$ 在 $(-\infty, +\infty)$ 内连续，当 $x \neq 0$ 时，

$$y' = \frac{1}{3x^{\frac{2}{3}}}, \quad y'' = -\frac{2}{9x\sqrt[3]{x^2}}$$

当 $x = 0$ 时，y'，y'' 都不存在，故二阶导数在 $(-\infty, +\infty)$ 内不连续且不具有零点。但 $x = 0$ 是 y'' 不存在的点，它把 $(-\infty, +\infty)$ 分成两个区间：$(-\infty, 0]$，$[0, +\infty)$。

在 $(-\infty, 0)$ 内 $y'' > 0$，曲线是凹的；

在 $(0, +\infty)$ 内 $y'' < 0$，曲线是凸的。

所以，点 $(0, 0)$ 是这曲线的一个拐点。

二、函数图形的描绘

（一）曲线的水平渐近线和垂直渐近线

定义3 当曲线 $y = f(x)$ 上的动点 $M(x, y)$ 沿着曲线无限远离坐标原点时，它与某直线 l 的距离趋向于零，则称 l 为该曲线的渐近线。

定义中的渐近线 l 可以是各种位置的直线，我们将限于讨论下面两种特殊情况。

（1）垂直渐近线：若 $\lim\limits_{x \to x_0^-} f(x) = \infty$，或 $\lim\limits_{x \to x_0^+} f(x) = \infty$，或 $\lim\limits_{x \to x_0} f(x) = \infty$，则称直线 $x = x_0$ 是曲线 $y = f(x)$ 的垂直渐近线。

（2）水平渐近线：若 $\lim\limits_{x \to -\infty} f(x) = b$，或 $\lim\limits_{x \to +\infty} f(x) = b$，则称直线 $y = b$ 为曲线 $y = f(x)$ 的水平渐近线。

例如，对于曲线 $y = \ln x$ 来说，因为 $\lim\limits_{x \to 0^+} \ln x = -\infty$。所以直线 $x = 0$ 是曲线 $y = \ln x$ 的垂直渐近线，如图3-6所示。

又如，曲线 $y = \arctan x$，因为

$$\lim_{x \to -\infty} \arctan x = -\frac{\pi}{2}$$

$$\lim_{x \to +\infty} \arctan x = \frac{\pi}{2}$$

所以直线 $y = -\dfrac{\pi}{2}$ 与 $y = \dfrac{\pi}{2}$ 都是该曲线的水平渐近线，如图 3-7 所示。

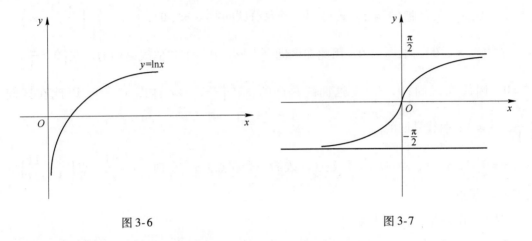

图 3-6　　　　　　　　　　　　　　　　　　图 3-7

（二）　函数图形的描绘

描绘函数的图形，其一般步骤是：

（1）确定函数的定义域，并讨论其对称性和周期性；

（2）讨论函数的单调性，极值点和极值；

（3）讨论函数图形的凹凸区间和拐点；

（4）讨论函数图形的水平渐近线和垂直渐近线；

（5）根据需要补充函数图形上的若干点（如与坐标轴的交点等）；

（6）描图。

例 4　描绘函数 $y = 3x - x^3$ 的图形。

解　该函数的定义域为（$-\infty$，$+\infty$），且为奇函数，求其一、二阶导数分别为 $y' = 3 - 3x^2$ 和 $y'' = -6x$。

令 $y' = 0$，得驻点 $x = \pm 1$，因为 $y''|_{x=-1} = 6 > 0$，$y''|_{x=1} = -6 < 0$，所以 $y(-1) = -2$ 为极小值，$y(1) = 2$ 为极大值。

令 $y'' = 0$，得 $x = 0$，因为 $x < 0$ 时，$y'' > 0$，$x > 0$ 时，$y'' < 0$，所以当 $x < 0$ 时曲线 $y = 3x - x^3$ 是凹的，当 $x > 0$ 时该曲线是凸的，且（0，0）为拐点。

通过讨论 y' 的符号情况，可以确定 $y = 3x - x^3$ 的单调区间。

上述讨论见表 3-1。

表 3-1

x	$(-\infty, -1)$	-1	$(-1, 0)$	0	$(0, -1)$	1	$(1, +\infty)$
y'	$-$	0	$+$	$+$	$+$	0	$-$
y''	$+$	$+$	$+$	0	$-$	$-$	$-$
y	⌣	极小值 -2	⌡	拐点 (0, 0)	⌠	极大值 2	⌢

令 $y = 0$，可知曲线 $y = 3x - x^3$ 与 x 轴交在 $x = \pm\sqrt{3}$ 处。

显然，曲线 $y = 3x - x^3$ 无水平渐近线和垂直渐近线。据上可描绘出函数图形，如图 3-8 所示。

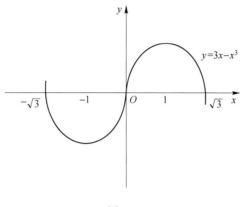

图 3-8

例 5　描出函数 $y = \ln(x^2 - 1)$ 的图形。

解　该函数的定义域为 $(-\infty, -1) \cup (1, +\infty)$，且为偶函数。

求该函数的一阶导数和二阶导数，得

$$y' = \frac{2x}{x^2 - 1} \quad \text{和} \quad y'' = \frac{-(1 + x^2)}{(x^2 - 1)^2}$$

该函数在定义域内无驻点，也没有极值点。通过对 y' 和 y'' 正负情况的讨论，确定函数的增、减区间和极值，以及凹凸区间和拐点，上述讨论见表 3-2 和图 3-9。

表 3-2

x	$(-\infty, -1)$	$[-1, 1]$	$(1, +\infty)$
y'	$-$		$+$
y''	$-$		$-$
y	⤵	无定义	⤴

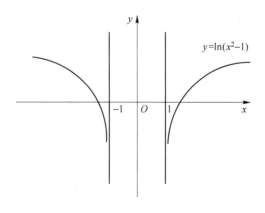

图 3-9

例 6　描绘函数 $y = \dfrac{1}{\sqrt{2\pi}} \mathrm{e}^{-\frac{x^2}{2}}$ 的图形。

解　（1）函数 $f(x) = \dfrac{1}{\sqrt{2\pi}} \mathrm{e}^{-\frac{x^2}{2}}$ 的定义域 $(-\infty, +\infty)$。

由于 $f(x)$ 是偶函数，它的图形关于 y 轴对称。因此，可以只讨论 $[0, +\infty)$ 上该函数的图形。

$$f'(x) = -\frac{1}{\sqrt{2\pi}} x \mathrm{e}^{-\frac{x^2}{2}}$$

$$f''(x) = -\frac{1}{\sqrt{2\pi}}\left[\mathrm{e}^{-\frac{x^2}{2}} + x\mathrm{e}^{-\frac{x^2}{2}} \cdot (-x)\right] = \frac{1}{\sqrt{2\pi}}(x^2 - 1)\mathrm{e}^{-\frac{x^2}{2}}$$

（2）在 $[0, +\infty)$ 上，$f'(x) = 0$ 的根为 $x = 0$；方程 $f''(x) = 0$ 的根为 $x = 1$，用点 $x = 1$ 把 $[0, +\infty)$ 分成两个区间 $[0, 1]$ 和 $[1, +\infty]$。

（3）在 $(0, 1)$ 内，$f'(x) < 0, f''(x) < 0$，所以在 $[0, 1]$ 上的曲线弧下降且是凸的。结合 $f'(0) = 0$ 以及图形关于 y 轴对称可知，$x = 0$ 处函数 $f(x)$ 有极大值。

在 $(1, +\infty)$ 内，$f'(x) < 0, f''(x) > 0$，所以在 $[1, +\infty]$ 上的曲线弧下降且为凹的。

上述结果见表 3-3。

表 3-3

x	0	$(0,1)$	1	$(1, +\infty)$
$f'(x)$	0	−	−	−
$f''(x)$	−	−	0	+
$y = f(x)$ 图形	极大	⤵	拐点	⤵

（4）由于 $\lim\limits_{x \to +\infty} f(x) = 0$，所以图形有一条水平渐近线 $y = 0$。

（5）算出 $f(0) = \dfrac{1}{\sqrt{2\pi}}$，$f(1) = \dfrac{1}{\sqrt{2\pi\mathrm{e}}}$，从而得到函数 $y = f(x)$ 图形上的两点 $M_1\left(0, \dfrac{1}{\sqrt{2\pi}}\right)$，$M_2\left(0, \dfrac{1}{\sqrt{2\pi\mathrm{e}}}\right)$。

（6）画出 $y = \dfrac{1}{\sqrt{2\pi}} \mathrm{e}^{-\frac{x^2}{2}}$ 在 $[0, +\infty)$ 上的图形。再利用图形的对称性，便可得到函数在 $(-\infty, 0]$ 上的图形，如图 3-10 所示。

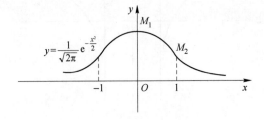

图 3-10

❖ **价值引领**

西班牙的火车脱轨事件

2013 年 7 月 24 日，随着一声巨响，西班牙一列载有 200 多名乘客的快速列车在行驶至距车站 3km 处时脱轨，造成至少 80 人死亡，170 余人受伤，成为欧洲史上最严重的列车事故之一。发生车祸的路段是一个急转弯，限速 80km/h，但当时的车速是 190km/h。发生事故的弯道由于角度过大，超速行驶可能是酿成大祸的主要原因。发生车祸的时间本应是火车抵达时间，很可能火车为了赶时间，没有在该减速的时候减速。

交通安全需要我们每一个交通参与者共同努力维系。正确的交通安全观念并不是挂在嘴边的一句口号，需要每一个人都用心去体会，切身去遵守，共同缔造一个和谐有序的交通社会。

习题 3-4

1. 求下列各函数的凹凸区间及拐点。

（1）$y = x^3 - 6x^2 + x - 1$；

（2）$y = x + \dfrac{x}{x-1}$；

（3）$y = e^{-x^2}$；

（4）$y = \dfrac{x}{1+x^2}$。

2. 描绘下列函数的图形：

（1）$y = x^3 - 6x^2 + 9x - 4$；

（2）$y = xe^{-x^2}$；

（3）$y = \dfrac{x^2}{1+x^2}$；

（4）$y = x^2 + \dfrac{1}{x}$。

第四章 不定积分

微分学的基本问题是：已知一个函数，求它的导数。但是，在科学技术领域中往往会遇到与此相反的问题：已知一个函数的导数，求原来的函数。由此产生了积分学。积分学由两个基本部分组成——不定积分和定积分。本章研究不定积分的概念、性质和基本积分方法。

第一节　不定积分的概念与性质

一、原函数与不定积分

定义 1　设函数 $f(x)$ 在区间 I 上有定义，如果存在函数 $F(x)$，对于 $\forall x \in I$，都有
$$F'(x) = f(x) \quad \text{或} \quad dF(x) = f(x)dx$$
则称函数 $F(x)$ 为 $f(x)$ 在区间 I 上的一个原函数。

例如，因 $(\sin x)' = \cos x$，故 $\sin x$ 是 $\cos x$ 的原函数。又如，当 $x \in (1, +\infty)$ 时，$\left[\ln(x + \sqrt{x^2 - 1})\right]' = \dfrac{1}{\sqrt{x^2 - 1}}$，所以 $\ln(x + \sqrt{x^2 - 1})$ 是 $\dfrac{1}{\sqrt{x^2 - 1}}$ 在区间 $(1, +\infty)$ 上的原函数。

一般地，若 $F(x)$ 是 $f(x)$ 在区间 I 上的一个原函数，则函数族 $F(x) + C$（C 为任意的常数）都是 $f(x)$ 在 I 上的原函数。可见，如果 $f(x)$ 有原函数，那么它就有无穷多个原函数。这个函数族 $F(x) + C$ 是否包含了 $f(x)$ 的所有原函数？

设 $F(x)$ 是 $f(x)$ 在区间 I 上的一个确定的原函数，$\phi(x)$ 是 $f(x)$ 在 I 上任一个原函数，即
$$F'(x) = f(x), \phi'(x) = f(x)$$
由于
$$\left[\phi(x) - F(x)\right]' = \phi'(x) - F'(x) = f(x) - f(x) = 0$$
所以
$$\phi(x) - F(x) = C \quad (C \text{为常数})$$
即
$$\phi(x) = F(x) + C$$
因为 $\phi(x)$ 是 $f(x)$ 任一原函数，所以 $F(x) + C$ 是 $f(x)$ 在区间 I 上的全体原函数的一般表达式。

定义 2　若 $\phi(x)$ 是 $f(x)$ 在区间 I 上的一个原函数，则 $F(x) + C$（C 为任意常数）称为 $f(x)$ 在 I 上的不定积分，记为 $\int f(x)dx$，即
$$\int f(x)dx = F(x) + C$$

其中符号 $\int$ 称为积分号，$f(x)$ 称为被积函数，$f(x)\mathrm{d}x$ 称为被积表达式，x 称为积分变量。

由此定义及前面的说明可知，如果 $F(x)$ 是 $f(x)$ 在区间 I 上的一个原函数，那么 $F(x)+C$ 就是 $f(x)$ 的不定积分。

例 1 求 $\int x^2\mathrm{d}x$。

解 因为 $\left(\dfrac{x^3}{3}\right)' = x^2$，所以

$$\int x^2\mathrm{d}x = \frac{x^3}{3} + C$$

例 2 求 $\int \dfrac{1}{x}\mathrm{d}x$。

解 当 $x>0$ 时，由于 $(\ln x)' = \dfrac{1}{x}$，所以

$$\int \frac{1}{x}\mathrm{d}x = \ln x + C$$

当 $x<0$ 时，由于 $[\ln(-x)]' = \dfrac{1}{-x}(-1) = \dfrac{1}{x}$；所以

$$\int \frac{1}{x}\mathrm{d}x = \ln(-x) + C$$

把 $x>0$ 及 $x<0$ 两种情况结合起来，可写作

$$\int \frac{1}{x}\mathrm{d}x = \ln|x| + C$$

二、不定积分的基本性质

求不定积分与求导运算有下列关系：

(1) $\left[\int f(x)\mathrm{d}x\right]' = f(x)$ 或 $\mathrm{d}\left[\int f(x)\mathrm{d}x\right] = f(x)\mathrm{d}x$；

(2) $\int f'(x)\mathrm{d}x = f(x) + C$ 或 $\int \mathrm{d}f(x) = \int f'(x)\mathrm{d}x + C$。

因此，有一个导数公式就相应地有一个不定积分公式。为今后应用方便起见，现将与求导公式相应的积分公式列表如下：

(1) $\int k\mathrm{d}x = kx + C(k$ 为常数$)$；

(2) $\int x^u\mathrm{d}x = \dfrac{1}{u+1}x^{u+1} + C \ (u \neq -1)$；

(3) $\int \dfrac{1}{x}\mathrm{d}x = \ln|x| + C$；

(4) $\int a^x\mathrm{d}x = \dfrac{a^x}{\ln a} + C$，当 $a=\mathrm{e}$ 时，$\int \mathrm{e}^x\mathrm{d}x = \mathrm{e}^x + C$；

(5) $\int \cos x\mathrm{d}x = \sin x + C$；

(6) $\int \sin x\mathrm{d}x = -\cos x + C$；

(7) $\int \sec^2 x \, dx = \tan x + C$；

(8) $\int \csc^2 x \, dx = -\cot x + C$；

(9) $\int \sec x \tan x \, dx = \sec x + C$；

(10) $\int \csc x \cot x \, dx = -\csc x + C$；

(11) $\int \dfrac{dx}{\sqrt{1 - x^2}} = \arcsin x + C = -\arccos x + C$；

(12) $\int \dfrac{dx}{1 + x^2} = \arctan x + C = -\operatorname{arccot} x + C$。

三、不定积分的性质

根据不定积分的定义，可以推得它有如下性质。

性质 1　函数的和的不定积分等于各个函数的不定积分的和，即

$$\int [f(x) + g(x)] \, dx = \int f(x) \, dx + \int g(x) \, dx \tag{4-1}$$

将上式右端求导，得

$$\left[\int f(x) \, dx + \int g(x) \, dx \right]' = \left[\int f(x) \, dx \right]' + \left[\int g(x) \, dx \right]' = f(x) + g(x)$$

这表示，式（4-1）右端是 $f(x) + g(x)$ 的原函数，又式（4-1）右端有两个积分记号，形式上含两个任意常数，由于任意常数之和仍为任意常数，故实际上含一个任意常数，因此式（4-1）右端是 $f(x) + g(x)$ 的不定积分。

性质 1 对于有限个函数成立。类似地可以证明不定积分的第二个性质。

性质 2　求不定积分时，被积函数中不为零的常数因子可以提到积分号外面来，即

$$\int k f(x) \, dx = k \int f(x) \, dx \quad (k \text{ 是常数}, k \neq 0)$$

利用积分公式表以及不定积分的这两个性质，可以求出一些简单函数的不定积分。

例 3　求 $\int \sqrt{x}(x^2 - 5) \, dx$。

解　$\displaystyle\int \sqrt{x}(x^2 - 5) \, dx = \int (x^{\frac{5}{2}} - 5x^{\frac{1}{2}}) \, dx = \int x^{\frac{5}{2}} \, dx - \int 5 x^{\frac{1}{2}} \, dx$

$\qquad\qquad = \int x^{\frac{5}{2}} \, dx - 5 \int x^{\frac{1}{2}} \, dx = \dfrac{2}{7} x^{\frac{7}{2}} - 5 \times \dfrac{2}{3} x^{\frac{3}{2}} + C$

$\qquad\qquad = \dfrac{2}{7} x^{\frac{7}{2}} - \dfrac{10}{3} x^{\frac{3}{2}} + C$

例 4　求 $\int \dfrac{(x - 1)^3}{x^2} \, dx$。

解　$\displaystyle\int \dfrac{(x - 1)^3}{x^2} \, dx = \int \dfrac{x^3 - 3x^2 + 3x - 1}{x^2} \, dx = \int \left(x - 3 + \dfrac{3}{x} - \dfrac{1}{x^2} \right) dx$

$\qquad\qquad = \int x \, dx - 3 \int dx + 3 \int \dfrac{dx}{x} - \int \dfrac{dx}{x^2} = \dfrac{x^2}{2} - 3x + 3\ln |x| + \dfrac{1}{x} + C$

例5 求 $\int e^x(2^x + 1)dx$。

解 $\int e^x(2^x + 1)dx = \int(e^x 2^x + e^x)dx = \int(2e)^x dx + \int e^x dx$

$$= \frac{(2e)^x}{\ln(2e)} + e^x + C = \frac{(2e)^x}{1 + \ln 2} + e^x + C$$

例6 求 $\int \dfrac{1 + x + x^2}{x(1 + x^2)}dx$。

解 $\int \dfrac{1 + x + x^2}{x(1 + x^2)}dx = \int \dfrac{x + (1 + x^2)}{x(1 + x^2)}dx = \int\left(\dfrac{1}{1 + x^2} + \dfrac{1}{x}\right)dx$

$$= \int \frac{1}{1 + x^2}dx + \int \frac{1}{x}dx = \arctan x + \ln|x| + C$$

例7 求 $\int \dfrac{x^4}{1 + x^2}dx$。

解 $\int \dfrac{x^4}{1 + x^2}dx = \int \dfrac{x^4 - 1 + 1}{1 + x^2}dx = \int \dfrac{(x^2 + 1)(x^2 - 1) + 1}{1 + x^2}dx$

$$= \int\left(x^2 - 1 + \frac{1}{1 + x^2}\right)dx = \int x^2 dx - \int dx + \int \frac{1}{1 + x^2}dx$$

$$= \frac{x^3}{3} - x + \arctan x + C$$

例8 求 $\int \tan^2 x dx$。

解 $\int \tan^2 x dx = \int(\sec^2 x - 1)dx = \int \sec^2 x dx - \int dx = \tan x - x + C$

例9 求 $\int \cos^2 \dfrac{x}{2}dx$。

解 $\int \cos^2 \dfrac{x}{2}dx = \int \dfrac{1 + \cos x}{2}dx = \dfrac{1}{2}\int dx + \dfrac{1}{2}\int \cos x dx$

$$= \frac{1}{2}x + \frac{1}{2}\sin x + C = \frac{1}{2}(x + \sin x) + C$$

例10 求 $\int \dfrac{1}{\sin^2 \dfrac{x}{2}\cos^2 \dfrac{x}{2}}dx$。

解 $\int \dfrac{1}{\sin^2 \dfrac{x}{2}\cos^2 \dfrac{x}{2}}dx = \int \dfrac{4}{\sin^2 x}dx = 4\int \csc^2 x dx = -4\cot x + C$

❖ **名人故事**

疫情期间牛顿做了什么?

1665 年,一场瘟疫席卷全英国,一时间人心惶惶。当时的医疗条件很差,很多人回到乡村躲避。为了躲避瘟疫,牛顿离开剑桥大学,回到了家乡沃尔索普进行自我隔离，不串门、不逛街、不参加聚会。这段独处的清静岁月，成为了他一生创造发明的高峰期。谁也没想到，1666 年成为了历史上的物理学奇迹年。在 18 个月内，牛顿创立二项式定理，发明微积分，发明反射式望远镜和发现日光的七色光谱，确立了牛顿第一定律、牛顿第二定律和引力定律的基本思想，一举奠定了经典物理学的基础，他也成为近代物理学与科学革命中最重要的人物之一。同学们，在疫情期间你们都做了什么呢？

习题 4-1

1. 求下列不定积分。

(1) $\int \dfrac{\mathrm{d}x}{x^2}$；

(2) $\int x\sqrt{x}\,\mathrm{d}x$；

(3) $\int x^2 \cdot \sqrt[3]{x}\,\mathrm{d}x$；

(4) $\int \dfrac{\mathrm{d}x}{x^2\sqrt{x}}$；

(5) $\int (x^2 - 3x + 2)\,\mathrm{d}x$；

(6) $\int \dfrac{\mathrm{d}h}{\sqrt{2gh}}$（$g$ 是常数）；

(7) $\int (x^2 + 1)^2\,\mathrm{d}x$；

(8) $\int (\sqrt{x} + 1)(\sqrt{x^3} - 1)\,\mathrm{d}x$；

(9) $\int \left(\dfrac{1}{\sqrt{x}} + \sqrt{x}\right)^2\,\mathrm{d}x$；

(10) $\int \dfrac{3x^4 + 3x^2 + 1}{x^2 + 1}\,\mathrm{d}x$；

(11) $\int \dfrac{x^2}{1 + x^2}\,\mathrm{d}x$；

(12) $\int \left(2\mathrm{e}^x + \dfrac{3}{x}\right)\mathrm{d}x$；

(13) $\int \left(\dfrac{3}{1 + x^2} - \dfrac{2}{\sqrt{1 - x^2}}\right)\mathrm{d}x$；

(14) $\int \mathrm{e}^x\left(1 - \dfrac{\mathrm{e}^{-x}}{\sqrt{x}}\right)\mathrm{d}x$；

(15) $\int 3^x \mathrm{e}^x\,\mathrm{d}x$；

(16) $\int \dfrac{2 \times 3^x - 5 \times 2^x}{3^x}\,\mathrm{d}x$；

(17) $\int \sec x(\sec x - \tan x)\,\mathrm{d}x$；

(18) $\int \dfrac{\cos 2x}{\cos x - \sin x}\,\mathrm{d}x$；

(19) $\int \dfrac{\mathrm{d}x}{1 + \cos 2x}$；

(20) $\int \left(1 - \dfrac{1}{x^2}\right)\sqrt{x\sqrt{x}}\,\mathrm{d}x$。

2. 一曲线通过点 $(\mathrm{e}^2, 3)$，且在任一点处的切线的斜率等于该点横坐标的倒数，求该曲线的方程。

第二节　换元积分法

利用直接积分法求出的不定积分是有限的，为了求得更多的函数的不定积分，还需要建立一些基本积分法，换元积分法就是其中之一。

一、第一类换元法

设 $f(u)$ 具有原函数 $F(u)$，即

$$F'(u) = f(u), \int f(u)\mathrm{d}u = F(u) + C$$

如果 u 是另一变量 x 的函数 $u = \varphi(x)$，且设 $\varphi(x)$ 可微，那么，根据复合函数微分法，有

$$\mathrm{d}F[\varphi(x)] = f[\varphi(x)]\varphi'(x)\mathrm{d}x$$

从而根据不定积分的定义就得

$$\int f[\varphi(x)]\varphi'(x)\mathrm{d}x = F[\varphi(x)] + C = F(u) + C = \left[\int f(u)\mathrm{d}u\right]_{u=\varphi(x)}$$

从而有下述定理。

定理1　（第一类换元法）设 $f(u)$ 具有原函数，$u = \varphi(x)$ 可导，则有换元公式

$$\int f[\varphi(x)]\varphi'(x)\mathrm{d}x = \left[\int f(u)\mathrm{d}u\right]_{u=\varphi(x)}$$

由此定理可见，虽然 $\int f[\varphi(x)]\varphi'(x)\mathrm{d}x$ 是一个整体记号，但微分等式 $\varphi'(x)\,\mathrm{d}x = \mathrm{d}u$ 可以方便地应用到被积表达式中来。例如求 $\int g(x)\mathrm{d}x$，如果函数 $g(x)$ 可以化为 $g(x) = f[\varphi(x)]\varphi'(x)\mathrm{d}x = \left[\int f(u)\mathrm{d}u\right]_{u=\varphi(x)}$，这样，函数 $g(x)$ 的积分即转化为函数 $f(u)$ 的积分，如果能求得 $f(u)$ 的原函数，那么就得到了 $g(x)$ 的原函数。

例1　求 $\int 2\cos2x\mathrm{d}x$。

解　被积函数中，$\cos2x$ 是一个复合函数：$\cos2x = \cos u$，$u = 2x$，便有

$$\int 2\cos2x\mathrm{d}x = \int \cos2x \cdot 2\mathrm{d}x = \int \cos2x \cdot (2x)'\mathrm{d}x$$

$$= \int \cos u\mathrm{d}x = \sin u + C = \sin2x + C$$

例2　求 $\int \dfrac{1}{3+2x}\mathrm{d}x$。

解　设 $u = 3 + 2x$，$u' = 2 = (3+2x)'$，则

$$\int \frac{1}{3+2x}\mathrm{d}x = \int \frac{1}{2} \times \frac{1}{3+2x}(3+2x)'\mathrm{d}x = \frac{1}{2}\int \frac{1}{u}\mathrm{d}u$$

$$= \frac{1}{2}\ln|u| + C = \frac{1}{2}\ln|3+2x| + C$$

一般地，对于积分 $\int f(ax+b)\mathrm{d}x$，总可作变换 $u = ax + b$，把它化为

$$\int f(ax+b)\mathrm{d}x = \frac{1}{a}\int f(ax+b)\mathrm{d}(ax+b) = \frac{1}{a}\left[\int f(u)\mathrm{d}u\right]_{u=ax+b}$$

例3　求 $\int 2x\mathrm{e}^{x^2}\mathrm{d}x$。

解　设 $u = x^2$，于是有

$$\int 2x\mathrm{e}^{x^2}\mathrm{d}x = \int \mathrm{e}^{x^2}\mathrm{d}x^2 = \int \mathrm{e}^u\mathrm{d}u = \mathrm{e}^u + C = \mathrm{e}^{x^2} + C$$

在对变量代换比较熟悉后，就可不写出中间变量 u。

例 4　求 $\int x\sqrt{1-x^2}\mathrm{d}x$。

解　$\int x\sqrt{1-x^2}\mathrm{d}x = \int\left(-\dfrac{1}{2}\right)\sqrt{1-x^2}\mathrm{d}(1-x^2) = -\dfrac{1}{2}\int(1-x^2)^{\frac{1}{2}}\mathrm{d}(1-x^2)$

$$= -\dfrac{1}{2}\times\dfrac{2}{3}(1-x^2)^{\frac{3}{2}} + C = -\dfrac{1}{3}(1-x^2)^{\frac{3}{2}} + C$$

例 5　求 $\int\tan x\mathrm{d}x$。

解　$\int\tan x\mathrm{d}x = \int\dfrac{\sin x}{\cos x}\mathrm{d}x = -\int\dfrac{\mathrm{d}\cos x}{\cos x} = -\ln|\cos x| + C$

例 6　求 $\int\dfrac{1}{a^2+x^2}\mathrm{d}x$。

解　$\int\dfrac{1}{a^2+x^2}\mathrm{d}x = \dfrac{1}{a^2}\int\dfrac{1}{1+\left(\dfrac{x}{a}\right)^2}\mathrm{d}x = \dfrac{1}{a}\int\dfrac{1}{1+\left(\dfrac{x}{a}\right)^2}\mathrm{d}\dfrac{x}{a} = \dfrac{1}{a}\arctan\dfrac{x}{a} + C$

例 7　求 $\int\dfrac{\mathrm{d}x}{\sqrt{a^2-x^2}}(a>0)$。

解　$\int\dfrac{\mathrm{d}x}{\sqrt{a^2-x^2}} = \int\dfrac{1}{a}\dfrac{\mathrm{d}x}{\sqrt{1-\left(\dfrac{x}{a}\right)^2}} = \int\dfrac{\mathrm{d}\dfrac{x}{a}}{\sqrt{1-\left(\dfrac{x}{a}\right)^2}} = \arcsin\dfrac{x}{a} + C$

例 8　求 $\int\dfrac{1}{x^2-a^2}\mathrm{d}x$。

解　因为

$$\dfrac{1}{x^2-a^2} = \dfrac{1}{2a}\left(\dfrac{1}{x-a} - \dfrac{1}{x+a}\right)$$

所以

$$\int\dfrac{1}{x^2-a^2}\mathrm{d}x = \dfrac{1}{2a}\int\left(\dfrac{1}{x-a} - \dfrac{1}{x+a}\right)\mathrm{d}x = \dfrac{1}{2a}\left(\int\dfrac{1}{x-a}\mathrm{d}x - \int\dfrac{1}{x+a}\mathrm{d}x\right)$$

$$= \dfrac{1}{2a}\left[\int\dfrac{1}{x-a}\mathrm{d}(x-a) - \int\dfrac{1}{x+a}\mathrm{d}(x+a)\right]$$

$$= \dfrac{1}{2a}(\ln|x-a| - \ln|x+a|) + C = \dfrac{1}{2a}\ln\left|\dfrac{x-a}{x+a}\right| + C$$

例 9　求 $\int\dfrac{\mathrm{d}x}{x(1+2\ln x)}$。

解　$\int\dfrac{\mathrm{d}x}{x(1+2\ln x)} = \int\dfrac{\mathrm{d}\ln x}{1+2\ln x} = \dfrac{1}{2}\int\dfrac{\mathrm{d}(1+2\ln x)}{1+2\ln x} = \dfrac{1}{2}\ln|1+2\ln x| + C$

例 10　求 $\int\dfrac{\mathrm{e}^{\sqrt[3]{x}}}{\sqrt{x}}\mathrm{d}x$。

解　由于 $\mathrm{d}\sqrt{x} = \dfrac{1}{2}\dfrac{\mathrm{d}x}{\sqrt{x}}$，所以

$$\int \frac{e^{\sqrt[3]{x}}}{\sqrt{x}} dx = 2\int e^{\sqrt[3]{x}} d\sqrt{x} = \frac{2}{3}\int e^{\sqrt[3]{x}} d(3\sqrt{x}) = \frac{2}{3} e^{\sqrt[3]{x}} + C$$

例 11 求 $\int \sin^2 x \cos^5 x dx$。

解
$$\int \sin^2 x \cos^5 x dx = \int \sin^2 x \cos^4 x \cos x dx$$
$$= \int \sin^2(1 - \sin^2 x)^2 d\sin x$$
$$= \int (\sin^2 x - 2\sin^4 x + \sin^6 x) d\sin x$$
$$= \frac{1}{3}\sin^3 x - \frac{2}{5}\sin^5 x + \frac{1}{7}\sin^7 x + C$$

例 12 求 $\int \cos^2 x dx$。

解
$$\int \cos^2 x dx = \int \frac{1 + \cos 2x}{2} dx = \frac{1}{2}\int dx + \frac{1}{2}\int \cos 2x dx$$
$$= \frac{1}{2}\int dx + \frac{1}{4}\int \cos 2x d(2x) = \frac{x}{2} + \frac{\sin 2x}{4} + C$$

例 13 求 $\int \cos^4 x dx$。

解 因为
$$\cos^4 x = (\cos^2 x)^2 = \left(\frac{1 + \cos 2x}{2}\right)^2 = \frac{1}{4}(1 + 2\cos 2x + \cos^2 2x)$$
$$= \frac{1}{4}\left(1 + 2\cos 2x + \frac{1 + \cos 4x}{2}\right) = \frac{1}{4}\left(\frac{3}{2} + 2\cos 2x + \frac{\cos 4x}{2}\right)$$

所以可推得
$$\int \cos^4 x dx = \frac{1}{4}\int \left(\frac{3}{2} + 2\cos 2x + \frac{1}{2}\cos 4x\right) dx = \frac{3}{8}x + \frac{1}{4}\sin 2x + \frac{1}{32}\sin 4x + C$$

例 14 求 $\int \csc x dx$。

解
$$\int \csc x dx = \int \frac{1}{\sin x} dx = \int \frac{\sin x}{\sin^2 x} dx = -\int \frac{d\cos x}{1 - \cos^2 x}$$
$$= \int \frac{d\cos x}{\cos^2 x - 1} = \frac{1}{2}\ln\left|\frac{\cos x - 1}{\cos x + 1}\right| + C = \frac{1}{2}\ln \frac{(\cos x - 1)^2}{|\cos^2 x - 1|} + C$$
$$= \frac{1}{2}\ln \frac{(1 - \cos x)^2}{\sin^2 x} + C = \ln\left|\frac{1 - \cos x}{\sin x}\right| + C = \ln|\csc x - \cot x| + C$$

类似地可得
$$\int \sec x dx = \ln|\sec x + \tan x| + C$$

例 15 求 $\int \tan^5 x \sec^3 x dx$。

解
$$\int \tan^5 x \sec^3 x dx = \int \tan^4 x \sec^2 x \sec x \tan x dx$$
$$= \int (\sec^2 x - 1)^2 \sec^2 x d\sec x$$

$$= \int (\sec^6 x - 2\sec^4 x + \sec^2 x) \mathrm{d}\sec x$$

$$= \frac{1}{7}\sec^7 x - \frac{2}{5}\sec^5 x + \frac{1}{3}\sec^3 x + C$$

例 16　求 $\int \cos 3x \cos 2x \mathrm{d}x$。

解　因为

$$\cos 3x \cos 2x = \frac{1}{2} (\cos 5x + \cos x)$$

所以

$$\int \cos 3x \cos 2x \mathrm{d}x = \frac{1}{2}\int (\cos 5x + \cos x) \mathrm{d}x$$

$$= \frac{1}{2}\left[\frac{1}{5}\int \cos 5x \mathrm{d}(5x) + \int \cos x \mathrm{d}x \right]$$

$$= \frac{1}{10}\sin 5x + \frac{1}{2}\sin x + C$$

二、第二类换元法

第二类换元法是：适当地选择变量代换 $x = \psi(t)$，将积分 $\int f(x)\mathrm{d}x$ 转化为 $\int f[\psi(t)]\psi$，这是另一种形式的变量代换，换元公式可表示为

$$\int f(x)\mathrm{d}x = \int f[\psi(t)]\psi'(t)\mathrm{d}t$$

即有如下定理。

定理 2　设 $x = \psi(t)$ 是单调的、可导的函数，并且 $\psi'(t) \neq 0$。又设 $f[\psi(t)]\psi'(t)$ 具有原函数，则有换元公式：

$$\int f(x)\mathrm{d}x = \left[\int f[\psi(t)]\psi'(t)\mathrm{d}t \right]_{t = \psi^{-1}(x)}$$

其中，$t = \psi^{-1}(x)$ 是 $x = \psi(t)$ 的反函数。

证　设 $f[\psi(t)]\psi'(t)$ 的原函数为 $\phi(t)$，记 $\phi[\psi^{-1}(x)] = F(x)$，利用复合函数的求导法则及反函数的导数公式，得到

$$F'(x) = \frac{\mathrm{d}\phi}{\mathrm{d}t} \cdot \frac{\mathrm{d}t}{\mathrm{d}x} = f[\psi(t)]\psi'(t) \cdot \frac{1}{\psi'(t)} = f[\psi(t)] = f(x)$$

即 $F(x)$ 是 $f(x)$ 的原函数，所以有

$$\int f(x)\mathrm{d}x = F(x) + C = \phi[\psi^{-1}(x)] + C$$

$$= \phi(t) + C = \left[\int f[\psi(t)]\psi'(t)\mathrm{d}t \right]_{t = \psi^{-1}(x)}$$

例 17　求 $\int \sqrt{a^2 - x^2}\mathrm{d}x (a > 0)$。

解　设 $x = a\sin t$，则 $\mathrm{d}x = a\cos t\mathrm{d}t$

$$\int \sqrt{a^2 - x^2}\mathrm{d}x = \int a\cos t \cdot a\cos t\mathrm{d}t = a^2\int \cos^2 t\mathrm{d}t$$

$$= a^2\left(\frac{t}{2} + \frac{\sin2t}{4}\right) + C = \frac{a^2}{2}t + \frac{a^2}{2}\sin t\cos t + C$$

由于 $x = a\sin t$，$-\frac{\pi}{2} < t < \frac{\pi}{2}$，所以作辅助三角形，如图 4-1 所示，便有 $\cos t = \frac{\sqrt{a^2 - x^2}}{a}$，于是所求积分为

$$\int \sqrt{a^2 - x^2}\,\mathrm{d}x = \frac{a^2}{2}\arcsin\frac{x}{a} + \frac{1}{2}x\sqrt{a^2 - x^2} + C$$

例 18　求 $\int \dfrac{\mathrm{d}x}{\sqrt{x^2 + a^2}}(a > 0)$。

解　设 $x = a\tan t\left(-\dfrac{\pi}{2} < t < \dfrac{\pi}{2}\right)$，$\mathrm{d}x = a\sec^2 t\,\mathrm{d}t$，于是

$$\int \frac{\mathrm{d}x}{\sqrt{x^2 + a^2}} = \int \frac{a\sec^2 t\,\mathrm{d}t}{a\sec t\,\mathrm{d}t} = \int \sec t\,\mathrm{d}t = \ln|\sec t + \tan t| + C$$

根据 $\tan t = \dfrac{x}{a}$ 作辅助三角形，如图 4-2 所示，便有

$$\sec t = \frac{\sqrt{x^2 + a^2}}{a}$$

且 $\sec t + \tan t > 0$，因此

$$\int \frac{\mathrm{d}x}{\sqrt{x^2 + a^2}} = \ln\left(\frac{x}{a} + \frac{\sqrt{x^2 + a^2}}{a}\right) + C_1 = \ln(x + \sqrt{x^2 + a^2}) + C$$

其中，$C = C_1 - \ln a$。

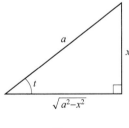

图 4-1

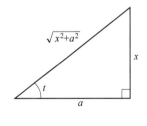

图 4-2

例 19　求 $\int \dfrac{\mathrm{d}x}{\sqrt{x^2 - a^2}}(a > 0)$。

解　设 $x = a\sec t$，则 $\mathrm{d}x = a\sec t\tan t\,\mathrm{d}t$，于是有

$$\int \frac{\mathrm{d}x}{\sqrt{x^2 - a^2}} = \int \frac{a\sec t\tan t\,\mathrm{d}t}{a\tan t} = \int \sec t\,\mathrm{d}t = \ln|\sec t + \tan t| + C_1$$

根据 $\sec t = \dfrac{x}{a}$，作辅助三角形，如图 4-3 所示，得到

$$\int \frac{\mathrm{d}x}{\sqrt{x^2 - a^2}} = \ln|\sec t + \tan t| + C_1 = \ln\left|\frac{x}{a} + \frac{\sqrt{x^2 - a^2}}{a}\right| + C_1$$

$$= \ln \left| x + \sqrt{x^2 - a^2} \right| + C$$

其中，$C = C_1 - \ln a$。

例 20　求 $\int \dfrac{dx}{x \sqrt{1 + x^2}}$。

解　设 $x = \tan t$，则 $dx = \sec^2 t dt$

$$\int \frac{dx}{x \sqrt{1 + x^2}} = \int \frac{\sec^2 t}{\tan t \sec t} dt = \int \csc t dt = \ln \left| \csc t - \cot t \right| + C$$

根据 $\tan t = x$，作辅助三角形，如图 4-4 所示，得

$$\int \frac{dx}{x \sqrt{1 + x^2}} = \ln \left| \csc t - \cot t \right| + C = \ln \left| \frac{\sqrt{1 + x^2}}{x} - \frac{1}{x} \right| + C$$

$$= \ln \left| \frac{\sqrt{1 + x^2} - 1}{x} \right| + C$$

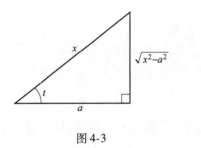
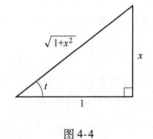

图 4-3　　　　　　　　　　　　　　图 4-4

常用的积分公式，除了基本积分表中的几个外，再添加下面几个：

（1）$\int \sec x dx = \ln \left| \sec x + \tan x \right| + C$；

（2）$\int \csc x dx = \ln \left| \csc x - \cot x \right| + C$；

（3）$\int \dfrac{dx}{a^2 + x^2} = \dfrac{1}{a} \arctan \dfrac{x}{a} + C$；

（4）$\int \dfrac{dx}{x^2 - a^2} = \dfrac{1}{2a} \ln \left| \dfrac{x - a}{x + a} \right| + C$；

（5）$\int \dfrac{dx}{\sqrt{a^2 - x^2}} = \arcsin \dfrac{x}{a} + C$；

（6）$\int \dfrac{dx}{\sqrt{x^2 + a^2}} = \ln (x + \sqrt{x^2 + a^2}) + C$；

（7）$\int \dfrac{dx}{\sqrt{x^2 - a^2}} = \ln \left| x + \sqrt{x^2 - a^2} \right| + C$。

例 21　求 $\int \dfrac{dx}{x^2 + 2x + 3}$。

解　$\int \dfrac{dx}{x^2 + 2x + 3} = \int \dfrac{1}{(x + 1)^2 + (\sqrt{2})^2} d(x + 1)$

利用积分公式，便得

$$\int \frac{\mathrm{d}x}{x^2 + 2x + 3} = \frac{1}{\sqrt{2}}\arctan \frac{x+1}{\sqrt{2}} + C$$

例 22　求 $\int \frac{\mathrm{d}x}{\sqrt{9x^2 + 6x - 1}}$。

解　$\int \frac{\mathrm{d}x}{\sqrt{9x^2 + 6x - 1}} = \frac{1}{3}\int \frac{1}{\sqrt{(3x+1)^2 - (\sqrt{2})^2}}\mathrm{d}(3x+1)$

$$= \frac{1}{3}\ln\left|3x + 1 + \sqrt{9x^2 + 6x - 1}\right| + C$$

◆ **数学故事**

赏 麦 子

　　传说，印度舍罕王打算重赏象棋发明人——宰相西萨·班·达依尔。这位聪明的发明人对舍罕王说："陛下，请您在这张棋盘的第一个小格内，赏给我一粒麦子，在第二个小格内给两粒，第三格内给四粒，以此类推，每一小格内的麦子都是前一小格的两倍，放满 64 格为止。"国王以为自己不会破费很多，心中暗喜。

　　计数麦粒的工作开始了，第一格内放 1 粒，第二格内放 2 粒，第三格内放 4 粒……随着所需麦粒的飞快增长，国王这才看出，即便拿来全印度的粮食，也兑现不了他对达依尔的诺言。原来，所需麦粒总数为：

$$1 + 2 + 2^2 + 2^3 + 2^4 + \cdots + 2^{63} = 2^{64} - 1 = 18446744073709551615$$

　　这是个天文数字，别说印度舍罕王，就是全地球要生产这么多的麦子，也得两千年，显然他亏了。如果他能拥有更多的数学知识，可能就是另外一种结果了！

习题 4-2

求下列不定积分（a、b 均为常数）。

(1) $\int \mathrm{e}^{5x}\mathrm{d}x$；

(2) $\int (3 - 2x)^3\mathrm{d}x$；

(3) $\int \frac{\mathrm{d}x}{1 - 2x}$；

(4) $\int \frac{\mathrm{d}x}{\sqrt[3]{2 - 3x}}$；

(5) $\int \left(\sin ax - \mathrm{e}^{\frac{x}{b}}\right)\mathrm{d}x$；

(6) $\int \frac{\sin\sqrt{t}}{\sqrt{t}}\mathrm{d}t$；

(7) $\int \tan^{10}x \cdot \sec^2 x\mathrm{d}x$；

(8) $\int \frac{\mathrm{d}x}{x\ln x\ln\ln x}$；

(9) $\int \tan\sqrt{1 + x^2} \cdot \frac{x\mathrm{d}x}{\sqrt{1 + x^2}}$；

(10) $\int \frac{\mathrm{d}x}{\sin x\cos x}$；

(11) $\int \frac{\mathrm{d}x}{\mathrm{e}^x + \mathrm{e}^{-x}}$；

(12) $\int x\mathrm{e}^{-x^2}\mathrm{d}x$；

(13) $\int x\cos x^2 \mathrm{d}x$;　　　　　　　　(14) $\int \dfrac{x}{\sqrt{2-3x^2}}\mathrm{d}x$;

(15) $\int \dfrac{3x^3}{1-x^4}\mathrm{d}x$;　　　　　　　(16) $\int \sqrt{\dfrac{e^x-1}{e^x+1}}\mathrm{d}x$;

(17) $\int \dfrac{\sin x}{\cos^3 x}\mathrm{d}x$;　　　　　　(18) $\int \dfrac{\sin x+\cos x}{\sqrt[3]{\sin x-\cos x}}\mathrm{d}x$;

(19) $\int \dfrac{1-x}{\sqrt{9-4x^2}}\mathrm{d}x$;　　　　(20) $\int \dfrac{x^3}{9+x^2}\mathrm{d}x$;

(21) $\int \dfrac{\mathrm{d}x}{2x^2-1}$;　　　　　　　(22) $\int \dfrac{\mathrm{d}x}{(x+1)(x-2)}$;

(23) $\int \cos^3 x\mathrm{d}x$;　　　　　　　(24) $\int \dfrac{\mathrm{d}x}{\sin^4 x}$;

(25) $\int \sin 2x\cos 3x\mathrm{d}x$;　　　　　(26) $\int \dfrac{1}{\sqrt{1+e^x}}\mathrm{d}x$;

(27) $\int \dfrac{\mathrm{d}x}{x^2-x-6}$;　　　　　(28) $\int \tan^3 x\sec x\mathrm{d}x$;

(29) $\int \dfrac{10^{2\arccos x}}{\sqrt{1-x^2}}\mathrm{d}x$;　　　　(30) $\int \dfrac{\arctan\sqrt{x}}{\sqrt{x}(1+x)}$

(31) $\int \dfrac{\mathrm{d}x}{(\arcsin x)^2\sqrt{1-x^2}}$;　　(32) $\int \dfrac{1+\ln x}{(x\ln x)^2}\mathrm{d}x$;

(33) $\int \dfrac{\ln\tan x}{\cos x\sin x}\mathrm{d}x$;　　　　(34) $\int \dfrac{x^2\mathrm{d}x}{\sqrt{a^2-x^2}}$;

(35) $\int \dfrac{\mathrm{d}x}{x\sqrt{x^2-1}}$;　　　　　(36) $\int \dfrac{\mathrm{d}x}{\sqrt{(x^2+1)^3}}$;

(37) $\int \dfrac{\sqrt{x^2-9}}{x}\mathrm{d}x$;　　　　　(38) $\int \dfrac{\mathrm{d}x}{1+\sqrt{2x}}$;

(39) $\int \dfrac{\mathrm{d}x}{1+\sqrt{1-x^2}}$;　　　　(40) $\int \dfrac{\mathrm{d}x}{x+\sqrt{1-x^2}}$。

第三节　分部积分法

设函数 $u=u(x)$ 及 $v=v(x)$ 具有连续导数，那么，两个函数乘积的导数公式为

$$(uv)'=u'v+uv'$$

移项得

$$uv'=(uv)'-u'v$$

对这个等式两边求不定积分，得

$$\int uv'\mathrm{d}x=uv-\int u'v\mathrm{d}x$$

即

$$\int u\mathrm{d}v=uv-\int v\mathrm{d}u \tag{4-2}$$

式 (4-2) 称为分部积分公式。

例1　求 $\int x\cos x\mathrm{d}x$。

解　$\int x\cos x\mathrm{d}x = \int x\mathrm{d}\sin x = x\sin x - \int \sin x\mathrm{d}x = x\sin x + \cos x + C$

例2　求 $\int x^2\mathrm{e}^x\mathrm{d}x$。

解　$\int x^2\mathrm{e}^x\mathrm{d}x = \int x^2\mathrm{d}\mathrm{e}^x = x^2\mathrm{e}^x - \int \mathrm{e}^x\mathrm{d}x^2 = x^2\mathrm{e}^x - 2\int x\mathrm{e}^x\mathrm{d}x$

$\qquad = x^2\mathrm{e}^x - 2\int x\mathrm{d}\mathrm{e}^x = x^2\mathrm{e}^x - 2(x\mathrm{e}^x - \int \mathrm{e}^x\mathrm{d}x)$

$\qquad = x^2\mathrm{e}^x - 2x\mathrm{e}^x + 2\int \mathrm{e}^x\mathrm{d}x = x^2\mathrm{e}^x - 2x\mathrm{e}^x + 2\mathrm{e}^x + C$

例3　求 $\int x\ln x\mathrm{d}x$。

解　$\int x\ln x\mathrm{d}x - \int \ln x\mathrm{d}\dfrac{x^2}{2} - \dfrac{x^2}{2}\ln x - \int \dfrac{x^2}{2}\mathrm{d}\ln x$

$\qquad = \dfrac{x^2}{2}\ln x - \int \dfrac{x}{2}\mathrm{d}x = \dfrac{x^2}{2}\ln x - \dfrac{1}{4}x^2 + C$

例4　求 $\int \arccos x\mathrm{d}x$。

解　$\int \arccos x\mathrm{d}x = x\arccos x - \int x\mathrm{d}\arccos x$

$\qquad = x\arccos x + \int \dfrac{x}{\sqrt{1 - x^2}}\mathrm{d}x$

$\qquad = x\arccos x - \dfrac{1}{2}\int \dfrac{1}{(1 - x^2)^{\frac{1}{2}}}\mathrm{d}(1 - x^2)$

$\qquad = x\arccos x - \dfrac{1}{2}\dfrac{(1 - x^2)^{\frac{1}{2}}}{\dfrac{1}{2}} + C$

$\qquad = x\arccos x - \sqrt{1 - x^2} + C$

例5　求 $\int x\arctan x\mathrm{d}x$。

解　$\int x\arctan x\mathrm{d}x = \int \arctan x\dfrac{x^2}{2} = \dfrac{x^2}{2}\arctan x - \int \dfrac{x^2}{2}\mathrm{d}\arctan x$

$\qquad = \dfrac{x^2}{2}\arctan x - \dfrac{1}{2}\int \dfrac{x^2}{1 + x^2}\mathrm{d}x$

$\qquad = \dfrac{x^2}{2}\arctan x - \dfrac{1}{2}\int \dfrac{1 + x^2 - 1}{1 + x^2}\mathrm{d}x$

$\qquad = \dfrac{x^2}{2}\arctan x - \dfrac{1}{2}\left(1 - \dfrac{1}{1 + x^2}\right)\mathrm{d}x$

$\qquad = \dfrac{x^2}{2}\arctan x - \dfrac{1}{2}(x - \arctan x) + C$

$\qquad = \dfrac{1}{2}(x^2 + 1)\arctan x - \dfrac{1}{2}x + C$

例 6　求 $\int e^x \sin x dx$。

解
$$\int e^x \sin x dx = \int \sin x de^x$$
$$= e^x \sin x - \int e^x d\sin x = e^x \sin x - \int e^x \cos x dx$$
$$= e^x \sin x - \int \cos x de^x$$
$$= e^x \sin x - (e^x \cos x - \int e^x d\cos x)$$
$$= e^x \sin x - e^x \cos x - \int e^x \sin x dx$$

于是
$$\int e^x \sin x dx = e^x \sin x - e^x \cos x - \int e^x \sin x dx$$

所以
$$2\int e^x \sin x dx = e^x (\sin x - \cos x) + C$$

即
$$\int e^x \sin x dx = \frac{1}{2} e^x (\sin x - \cos x) + C$$

例 7　求 $\int \sec^3 x dx$。

解
$$\int \sec^3 x dx = \int \sec x d\tan x = \sec x \tan x - \int \tan x d\sec x$$
$$= \sec x \tan x - \int \sec x \tan^2 x dx$$
$$= \sec x \tan x - \int \sec x (\sec^2 x - 1) dx$$
$$= \sec x \tan x - \int \sec^3 x dx + \int \sec x dx$$
$$= \sec x \tan x - \int \sec^3 x dx + \ln|\sec x + \tan x|$$

于是
$$\int \sec^3 x dx = \frac{1}{2} (\sec x \tan x + \ln|\sec x + \tan x|) + C$$

例 8　求 $\int e^{\sqrt{x}} dx$。

解　设 $\sqrt{x} = t$，则 $x = t^2$，$dx = 2t dt$，于是，
$$\int e^{\sqrt{x}} dx = 2\int t e^t dt = 2e^t(t - 1) + C = 2e^{\sqrt{x}}(\sqrt{x} - 1) + C$$

通过以上例题可知，当初等函数是幂函数与指数函数或对数函数或三角函数或反三角函数的乘积时，用分部积分法。

最后，要特别指出，虽然求不定积分是求导数的逆运算，但是，求不定积分远比求导数困难得多。对于任意给出一个初等函数，只要可导肯定能求出它的导数。然而某些初等

函数，尽管它们的原函数存在，却不一定能用初等函数表示。例如，$\int \dfrac{\sin x}{x} dx$、$\int e^{-x^2} dx$、$\int \sin x^2 dx$、$\int \dfrac{1}{\ln x} dx$ 等，它们的原函数都不能用初等函数表示。

❖ **价值引领**

钉钉子精神

"钉钉子"，前一个"钉"是动词，读"dìng"，意为"把钉子捶打进别的东西里"；后一个"钉"是名词，读"dīng"，构成"钉子"一词，即"金属制成的细棍形的物件"。"钉钉子"能成为一种精神，是因为这一简单动作中蕴含着深刻的哲理。

2013 年 2 月 28 日，在十八届二中全会第二次全体会议上，习近平主席首次对钉钉子精神进行了详细阐述：我们要有钉钉子的精神，钉钉子往往不是一锤子就能钉好的，而是要一锤一锤接着敲，直到把钉子钉实钉牢，钉牢一颗再钉下一颗，不断钉下去，必然大有成效。如果东一榔头西一棒子，结果很可能是一颗钉子都钉不上、钉不牢。

作为新时代的青年，奋斗才是主旋律，只有积极面对工作和生活，保持自信自强，发扬钉钉子的精神，才能创造幸福生活。

习题 4-3

求下列不定积分。

(1) $\int x\sin x\, dx$；

(2) $\int x\ln(x^2 + 1)\, dx$；

(3) $\int \arcsin x\, dx$；

(4) $\int xe^{-x}\, dx$；

(5) $\int e^{-x}\cos x\, dx$；

(6) $\int e^{-2x}\sin \dfrac{x}{2}\, dx$；

(7) $\int x\cos \dfrac{x}{2}\, dx$；

(8) $\int x^2 \arctan x\, dx$；

(9) $\int x\tan^2 x\, dx$；

(10) $\int x^2 \cos x\, dx$；

(11) $\int te^{-2t}\, dt$；

(12) $\int \ln^2 x\, dx$；

(13) $\int x\sin x\cos x\, dx$；

(14) $\int x^2 \cos^2 \dfrac{x}{2}\, dx$；

(15) $\int x\ln(x - 1)\, dx$；

(16) $\int (x^2 - 1)\sin 2x\, dx$；

(17) $\int \dfrac{\ln^3 x}{x^2}\, dx$；

(18) $\int e^{\sqrt[3]{x}}\, dx$；

(19) $\int \cos \ln x\, dx$；

(20) $\int (\arcsin x)^2\, dx$。

第五章　定　积　分

定积分是组成积分学的另一基本部分，是高等数学重要概念之一，它在工程和科学技术领域中有着广泛的应用。本章的主要内容是定积分的概念、性质和计算方法。

第一节　定积分的概念与性质

一、定积分问题的举例

（一）曲边梯形面积

所谓曲边梯形是指在直角坐标系下，由闭区间 $[a, b]$ 上的连续曲线 $y = f(x) \geq 0$，直线 $x = a$，$x = b$ 与 x 轴围成的平面图形 $AabB$，如图 5-1 所示。

在初等数学中，以矩形面积为基础，解决了直边图形面积的计算问题，现在的曲边梯形有一条边是曲线，所以，计算其面积就有困难。困难在于曲边梯形的高是变化的，但由于曲线 $y = f(x)$ 是连续的，所以当点 x 在区间 $[a, b]$ 上某处变化很小时，则相应的高 $f(x)$ 也就变化不大。

基于这种想法，可以用一组平行于 y 轴的直线把曲边梯形分割成若干个小曲边梯形，只要分割得较细，每个小曲边梯形很窄，则其高 $f(x)$ 的变化就很小。这样，可以在每个小曲边梯形上作一个与它同底，底上某点函数值为高的小矩形，用小矩形的面积近似代替小曲边梯形的面积，进而用所有小矩形面积之和近似代替整个曲边梯形面积，如图 5-2 所示。显然，分割越细，近似程度越好，当无限细分时，则所有小矩形面积之和的极限就是曲边梯形面积的精确值。

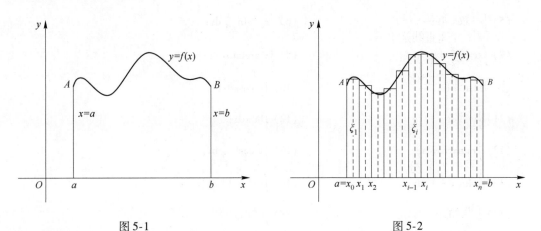

图 5-1　　　　　　　　　　　　　　　图 5-2

根据以上分析，可按下面四步计算曲边梯形的面积 A。

1. 分割

在 $[a, b]$ 内任意插入 $n-1$ 个分点：
$$a = x_0 < x_1 < x_2 < \cdots < x_{i-1} < x_i < \cdots < x_n = b$$
把区间 $[a, b]$ 分成 n 个小区间：
$$[x_0, x_1], [x_1, x_2], \cdots, [x_{i-1}, x_i], \cdots, [x_{n-1}, x_n]$$
这些小区间的长度分别记为
$$\Delta x_i = x_i - x_{i-1} \quad (i = 1, 2, \cdots, n)$$
过每一分点作平行于 y 轴的直线，它们把曲边梯形分成 n 个小曲边梯形。

2. 近似代替

在每个小区间 $[x_{i-1}, x_i](i = 1, 2, \cdots, n)$ 上任取一点 $\xi_i(x_{i-1} \leqslant \xi_i \leqslant x_i)$，以 $f(\xi_i)$ 为高，Δx_i 为底作小矩形，用小矩形面积 $f(\xi_i)\Delta x_i$ 近似代替相应的小曲边梯形面积 ΔA_i，即
$$\Delta A_i \approx f(\xi_i)\Delta x_i \quad (i = 1, 2, \cdots, n)$$

3. 求和

把 n 个小矩形面积加起来，得和式 $\sum\limits_{i=1}^{n} f(\xi_i)\Delta x_i$，它就是曲边梯形面积的近似值，即
$$A = \sum_{i=1}^{n} \Delta A_i \approx \sum_{i=1}^{n} f(\xi_i)\Delta x_i$$

4. 取极值

当分点个数 n 无限增加，且小区间长度的最大值 λ，即 $\lambda = \max\{\Delta x_i\}$ 趋近于零时，上述求和公式的极限就是曲边梯形面积的精确值，即
$$A = \lim_{\lambda \to 0} \sum_{i=1}^{n} f(\xi_i)\Delta x_i$$

(二) 变速直线运动的路程

设一物体做直线运动，已知速度 $v = v(t)$ 是时间 t 的连续函数，求在时间间隔 $[T_1, T_2]$ 上物体所经过的路程 S。

物体做变速直线运动时就不能像匀速直线运动那样用速度乘时间就是路程，因为速度是变化的。但是，由于速度是连续变化的，只要 t 在 $[T_1, T_2]$ 内某点处变化很小，相应的速度 $v = v(t)$ 也就变化不大。因此，完全可以用类似于求曲边梯形面积方法来计算路程 S。

1. 分割

在时间间隔 $[T_1, T_2]$ 内任意插入 $n-1$ 个分点：
$$T_1 = t_0 < t_1 < t_2 < \cdots < t_{i-1} < t_i < \cdots < t_n = T_2$$
把 $[T_1, T_2]$ 分成 n 个小区间：
$$[t_0, t_1], [t_1, t_2], \cdots, [t_{i-1}, t_i] \cdots, [t_{n-1}, t_n]$$

2. 近似代替

在每个小区间上任取一点 $\xi_i(t_{i-1} \leqslant \xi_i \leqslant t_i)$，用 ξ_i 点的速度 $v(\xi_i)\Delta t_i$ 近似代替物体在小区间上的速度，用 $v(\xi_i)\Delta t_i$ 近似代替物体在小区间 $[t_{i-1}, t_i]$ 上所经过的路程 ΔS_i，即

$$\Delta S_i \approx v(\xi_i)\Delta t_i \quad (i=1,2,\cdots,n)$$

3. 求和

把 n 个小区间上的物体所经过的路程 ΔS_i 的近似值加起来得和式 $\sum\limits_{i=1}^{n} v(\xi_i)\Delta t_i$，它就是物体在 $[T_1, T_2]$ 上所经过路程 S 的近似值，即

$$S = \sum_{i=1}^{n} \Delta S_i \approx \sum_{i=1}^{n} v(\xi_i)\Delta t_i$$

4. 取极值

令 $\lambda = \max\{\Delta t_i\}$，把极限 $\lim\limits_{\lambda\to 0}\sum\limits_{i=1}^{n} v(\xi_i)\Delta t_i$ 作为物体在时间间隔 $[T_1, T_2]$ 上所经过的路程 S 的精确值，即

$$S = \lim_{\lambda\to 0}\sum_{i=1}^{n} v(\xi_i)\Delta t_i$$

抛开实际问题的具体意义，教学上把这类和式极限概括，抽象出定积分的定义。

二、定积分的定义

定义　设函数 $f(x)$ 在区间 $[a, b]$ 上有定义。任意取分点
$$a = x_0 < x_1 < x_2 < \cdots < x_{i-1} < x_i < \cdots < x_{n-1} < x_n = b$$
把区间 $[a, b]$ 分成 n 个小区间 $[x_{i-1}, x_i]$，其长度记为
$$\Delta x_i = x_i - x_{i-1} \quad (i=1,2,\cdots,n)$$
在每个小区间 $[x_{i-1}, x_i]$ 上任取一点 $\xi_i(x_{i-1}\leqslant \xi_i\leqslant x_i)$ 作函数值 $f(\xi_i)$ 与 Δx_i 的乘积 $f(\xi_i)\Delta x_i(i=1, 2, \cdots, n)$，并作出和

$$\sum_{i=1}^{n} f(\xi_i)\Delta x_i$$

记 $\lambda = \max\{\Delta x_i\}$，如果不论对 $[a, b]$ 怎样分法，也不论在小区间 $[x_{i-1}, x_i]$ 上点 ξ_i 怎样取法，只要当 $\lambda\to 0$ 时，$\sum\limits_{i=1}^{n} f(\xi_i)\Delta x_i$ 总趋于确定的极限 I，则 I 称为 $f(x)$ 在 $[a, b]$ 上的定积分（简称积分），记作 $\int_a^b f(x)\mathrm{d}x$，即

$$\int_a^b f(x)\mathrm{d}x = I = \lim_{\lambda\to 0}\sum_{i=1}^{n} f(\xi_i)\Delta x_i$$

其中 $f(x)$ 叫作被积函数，$f(x)\mathrm{d}x$ 叫作被积表达式，x 叫作积分变量，a 叫作积分下限，b 叫作积分上限，$[a, b]$ 叫作积分区间。

注意：因为定积分是和式的极限，它是由函数 $f(x)$ 与区间 $[a, b]$ 所确定的。因此，它与积分变量的记号无关，即

$$\int_a^b f(x)\mathrm{d}x = \int_a^b f(t)\mathrm{d}t = \int_a^b f(u)\mathrm{d}u$$

根据定积分的定义，上面两个例子都可以表示为定积分。

（1）曲边梯形面积 A 是函数 $f(x)$ 在 $[a, b]$ 上的定积分，即

$$A = \int_a^b f(x)\mathrm{d}x$$

（2）变速直线运动的路程 S 是速度函数 $v(t)$ 在 $[T_1, T_2]$ 上的定积分，即

$$S = \int_{T_1}^{T_2} v(t) \mathrm{d}t$$

对于定积分，有这样一个重要问题：函数 $f(x)$ 在 $[a, b]$ 上满足怎样的条件，$f(x)$ 在 $[a, b]$ 上一定可积？这个问题我们不作深入讨论，只给出以下两个充分条件。

定理 1 若 $f(x)$ 在区间 $[a, b]$ 上连续，则 $f(x)$ 在 $[a, b]$ 上可积。

定理 2 设 $f(x)$ 在区间 $[a, b]$ 上有界，且只有有限个间断点，则 $f(x)$ 在 $[a, b]$ 上可积。

三、定积分的几何意义

当 $f(x) > 0$ 时，定积分在几何上表示曲边 $y = f(x)$ 在区间 $[a, b]$ 上方的曲边梯形面积 $A = \int_a^b f(x) \mathrm{d}x$。

当 $f(x) < 0$ 时，定积分在几何上表示曲边梯形面积的负值，即 $A = -\int_a^b f(x) \mathrm{d}x$。

当 $f(x)$ 在 $[a, b]$ 上既取得正值又取得负值时，定积分 $\int_a^b f(x) \mathrm{d}x$ 的几何意义为：它是介于 x 轴、函数 $f(x)$ 的图形及两条直线 $x = a$、$x = b$ 之间的各部分面积的代数和。

例 1 用定义计算 $\int_0^1 \mathrm{e}^{-x} \mathrm{d}x$。

解 被积函数 $f(x) = \mathrm{e}^{-x}$，在区间 $[0, 1]$ 上连续，所以 e^{-x} 在 $[0, 1]$ 上可积，积分与区间 $[0, 1]$ 的分法及点 ξ_i 的取法无关。为了方便，把区间 $[0, 1]$ 分成 n 等份，分点为 $x_i = \dfrac{i}{n}$，$i = 1, 2, \cdots, n-1$；这样，每个小区间 $[x_{i-1}, x_i]$ 的长度 $\Delta x_i = \dfrac{1}{n}$，取 $\xi_i = \dfrac{i-1}{n}$，于是得

$$\sum_{i=1}^n f(\xi_i) \Delta x_i = \sum_{i=1}^n \mathrm{e}^{-\frac{i-1}{n}} \frac{1}{n} = \frac{1}{n}(1 + \mathrm{e}^{-\frac{1}{n}} + \mathrm{e}^{-\frac{2}{n}} + \cdots + \mathrm{e}^{-\frac{n-1}{n}})$$

$$= (1 - \mathrm{e}^{-1}) \frac{-\dfrac{1}{n}}{\mathrm{e}^{-\frac{1}{n}} - 1}$$

当 $\lambda \to 0$ 时，$n \to +\infty$，于是有

$$\int_0^1 \mathrm{e}^{-x} \mathrm{d}x = \lim_{\lambda \to 0} \sum_{i=1}^n f(\xi_i) \Delta x_i = \lim_{n \to +\infty} (1 - \mathrm{e}^{-1}) \frac{-\dfrac{1}{n}}{\mathrm{e}^{-\frac{1}{n}} - 1}$$

$$= 1 - \mathrm{e}^{-1} = 1 - \frac{1}{\mathrm{e}}$$

四、定积分的性质

为了以后计算及应用方便起见，先对定积分作以下两点补充规定：

（1）当 $a = b$ 时，$\int_a^b f(x) \mathrm{d}x = 0$；

（2）当 $a > b$ 时，$\int_a^b f(x)\,\mathrm{d}x = -\int_b^a f(x)\,\mathrm{d}x$。

下面各性质中的函数都假设是可积的。

性质 1　函数的和（差）的定积分等于它们的定积分的和（差），即

$$\int_a^b [f(x) \pm g(x)]\,\mathrm{d}x = \int_a^b f(x)\,\mathrm{d}x \pm \int_a^b g(x)\,\mathrm{d}x$$

证　$\int_a^b [f(x) \pm g(x)]\,\mathrm{d}x = \lim_{\lambda \to 0} \sum_{i=1}^n [f(\xi_i) \pm g(\xi_i)]\Delta x_i$

$$= \lim_{\lambda \to 0} \sum_{i=1}^n f(\xi_i)\Delta x_i \pm \lim_{\lambda \to 0} \sum_{i=1}^n g(\xi_i)\Delta x_i$$

$$= \int_a^b f(x)\,\mathrm{d}x \pm \int_a^b g(x)\,\mathrm{d}x$$

性质 1 对于任意有限个函数都是成立的。类似地，可以证明以下性质。

性质 2　被积函数的常数因子可以提到积分号外面，即

$$\int_a^b kf(x)\,\mathrm{d}x = k\int_a^b f(x)\,\mathrm{d}x \quad （k \text{ 是常数}）$$

性质 3　设 $a < c < b$，则

$$\int_a^b f(x)\,\mathrm{d}x = \int_a^c f(x)\,\mathrm{d}x + \int_c^b f(x)\,\mathrm{d}x$$

证　因为函数 $f(x)$ 在区间 $[a, b]$ 上可积，所以不论把 $[a, b]$ 怎样分，积分和的极限总是不变的。因此，在分区间时，可以使 c 永远是个分点。那么，$[a, b]$ 上的积分和等于 $[a, c]$ 上的积分和加 $[c, b]$ 上的积分和，记为

$$\sum_{[a,b]} f(\xi_i)\Delta x_i = \sum_{[a,c]}{}' f(\xi_i)\Delta x_i + \sum_{[c,b]}{}'' f(\xi_i)\Delta x_i$$

令 $\lambda \to 0$，上式两端同时取极限，即得

$$\int_a^b f(x)\,\mathrm{d}x = \int_a^c f(x)\,\mathrm{d}x + \int_c^b f(x)\,\mathrm{d}x$$

这个性质表明定积分对于积分区间具有可加性。

按定积分的补充规定，有：不论 a，b，c 的相对位置如何，总有等式

$$\int_a^b f(x)\,\mathrm{d}x = \int_a^c f(x)\,\mathrm{d}x + \int_c^b f(x)\,\mathrm{d}x$$

成立。例如，当 $a < b < c$ 时，由于

$$\int_a^c f(x)\,\mathrm{d}x = \int_a^b f(x)\,\mathrm{d}x + \int_b^c f(x)\,\mathrm{d}x$$

于是得

$$\int_a^b f(x)\,\mathrm{d}x = \int_a^c f(x)\,\mathrm{d}x - \int_b^c f(x)\,\mathrm{d}x = \int_a^c f(x)\,\mathrm{d}x + \int_c^b f(x)\,\mathrm{d}x$$

性质 4　如果在区间 $[a, b]$ 上 $f(x) \equiv 1$，则

$$\int_a^b 1\,\mathrm{d}x = \int_a^b \mathrm{d}x = b - a$$

证明从略。

性质 5　如果在区间 $[a, b]$ 上，$f(x) \geqslant 0$，则 $\int_a^b f(x)\,\mathrm{d}x \geqslant 0$。

证 因为 $f(x) \geqslant 0$，故 $f(\xi_i) \geqslant 0 (i = 1, 2, \cdots, n)$。又由于 $\Delta x_i > 0 (i = 1, 2, \cdots, n)$，因此

$$\sum_{i=1}^{n} f(\xi_i) \Delta x_i \geqslant 0$$

令 $\lambda = \max\{\Delta x_i\} \to 0$，便得要证的不等式。

推论1 如果在区间 $[a, b]$ 上，$f(x) \leqslant g(x)$，则

$$\int_a^b f(x) dx \leqslant \int_a^b g(x) dx$$

证 因为 $g(x) - f(x) \geqslant 0$，由性质5得

$$\int_a^b [g(x) - f(x)] dx \geqslant 0$$

故有

$$\int_a^b g(x) dx - \int_a^b f(x) dx \geqslant 0 \quad 即 \int_a^b g(x) dx \geqslant \int_a^b f(x) dx$$

推论2 $\left| \int_a^b f(x) dx \right| \leqslant \int_a^b |f(x)| dx$

性质6 设 M 及 m 分别是函数 $f(x)$ 在区间 $[a, b]$ 上的最大值和最小值，则

$$m(b - a) \leqslant \int_a^b f(x) dx \leqslant M(b - a)$$

证 因为 $m \leqslant f(x) \leqslant M$，所以有

$$\int_a^b m dx \leqslant \int_a^b f(x) dx \leqslant \int_a^b M dx$$

再由性质2及性质4，即得所要证的不等式。

性质7 （定积分中值定理）如果函数 $f(x)$ 在闭区间 $[a, b]$ 上连续，则在积分区间 $[a, b]$ 上至少存在一点 ξ，使下式成立：

$$\int_a^b f(x) dx = f(\xi)(b - a) \quad (a \leqslant \xi \leqslant b)$$

证 把性质6中的不等式各除以 $b - a$，得

$$m \leqslant \frac{1}{b - a} \int_a^b f(x) dx \leqslant M$$

根据闭区间上连续函数的介值定理，在 $[a, b]$ 上至少存在着一点 ξ，使

$$\frac{1}{b - a} \int_a^b f(x) dx = f(\xi)$$

即

$$\int_a^b f(x) dx = f(\xi)(b - a) \quad (a \leqslant \xi \leqslant b)$$

例2 比较下列各对积分值的大小：

(1) $\int_0^1 \sqrt[3]{x} dx$ 与 $\int_0^1 x^3 dx$；(2) $\int_0^1 x dx$ 与 $\int_0^1 \ln(1 + x) dx$。

解 （1）根据幂函数的性质，在 $[0, 1]$ 上，有

$$\sqrt[3]{x} \geqslant x^3$$

所以有

$$\int_0^1 \sqrt[3]{x}\,dx \geqslant \int_0^1 x^3\,dx$$

（2）令 $f(x) = x - \ln(1+x)$，在 $[0,1]$ 上有

$$f'(x) = 1 - \frac{1}{1+x} = \frac{x}{1+x} \geqslant 0$$

已知函数 $f(x)$ 在区间 $[0,1]$ 上单调增加，所以 $f(x) \geqslant f(0) = 0$，从而有 $x \geqslant \ln(1+x)$，所以

$$\int_0^1 x\,dx \geqslant \int_0^1 \ln(1+x)\,dx$$

例 3 估计定积分 $\int_{-1}^1 e^{-x^2}\,dx$ 的值。

解 设 $f(x) = e^{-x^2}$，求导得 $f'(x) = -2x e^{-x^2}$，令 $f'(x) = 0$，得驻点 $x = 0$。
比较驻点 $x = 0$，区间端点 $x = \pm 1$ 的函数值。

$$f(0) = 1,\ f(\pm 1) = \frac{1}{e}$$

得最小值 $m = \dfrac{1}{e}$，最大值 $M = 1$，所以

$$\frac{2}{e} \leqslant \int_{-1}^1 e^{-x^2}\,dx \leqslant 2$$

❖ **价值引领**

积分符号 $\int$ 是谁发明的？

根据牛顿－莱布尼茨公式，许多函数定积分的计算就可以简便地通过求不定积分来进行。莱布尼茨于 1684 年发表第一篇微分论文，定义了微分概念，采用了微分符号 dx、dy。1686 年，他又发表了积分论文，讨论了微分与积分，首次使用了积分符号 $\int$。依据莱布尼茨的笔记本，1675 年 11 月 11 日他便已完成一套完整的微分学。

微积分的标志 $\int$ 的出现向所有人宣告高等数学的来临，莱布尼茨这个积分的定义，简单直接，规避了牛顿对积分定义的种种问题，后面柯西、黎曼都是在这个基础上完善积分的定义。微积分的发明是数学史上一次划时代的壮举。

习题 5-1

1. 利用定积分的性质，比较下列各对积分值的大小。

（1）$\int_0^1 x^2\,dx$ 与 $\int_0^1 x^3\,dx$；

（2）$\int_1^2 x^2\,dx$ 与 $\int_1^2 x^3\,dx$；

(3) $\int_1^2 \ln x \mathrm{d}x$ 与 $\int_1^2 (\ln x)^2 \mathrm{d}x$；

(4) $\int_0^1 \mathrm{e}^x \mathrm{d}x$ 与 $\int_0^1 (1 + x) \mathrm{d}x$；

(5) $\int_0^{\frac{\pi}{2}} x \mathrm{d}x$ 与 $\int_0^{\frac{\pi}{2}} \sin x \mathrm{d}x$。

2. 估计下列各积分的值。

(1) $\int_1^4 (x^2 + 1) \mathrm{d}x$；

(2) $\int_{\frac{\pi}{4}}^{\frac{5}{4}\pi} (1 + \sin^2 x) \mathrm{d}x$；

(3) $\int_{\frac{1}{\sqrt{3}}}^{\sqrt{3}} x \arctan x \mathrm{d}x$；

(4) $\int_2^0 \mathrm{e}^{x^2 - x} \mathrm{d}x$。

第二节　微积分基本公式

因为定积分定义为和式的极限，要直接用定义计算定积分的值，尽管被积函数很简单，也是一件十分困难的事。所以，需要寻找简便有效的计算方法，这就是牛顿 – 莱布尼茨（Newton-Leibniz）公式或称微积分的基本公式。

一、积分上限的函数及其导数

定积分 $\int_a^b f(t) \mathrm{d}t$ 在几何上表示连续曲线 $y = f(x)$ 在区间 $[a, b]$ 上的曲边梯形 $AabB$ 的面积，如图 5-3 所示。如果 x 是区间 $[a, b]$ 上任一点，同样，定积分 $\int_a^x f(t) \mathrm{d}t$ 表示曲线 $y = f(x)$ 在部分区间 $[a, x]$ 上曲边梯形 $Aaxc$ 的面积，如图 5-3 所示。当 x 在 $[a, b]$ 上变化时，阴影部分的曲边梯形面积也随之变化，所以变上限定积分 $\int_a^x f(t) \mathrm{d}t$ 是上限变量 x 的函数，称为积分上限函数，记作 $\phi(x)$：

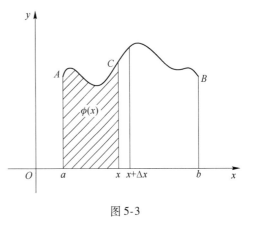

图 5-3

$$\phi(x) = \int_a^x f(t) \mathrm{d}t \quad (a \leqslant x \leqslant b)$$

定理 1　若函数 $f(x)$ 在 $[a, b]$ 上连续，则积分上限的函数 $\phi(x) = \int_a^x f(t) \mathrm{d}t$。

在 $[a, b]$ 上可导，并且它的导数是

$$\phi'(x) = \frac{\mathrm{d}}{\mathrm{d}x}\int_a^x f(t) \mathrm{d}t = f(x) \quad (a \leqslant x \leqslant b)$$

证　给自变量 x 以增量 Δx，$x + \Delta x \in [a, b]$，由 $\phi(x)$ 的定义得对应的函数 $\phi(x)$ 的增量 $\Delta\phi(x)$，即

$$\Delta\phi(x) = \phi(x + \Delta x) - \phi(x) = \int_a^{x+\Delta x} f(t) \mathrm{d}t - \int_a^x f(t) \mathrm{d}t$$

$$= \int_a^x f(t) \mathrm{d}t + \int_x^{x+\Delta x} f(t) \mathrm{d}t - \int_a^x f(t) \mathrm{d}t = \int_x^{x+\Delta x} f(t) \mathrm{d}t$$

再应用积分中值定理，即有等式

$$\Delta\phi(x) = f(\xi)\Delta x$$

这里，ξ 在 x 与 $x + \Delta x$ 之间。把上式两端各除以 Δx，得

$$\frac{\Delta\phi(x)}{\Delta x} = f(\xi)$$

又因为 $f(x)$ 在 $[a, b]$ 上连续，所以，当 $\Delta x \to 0$ 时有 $\xi \to 0$，$f(\xi) \to f(x)$，从而有

$$\phi'(x) = \lim_{\Delta x \to 0}\frac{\Delta\phi(x)}{\Delta x} = \lim_{\xi \to x}f(\xi) = f(x)$$

故

$$\frac{\mathrm{d}}{\mathrm{d}x}\int_a^x f(t)\,\mathrm{d}t = f(x)$$

该定理告诉我们，积分上限函数 $\phi(x) = \int_a^x f(t)\,\mathrm{d}t$ 是函数 $f(x)$ 在 $[a, b]$ 上的一个原函数，这就肯定了连续函数的原函数总是存在的，所以该定理也称为原函数存在定理。

因为 $\int_a^{\varphi(x)} f(t)\,\mathrm{d}t$ 是由函数 $g(u) = \int_a^u f(t)\,\mathrm{d}t$ 与函数 $u = \varphi(x)$ 复合而成，即 $g[\varphi(x)] = \int_a^{\varphi(x)} f(t)\,\mathrm{d}t$，所以有

$$\begin{aligned}
g'[\varphi(x)] &= \left(\int_a^{\varphi(x)} f(t)\,\mathrm{d}t\right)' = \frac{\mathrm{d}g}{\mathrm{d}u}\cdot\frac{\mathrm{d}u}{\mathrm{d}x}\\
&= f(u)\varphi'(x) = f[\varphi(x)]\varphi'(x)
\end{aligned}$$

所以有

$$\left(\int_a^{\varphi(x)} f(t)\,\mathrm{d}t\right)' = f[\varphi(x)]\varphi'(x)$$

二、微积分的基本公式

定理 2　如果函数 $f(x)$ 在区间 $[a, b]$ 上连续，$F(x)$ 是 $f(x)$ 在 $[a, b]$ 上任一原函数，那么

$$\int_a^b f(x)\,\mathrm{d}x = F(b) - F(a)$$

证　已知 $F(x)$ 是 $f(x)$ 的一个原函数，又据定理知 $\int_a^x f(t)\,\mathrm{d}t = \phi(x)$ 也是 $f(x)$ 的一个原函数。于是有

$$F(x) - \phi(x) = C \quad (a \leqslant x \leqslant b, C\text{ 为常数}) \tag{5-1}$$

在式 (5-1) 中令 $x = a$，得 $F(a) - \phi(a) = C$，又因为 $\phi(a) = 0$，所以 $F(a) = C$。以 $F(a)$ 代入式 (5-1) 中的 C，得 $F(x) - \phi(x) = F(a)$，即

$$F(x) - \int_a^x f(t)\,\mathrm{d}t = F(a)$$

令 $x = b$ 代入上式中，移项，得

$$\int_a^x f(t)\,\mathrm{d}t = F(b) - F(a) \tag{5-2}$$

为了便于使用该公式，以后把 $F(b) - F(a)$ 记成 $[F(x)]_a^b$，于是式 (5-2) 就写成如

下形式：

$$\int_a^b f(x)\,dx = \left[F(x)\right]_a^b = F(b) - F(a)$$

上式称为牛顿 – 莱布尼茨公式，也称为微积分的基本公式。该公式对 $a > b$ 的情形同样成立，它给定积分的计算提供了一个简便而有效的方法。

例1　计算 $\int_{-1}^{\sqrt{3}} \dfrac{dx}{1 + x^2}$。

解　$\int_{-1}^{\sqrt{3}} \dfrac{dx}{1 + x^2} = \left[\arctan x\right]_{-1}^{\sqrt{3}} = \arctan\sqrt{3} - \arctan(-1) = \dfrac{\pi}{3} - \left(-\dfrac{\pi}{4}\right) = \dfrac{7}{12}\pi$

例2　计算正弦曲线 $y = \sin x$ 在 $[0, \pi]$ 上与 x 轴所围成的平面图形（图 5-4）的面积。

解　它的面积为

$$A = \int_0^\pi \sin x\,dx = \left[-\cos x\right]_0^\pi = -(-1) - (-1) = 2$$

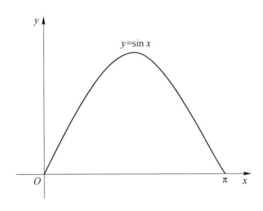

图 5-4

例3　计算 $\int_0^{\frac{\pi}{2}} |\sin x - \cos x|\,dx$。

解　$\int_0^{\frac{\pi}{2}} |\sin x - \cos x|\,dx = \int_0^{\frac{\pi}{4}} |\sin x - \cos x|\,dx + \int_{\frac{\pi}{4}}^{\frac{\pi}{2}} |\sin x - \cos x|\,dx$

$$= \int_0^{\frac{\pi}{4}} (\cos x - \sin x)\,dx + \int_{\frac{\pi}{4}}^{\frac{\pi}{2}} (\sin x - \cos x)\,dx$$

$$= \left[\sin x + \cos x\right]_0^{\frac{\pi}{4}} + \left[-\cos - \sin x\right]_{\frac{\pi}{4}}^{\frac{\pi}{2}} = 2(\sqrt{2} - 1)$$

例4　求 $\lim\limits_{x \to 0} \dfrac{\int_{\cos x}^1 e^{-t^2}\,dt}{x^2}$。

解　已知这是一个 $\dfrac{0}{0}$ 型的未定式，故可用洛必达法则来计算。因为

$$\frac{d}{dx}\int_{\cos x}^1 e^{-t^2}\,dt = -\frac{d}{dx}\int_1^{\cos x} e^{-t^2}\,dt = -e^{-\cos^2 x} \cdot (\cos x)' = \sin x\, e^{-\cos^2 x}$$

所以

$$\lim_{x \to 0} \frac{\int_{\cos x}^{1} e^{-t^2} dt}{x^2} = \lim_{x \to 0} \frac{\sin x e^{-\cos^2 x}}{2x} = \frac{1}{2e}$$

例5　已知 $P(x) = \int_{x}^{x^2} \frac{dt}{\sqrt{1 + t^2}}$，求 $P'(x)$。

解　$P'(x) = \left(\int_{x}^{0} \frac{dt}{\sqrt{1 + t^2}} + \int_{0}^{x^2} \frac{dt}{\sqrt{1 + t^2}} \right)'$

$$= \left(- \int_{0}^{x} \frac{dt}{\sqrt{1 + t^2}} + \int_{0}^{x^2} \frac{dt}{\sqrt{1 + t^2}} \right)' = - \frac{1}{\sqrt{1 + x^2}} + \frac{1}{\sqrt{1 + t^4}}(x^2)'$$

$$= \frac{2x}{\sqrt{1 + t^4}} - \frac{1}{\sqrt{1 + x^2}}$$

❖ **名人故事**

牛顿和莱布尼茨的世纪之争

　　谈到微积分，大家自然想到了牛顿与莱布尼茨，他们是微积分学的创始人。他们最大的贡献在于，总结了求导与求积分的一系列法则，发现求导与求积分是互逆的运算，并给出了著名的牛顿－莱布尼茨公式反映了这种互逆关系，使得本来独立发展的微分学与积分学结合成一门新的学科——微积分学。

　　微积分的发明权之争已经过去两百多年，很多欧洲国家的数学水平都在突飞猛进地发展。这一新兴的数学工具解决了很多以往完全没法求解的问题，人们又通过微积分的哲学思想使更多的领域得到发展。通过学习，我们可以从书本中汲取力量，开阔自己的视野，为之后的发展做好铺垫。

习题 5-2

1. 求由 $\int_{0}^{y} e^t dt + \int_{0}^{x} \cos t dt = 0$ 所决定的隐函数 y 对 x 的导数 $\dfrac{dy}{dx}$。

2. 当 x 为何值时，函数 $I(x) = \int_{0}^{x} t e^{-t^2} dt$ 有极值?

3. 计算下列各导数。

(1) $\dfrac{d}{dx} \int_{0}^{x^2} \sqrt{1 + t^2} dt$;

(2) $\dfrac{d}{dx} \int_{\sin x}^{\cos x} \cos(\pi t^2) dt$。

4. 计算下列各定积分。

(1) $\int_{0}^{1} (3x^2 - x + 1) dx$;

(2) $\int_{1}^{2} \left(x^2 + \dfrac{1}{x^4} \right) dx$;

(3) $\int_{-\frac{1}{2}}^{\frac{1}{2}} \dfrac{dx}{\sqrt{1 - x^2}}$;

(4) $\int_{0}^{\sqrt{3}a} \dfrac{dx}{a^2 + x^2}$;

（5）$\int_1^{\sqrt{3}} \dfrac{\mathrm{d}x}{x^2(1+x^2)}$;

（6）$\int_0^{\frac{\pi}{4}} \tan^2\theta \mathrm{d}\theta$;

（7）$\int_{-1}^0 \dfrac{3x^4+3x^2+1}{x^2+1}\mathrm{d}x$;

（8）$\int_{-e-1}^{-2} \dfrac{\mathrm{d}x}{1+x}$;

（9）$\int_0^{2\pi} |\sin x|\mathrm{d}x$;

（10）$\int_0^2 f(x)\mathrm{d}x$, 其中 $f(x) = \begin{cases} x+1, & x\leqslant 1 \\ \dfrac{1}{2}x^2, & x>1 \end{cases}$ 。

5. 求下列极限。

（1）$\lim\limits_{x\to 0} \dfrac{\int_0^x \cos t^2 \mathrm{d}t}{x}$;

（2）$\lim\limits_{x\to 0} \dfrac{\left(\int_0^x \mathrm{e}^{t^2}\mathrm{d}t\right)^2}{\int_0^x t\mathrm{e}^{2t^2}\mathrm{d}t}$;

（3）$\lim\limits_{n\to\infty} \dfrac{1}{n}\sum\limits_{i=1}^n \sqrt{1+\dfrac{i}{n}}$;

（4）$\lim\limits_{n\to\infty} \dfrac{1^p+2^p+\cdots+n^p}{n^{p+1}} (P>0)$ 。

第三节　定积分的换元积分法与分部积分法

一、定积分的换元积分法

由上节知道，计算定积分 $\int_a^b f(x)\mathrm{d}x$ 的简便方法是把它转化为求 $f(x)$ 的原函数的增量。由于用换元积分法可以求出一些函数的原函数。因此，在一定条件下，可以用换元法来计算定积分。下面介绍定积分的换元法。

定理　假设函数 $f(x)$ 在区间 $[a, b]$ 上连续，函数 $x=\varphi(t)$ 满足条件：

（1）$\varphi(\alpha)=a$, $\varphi(\beta)=b$;

（2）$\varphi(t)$ 在 $[\alpha, \beta]$（或 $[\beta, \alpha]$）上具有连续导数，且 $a\leqslant\varphi(x)\leqslant b$ 。

则有

$$\int_a^b f(x)\mathrm{d}x = \int_\alpha^\beta f[\varphi(t)]\varphi'(t)\mathrm{d}t \tag{5-3}$$

证　由假设知，上式两边的被积函数都是连续的，因此不仅上式两边的定积分都存在，且被积函数的原函数也都存在。设 $F(x)$ 是 $f(x)$ 的一个原函数，则

$$\int_a^b f(x)\mathrm{d}x = F(b)-F(a)$$

另一方面，设 $\phi(t)=F[\varphi(t)]$, 则有

$$\phi'(t)=\frac{\mathrm{d}F}{\mathrm{d}x}\cdot\frac{\mathrm{d}x}{\mathrm{d}t}=f(x)\varphi'(t)=f[\varphi(t)]\varphi'(t)$$

于是

$$\int_\alpha^\beta f[\varphi(t)]\varphi'(t)\mathrm{d}t = \phi(\beta)-\phi(\alpha) = F[\varphi(\beta)]-F[\varphi(x)] = F(b)-F(a)$$

定理得证。

例 1　计算 $\int_0^4 \dfrac{\mathrm{d}x}{1+\sqrt{x}}$ 。

解　令 $\sqrt{x} = t$，则 $x = t^2$，$dx = 2t dt$，且当 $x = 0$ 时 $t = 0$，当 $x = 4$ 时 $t = 2$。于是

$$\int_0^4 \frac{1}{1 + \sqrt{x}} dx = \int_0^2 \frac{2t}{1 + t} dt = 2\int_0^2 \left(1 - \frac{1}{1 + t}\right) dt = 2[t - \ln|1 + t|]_0^2 = 4 - 2\ln 3$$

例 2　计算 $\int_0^a \sqrt{a^2 - x^2} dx (a > 0)$。

解　设 $x = a\sin t$，则 $dx = a\cos t dt$，且

当 $x = 0$ 时，$t = 0$；当 $x = a$ 时，$t = \dfrac{\pi}{2}$。

于是

$$\int_0^a \sqrt{a^2 - x^2} dx = a^2 \int_0^{\frac{\pi}{2}} \cos^2 t dt = \frac{a^2}{2} \int_0^{\frac{\pi}{2}} (1 + \cos 2t) dt = \frac{a^2}{2}\left[t + \frac{1}{2}\sin 2t\right]_0^{\frac{\pi}{2}} = \frac{\pi a^2}{4}$$

例 3　计算 $\int_0^{\frac{\pi}{2}} \cos^5 x \sin x dx$。

解　设 $t = \cos x$，则 $dt = -\sin x dx$，且当 $x = 0$ 时，$t = 1$；当 $x = \dfrac{\pi}{2}$ 时，$t = 0$。于是

$$\int_0^{\frac{\pi}{2}} \cos^5 x \sin x dx = -\int_1^0 t^5 dt = \int_0^1 t^5 dt = \left[\frac{t^6}{6}\right]_0^1 = \frac{1}{6}$$

在该例中，如果不明显地写出新变量 t，那么定积分的上限和下限就不要变更。现在用这种记法计算如下：

$$\int_0^{\frac{\pi}{2}} \cos^5 x \sin x dx = -\int_0^{\frac{\pi}{2}} \cos^5 x d\cos x = -\left[\frac{\cos^6 x}{6}\right]_0^{\frac{\pi}{2}} = -\left(0 - \frac{1}{6}\right) = \frac{1}{6}$$

例 4　计算 $\int_0^{\pi} \sqrt{\sin^3 x - \sin^5 x} dx$。

解　由于 $\sqrt{\sin^3 x - \sin^5 x} = \sqrt{\sin^3 x (1 - \sin^2 x)} = \sin^{\frac{3}{2}} x |\cos x|$

在 $\left[0, \dfrac{\pi}{2}\right]$ 上，$|\cos x| = \cos x$；在 $\left[\dfrac{\pi}{2}, \pi\right]$ 上，$|\cos x| = -\cos x$，所以

$$\int_0^{\pi} \sqrt{\sin^3 x - \sin^5 x} dx = \int_0^{\frac{\pi}{2}} \sin^{\frac{3}{2}} x \cos x dx + \int_{\frac{\pi}{2}}^{\pi} \sin^{\frac{3}{2}} x (-\cos x) dx$$

$$= \int_0^{\frac{\pi}{2}} \sin^{\frac{3}{2}} x d(\sin x) - \int_{\frac{\pi}{2}}^{\pi} \sin^{\frac{3}{2}} x d(\sin x)$$

$$= \left[\frac{2}{5} \sin^{\frac{5}{2}} x\right]_0^{\frac{\pi}{2}} - \left[\frac{2}{5} \sin^{\frac{5}{2}} x\right]_{\frac{\pi}{2}}^{\pi} = \frac{2}{5} - \left(-\frac{2}{5}\right) = \frac{4}{5}$$

例 5　证明：

（1）若 $f(x)$ 在 $[-a, a]$ 上连续且为偶函数，则 $\int_{-a}^a f(x) dx = 2\int_0^a f(x) dx$；

（2）若 $f(x)$ 在 $[-a, a]$ 上连续且为奇函数，则 $\int_{-a}^a f(x) dx = 0$。

证　因为

$$\int_{-a}^a f(x) dx = \int_{-a}^0 f(x) dx + \int_0^a f(x) dx$$

对积分 $\int_{-a}^0 f(x)\,\mathrm{d}x$ 作代换 $x = -t$，则得

$$\int_{-a}^0 f(x)\,\mathrm{d}x = -\int_a^0 f(-t)\,\mathrm{d}t = \int_0^a f(-t)\,\mathrm{d}t = \int_0^a f(-x)\,\mathrm{d}x$$

于是

$$\int_{-a}^a f(x)\,\mathrm{d}x = \int_0^a f(-x)\,\mathrm{d}x + \int_0^a f(x)\,\mathrm{d}x = \int_0^a [f(x) + f(-x)]\,\mathrm{d}x$$

（1）若 $f(x)$ 为偶函数，则 $\int_{-a}^a f(x)\,\mathrm{d}x = 2\int_0^a f(x)\,\mathrm{d}x$；

（2）若 $f(x)$ 为奇函数，则 $\int_{-a}^a f(x)\,\mathrm{d}x = \int_0^a 0\,\mathrm{d}x = 0$。

利用该例的结论，常可简化计算偶函数、奇函数在对称于原点的区间上的定积分。

例6　若 $f(x)$ 在 $[0, 1]$ 上连续，证明：

（1）$\int_0^{\frac{\pi}{2}} f(\sin x)\,\mathrm{d}x = \int_0^{\frac{\pi}{2}} f(\cos x)\,\mathrm{d}x$；

（2）$\int_0^{\pi} x f(\sin x)\,\mathrm{d}x = \dfrac{\pi}{2}\int_0^{\pi} f(\sin x)\,\mathrm{d}x$。

由此计算 $\int_0^{\pi} \dfrac{x\sin x}{1 + \cos^2 x}\,\mathrm{d}x$ 。

证　（1）设 $x = \dfrac{\pi}{2} - t$，则 $\mathrm{d}x = -\mathrm{d}t$，且当 $x = 0$ 时，$t = \dfrac{\pi}{2}$；当 $x = \dfrac{\pi}{2}$时，$t = 0$。于是

$$\int_0^{\frac{\pi}{2}} f(\sin x) = -\int_{\frac{\pi}{2}}^0 f\left[\sin\left(\dfrac{\pi}{2} - t\right)\right]\mathrm{d}t = \int_0^{\frac{\pi}{2}} f(\cos t)\,\mathrm{d}t = \int_0^{\frac{\pi}{2}} f(\cos x)\,\mathrm{d}x$$

（2）设 $x = \pi - t$，则 $\mathrm{d}x = -\mathrm{d}t$，当 $x = 0$ 时，$t = \pi$；当 $x = \pi$ 时，$t = 0$。于是

$$\int_0^{\pi} x f(\sin x)\,\mathrm{d}x = -\int_{\pi}^0 (\pi - t) f[\sin(\pi - t)]\,\mathrm{d}t = \int_0^{\pi} (\pi - t) f(\sin t)\,\mathrm{d}t$$

$$= \pi\int_0^{\pi} f(\sin t)\,\mathrm{d}t - \int_0^{\pi} t f(\sin t)\,\mathrm{d}t$$

$$= \pi\int_0^{\pi} f(\sin x\,\mathrm{d}x) - \int_0^{\pi} x f(\sin x)\,\mathrm{d}x$$

所以

$$\int_0^{\pi} x f(\sin x)\,\mathrm{d}x = \dfrac{\pi}{2}\int_0^{\pi} f(\sin x)\,\mathrm{d}x$$

利用上述结论，即得

$$\int_0^{\pi} \dfrac{x\sin x}{1 + \cos^2 x}\,\mathrm{d}x = \dfrac{\pi}{2}\int_0^{\pi} \dfrac{\sin x}{1 + \cos^2 x}\,\mathrm{d}x = -\dfrac{\pi}{2}\int_0^{\pi} \dfrac{\mathrm{d}(\cos x)}{1 + \cos^2 x}$$

$$= -\dfrac{\pi}{2}\left[\arctan(\cos x)\right]_0^{\pi} = -\dfrac{\pi}{2}\left(-\dfrac{\pi}{4} - \dfrac{\pi}{4}\right) = \dfrac{\pi^2}{4}$$

二、定积分的分部积分法

设函数 $u(x)$、$v(x)$ 在区间 $[a, b]$ 上具有连续导数 $u'(x)$、$v'(x)$，则有 $(uv)' = u'v + uv'$。
分别求这等式两端在 $[a, b]$ 上的定积分，并注意到

$$\int_a^b (uv)'\,\mathrm{d}x = [uv]_a^b$$

便得

$$[uv]_a^b = \int_a^b vu' \mathrm{d}x + \int_a^b uv' \mathrm{d}x$$

移项，就有

$$\int_a^b uv' \mathrm{d}x = [uv]_a^b - \int_a^b vu' \mathrm{d}x$$

即

$$\int_a^b u \mathrm{d}v = [uv]_a^b - \int_a^b v \mathrm{d}u$$

这就是定积分的分部积分公式。

例 7　计算 $\displaystyle\int_0^{\sqrt{3}} \arctan x \mathrm{d}x$ 。

解　$\displaystyle\int_0^{\sqrt{3}} \arctan x \mathrm{d}x = [x \arctan x]_0^{\sqrt{3}} - \int_0^{\sqrt{3}} x \mathrm{d}\arctan x$

$$= \sqrt{3} \arctan \sqrt{3} - \int_0^{\sqrt{3}} \frac{x}{1 + x^2} \mathrm{d}x$$

$$= \frac{\sqrt{3}}{3}\pi - \left[\frac{1}{2}\ln(1 + x^2)\right]_0^{\sqrt{3}} = \frac{\sqrt{3}}{3}\pi - \ln 2$$

例 8　计算 $\displaystyle\int_0^1 \mathrm{e}^{\sqrt{x}} \mathrm{d}x$。

解　令 $\sqrt{x} = t$，则 $x = t^2$，$\mathrm{d}x = 2t\mathrm{d}t$，且当 $x = 0$ 时，$t = 0$；当 $x = 1$ 时，$t = 1$。于是

$$\int_0^1 \mathrm{e}^{\sqrt{x}} \mathrm{d}x = 2\int_0^1 t\mathrm{e}^t \mathrm{d}t = 2\int_0^1 t\mathrm{d}\mathrm{e}^t = 2\left([t\mathrm{e}^t]_0^1 - \int_0^1 \mathrm{e}^t \mathrm{d}t\right)$$

$$= 2(\mathrm{e} - [\mathrm{e}^t]_0^1) = 2(\mathrm{e} - \mathrm{e} + 1) = 2$$

例 9　计算 $I_n = \displaystyle\int_0^{\frac{\pi}{2}} \sin^n x \mathrm{d}x$（$n$ 为正整数）。

解　用定积分的分部积分法，有

$$I_n = \int_0^{\frac{\pi}{2}} \sin^n x \mathrm{d}x = \int_0^{\frac{\pi}{2}} \sin^{n-1} x \sin x \mathrm{d}x = -\int_0^{\frac{\pi}{2}} \sin^{n-1} x \mathrm{d}\cos x$$

$$= -[\cos x \sin^{n-1} x]_0^{\frac{\pi}{2}} + (n - 1)\int_0^{\frac{\pi}{2}} \sin^{n-2} x \cos^2 x \mathrm{d}x$$

$$= 0 + (n - 1)\int_0^{\frac{\pi}{2}} (1 - \sin^2 x) \sin^{n-2} x \mathrm{d}x$$

$$= (n - 1)\int_0^{\frac{\pi}{2}} \sin^{n-2} x \mathrm{d}x - (n - 1)\int_0^{\frac{\pi}{2}} \sin x \mathrm{d}x$$

$$= (n - 1)I_{n-2} - (n - 1)I_n$$

在上式中解出 I_n，得

$$I_n = \frac{n - 1}{n} I_{n-2}$$

上式称为递推公式。

连续使用上述递推公式，可导出如下结果：

当 n 为偶数时，有

$$I_n = \frac{n-1}{n} \cdot \frac{n-3}{n-2} \cdot \cdots \cdot \frac{3}{4} \cdot \frac{1}{2} \cdot I_0$$

其中，$I_0 = \int_0^{\frac{\pi}{2}} \sin^0 x \, dx = \int_0^{\frac{\pi}{2}} dx = \frac{\pi}{2}$，代入上式，得

$$I_n = \frac{n-1}{n} \cdot \frac{n-3}{n-2} \cdot \cdots \cdot \frac{3}{4} \cdot \frac{1}{2} \cdot \frac{\pi}{2}$$

当 n 为奇数时，有

$$I_n = \frac{n-1}{n} \cdot \frac{n-3}{n-2} \cdot \cdots \cdot \frac{4}{5} \cdot \frac{2}{3} \cdot I_1$$

其中，$I_1 = \int_0^{\frac{\pi}{2}} \sin x \, dx = \left[-\cos x\right]_0^{\frac{\pi}{2}} = 1$，代入上式，得

$$I_n = \frac{n-1}{n} \cdot \frac{n-3}{n-2} \cdot \cdots \cdot \frac{4}{5} \cdot \frac{2}{3} \cdot 1$$

❖ **价值引领**

中 国 航 天

习近平总书记指出，"探索浩瀚宇宙，发展航天事业，建设航天强国，是我们不懈追求的航天梦。"中国始终把发展航天事业作为国家整体发展战略的重要组成部分，始终坚持为和平目的探索和利用外层空间。

2016 年以来，中国航天进入创新发展"快车道"，空间基础设施建设稳步推进，北斗全球卫星导航系统建成开通，高分辨率对地观测系统基本建成，卫星通信广播服务能力稳步增强，探月工程"三步走"圆满收官，中国空间站建设全面开启，"天问一号"实现从地月系到行星际探测的跨越，取得了举世瞩目的辉煌成就。

未来五年，中国航天将立足新发展阶段，贯彻新发展理念，构建新发展格局，按照高质量发展要求，推动空间科学、空间技术、空间应用全面发展，开启全面建设航天强国新征程，为服务国家发展大局、在外空领域推动构建人类命运共同体、促进人类文明进步作出更大贡献。

习题 5-3

1. 计算下列定积分。

（1）$\int_4^9 \frac{\sqrt{x}}{\sqrt{x}-1} dx$；

（2）$\int_{-1}^1 \frac{x}{\sqrt{5-4x}} dx$；

（3）$\int_{\frac{1}{\sqrt{2}}}^1 \frac{\sqrt{1-x^2}}{x^2} dx$；

（4）$\int_0^2 \frac{dx}{\sqrt{x+1} + \sqrt{(x+1)^3}}$；

(5) $\int_{-2}^{-\sqrt{2}} \dfrac{\mathrm{d}x}{\sqrt{x^2-1}}$;

(6) $\int_{-1}^{1} \dfrac{\mathrm{d}x}{(1+x^2)^3}$;

(7) $\int_{-3}^{-1} \dfrac{\mathrm{d}x}{x^2+4x+5}$;

(8) $\int_{1}^{2} \dfrac{\mathrm{e}^{\frac{1}{x}}}{x^2}\mathrm{d}x$;

(9) $\int_{0}^{\pi} (1-\sin^3\theta)\mathrm{d}\theta$;

(10) $\int_{0}^{1} \dfrac{\mathrm{d}x}{\mathrm{e}^x+\mathrm{e}^{-x}}$;

(11) $\int_{0}^{\frac{\pi}{2}} \dfrac{\mathrm{d}x}{2+\sin x}$;

(12) $\int_{0}^{3} \dfrac{x}{\sqrt{x+1}}\mathrm{d}x$。

2. 利用函数的奇偶性计算下列积分。

(1) $\int_{-\pi}^{\pi} x^4\sin x\mathrm{d}x$;

(2) $\int_{-\frac{\pi}{2}}^{\frac{\pi}{2}} 4\cos^4\theta\mathrm{d}\theta$;

(3) $\int_{-\frac{1}{2}}^{\frac{1}{2}} \dfrac{(\arcsin x)^2}{\sqrt{1-x^2}}\mathrm{d}x$;

(4) $\int_{-5}^{5} \dfrac{x^3\sin^2 x}{x^4+2x^2+1}\mathrm{d}x$。

3. 计算下列积分。

(1) $\int_{0}^{1} x\mathrm{e}^{-x}\mathrm{d}x$;

(2) $\int_{1}^{e} x\ln x\mathrm{d}x$;

(3) $\int_{\frac{1}{e}}^{e} |\ln x|\mathrm{d}x$;

(4) $\int_{\frac{\pi}{4}}^{\frac{\pi}{3}} \dfrac{x}{\sin^2 x}\mathrm{d}x$;

(5) $\int_{1}^{4} \dfrac{\ln x}{\sqrt{x}}\mathrm{d}x$;

(6) $\int_{0}^{1} x\arctan x\mathrm{d}x$;

(7) $\int_{0}^{\frac{\pi}{2}} \mathrm{e}^{2x}\cos x\mathrm{d}x$;

(8) $\int_{1}^{2} x\log_2 x\mathrm{d}x$;

(9) $\int_{0}^{\pi} (x\sin x)^2\mathrm{d}x$;

(10) $\int_{1}^{e} \sin(\ln x)\mathrm{d}x$。

4. 设 $f(x)$ 是以 T 为周期的连续函数，证明 $\int_{a}^{a+T} f(x)\mathrm{d}x$ 的值与 a 无关，即

$$\int_{a}^{a+T} f(x)\mathrm{d}x = \int_{0}^{T} f(x)\mathrm{d}x$$

第四节　广　义　积　分

在一些实际问题中，常遇到积分区间为无穷区间，或者被积函数为无界函数的积分，它们已经不属于前面所说的定积分了。因此，对定积分作如下两种推广，从而形成广义积分的概念。

一、无穷区间的广义积分

定义 1　设函数 $f(x)$ 在 $[a, +\infty)$ 上连续，取 $b>a$，如果极限 $\lim\limits_{b\to+\infty}\int_{a}^{b} f(x)\mathrm{d}x$ 存在，则称此极限值为函数 $f(x)$ 在无穷区间 $[a, +\infty)$ 上的广义积分，记作 $\int_{a}^{+\infty} f(x)\mathrm{d}x$，即

$$\int_{a}^{+\infty} f(x)\mathrm{d}x = \lim_{b\to+\infty}\int_{a}^{b} f(x)\mathrm{d}x$$

这时也称广义积分收敛，否则称广义积分发散。

类似地，设函数 $f(x)$ 在 $(-\infty, b]$ 上连续，取 $a < b$。如果极限 $\lim\limits_{b \to -\infty} \int_a^b f(x)\,\mathrm{d}x$ 存在，则称此极限为函数 $f(x)$ 在无穷区间 $(-\infty, b]$ 上的广义积分，记作 $\int_{-\infty}^b f(x)\,\mathrm{d}x$，即

$$\int_{-\infty}^b f(x)\,\mathrm{d}x = \lim_{b \to -\infty} \int_a^b f(x)\,\mathrm{d}x$$

这时也称广义积分 $\int_{-\infty}^b f(x)\,\mathrm{d}x$ 收敛；如果上述极限不存在，就称广义积分 $\int_{-\infty}^b f(x)\,\mathrm{d}x$ 发散。

定义 2　设函数 $f(x)$ 在 $(-\infty, +\infty)$ 上连续，如果广义积分 $\int_{-\infty}^0 f(x)\,\mathrm{d}x$ 和 $\int_0^{+\infty} f(x)\,\mathrm{d}x$ 都收敛，则称上述两广义积分之和为 $f(x)$ 在无穷区间 $(-\infty, +\infty)$ 上的广义积分，记作 $\int_{-\infty}^{+\infty} f(x)\,\mathrm{d}x$，即

$$\int_{-\infty}^{+\infty} f(x)\,\mathrm{d}x = \int_{-\infty}^0 f(x)\,\mathrm{d}x + \int_0^{+\infty} f(x)\,\mathrm{d}x = \lim_{a \to -\infty} \int_a^0 f(x)\,\mathrm{d}x + \lim_{b \to +\infty} \int_0^b f(x)\,\mathrm{d}x$$

这时也称广义积分 $\int_{-\infty}^{+\infty} f(x)\,\mathrm{d}x$ 收敛；否则就称广义积分 $\int_{-\infty}^{+\infty} f(x)\,\mathrm{d}x$ 发散。

上述各广义积分统称为无穷区间的广义积分。可见，广义积分的基本思想是先计算定积分，再取极限。

例 1　计算 $\int_0^{+\infty} \dfrac{\mathrm{d}x}{a^2 + x^2}(a > 0)$。

解　$\int_0^{+\infty} \dfrac{\mathrm{d}x}{a^2 + x^2} = \lim\limits_{b \to +\infty} \int_0^b \dfrac{\mathrm{d}x}{a^2 + x^2} = \lim\limits_{b \to +\infty} \left[\dfrac{1}{a}\arctan \dfrac{x}{a}\right]_0^b = \dfrac{1}{a}\lim\limits_{b \to +\infty} \arctan \dfrac{b}{a} = \dfrac{\pi}{2a}$

有时为方便，把 $\lim\limits_{b \to +\infty} \left[F(x)\right]_a^b$ 记作 $\left[F(x)\right]_a^{+\infty}$。

例 2　计算 $\int_{-\infty}^0 x\mathrm{e}^x \mathrm{d}x$。

解　$\int_{-\infty}^0 x\mathrm{e}^x \mathrm{d}x = \int_{-\infty}^0 x\mathrm{d}\mathrm{e}^x = \left[x\mathrm{e}^x\right]_{-\infty}^0 - \int_{-\infty}^0 \mathrm{e}^x \mathrm{d}x = 0 - \lim\limits_{x \to -\infty} x\mathrm{e}^x - \left[\mathrm{e}^x\right]_{-\infty}^0$

因为

$$\lim_{x \to -\infty} x\mathrm{e}^x = \lim_{x \to -\infty} \frac{x}{\mathrm{e}^{-x}} = \lim_{x \to -\infty} \frac{x}{-\mathrm{e}^{-x}} = 0$$

所以

$$\int_{-\infty}^0 x\mathrm{e}^{-x}\mathrm{d}x = 0 - \lim_{x \to -\infty} x\mathrm{e}^x - \left[\mathrm{e}^x\right]_{-\infty}^0 = 0 - 0 - (1 - 0) = -1$$

例 3　计算 $\int_e^{+\infty} \dfrac{1}{x\ln x}\mathrm{d}x$。

解　$\int_e^{+\infty} \dfrac{1}{x\ln x}\mathrm{d}x = \int_e^{+\infty} \dfrac{1}{\ln x}\mathrm{d}\ln x = \left[\ln\ln x\right]_e^{+\infty} = +\infty$

所以该广义积分发散。

例 4　证明广义积分 $\int_1^{+\infty} \dfrac{1}{x^p}\mathrm{d}x$，当 $p > 1$ 时收敛，当 $p \leqslant 1$ 时发散。

证　当 $p=1$ 时，

$$\int_1^{+\infty} \frac{1}{x}dx = \left[\ln x\right]_1^{+\infty} = +\infty$$

所以广义积分发散。

当 $p \neq 1$ 时，

$$\int_1^{+\infty} \frac{1}{x^p}dx = \left[\frac{1}{1-p}x^{1-p}\right]_1^{+\infty} = \frac{1}{1-p}\lim_{x\to+\infty}(x^{1-p}-1)$$

$$= \begin{cases} \dfrac{1}{p-1}, & p > 1 \\ +\infty, & p < 1 \end{cases}$$

综上所得，当 $p>1$ 时，该广义积分收敛，其值为 $\dfrac{1}{p-1}$，当 $p \leq 1$ 时发散。

二、无界函数的广义积分

对于被积函数为无界的情形，可采用类似于无穷区间的广义积分的定义。

定义 3　设函数 $f(x)$ 在 $[a, b]$ 上连续，且 $\lim\limits_{x\to a^+}f(x) = \infty$，取 $\varepsilon > 0$，如果极限 $\lim\limits_{\varepsilon\to 0^+}\int_{a+\varepsilon}^b f(x)dx$ 存在，则称此极限值为函数 $f(x)$ 在区间 $[a, b]$ 上的广义积分。记作 $\int_a^b f(x)dx$，即

$$\int_a^b f(x)dx = \lim_{\varepsilon\to 0^+}\int_{a+\varepsilon}^b f(x)dx$$

类似地，设函数 $f(x)$ 在区间 $[a, b]$ 上连续，且 $\lim\limits_{x\to b^-}f(x) = \infty$，取 $\varepsilon > 0$，如果极限 $\lim\limits_{\varepsilon\to 0^+}\int_a^{b-\varepsilon} f(x)dx$ 存在，则称此极限值为 $f(x)$ 在区间 $[a, b]$ 上的广义积分，记作 $\int_a^b f(x)dx$，即

$$\int_a^b f(x)dx = \lim_{\varepsilon\to 0^+}\int_a^{b-\varepsilon} f(x)dx$$

这时也称广义积分收敛，否则称广义积分发散。

定义 4　设函数 $f(x)$ 在 $[a, b]$ 上除点 $c \in (a, b)$ 处连续，且 $\lim\limits_{x\to c}f(x) = \infty$，如果 $\int_a^c f(x)dx$ 与 $\int_c^b f(x)dx$ 两个广义积分都收敛，则称这两个广义积分之和为 $f(x)$ 在区间 $[a, b]$ 上的广义积分，记作 $\int_a^b f(x)dx$，即

$$\int_a^b f(x)dx = \int_a^c f(x)dx + \int_c^b f(x)dx$$

这时也称广义积分收敛；否则，称广义积分发散。

上述各广义积分统称为无界函数的广义积分。

例 5　计算 $\int_0^1 \dfrac{dx}{\sqrt{1-x^2}}$。

解 因为 $\lim\limits_{x \to 1^-} \dfrac{1}{\sqrt{1-x^2}} = \infty$，按定义，得

$$\int_0^1 \frac{\mathrm{d}x}{\sqrt{1-x^2}} = \lim_{\varepsilon \to 0^+} \int_0^{1-\varepsilon} \frac{1}{\sqrt{1-x^2}} \mathrm{d}x = \lim_{\varepsilon \to 0^+} \left[\arcsin x\right]_0^{1-\varepsilon}$$

$$= \lim_{\varepsilon \to 0^+} \left[\arcsin(1-\varepsilon) - 0\right] = \arcsin 1 = \frac{\pi}{2}$$

这个广义积分值的几何意义是：由曲线 $y = \dfrac{1}{\sqrt{1-x^2}}$、$x$ 轴、y 轴及直线 $x = 1$ 所围成开

口曲边梯形面积，如图 5-5 所示。

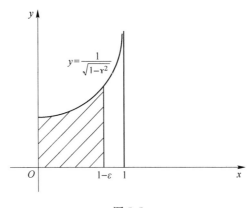

图 5-5

例 6 讨论 $\int_{-1}^1 \dfrac{1}{x^2} \mathrm{d}x$ 的收敛性。

解 因为 $\lim\limits_{x \to 0} \dfrac{1}{x^2} = \infty$，所以它是无界函数的广义积分，得

$$\int_{-1}^1 \frac{1}{x^2} \mathrm{d}x = \int_{-1}^0 \frac{1}{x^2} \mathrm{d}x + \int_0^1 \frac{1}{x^2} \mathrm{d}x$$

因为

$$\int_{-1}^0 \frac{1}{x^2} \mathrm{d}x = \lim_{\varepsilon \to 0^+} \int_{-1}^{0-\varepsilon} \frac{1}{x^2} \mathrm{d}x = \lim_{\varepsilon \to 0^+} \left[-\frac{1}{x}\right]_{-1}^{-\varepsilon} = \lim_{\varepsilon \to 0^+} \left(\frac{1}{\varepsilon} - 1\right) = +\infty$$

所以，广义积分 $\int_{-1}^1 \dfrac{1}{x^2} \mathrm{d}x$ 发散。

例 7 证明广义积分 $\int_0^1 \dfrac{1}{x^p} \mathrm{d}x$，当 $p < 1$ 是收敛，当 $p \geqslant 1$ 时发散。

证 当 $p = 1$ 时，

$$\int_0^1 \frac{1}{x} \mathrm{d}x = \lim_{\varepsilon \to 0^+} \int_{0+\varepsilon}^1 \frac{1}{x} \mathrm{d}x = \lim_{\varepsilon \to 0^+} \left[\ln|x|\right]_\varepsilon^1 = \lim_{\varepsilon \to 0^+} (0 - \ln\varepsilon) = +\infty$$

当 $p \neq 1$ 时，

$$\int_0^1 \frac{1}{x^p} \mathrm{d}x = \lim_{\varepsilon \to 0^+} \int_{0+\varepsilon}^1 \frac{1}{x^p} \mathrm{d}x = \lim_{\varepsilon \to 0^+} \left[\frac{1}{1-p} x^{1-p}\right]_\varepsilon^1 = \begin{cases} \dfrac{1}{1-p}, & p < 1 \\ -\infty, & p > 1 \end{cases}$$

综上所得，当 $p < 1$ 时该广义积分收敛，其值为 $\dfrac{1}{1-p}$，当 $p \geq 1$ 时发散。

❖ **知识拓展**

"蛟龙"探海

2012 年 6 月 24 日，承载中华几千年探海梦想的巅峰时刻到来。这一天，中国自主设计、自主集成研制的"蛟龙"号载人潜水器计划突破 7000m 下潜深度。这个深度是国家"863 计划"重大专项 7000m 载人潜水器项目的目标深度，也是此前中国人从未企及的深度，这意味着中国具备了载人到达全球 99.8% 以上海洋深处进行作业的能力。十年来，我国深海事业持续发展，"蛟龙"号圆满完成了 5 个试验性应用航次、整体性能技术升级改造，新母船"深海一号"建造成功，多航次实现新的突破……我国已经站在深海科学研究、深海资源勘查、深海环境调查等国际前沿。厉害了，中国科技！

习题 5-4

1. 判别下列各广义积分的收敛性，如果收敛，计算广义积分的值。

(1) $\displaystyle\int_{1}^{+\infty} \dfrac{1}{x^4}\mathrm{d}x$；

(2) $\displaystyle\int_{-\infty}^{+\infty} \dfrac{\mathrm{d}x}{x^2 + 2x + 2}$；

(3) $\displaystyle\int_{0}^{+\infty} \mathrm{e}^{-\sqrt{x}}\mathrm{d}x$；

(4) $\displaystyle\int_{-\infty}^{0} \cos x\mathrm{d}x$；

(5) $\displaystyle\int_{0}^{+\infty} \dfrac{x}{1 + x^2}\mathrm{d}x$；

(6) $\displaystyle\int_{0}^{+\infty} x^2 \mathrm{e}^{-x}\mathrm{d}x$；

(7) $\displaystyle\int_{0}^{1} \dfrac{1}{\sqrt[3]{x}}\mathrm{d}x$；

(8) $\displaystyle\int_{1}^{2} \dfrac{x}{\sqrt{x - 1}}\mathrm{d}x$；

(9) $\displaystyle\int_{-\frac{\pi}{4}}^{\frac{\pi}{4}} \dfrac{1}{\sin^2 x}\mathrm{d}x$；

(10) $\displaystyle\int_{0}^{a} \dfrac{1}{\sqrt{a^2 - x^2}}\mathrm{d}x \, (a > 0)$。

2. 证明广义积分 $\displaystyle\int_{e}^{+\infty} \dfrac{1}{x(\ln x)^k}\mathrm{d}x$，当 $k > 1$ 时收敛，当 $k \leq 1$ 时发散。

第六章 定积分的应用

第六章课件

本章将讨论积分在几何与物理方面的一些应用，在讨论前，先介绍在工程技术中普遍采用的微元法，然后应用微元法解决一些实际问题。

第一节 定积分的微元法

用定积分表示一个量，如几何量、物理量或其他的量，一般分四步来考虑，先回顾一下解决曲边梯形面积的过程。

第一步，分割：将区间 $[a, b]$ 任意分为 n 个子区间 $[x_{i-1}, x_i](i = 1, 2, \cdots, n)$，其中，$x_0 = a$，$x_n = b$。

第二步，取近似：在任意一个子区间 $[x_{i-1}, x_i]$ 上，任取一点 ξ_i，作小曲边梯形面积 ΔA_i 的近似值，$\Delta A_i \approx f(\xi_i) \Delta x_i$。

第三步，求和：曲边梯形面积 A，$A \approx \sum_{i=1}^{n} f(\xi_i) \Delta x_i$。

第四步，取极限：$n \to \infty$，$\lambda = \max\{\Delta x_i\} \to 0$，$A = \lim_{\lambda \to 0} \sum_{i=1}^{n} f(\xi_i) \Delta x_i = \int_a^b f(x) \mathrm{d}x$。

对照上述四步，可见第二步取近似时其形式 $f(\xi_i) \Delta x_i$ 与第四步积分 $\int_a^b f(x) \mathrm{d}x$ 中的被积分式 $f(x) \mathrm{d}x$ 具有类同的形式，如果把第二步中的 ξ_i 用 x 替代，Δx_i 用 $\mathrm{d}x$ 替代，那么它就是第四步积分中的被积分式，基于此，把上述四步简化为两步：

第一步，选取积分变量，例如选 x，并确定其范围，例如 $x \in [a, b]$，在其上任取一个子区间记作 $[x, x + \mathrm{d}x]$。

第二步，取所求变量 I 在子区间 $[x, x + \mathrm{d}x]$ 上的部分量 ΔI 的近似值。

$$\Delta I \approx f(x) \mathrm{d}x$$

得

$$I = \int_a^b f(x) \mathrm{d}x$$

说明：

（1）取近似值时，得到的是 $f(x) \mathrm{d}x$ 那样形式的近似值，并且要求 $\Delta I - f(x) \mathrm{d}x$ 是 $\mathrm{d}x$ 的高阶无穷小量。

（2）满足（1）的要求后，$f(x) \mathrm{d}x$ 是所求量 I 的微分，所以第二步中的近似式常用微分形式写出，即

$$\mathrm{d}I = f(x) \mathrm{d}x$$

其中，$\mathrm{d}I$ 称为量 I 的微元。

上述简化了步骤的定积分方法称为定积分的微元法。下面各节中将应用这个方法来讨

论几何、物理中的一些问题。

第二节　平面图形的面积

一、直角坐标系中的平面图形的面积

　　由第五章知道，由曲线 $y = f(x)(f(x) \geqslant 0)$ 及直线 $x = a$、$x = b(a < b)$ 与 x 轴所围成的曲边梯形的面积 A 是定积分，即

$$A = \int_a^b f(x)\,\mathrm{d}x$$

其中，被积表达式 $f(x)\,\mathrm{d}x$ 就是直角坐标下的面积元素，它表示高为 $f(x)$、底为 $\mathrm{d}x$ 的一个矩形面积。应用定积分，还可以计算一些比较复杂的平面图形的面积。

　　例 1　计算由两条抛物线 $y^2 = x$、$y = x^2$ 所围成的图形的面积。

　　解　这两条抛物线所围成的图形如图 6-1 所示。解方程组 $\begin{cases} y^2 = x \\ y = x^2 \end{cases}$ 得交点为 $(0, 0)$ 及 $(1, 1)$。

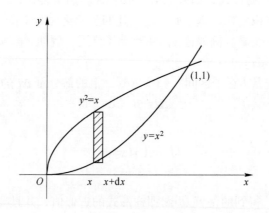

图 6-1

　　取 x 为积分变量，它的变化区间为 $[0, 1]$。任取一子区间 $[x, x + \mathrm{d}x]$，其上的面积用以 $\sqrt{x} - x^2$ 为高、$\mathrm{d}x$ 为底的矩形面积近似代替，从而得到面积元素

$$\mathrm{d}A = (\sqrt{x} - x^2)\,\mathrm{d}x$$

　　以 $(\sqrt{x} - x^2)\,\mathrm{d}x$ 为被积表达式，在闭区间 $[0, 1]$ 上作定积分，便得所求面积为

$$A = \int_0^1 (\sqrt{x} - x^2)\,\mathrm{d}x = \left[\frac{2}{3}x^{\frac{3}{2}} - \frac{x^3}{3} \right]_0^1 = \frac{1}{3}$$

例2 计算抛物线 $y^2 = 2x$ 与直线 $y = x - 4$ 所围成的图形的面积。

解 作出它的草图，如图6-2所示，解方程组 $\begin{cases} y^2 = 2x \\ y = x - 4 \end{cases}$，得抛物线直线的交点为 $(2,\ -2)$ 和 $(8,\ 4)$。

选取 y 作积分变量，$y \in [-2,\ 4]$，则在 $[y,\ y + \mathrm{d}y]$ 上的面积微元是

$$\mathrm{d}A = \left(y + 4 - \frac{1}{2}y^2 \right)\mathrm{d}y$$

于是

$$A = \int_{-2}^4 \left(y + 4 - \frac{1}{2}y^2 \right)\mathrm{d}y = \left[\frac{y^2}{2} + 4y - \frac{y^3}{6} \right]_{-2}^4 = 18$$

如果选择 x 为积分变量，计算较麻烦。

例3 求椭圆 $\dfrac{x^2}{a^2} + \dfrac{y^2}{b^2} = 1$ 所围成的图形的面积。

解 这椭圆关于两坐标轴都对称（图6-3），所以椭圆所围成的图形的面积为 $S = 4A$。

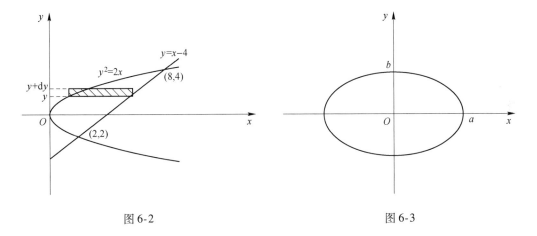

图6-2   图6-3

其中，A 为该椭圆在第一象限部分与两坐标轴所围图形的面积，因此

$$S = 4A = 4\int_0^a y\,\mathrm{d}x$$

利用椭圆的参数方程

$$\begin{cases} x = a\cos t \\ y = b\sin t \end{cases}$$

应用定积分换元法，因 $x = a\cos t$，$y = b\sin t$，则 $\mathrm{d}x = -a\sin t\,\mathrm{d}t$，当 $x = 0$ 时，$t = \dfrac{\pi}{2}$；当 $x = a$ 时，$t = 0$。所以

$$S = 4\int_0^a y\,\mathrm{d}x = 4\int_{\frac{\pi}{2}}^0 b\sin t(-a\sin t)\,\mathrm{d}t = -4ab\int_{\frac{\pi}{2}}^0 \sin^2 t\,\mathrm{d}t$$

$$= 4ab\int_0^{\frac{\pi}{2}} \sin^2 t\,\mathrm{d}t = \pi ab$$

当 $a=b$ 时，就得到圆面积公式 $S=\pi a^2$。

一般地，当曲边梯形的曲边 $y=f(x)$（$f(x) \geqslant 0$，$x \in [a, b]$）由参数方程 $\begin{cases} x=\varphi(t) \\ y=\psi(t) \end{cases}$ 给出时，如果 $x=\varphi(t)$ 适合：$\varphi(\alpha)=a$，$\varphi(\beta)=b$，$\varphi(t)$ 在 $[\alpha, \beta]$（或 $[\beta, \alpha]$）上具有连续导数，$y=\psi(t)$ 连续，则由定积分的换元公式可知，曲边梯形的面积为

$$A = \int_a^b f(x)\,dx = \int_\alpha^\beta \psi(t)\varphi'(t)\,dt$$

二、极坐标系中平面图形的面积

某些平面图形，用极坐标来计算它们的面积比较方便。

设由曲线 $r=r(\theta)$ 及射线 $\theta=\alpha$、$\theta=\beta$ 围成一图形（简称为曲边扇形），现计算它的面积（图 6-4），这里 $r(\theta)$ 在 $[\alpha, \beta]$ 上连续，且 $r(\theta) \geqslant 0$。

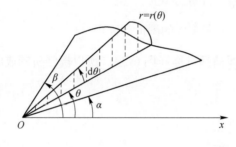

图 6-4

取极角 θ 为积分变量，它的变化区间为 $[\alpha, \beta]$。相应于任一小区间 $[\theta, \theta+d\theta]$ 的窄曲边扇形的面积可以用半径为 $r=r(\theta)$，中心角为 $d\theta$ 的圆扇形的面积来近似代替，从而得到这窄曲边扇形面积的近似值，即曲边扇形的面积元素

$$dA = \frac{1}{2}[r(\theta)]^2 d\theta$$

于是，曲边扇形的面积为

$$A = \frac{1}{2}\int_\alpha^\beta [r(\theta)]^2 d\theta$$

例 4　求心形线 $r=a(1+\cos\theta)$ 所围成的图形的面积（$a>0$）。

解　心形线所围成的图形如图 6-5 所示。

由上述公式，再利用图形的对称性，得

$$A = 2\int_0^\pi \frac{1}{2}a^2(1+\cos\theta)^2 d\theta$$

$$= a^2\int_0^\pi (1+2\cos\theta+\cos^2\theta)\,d\theta$$

$$= a^2\int_0^\pi \left(\frac{3}{2}+2\cos\theta+\frac{1}{2}\cos2\theta\right)d\theta$$

$$= a^2\left[\frac{3}{2}\theta+2\sin\theta+\frac{1}{4}\sin2\theta\right]_0^\pi = \frac{3}{4}\pi a^2$$

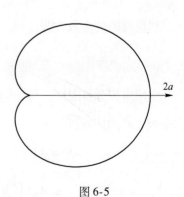

图 6-5

❖ **名人故事**

悬　链　线

　　著名画家达·芬奇画完他的《抱银貂的女子》后，看着画中女人脖子上悬挂的黑色珍珠项链，开始思考这样一个问题：固定项链的两端，使其在重力的作用下自然下垂，那么项链所形成的曲线是什么？这就是著名的悬链线问题，然而达·芬奇还没有找到答案就去世了。

　　时隔170年后，久负盛名的雅各布·伯努利在一篇论文中提到确定悬链线性质（即方程）的问题。悬链线曲线的方程是双曲余弦型函数。实际上，该问题存在多年且一直被人研究。伽利略就曾推测过悬链线是一条抛物线，但问题一直悬而未决。雅各布认为，应用奇妙的微积分方法也许可以解决这一问题。在上述悬链线问题的解决中，我们再次见识了微积分在处理数学问题时的强大，可以说微积分变革了整个数学世界！

　　青年学生在提高科研能力时，不能局限于自己的学校，也不能局限于国内，要敢于将目光放到世界，以海纳百川的精神努力吸纳先进理念知识，增强我国科学技术的生机活力，积极倡导不同国家之间交流互鉴、共同进步，推动人类文明的共同繁荣。

习题 6-2

1. 求图 6-6 中各画斜线部分的面积。
2. 求由下列各曲线所围成的图形的面积。

（1）$y = \dfrac{1}{x}$ 与直线 $y = x$ 及 $x = 2$；

（2）$y = e^x$，$y = e^{-x}$ 与直线 $x = 1$；

（3）$y^2 = 2 - x$ 与 y 轴；

（4）$y^2 = x$ 与 $x^2 + y^2 = 2$。

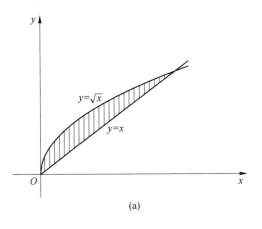

(a)

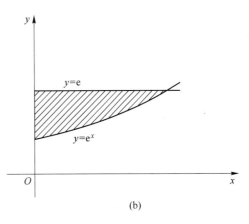

(b)

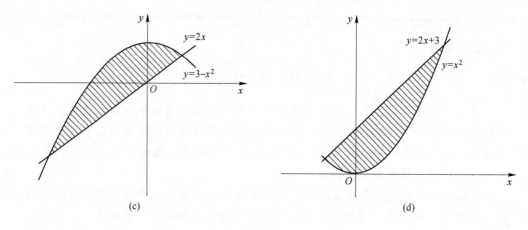

图 6-6

3. 求抛物 $y = -x^2 + 4x - 3$ 及其在点 $(0, -3)$ 和 $(3, 0)$ 处的切线所围成的图形的面积。

4. 求由下列各曲线所围成的图形的面积。

（1）$r = 2a\cos\theta$；

（2）$x = a\cos^3 t$, $y = a\sin^3 t$；

（3）$r = 2a(2 + \cos\theta)$。

5. 求由摆线 $x = a(t - \sin t)$、$y = a(1 - \cos t)$ 的一拱（$0 \le t \le 2\pi$）与横轴所围成的图形的面积。

6. 求由抛物线 $y^2 = 4ax(a > 0)$ 与过焦点的弦所围成的图形面积的最小值。

第三节　体积　平面曲线的弧长

一、平行截面面积为已知的立体的体积

设一立体 W 界于过点 $x = a$、$x = b$ 且垂直于 x 轴的两平面之间，如果已知过 $[a, b]$ 上任一点 x 处且垂直 x 轴的平面与 W 相交的截面面积为 $A(x)$，那么，立体 W 的体积也可以用定积分来计算。

取 x 为积分变量，它的变化区间为 $[a, b]$；立体中相应于 $[a, b]$ 上任一小区间 $[x, x + dx]$ 的一薄片的体积，近似于底面积为 $A(x)$、高为 dx 的扁柱体的体积（图 6-7），即体积元素

$$dV = A(x)\,dx$$

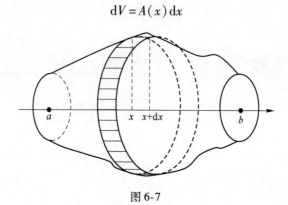

图 6-7

以 $A(x)\mathrm{d}x$ 为被积表达式，在闭区间 $[a,b]$ 上作定积分，便得所求立体的体积

$$V = \int_a^b A(x)\mathrm{d}x$$

例1　一平面经过半径为 R 的圆柱体的底圆中心，并与底面交成角 α，如图6-8所示。计算这平面截圆柱体所得立体的体积。

解　坐标系的选取如图6-8所示，于是底圆的方程为

$$x^2 + y^2 = R^2$$

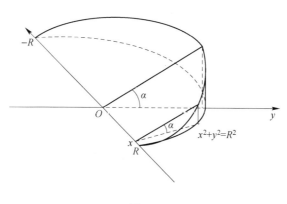

图 6-8

任取 $x \in [-R, R]$ 用过点 x 且垂直于 x 轴的平面截得的截面是一个直角三角形，它的一条直角边长为 y，另一条为 $y\tan\alpha$，因此截面面积为

$$A(x) = \frac{1}{2}y \cdot y\tan\alpha = \frac{1}{2}(R^2 - x^2)\tan\alpha$$

于是所求立体的体积为

$$V = \int_{-R}^R A(x)\mathrm{d}x = \frac{1}{2}\tan\alpha\int_{-R}^R (R^2 - x^2)\mathrm{d}x = \frac{2}{3}R^3\tan\alpha$$

二、旋转体的体积

旋转体就是由一个平面图形绕平面内一条直线旋转一周而成的立体，这条直线叫作旋转轴。圆柱、圆锥、圆台、球体可以分别看成是矩形绕它的一条边、直角三角形绕它的直角边、直角梯形绕它的直角腰、半球绕它的直径旋转一周而成的立体，都是旋转体。

上述旋转体都可以看作是由连续曲线 $y = f(x)$、直线 $x = a$、$x = b$ 及 x 轴所围成的曲边梯形绕 x 轴旋转一周而成的立体。现用定积分来计算这种旋转体的体积。

取 x 为积分变量，它的变化区间为 $[a,b]$。相应于 $[a,b]$ 上的任一小区间 $[x, x+\mathrm{d}x]$ 的窄曲边梯形绕 x 轴旋转而成的薄片的体积近似于以 $f(x)$ 为底半径、$\mathrm{d}x$ 为高的扁圆柱体的体积（图6-9），即体积元素

$$\mathrm{d}V = \pi[f(x)]^2\mathrm{d}x$$

于是旋转体的体积为

$$V = \int_a^b \pi[f(x)]^2\mathrm{d}x$$

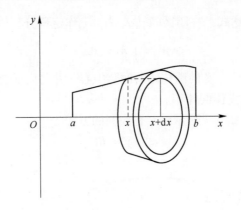

图 6-9

类似可求得，曲线 $x = \varphi(y)$ 与直线 $y = c$、$y = \mathrm{d}$ 及 y 轴所围成的曲边梯形绕 y 轴旋转而成的旋转体的体积为

$$V = \int_c^{\mathrm{d}} \pi \big[\varphi(y) \big]^2 \mathrm{d}y$$

例 2　求由椭圆 $\dfrac{x^2}{a^2} + \dfrac{y^2}{b^2} = 1$ 分别绕 x 轴和 y 轴旋转而成的旋转体的体积。

解　绕 x 轴旋转时旋转体的体积为

$$V = 2 \int_0^a \pi y^2 \mathrm{d}x = 2\pi \int_0^a b^2 \Big(1 - \frac{x^2}{a^2} \Big) \mathrm{d}x = \frac{4}{3} \pi a b^2$$

绕 y 轴旋转时所得旋转体的体积为

$$V = 2 \int_0^b \pi x^2 \mathrm{d}y = 2\pi \int_0^b a^2 \Big(1 - \frac{y^2}{b^2} \Big) \mathrm{d}y = 2\pi a^2 \Big[y - \frac{y^3}{3b^2} \Big]_0^b = \frac{4}{3} \pi a^2 b$$

当 $a = b$ 时，则得球的体积为

$$V = \frac{4}{3} \pi a^3$$

三、弧微分

设函数 $y = f(x)$ 在区间 (a, b) 内有连续导数，即 $f'(x)$ 连续。在方程为 $y = f(x)$ $(a < x < b)$ 的曲线上取定点 $M_0(x_0, y_0)$，作为计算曲线弧长的起点，点 $M(x, y)$ 是其上的任意一点，并规定：

（1）以 x 增大的方向作为曲线的正方向，即该曲线的任一弧段 $\overset{\frown}{M_0 M}$ 是有方向的，简称曲线 $y = f(x)$ 为有向曲线，$\overset{\frown}{M_0 M}$ 为有向弧段；

（2）记有向弧段 $\overset{\frown}{M_0 M}$ 的长度为 S，当 $\overset{\frown}{M_0 M}$ 的方向与曲线的正向一致时，S 取正号，当 $\overset{\frown}{M_0 M}$ 的方向与曲线的正向相反时，S 取负号。

显然，对于任意一个 $x \in (a, b)$，在曲线上相应地有一个点 M，那么 S 就有一个确定的值与之对应，因此弧长 S 为 x 的函数，记作 $S = S(x)$。且由规定（2）可知，它是一个单调递增的函数。

下面来求函数 $S(x)$ 的微分，简称为弧微分。

在曲线 $y = f(x)$ 上另取 $M(x, y)$ 邻近的点 $M_1(x + \Delta x, y + \Delta y)$，如图 6-10 所示，记有向弧段 $\overset{\frown}{M_0M}$ 的长度为 S，有向弧段 $\overset{\frown}{MM_1}$ 的长度为 ΔS，简记为 $\overset{\frown}{M_0M} = S$，$\overset{\frown}{MM_1} = \Delta S$。

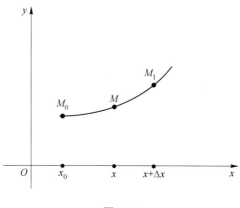

图 6-10

因为
$$|MM_1|^2 = (\Delta x)^2 + (\Delta y)^2$$
两边同除以 $(\Delta x)^2$，得
$$\frac{|MM_1|^2}{(\Delta x)^2} = 1 + \left(\frac{\Delta y}{\Delta x}\right)^2$$
于是有
$$\frac{|MM_1|^2}{|\Delta S|^2}\left(\frac{\Delta S}{\Delta x}\right)^2 = 1 + \left(\frac{\Delta y}{\Delta x}\right)^2$$
即
$$\left(\frac{|MM_1|}{|\Delta S|}\right)^2\left(\frac{\Delta S}{\Delta x}\right)^2 = 1 + \left(\frac{\Delta y}{\Delta x}\right)^2$$

令 $\Delta x \to 0$ 取极限，由于 $\Delta x \to 0$ 时，$M_1 \to M$，这时弧的长度与弦的长度之比的极限为 1，即
$$\lim_{\Delta x \to 0}\frac{|MM_1|}{|\Delta S|} = 1$$
又因
$$\lim_{\Delta x \to 0}\frac{\Delta y}{\Delta x} = y'$$
因此得
$$\left(\frac{\mathrm{d}S}{\mathrm{d}x}\right)^2 = 1 + y'^2$$
因为 $S = S(x)$ 为单调递增函数，故 $\dfrac{\mathrm{d}S}{\mathrm{d}x} \geq 0$。因此有
$$\frac{\mathrm{d}S}{\mathrm{d}x} = \sqrt{1 + y'^2}$$
于是有
$$\mathrm{d}S = \sqrt{1 + y'^2}\mathrm{d}x$$

这就是弧微分公式。

若曲线方程为 $\begin{cases} x = \varphi(t) \\ y = \psi(t) \end{cases} (\alpha \leqslant t \leqslant \beta)$，则有 $\mathrm{d}x = \varphi'(t)\mathrm{d}t$，$\mathrm{d}y = \psi'(t)\mathrm{d}t$。因此，由该参数方程所确定的曲线的弧微分公式为

$$\mathrm{d}S = \sqrt{\varphi'^2(t) + \psi'^2(t)} \cdot \mathrm{d}t$$

四、平面曲线的弧长

设函数 $y = f(x)$ 在 $[a, b]$ 上具有一阶连续导数，由弧微分公式知

$$\mathrm{d}S = \sqrt{1 + (y')^2}\mathrm{d}x$$

所以，曲线 $y = f(x)(a \leqslant x \leqslant b)$ 的长度为

$$S = \int_a^b \sqrt{1 + (y')^2}\mathrm{d}x$$

若曲线参数方程为

$$\begin{cases} x = \varphi(t) \\ y = \psi(t) \end{cases} (\alpha \leqslant t \leqslant \beta)$$

则弧长微分为

$$\mathrm{d}S = \sqrt{\varphi'^2(t) + \psi'^2(t)} \cdot \mathrm{d}t$$

则弧的长度为

$$S = \int_\alpha^\beta \sqrt{[\varphi'(t)]^2 + [\psi'(t)]^2}\mathrm{d}t$$

若曲线由极坐标方程 $r = r(\theta)(\alpha \leqslant \theta \leqslant \beta)$ 表示，由于 $x = r(\theta)\cos\theta$，$y = r(\theta)\sin\theta$，所以不难证明

$$S = \int_\alpha^\beta \sqrt{[r(\theta)]^2 + [r'(\theta)]^2}\mathrm{d}\theta$$

例3　计算曲线 $y = \dfrac{2}{3}x^{\frac{3}{2}}$ 上相应于 x 从 a 到 b 的一段弧的长度。

解　$y' = x^{\frac{1}{2}}$，从而所求弧长为

$$S = \int_a^b \sqrt{1 + (x^{\frac{1}{2}})^2}\mathrm{d}x = \int_a^b \sqrt{1 + x}\mathrm{d}x$$

$$= \left[\frac{2}{3}(1 + x)^{\frac{3}{2}}\right]_a^b = \frac{2}{3}\left[(1 + b)^{\frac{3}{2}} - (1 + a)^{\frac{3}{2}}\right]$$

例4　求摆线 $\begin{cases} x = a(t - \sin t) \\ y = a(1 - \cos t), \ a > 0 \end{cases}$ 第一拱的弧长 $(0 \leqslant t \leqslant 2\pi)$。

解　因为 $x'(t) = a(1 - \cos t)$，$y'(t) = a\sin t$，故所求弧长为

$$S = \int_0^{2\pi} a\sqrt{(1 - \cos t)^2 + \sin^2 t}\mathrm{d}t = a\int_0^{2\pi} \sqrt{2 - 2\cos t}\mathrm{d}t$$

$$= 2a\int_0^{2\pi} \left|\sin\frac{\pi}{2}\right|\mathrm{d}t = 2a\int_0^{2\pi} \sin\frac{\pi}{2}\mathrm{d}t = 8a$$

例5　求阿基米德螺线 $r = a\theta(a > 0)$ 上从 $\theta = 0$ 变到 $\theta = 2\pi$ 的一段弧的长度。

解　因为 $r' = a$，所以所求弧的长度为

$$S = \int_0^{2\pi} \sqrt{(a\theta)^2 + a^2}\,d\theta = a\int_0^{2\pi} \sqrt{1 + \theta^2}\,d\theta$$

$$= a\left[\frac{\theta}{2}\sqrt{1 + \theta^2} + \frac{1}{2}\ln(\theta + \sqrt{1 + \theta^2})\right]_0^{2\pi}$$

$$= a\left[\pi\sqrt{1 + 4\pi^2} + \frac{1}{2}\ln(2\pi + \sqrt{1 + 4\pi^2})\right]$$

◆ **知识拓展**

北 斗 卫 星

2020 年 6 月 23 日 9 时 43 分，北斗卫星导航系统（简称"北斗"）第 55 颗卫星搭乘长征三号乙运载火箭从西昌卫星发射中心成功升空。这标志着自 1994 年开始预研的北斗系统终于完成全部组网星座发射任务，正式建成！目前，人类社会对物流和定位的需求越来越高，随着北斗的日趋成熟，北斗的商业应用价值也会被极大开发。按照欧洲全球定位研究中心的估计，2025 年左右世界范围内的卫星导航定位设备需求量将超过 92 亿部，年产值将超过 2680 亿欧元，其中亚太市场的增长速度更将傲视全球。在这片红海中，北斗无疑是最有潜力的一个。规模化的应用会大幅降低硬件收费水平，进一步确定商业市场领先优势，从而形成正循环，最终达到一个理想的状态——实现系统长盛不衰的同时依然能快速迭代。

新时代大学生要主动拥抱科学技术，接过祖国建设者的接力棒，充分施展才干，为国家发展添砖加瓦。

习题 6-3

1. 有一立体其底面为圆 $x^2 + y^2 = R^2$，其顶为直线段且平行于 x 轴，设垂直 x 轴的平面与该立体的截面为等腰三角形其高均为 h（两端为直线段）。试计算该立体的体积。

2. 求下列已知曲线所围成的图形绕指定的轴旋转所产生的旋转体的体积。

（1）$y = x^2$、$y = 0$、$x = 1$ 绕 x 轴旋转；

（2）$y = x^2$、$y^2 = 8x$ 绕 y 轴旋转；

（3）$x^2 + (y - 5)^2 = 16$ 绕 x 轴旋转。

3. 用定积分微元法，证明球缺的体积为：

$$V = \pi H^2\left(R - \frac{H}{3}\right)$$

其中，H 为球缺的高，R 为球半径。

4. 计算曲线 $y = \ln x$ 上相应于 $\sqrt{3} \leqslant x \leqslant \sqrt{8}$ 的一段弧的长度。

5. 计算星形线 $\begin{cases} x = a\cos^3 t \\ y = a\sin^3 t \end{cases}$ 的全长，如图 6-11 所示。

6. 求心形线 $r = a(1 + \cos\theta)$ 的全长。

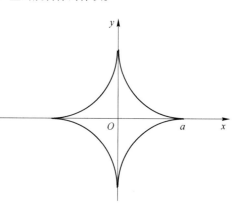

图 6-11

第四节　定积分在物理方面的应用

一、变力沿直线所做的功

从物理学知道，如果物体在做直线运动的过程中有一个不变的力 F 作用在这物体上，且这力的方向与物体运动的方向一致，那么，在物体移动了距离 S 时，力 F 对物体所做的功为

$$W = F \cdot S$$

如果物体在运动过程中所受到的力是变化的，这就会遇到变力对物体做功的问题。举例说明如下。

例 1　把一个带 $+q$ 电量的点电荷放在 r 轴上坐标原点 O 处，它产生一个电场。这个电场对周围的电荷有作用力。由物理学知，如果有一个单位正电荷放在这个电场中距原点 O 为 r 的地方，那么电场对它的作用力的大小为

$$F = k \frac{q}{r^2} \quad （k \text{ 为常数}）$$

当这个单位正电荷在电场中从 $r = a$ 处沿 r 轴移动到 $r = b (a < b)$ 处时，计算电场力 F 对它所做的功。

解　取 r 为积分变量，它的变化区间为 $[a, b]$，且在 $[a, b]$ 中任意子区间 $[r, r + dr]$ 上，电场力可近似看作不变，于是它移动 dr 所做功的近似值，即功的微元为

$$dw = k \frac{q}{r^2} dr$$

所以，电场力对单位正电荷在 $[a, b]$ 上移动所做的功为

$$W = \int_a^b \frac{kq}{r^2} dr = -kq \left[\frac{1}{r} \right]_a^b = kq \left(\frac{1}{a} - \frac{1}{b} \right)$$

将单位正电荷从某点移至无穷远处时，电场力所做的功称为电场中该点的电位 V，于是 $r = a$ 处的电位为

$$V = \int_a^{+\infty} \frac{kq}{r^2} dr = \lim_{b \to +\infty} kq \left(\frac{1}{a} - \frac{1}{b} \right) = \frac{kq}{a}$$

例 2　一圆柱形的贮水桶高为 5m，底圆半径为 3m，桶内盛满了水，试问要把桶内的水全部吸出来需做多少功？

解　作 x 轴如图 6-12 所示，取深度 x 为积分变量，它的变化区间为 $[0, 5]$ 相应于 $[0, 5]$ 上任一小区间 $[x, x + dx]$ 的一薄层水的高度为 dx。水的密度为 $1 \times 10^3 \text{kg}$，这薄层水的重力为 $9.8\pi \cdot 3^2 dx$，这层水吸出桶外需做的功近似为

$$dw = 9.8\pi \cdot 3^2 dx = 88.2\pi x dx$$

于是所求的功为

$$W = \int_0^5 88.2\pi x dx = 88.2\pi \left[\frac{x^2}{2} \right]_0^5 = \frac{2205}{2} \pi (\text{kJ})$$

二、液体的压力

从物理学知道，在深为 h 处液体的压强为 $P = \gamma h$，这里 γ 是液体的密度。如果有一面

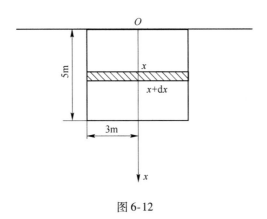

图 6-12

积为 A 的平板水平地放置在深为 h 处液体中，那么，平板一侧所受的液体压力为

$$P = p \cdot A$$

如果平板垂直放置在液体中，由于深度不同，液体的压强不同，下面举例说明它的计算方法。

例 3　一个横放着的圆柱形的桶，桶内盛有半桶水。设桶的底半径为 R，水的密度为 γ，计算桶的一个端面上所受的压力。

解　如图 6-13 所示建立直角坐标系。在这个坐标系中，桶的一个端面的圆方程为 $x^2 + y^2 = R^2$。取 x 为积分变量，它的变化区间为 $[0, R]$。设 $[x, x+dx]$ 为 $[0, R]$ 上任一小区间。半圆片上相应于 $[x, x+dx]$ 的窄条上各点处的压强近似于 γx，这窄条的面积近似于 $2\sqrt{R^2 - x^2}dx$。因此，压力元素为

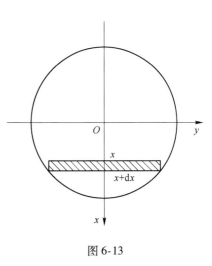

图 6-13

$$dP = 2\gamma x \sqrt{R^2 - x^2}dx$$

于是所求压力为

$$P = \int_0^R 2\gamma x \sqrt{R^2 - x^2}dx = -\gamma\int_0^R (R^2 - x^2)^{\frac{1}{2}}d(R^2 - x^2) = -\gamma\left[\frac{2}{3}(R^2 - x^2)^{\frac{3}{2}}\right]_0^R = \frac{2\gamma}{3}R^3$$

三、引力

从物理学知道，质量分别为 m_1、m_2，相距为 r 的两质点间的引力的大小为

$$F = G\frac{m_1 \cdot m_2}{r^2}$$

其中，G 为引力系数，引力的方向沿着两质点的连线方向。

如果要计算一根棒对一个质点的引力，那么，由于细棒上各点与该质点的距离是变化的，且各点对该质点的引力的方向也是变化的，就不能用上述公式来计算。下面举例说明它的计算方法。

例 4　设有均匀的细杆，长为 l，质量为 M，另有一质量为 m 的质点位于细杆所在的直线上，且到杆的近端距离为 a，求杆与质点之间的引力。

解　取坐标系如图 6-14 所示，取积分变量 $x \in [0, l]$。在 $[0, l]$ 中任意子区间 $[x, x+\mathrm{d}x]$ 上细杆的相应小段的质量为 $\dfrac{m}{l}\mathrm{d}x$，该小段与质点距离近似为 $x+a$，于是该小段与质点的引力近似值，即引力 F 的微元为

$$\mathrm{d}F = G\frac{m \cdot \dfrac{m}{l}\mathrm{d}x}{(x+a)^2}$$

于是，杆与质点之间的引力为

$$F = \frac{GmM}{l}\int_0^l \frac{\mathrm{d}x}{(x+a)^2} = \frac{GmM}{a(a+l)}$$

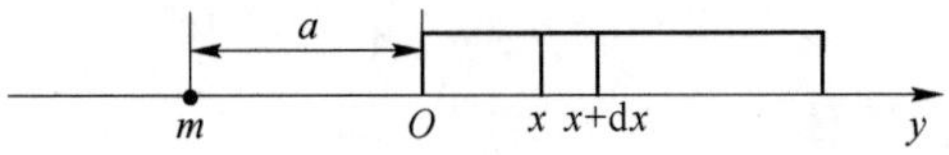

图 6-14

◆ **价值引领**

长征系列运载火箭

　　长征系列运载火箭是中国自行研制的航天运输工具，起步于 20 世纪 60 年代，1970 年 4 月 24 日"长征一号"运载火箭把中国第一颗人造地球卫星送入了预定轨道，开创了中国航天史的新纪元，使中国成为继苏联、美国、法国、日本之后世界上第五个独立研制并发射人造地球卫星的国家。在随后的半个世纪里，长征系列运载火箭为我国和其他国家把各种通信卫星、气象卫星、遥感卫星、商业卫星送入了预定轨道。2020 年 11 月 24 日，长征五号遥五运载火箭成功地将探月工程嫦娥五号探测器送入了预定轨道，实现了中国人的登月梦想，开创了我国探月工程的新纪元。长征系列运载火箭为我国航天事业做出了巨大贡献，使我国成为航天强国，使全中国人民感到自豪。

　　当代青年要将这种百折不挠、自强拼搏的精神传承下去，以逢山开路、遇水架桥的姿态勇敢克服科技难题，持续锻炼提升科研能力，投身祖国建设的浪潮中。

习题 6-4

1. 由虎克定律知：弹簧在弹性限度内在外力作用下伸长时，其弹性力的大小与伸长量成正比，方向指向平衡位置。今有一弹簧，在弹性限度内已知每拉长 1cm 要用 2kg 的力，试求将此弹簧由平衡位置拉长 5cm 时，为克服弹簧的弹性力所要做的功。

2. 一圆台形的水池，深 15m，上下口半径分别为 20m 和 10m，如果将其中盛满的水全部抽尽，需要做多少功？

3. 水坝中有一直立的矩形闸门，宽 20m，高 16m，闸门的上边平行水面，试求下述各种情况闸门所受的压力：

（1）闸门的上边与水面平齐时；

（2）水面在闸门的顶上 8m 时。

4. 设半径为 R、总质量为 M 的均匀细半圆环，其圆心处有一质量为 m 的质点，求半圆环与质点之间的引力。

5. 证明把质量为 m 的物体从地球表面升高到 h 处所做的功为

$$W = G \frac{mMh}{R(R+h)}$$

其中，G 是引力常数，M 是地球的质量，R 是地球的半径。

第七章 微 分 方 程

函数是客观事物的内部联系在数量方面的反映，利用函数关系可以对客观事物的规律性进行研究。在许多问题中，往往不能直接找出所需要的函数关系，但可以列出含有要找的函数及其导数的关系式。这样的关系式就是微分方程。微分方程建立以后，对它进行研究，找出未知函数，这就是解微分方程。本章主要介绍微分方程的一些基本概念和几种常用的微分方程的解法。

第一节 微分方程的基本概念

一、微分方程

定义 1 凡含有未知函数导数（或微分）的方程，称为微分方程，有时简称为方程。未知函数是一元函数的微分方程称作常微分方程。未知函数是多元函数的微分方程称作偏微分方程。本书只讨论常微分方程，并简称为微分方程。

例如，下列方程都是微分方程：

（1）$y' = 3x$；

（2）$(y - 2xy)\,dx + x^2\,dy = 0$；

（3）$y'' = \sqrt{1 + y'^2}$；

（4）$\dfrac{d^2 x}{dt^2} + k^2 x = 0$。

微分方程中出现的未知函数最高阶导数的阶数，称为微分方程的阶。例如，方程（1）和方程（2）为一阶微分方程，方程（3）和方程（4）为二阶微分方程。通常，n 阶微分方程的一般形式为

$$F(x, y, y', \cdots, y^{(n)}) = 0$$

其中，x 是自变量，y 是未知函数；$F(x, y, y', \cdots, y^{(n)})$ 是已知函数，而且一定含有 $y^{(n)}$。本章主要研究几种特殊类型的一阶和二阶微分方程。

二、微分方程的解

定义 2 任何代入微分方程后使其成为恒等式的函数，都叫作该方程的解。

例如，函数 $y = x^2$、$y = x^2 + 1$ 及 $y = x^2 + C$（C 为任意常数）都是微分方程 $y' = 2x$ 的解。

若微分方程的解中含有任意常数的个数与方程的阶数相同，且任意常数之间不能合并，则称此解为该方程的通解。当通解中的各任意常数都取特定值时所得到的解，称为方程的特解。例如，方程 $y' = 2x$ 的解 $y = x^2 + C$ 中含有一个任意常数且与该方程的阶数相

同，因此，这个解是方程的通解；如果求满足条件 $y(0) = 0$ 的解，代入通解 $y = x^2 + C$ 中，得 $C = 0$，那么 $y = x^2$ 就是微分方程 $y' = 2x$ 的特解。用来确定通解中的任意常数的附加条件称为初始条件。通常一阶微分方程的初始条件是

$$y|_{x=x_0} = y_0, \ \text{即} \ y(x_0) = y_0$$

二阶微分方程的初始条件是

$$y|_{x=x_0} = y_0, \ \text{和} \ y'|_{x=x_0} = y'_0, \ \text{即} \ y(x_0) = y_0 \ \text{与} \ y'(x_0) = y'_0$$

一个微分方程与其初始条件构成的问题，称为初值问题。求解某初值问题，就是求方程的特解。

如求微分方程 $y' = f(x, y)$ 满足初始条件 $y|_{x=x_0} = y_0$ 的特解这样一个问题，叫作一阶微分方程的初值问题，记作

$$\begin{cases} y' = f(x, y) \\ y|_{x=x_0} = y_0 \end{cases}$$

二阶微分方程的初值问题一般记作

$$\begin{cases} y'' = f(x, y, y') \\ y|_{x=x_0} = y_0, \ y'|_{x=x_0} = y'_0 \end{cases}$$

例 1 验证：函数 $x = C_1 \cos kt + C_2 \sin kt$ 是微分方程 $\dfrac{\mathrm{d}^2 x}{\mathrm{d}t^2} + k^2 x = 0$ 的解。

解 求 $x = C_1 \cos kt + C_2 \sin kt$ 的导数，得

$$\frac{\mathrm{d}x}{\mathrm{d}t} = -kC_1 \sin kt + kC_2 \cos kt$$

$$\frac{\mathrm{d}^2 x}{\mathrm{d}t^2} = -k^2 C_1 \cos kt - k^2 C_2 \sin kt = -k^2 (C_1 \cos kt + C_2 \sin kt)$$

把 $\dfrac{\mathrm{d}^2 x}{\mathrm{d}t^2}$ 及 x 的表达代入原方程得

$$-k^2 (C_1 \cos kt + C_2 \sin kt) + k^2 (C_1 \cos kt + C_2 \sin kt) = 0$$

因此，函数 $x = C_1 \cos kt + C_2 \sin kt$ 是方程 $\dfrac{\mathrm{d}^2 x}{\mathrm{d}t} + k^2 x = 0$ 的解。

例 2 已知函数 $x = C_1 \cos kt + C_2 \sin kt$ 是微分方程 $\dfrac{\mathrm{d}^2 x}{\mathrm{d}t} + k^2 x = 0$ 的通解，求满足初始条件 $x|_{x=0} = A$，$\dfrac{\mathrm{d}x}{\mathrm{d}t}\Big|_{t=0} = 0$ 的特解。

解 将条件"$t = 0$ 时，$x = A$"代入 $x = C_1 \cos kt + C_2 \sin kt$ 得 $C_1 = A$。

将条件"$t = 0$ 时，$\dfrac{\mathrm{d}x}{\mathrm{d}t} = 0$"代入 $\dfrac{\mathrm{d}x}{\mathrm{d}t} = -kC_1 \sin kt + kC_2 \cos kt$ 得 $C_2 = 0$。

把 C_1、C_2 的值代入 $x = C_1 \cos kt + C_2 \sin kt$，就得所求的特解为 $x = A \cos kt$。

例 3 已知直角坐标系中的一条曲线过点 $(1, 2)$，且在该曲线上任一点 $P(x, y)$ 处的切线斜率等于该点的纵坐标的平方，求此曲线方程。

解 设所求曲线方程为 $y = y(x)$，根据导数的几何意义及题意得

$$y' = y^2$$

即

$$\frac{\mathrm{d}x}{\mathrm{d}y} = \frac{1}{y^2}$$

积分得

$$\int x'y\,\mathrm{d}y = \int \frac{1}{y^2}\,\mathrm{d}y$$

即

$$x = -\frac{1}{y} + C$$

又因曲线过点（1，2）代入上式，得 $C = \frac{3}{2}$。所以，所求曲线的方程为 $x = \frac{3}{2} - \frac{1}{y}$。

❖ **知识拓展**

微积分的萌芽

祖暅提出的祖暅原理："幂势既同，则积不容异。"即界于两个平行平面之间的两个几何体，被任一平行于这两个平面的平面所截，如果两个截面的面积相等，则这两个几何体的体积相等，比欧洲的卡瓦列利原理早十个世纪。祖暅利用牟合方盖（牟合方盖与其内切球的体积比为 4：π）计算出了球的体积，纠正了刘徽的《九章算术注》中错误的球体积公式。

当代大学生要主动担负起传承中华传统文化的重任，同时在传承传统文化的过程中提升自己的思想道德素养。

习题 7-1

1. 试说出下列各微分方程的阶数。

（1）$x(y')^2 - 2yy' + x = 0$；

（2）$x^2 y'' - xy' + y = 0$；

（3）$xy^{(3)} + 2y'' + x^2 y = 0$；

（4）$(7x - 6y)\mathrm{d}x + (x + y)\mathrm{d}y = 0$；

（5）$L\dfrac{\mathrm{d}^2\theta}{\mathrm{d}t^2} + R\dfrac{\mathrm{d}\theta}{\mathrm{d}t} + \dfrac{\theta}{C} = 0$；

（6）$\dfrac{\mathrm{d}\rho}{\mathrm{d}\theta} + \rho = \sin^2\theta$。

2. 指出下列各题中的函数是否为所给微分方程的解。

（1）$xy' = 2y$，$y = 5x^2$；

（2）$y'' + y = 0$，$y = 3\sin x - 4\cos x$；

（3）$y'' - 2y' + y = 0$，$y = x^2 \mathrm{e}^x$；

（4）$y'' - (\lambda_1 + \lambda_2)y' + \lambda_1\lambda_2 y = 0$，$y = c_1\mathrm{e}^{\lambda_1 x} + c_2\mathrm{e}^{\lambda_2 x}$。

3. 在下列各题中，验证所给二元方程所确定的函数为所给微分方程的解。

（1）$(x - 2y)y' = 2x - y$，$x^2 - xy + y^2 = C$；

（2）$(xy - x)y'' + xy'^2 + yy' - 2y' = 0$，$y = \ln(xy)$。

4. 在下列各题中，确定函数关系式中所含的参数，使函数满足所给的初始条件。

（1）$x^2 - y^2 = c$，$y\big|_{x=0} = 5$；

（2）$y = (c_1 + c_2 x)\mathrm{e}^{2x}$，$y\big|_{x=0} = 0$，$y'\big|_{x=0} = 1$；

（3）$y = c_1\sin(x - c_2)$，$y\big|_{x=\pi} = 1$，$y'\big|_{x=\pi} = 0$。

5. 写出由下列条件确定的曲线所满足的微分方程。

（1）曲线在点 (x, y) 处的切线的斜率等于该点横坐标的平方；

（2）曲线上点 $P(x, y)$ 处的法线与 x 轴的交点为 θ，且线段 $P\theta$ 被 y 轴平分。

第二节　一阶微分方程

一阶微分方程的一般形式为 $F(x, y, y') = 0$，本节仅介绍几种常用的一阶微分方程。

一、可分离变量方程

如果一阶微分方程可化为 $\dfrac{\mathrm{d}y}{\mathrm{d}x} = f(x)g(y)$ 的形式，就称原方程为可分离变量的微分方程。

这种方程的求解步骤是：

（1）把原方程写成变量分离的形式 $\dfrac{\mathrm{d}y}{g(y)} = f(x)\mathrm{d}x\left[g(y) \neq 0\right]$；

（2）两边积分，$\displaystyle\int \dfrac{\mathrm{d}y}{g(y)} = \int f(x)\mathrm{d}x$，即得通解 $G(y) = F(x) + C$。其中 $G(y)$ 是 $\dfrac{1}{g(y)}$ 的原函数，$F(x)$ 是 $f(x)$ 的原函数。

例 1　求微分方程 $\dfrac{\mathrm{d}y}{\mathrm{d}x} = 2xy^2$ 的通解。

解　分离变量得 $\dfrac{\mathrm{d}y}{y^2} = 2x\mathrm{d}x$，两边积分

$$\int \dfrac{\mathrm{d}y}{y^2} = \int 2x\mathrm{d}x + C$$

得

$$-\dfrac{1}{y} = x^2 + C,\ \text{即}\ y = -\dfrac{1}{x^2 + C}$$

注意：可以看出 $y = 0$ 是微分方程的一个解，但这个解不包含在通解中，解方程时，不要丢掉该解。

例 2　求方程 $y' = -\dfrac{y}{x}$ 的通解。

解　分离变量，得

$$\dfrac{\mathrm{d}y}{y} = -\dfrac{1}{x}\mathrm{d}x$$

两边积分，得

$$\ln|y| = \ln\left|\dfrac{1}{x}\right| + C_1$$

化简得

$$|y| = \mathrm{e}^{C_1} \cdot \left|\dfrac{1}{x}\right|,\ \text{即}\ \ y = \pm\mathrm{e}^{C_1} \cdot \dfrac{1}{x}$$

令 $C_2 = \pm\mathrm{e}^{C_1}$，则

$$y = C_2 \cdot \dfrac{1}{x},\ C_2 \neq 0$$

可以看出 $y = 0$ 也是方程的解，所以可以认为 $y = \dfrac{C_2}{x}$ 中的 C_2 等于 0，因此 C_2 可作为任意常数。这样，方程的通解是 $y = \dfrac{C}{x}$。

由这个例子看到，今后凡遇到积分后变量 y 是对数的情形，都应作类似于上述的处理。这样例 2 可以解成：

$$\frac{\mathrm{d}y}{y} = -\frac{1}{x}\mathrm{d}x$$

两边积分得

$$\ln y = \ln\frac{1}{x} + \ln C = \ln\left(C \cdot \frac{1}{x} \right)$$

故原方程通解为

$$y = \frac{C}{x} \quad （C \text{ 为任意常数}）$$

例 3　求方程 $\mathrm{d}x + xy\mathrm{d}y = y^2\mathrm{d}x + y\mathrm{d}y$ 满足初始条件 $y(0) = 2$ 的特解。

解　将方程整理得

$$y(x - 1)\mathrm{d}y = (y^2 - 1)\mathrm{d}x$$

分离变量，得

$$\frac{y}{y^2 - 1}\mathrm{d}y = \frac{\mathrm{d}x}{x - 1}$$

两边积分，得

$$\frac{1}{2}\ln(y^2 - 1) = \ln(x - 1) + \frac{1}{2}\ln C$$

化简，得

$$y^2 - 1 = C(x - 1)^2$$

即

$$y^2 = C(x - 1)^2 + 1$$

将初始条件 $y(0) = 2$ 代入，得 $C = 3$。故所求特解为

$$y^2 = 3(x - 1)^2 + 1$$

如果一阶微分方程具有如下形式：

$$\frac{\mathrm{d}y}{\mathrm{d}x} = f\left(\frac{y}{x} \right)$$

则称它为齐次微分方程，简称齐次方程。

对于这类方程，利用变换 $u = \dfrac{y}{x}$，则有 $y' = u + xu'$，代入原方程得

$$u + x\frac{\mathrm{d}u}{\mathrm{d}x} = f(u)$$

上式为可分离变量方程，故可运用分离变量法求解。

例 4　求方程 $y^2\mathrm{d}x + (x^2 - xy)\mathrm{d}y = 0$ 的通解。

解　方程中，$\mathrm{d}x$ 和 $\mathrm{d}y$ 的系数分别是 y^2 和 $x^2 - xy$，它们都是关于 x 和 y 的同次幂，这样的方程一定可化为齐次方程。

原方程化为 $\dfrac{\mathrm{d}y}{\mathrm{d}x} = \dfrac{y^2}{xy - x^2}$，分子分母同除以 x^2，得

$$\frac{\mathrm{d}y}{\mathrm{d}x} = \frac{\left(\dfrac{y}{x}\right)^2}{\dfrac{y}{x} - 1}$$

令 $u = \dfrac{y}{x}$，则 $\dfrac{\mathrm{d}y}{\mathrm{d}x} = u + x\dfrac{\mathrm{d}u}{\mathrm{d}x}$，代入上式，得可分离变量方程

$$u + x\frac{\mathrm{d}u}{\mathrm{d}x} = \frac{u^2}{u - 1}$$

分离变量，得

$$\frac{\mathrm{d}x}{x} = \frac{u - 1}{u}\mathrm{d}u$$

两边积分，得

$$\ln x = u - \ln u + \ln C$$

即

$$xu = C\mathrm{e}^u$$

将 $u = \dfrac{y}{x}$ 代回，得原方程的通解为

$$y = C\mathrm{e}^{\frac{y}{x}}$$

例5　求方程 $y' = \sin(x - y)$ 的通解。

解　这个方程不是可分离变量方程，也不是齐次方程。但是，如果令 $u = x - y$，则有 $y' = 1 - u'$，代入原方程，得

$$1 - u' = \sin u$$

分离变量，得

$$\frac{\mathrm{d}u}{1 - \sin u} = \mathrm{d}x$$

两边积分，得

$$\int \frac{\mathrm{d}u}{1 - \sin u} = x + C$$

而

$$\int \frac{\mathrm{d}u}{1 - \sin u} = \int \frac{1 + \sin u}{\cos^2 u}\mathrm{d}u = \tan u + \frac{1}{\cos u}$$

故原方程的通解为

$$\tan(x - y) + \sec(x - y) - x = C$$

例5 的方程为 $y' = f(ax + by)$ 型，其中，a、b 为常数。凡这种类型的方程，都可以通过变换 $u = ax + by$，将其化为可分离变量方程 $u' = a + bf(u)$。

二、一阶线性微分方程

形如 $\dfrac{\mathrm{d}y}{\mathrm{d}x} + p(x)y = \theta(x)$ 的微分方程称为一阶线性微分方程。它的特点是：右边是已知函数，左边的每项中仅含 y 或 y'，且均为 y 或 y' 的一次项。

当 $\theta(x) \equiv 0$ 时，称 $\dfrac{\mathrm{d}y}{\mathrm{d}x} + p(x)y = \theta(x)$ 为齐次线性方程。当 $\theta(x) \neq 0$ 时，称原方程为

非齐次线性方程。下面讨论这两种方程的解法。

（一）一阶线性齐次微分方程的解法

不难看出，一阶线性齐次方程 $y' + p(x)y = 0$ 是可分离变量方程。分离变量得

$$\frac{\mathrm{d}y}{y} = -p(x)\,\mathrm{d}x$$

两边积分，得

$$\ln y = -\int p(x)\,\mathrm{d}x + \ln C$$

所以，方程的通解公式为

$$y = C\mathrm{e}^{-\int p(x)\,\mathrm{d}x}$$

（二）一阶线性非齐次微分方程的解法

正如前面所讲，当 $\theta(x) = 0$ 时，方程 $\dfrac{\mathrm{d}y}{\mathrm{d}x} + p(x)y = \theta(x)$ 称为一阶线性齐次微分方程，

而 $y = C\mathrm{e}^{-\int p(x)\,\mathrm{d}x}$ 为该方程的通解。为求非齐次方程的通解，可用常数变易法。该方法是把齐次方程通解中的常数 C 变为适当的函数 $u(x)$，而使 $y = u(x)\mathrm{e}^{-\int p(x)\,\mathrm{d}x}$ 满足非齐次方程 $\dfrac{\mathrm{d}y}{\mathrm{d}x} + p(x)y = \theta(x)$，将 $y = u(x)\mathrm{e}^{-\int p(x)\,\mathrm{d}x}$ 代入非齐次方程有恒等式：

$$\left[u(x)\mathrm{e}^{-\int p(x)\,\mathrm{d}x}\right]' + p(x)u(x)\mathrm{e}^{-\int p(x)\,\mathrm{d}x} \equiv \theta(x)$$

化简后得

$$u'\mathrm{e}^{-\int p(x)\,\mathrm{d}x} = Q(x),\ u' = Q(x)\mathrm{e}^{\int p(x)\,\mathrm{d}x}$$

两端积分，得

$$u = \int Q(x)\mathrm{e}^{\int p(x)\,\mathrm{d}x}\,\mathrm{d}x + C$$

这样就得到了非齐次线性方程的通解

$$y = \mathrm{e}^{-\int p(x)\,\mathrm{d}x}\left[\int Q(x)\mathrm{e}^{\int p(x)\,\mathrm{d}x}\,\mathrm{d}x + C\right]$$

或

$$y = C\mathrm{e}^{-\int p(x)\,\mathrm{d}x} + \mathrm{e}^{-\int p(x)\,\mathrm{d}x}\int Q(x)\mathrm{e}^{\int p(x)\,\mathrm{d}x}\,\mathrm{d}x$$

上式右端第一项是对应的齐次线性方程的通解，第二项是非齐次线性方程的一个特解。由此可知，一阶非齐次线性方程的通解等于对应的齐次方程的通解与非齐次方程的一个特解之和。

例 6　求方程 $\dfrac{\mathrm{d}y}{\mathrm{d}x} - \dfrac{y}{x} = x^2$ 的通解。

解　这是一个非齐次线性方程，先求对应的齐次方程的通解。

$$\frac{\mathrm{d}y}{\mathrm{d}x} - \frac{y}{x} = 0$$

$$\frac{\mathrm{d}y}{y} = \frac{\mathrm{d}x}{x}$$

$$\ln y = \ln x + \ln C$$

$$y = Cx$$

用常数变易法，把 C 换成 u，即令 $y = ux$ 代入原方程得

$$u'x + u - u = x^2, \quad 即 \ \mathrm{d}u = x\mathrm{d}x$$

两边积分得 $u = \dfrac{x^2}{2} + C$，代入 $y = ux$ 即得所求方程的通解为

$$y = x\left(\frac{x^2}{2} + C\right)$$

例 7　求方程 $y^2\mathrm{d}x + (x - 2xy - y^2)\mathrm{d}y = 0$ 的通解。

解　所给方程中含有 y^2，因此，如果仍把 x 看作自变量，把 y 看作未知函数，则它不是线性方程。如果把 x 看作 y 的函数，将原方程化为

$$\frac{\mathrm{d}x}{\mathrm{d}y} + \frac{1 - 2y}{y^2}x = 1$$

这是一个关于未知函数 $x = x(y)$ 的一阶线性非齐次方程，其中，$p(y) = \dfrac{1 - 2y}{y^2}$，$Q(y) = 1$。代入一阶线性非齐次方程的通解公式，有

$$x = \mathrm{e}^{-\int \frac{1-2y}{y^2}\mathrm{d}y}\left(C + \int \mathrm{e}^{\int \frac{1-2y}{y^2}\mathrm{d}y}\mathrm{d}y\right) = y^2\mathrm{e}^{\frac{1}{y}}\left(C + \mathrm{e}^{-\frac{1}{y}}\right) = y^2\left(1 + C\mathrm{e}^{\frac{1}{y}}\right)$$

于是所求通解为

$$x = y^2\left(1 + C\mathrm{e}^{\frac{1}{y}}\right)$$

三、一阶微分方程的应用举例

例 8　已知一条曲线过点 $(1, 1)$，并且曲线上任意一点 $M(x, y)$ 的切线和这点与坐标原点的连线及 Ox 轴组成以 Ox 轴上的边为底边的等腰三角形，求这曲线的方程。

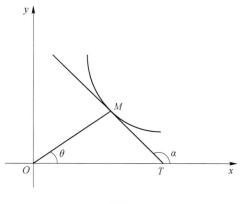

图 7-1

解　设所求的曲线方程为 $y = f(x)$，由题意做出该问题的图形，如图 7-1 所示。

设 MT 是曲线上过 M 点处的切线，由题意知，ΔMOT 为等腰三角形，OT 为底边，以 θ 表示等腰三角形的底角，α 表示切线 MT 关于 Ox 倾斜角，则有 $\alpha + \theta = \pi$，$\tan\alpha = -\tan\theta$，又因为 $\tan\theta = \dfrac{y}{x}$，而由导数的几何意义有 $\dfrac{\mathrm{d}y}{\mathrm{d}x} = \tan\alpha$。可以得到所求曲线的方程 $y = f(x)$ 应满足

$$\frac{\mathrm{d}y}{\mathrm{d}x} = -\frac{y}{x}$$

解此方程得

$$y = \frac{C}{x}$$

将初始条件 $y|_{x=1}=1$ 代入上式，得 $C=1$，从而所求的曲线方程为 $xy=1$。

例 9　设跳伞员开始跳伞后所受的空气阻力与他下落的速度成正比（比例系数为常数 $k>0$），起跳时的速度为 0。求下落的速度与时间之间的函数关系。

解　设跳伞员下落的速度为 $v(t)$，则加速度 $a=v't$，跳伞员所受的外力为

$$F=mg-kv$$

于是，由牛顿第二定律可得到速度 $v(t)$ 应满足的微分方程为

$$mg-kv=ma=mv'$$

又因为起跳时的速度为 0，所以，其初始条件为

$$v|_{t=0}=0$$

至此，已将这个运动问题化为一个初值问题

$$\begin{cases} mv'=mg-kv \\ v(0)=0 \end{cases}$$

这是一个一阶线性非齐次微分方程，但由于 v、v' 的系数及自由项均为常数，故也可按可分离变量方程来解，求出方程的通解为

$$mg-kv=Ce^{-\frac{k}{m}t}$$

将初始条件 $v(0)=0$ 代入，得 $C=mg$，所以，所求特解为

$$v=\frac{mg}{k}\left(1-e^{-\frac{k}{m}t}\right)$$

即为所求的函数关系。

从上式可以看出，当 t 充分大时，速度 v 近似为常量 $\dfrac{mg}{k}$。也就是说，跳伞之初是加速运动，但逐渐趋向于匀速运动，正因为如此，跳伞员才能安全着陆。

例 10　假设一高温物体在冷却剂中均匀地冷却，其介质（冷却剂）温度始终保持为 10℃，物体的初始温度为 200℃，且由 200℃冷却到 100℃需要 40s，已知冷却定律：冷却速率与物体和介质的温度差成正比，试求物体温度 θ 与时间 t 的函数关系，并求物体温度降到 20℃所需的时间。

解　设物体温度 $\theta=\theta(t)$，它是时间 t 的函数，则物体的冷却速度为 $\theta'(t)$。因此，由冷却定律可得 $\theta(t)$ 应满足的微分方程为 $\theta't=-k[\theta(t)-10]$。其中，比例系数 $k>0$，由于物体在冷却中降温，因而上式右端有负号。由题意知 $\theta(t)$ 所满足的初始条件为

$$\theta|_{t=0}=200$$

于是，初值问题是

$$\begin{cases} \theta'(t)=-k[\theta(t)-10] \\ \theta|_{t=0}=200 \end{cases}$$

解此初值问题，得特解为

$$\theta(t)=10+190e^{-kt}$$

因为该物体由 200℃冷却到 100℃需要 40s，即

$$100=10+190e^{-40k}$$

因此，得

$$k=-\frac{1}{40}\ln\frac{9}{10}\approx0.01868$$

从而得到物体的温度 θ 与时间 t 的函数关系为

$$\theta(t) = 10 + 190e^{-0.01868t}$$

将 $\theta = 20$ 代入上式，并解出

$$t = \frac{\ln 19}{0.01868} = 158(\text{s})$$

即物体温度降到 20℃ 大约需要 2min38s。

❖ **知识拓展**

洛必达法则

1696 年，洛必达将研究成果整理成书，出版了世界上第一本系统的微积分教科书——《无穷小量分析》，书中由一组定义和公理出发，全面地阐述变量、无穷小量、切线、微分等概念，对当时刚刚创建的微积分理论的传播起到了很好的作用。洛必达凭借这本书，确切地说，应该是洛必达法则，一炮而红，受到人们的拥戴，甚至还被推举进法国科学院。洛必达法则也为后人更全面地了解微积分的神秘世界立下了汗马功劳！

习题 7-2

1. 求下列微分方程的通解。

（1）$2x^2yy' = y^2 + 1$；

（2）$\sec^2 x\tan y\,dx + \sec^2 y\tan x\,dy = 0$；

（3）$(1 + e^x)yy' = e^x$；

（4）$\dfrac{dy}{dx} = 10^{x+y}$；

（5）$y' = 1 + x + y^2 + xy^2$；

（6）$\dfrac{dy}{dx} = \dfrac{y + x}{y - x}$；

（7）$y' = \cos\dfrac{y}{x} + \dfrac{y}{x}$；

（8）$xy' + x\tan\dfrac{y}{x} - y = 0$；

（9）$y' = (x + y)^2 + 2(x + y)$；

（10）$\dfrac{dy}{dx} + \dfrac{1}{y - x} = 1$。

2. 求下列一阶线性微分方程的通解。

（1）$y' + y\tan x = \cos x$；

（2）$y' + \dfrac{y}{x} - \sin x = 0$；

（3）$x\ln x\,dy + (y - ax\ln x - ax)\,dx = 0$；

（4）$(2y\ln y + y + x)\,dy - y\,dx = 0$；

（5）$y' + y = x^2 e^x$；

（6）$xy\,dy - y^2\,dx = (x + y)\,dy$；

（7）$(x\cos y + \sin 2y)y' = 1$。

3. 求下列各题中所给出的初值问题。

（1）$\begin{cases} xy\,dx - (1 + y^2)\sqrt{1 + x^2}\,dy = 0 \\ y\big|_{x=0} = \dfrac{1}{e} \end{cases}$；

（2）$\begin{cases} (\ln y)^2 y' = \dfrac{y}{x^2}; \\ y\big|_{x=2} = 1 \end{cases}$

(3) $\begin{cases} x\dfrac{\mathrm{d}y}{\mathrm{d}x} = y + \sin\dfrac{y}{x}; \\ y\big|_{x=2} = \pi \end{cases}$ 　　　　　(4) $\begin{cases} xy' = y(1 + \ln y - \ln x); \\ y\big|_{x=1} = \mathrm{e}^2 \end{cases}$

(5) $\begin{cases} \dfrac{\mathrm{d}y}{\mathrm{d}x} + \dfrac{y}{x} = \dfrac{\sin x}{x}; \\ y\big|_{x=1} = 1 \end{cases}$ 　　　　　(6) $\begin{cases} \dfrac{\mathrm{d}y}{\mathrm{d}x} + y\cot x = 5\mathrm{e}^{\cos x}; \\ y\big|_{x=\frac{\pi}{2}} = -4 \end{cases}$

(7) $\begin{cases} y' - y = \mathrm{e}^x \\ y\big|_{x=0} = 1 \end{cases}$ 。

4. 设曲线上任一点 p 处的切线与 x 轴的交点为 A，原点与点 p 之间的距离等于点 A 与点 p 之间的距离，且曲线过点（1，2）。求此曲线的方程。

5. 跳伞员与降落伞共重 150kg，当伞张开时，他以 10m/s 的速度垂直下落，设空气阻力与速度成正比，且当速度为 5m/s 时，空气阻力为 60kg。试求跳伞员的下落速度与时间的关系及其极限速度（即当时间 $t \to +\infty$ 时速度的极限）。

第三节　可降阶的高阶微分方程

二阶和二阶以上的微分方程称为高阶微分方程。本节将介绍几种特殊类型的高阶微分方程的解法。

一、形如 $y^{(n)} = f(x)$ 的微分方程解法

方程 $y^{(n)} = f(x)$ 中右端仅是自变量 x 的函数，所以，对方程两端积分得

$$y^{(n-1)} = \int f(x)\,\mathrm{d}x + C_1$$

这是 $n-1$ 阶方程，两端再积分，得

$$y^{(n-2)} = \int\left[\int f(x)\,\mathrm{d}x\right]\mathrm{d}x + C_1 x + C_2$$

如此继续下去，积分 n 次，就可得到原方程的含有 n 个任意常数的通解。

例1　求解初值问题：

$$\begin{cases} y'' = \dfrac{1}{x^2}\ln x \\ y(1) = 0,\ y'(1) = 1 \end{cases}$$

解　积分一次，得

$$y' = \int\frac{\ln x}{x^2}\mathrm{d}x = -\frac{\ln x}{x} - \frac{1}{x} + C_1$$

将初始条件 $y'(1) = 1$ 代入，得 $C_1 = 2$。故

$$y' = -\frac{\ln x}{x} - \frac{1}{x} + 2$$

再积分，得

$$y = -\frac{1}{2}(\ln x)^2 - \ln x + 2x + C_2$$

将初始条件 $y(1) = 0$ 代入，得 $C_2 = -2$。故所求特解为

$$y = -\frac{1}{2}(\ln x)^2 - \ln x + 2x - 2$$

二、$y'' = f(x, y')$ 型的微分方程

微分方程 $y'' = f(x, y')$ 中不明显含未知数 y。若令 $y' = p(x)$，则 $y'' = p'(x)$，原方程变为一个以 $p(x)$ 为未知函数的一阶微分方程 $p'(x) = f(x, p)$。从而可考虑用本章第二节所介绍的方法求解。

例2 求方程 $(1 - x^2)y'' - xy' = 2$ 的通解。

解 方程中不明显含 y，令 $y' = p(x)$，则 $y'' = p'(x)$，原方程变为

$$p' - \frac{x}{1 - x^2}p = \frac{2}{1 - x^2}$$

这是一个关于未知函数 $p(x)$ 的一阶线性非齐次方程，利用通解公式，得

$$p = \frac{1}{\sqrt{1 - x^2}}(2\arcsin x + C_1)$$

即

$$y' = \frac{1}{\sqrt{1 - x^2}}(2\arcsin x + C_1)$$

两边积分，得原方程的通解为

$$y = (\arcsin x)^2 + C_1 \arcsin x + C_2$$

三、$y'' = f(y, y')$ 型的微分方程

微分方程 $y'' = f(y, y')$ 中不明显含 x，若令 $y' = p(y)$，则 $y'' = p'(y) \cdot y' = pp'$。于是原方程化为一个以 y 为自变量，$p(y)$ 为未知函数的一阶微分方程 $p(y)p'(y) = f(y, p(y))$，从而可考虑用介绍过的方法求解。

例3 求解初值问题：

$$\begin{cases} y'' - e^{2y}y' = 0 \\ y(0) = 0, \ y'(0) = \dfrac{1}{2} \end{cases}$$

解 方程中不明显含 x，令 $y' = p(y)$，则 $y'' = pp'$，方程化为

$$p\frac{\mathrm{d}p}{\mathrm{d}y} = pe^{2y}$$

因为 $p = y'$ 不恒为 0（由初始条件可以看出）。故

$$\frac{\mathrm{d}p}{\mathrm{d}y} = e^{2y}$$

易求得

$$p(y) = \int e^{2y}\mathrm{d}y = \frac{1}{2}e^{2y} + C_1$$

将初始条件 $y(0) = 0$，$y'(0) = \dfrac{1}{2}$，即 $p(y)\big|_{y=0} = \dfrac{1}{2}$ 代入，得 $C_1 = 0$，于是有

$$y' = p = \frac{1}{2}e^{2y}$$

$$\frac{2\mathrm{d}y}{\mathrm{e}^{2y}} = \mathrm{d}x$$

积分得

$$-\mathrm{e}^{-2y} = x + C_2$$

将 $y(0) = 0$ 代入，得 $C_2 = -1$，故所求的初值问题的解为

$$\mathrm{e}^{-2y} = 1 - x$$

◆ **名人名言**

攀登科学高峰，就像登山运动员攀登珠穆朗玛峰一样，要克服无数艰难险阻，懦夫和懒汉是不可能享受到胜利的喜悦和幸福的。

——陈景润

习题 7-3

1. 求下列各微分方程的通解。

(1) $y'' = \ln x$；

(2) $y'' = x + \mathrm{e}^{-x}$；

(3) $y'' = \dfrac{1}{1 + x^2}$；

(4) $(1 - x^2)y'' - xy' = 0$；

(5) $1 + (y')^2 = 2yy''$；

(6) $y''(1 + \mathrm{e}^x) + y' = 0$；

(7) $xy'' = \sqrt{1 + y'^2}$。

2. 求下列各题中所给出的初值问题。

(1) $\begin{cases} xy'' + x(y')^2 - y' = 0 \\ y(2) = 2,\ y'(2) = 1 \end{cases}$；

(2) $\begin{cases} y'' - \mathrm{e}^{2y} = 0 \\ y(0) = 0,\ y'(0) = 1 \end{cases}$

第四节　二阶常系数线性微分方程

一、二阶线性微分方程解的结构

二阶微分方程的形式如下：

$$y'' + p(x)y' + q(x)y = f(x)$$

上式称为二阶线性微分方程，简称二阶线性方程。$f(x)$ 称为自由项，当 $f(x) \neq 0$ 时，称为二阶线性非齐次微分方程。当 $f(x)$ 恒为 0 时，称为二阶线性齐次微分方程。方程中 $p(x)$、$q(x)$ 和 $f(x)$ 都是自变量的已知连续函数。

为了寻求解二阶线性方程的方法，先讨论二阶线性方程解的结构。

定理 1　如果函数 y_1 与 y_2 是线性齐次方程的两个解，则函数 $y = c_1 y_1 + c_2 y_2$ 也是该方程的解，其中 c_1、c_2 是任意常数。

证　将 $y = c_1 y_1 + c_2 y_2$ 代入齐次方程的左端，得

$$(c_1 y_1 + c_2 y_2)'' + p(x)(c_1 y_1 + c_2 y_2)' + q(x)(c_1 y_1 + c_2 y_2)$$

$$= c_1 \left[y_1'' + p(x)y_1' + q(x)y_1 \right] + c_2 \left[y_2'' + p(x)y_2' + q(x)y_2 \right] = 0$$

所以，$y = c_1 y_1 + c_2 y_2$ 是齐次方程的解。

应注意的是，$c_1 y_1 + c_2 y_2$ 中虽含有两个任意常数，但不一定是齐次方程的通解。例如，y_1 是齐次方程的解，显然 $y_2 = 2y_1$ 也是齐次方程的解，而 $y = c_1 y_1 + c_2 y_2 = c_1 y_1 + 2c_2 y_1 = (c_1 + 2c_2)y_1 = cy_1$，其中 $c = c_1 + 2c_2$，这时 y 显然不是齐次方程的通解。那么 $c_1 y_1 + c_2 y_2$ 在什么情况下才一定是齐次方程的通解呢？要解决这个问题，需要引进一个新的概念，即函数的线性相关性。

定义　设 y_1，y_2，$\cdots$，y_n 为定义在区间 I 上的 n 个函数。如果存在 n 个不全为零的常数 k_1，k_2，$\cdots$，k_n，使得当 $x \in I$ 时有恒等式 $k_1 y_1 + k_2 y_2 + \cdots + k_n y_n = 0$ 成立，那么称这 n 个函数在区间 I 上线性相关；否则称线性无关。

例如，1、$\cos^2 x$、$\sin^2 x$ 在整个数轴上是线性相关的。因为取 $k_1 = 1$、$k_2 = k_3 = -1$，就有恒等式 $1 - \cos^2 x - \sin^2 x \equiv 0$。

又如，1、x、x^2 在任何区间 (a, b) 内是线性无关的。因为如果 k_1、k_2、k_3 不全为零，那么在该区间内至多只有两个 x 值能使二次三项式 $k_1 + k_2 x + k_3 x^2$ 为零，要使它恒等于零，必须 k_1、k_2、k_3 全为零。

对于两个函数的情形，如果它们的比为常数，那么它们就线性相关；否则就线性无关。

定理 2　如果函数 y_1、y_2 是二阶线性齐次方程 $y'' + p(x)y' + q(x)y = 0$ 的两个线性无关的特解，则 $y = c_1 y_1 + c_2 y_2$ 是齐次方程的解，又因为 y_1 与 y_2 线性无关，它们不能合并为一个函数，即表达式中含有两个任意常数。故 $y = c_1 y_1 + c_2 y_2$ 是齐次方程的通解。

定理 3　设 y^* 是非齐次方程 $y'' + p(x)y' + q(x)y = f(x)$ 的一个特解，$\overline{Y}$ 是非齐次方程相应的齐次方程的通解，那么，$y = \overline{Y} + y^*$ 是非齐次方程的通解。

证　将 $\overline{Y} + y^*$ 代入非齐次方程的左端，有

$$(\overline{Y} + y^*)'' + p(x)(\overline{Y} + y^*)' + q(x)(\overline{Y} + y^*)$$
$$= \left[\overline{Y}'' + p(x)\overline{Y}' + q(x)\overline{Y} \right] + \left[y^{*}'' + p(x)y^{*}' + q(x)y^* \right]$$
$$= 0 + f(x) = f(x)$$

故 $y = \overline{Y} + y^*$ 是非齐次方程的解。

又由于 $\overline{y} = c_1 y_1 + c_2 y_2$ 中含有两个任意常数，故 $y = \overline{Y} + y^*$ 是非齐次方程的通解。

定理 4　设 y_1^*、y_2^* 分别是方程 $y'' + p(x)y' + q(x)y = f_1(x)$ 与 $y'' + p(x)y' + q(x)y = f_2(x)$ 的解，那么，$y^* = y_1^* + y_2^*$ 是方程 $y'' + p(x)y' + q(x)y = f_1(x) + f_2(x)$ 的解。

证　将 $y^* = y_1^* + y_2^*$ 代入上面方程的左端，有

$$(y_1^* + y_2^*)'' + p(x)(y_1^* + y_2^*)' + q(x)(y_1^* + y_2^*)$$
$$= \left[y_1^{*}'' + p(x)y_1^{*}' + q(x)y_1^* \right] + \left[y_2^{*}'' + p(x)y_2^{*}' + q(x)y_2^* \right]$$
$$= f_1(x) + f_2(x)$$

故 $y^* = y_1^* + y_2^*$ 是所给方程的解。

二、二阶常系数性线微分方程的解法

如果二阶线性微分方程为

$$y'' + py' + qy = f(x)$$

其中，p、q 均为常数，则称该方程为二阶常系数线性微分方程。

（一）二阶常系数线性齐次方程的解法

方程 $y'' + py' + qy = 0$ 称为二阶常系数线性齐次微分方程。

首先研究它的解法，因方程中各项系数均为常数，可以猜想该方程具有 $y = e^{rx}$ 形式的解。其中 r 为待定常数，将 $y = e^{rx}$ 代入该方程中，有

$$(e^{rx})'' + p(e^{rx})' + qe^{rx} = (r^2 + pr + q)e^{rx} = 0$$

而 $e^{rx} > 0$，故有

$$r^2 + pr + q = 0$$

由此可见，只要 r 满足代数方程 $r^2 + pr + q = 0$，函数 $y = e^{rx}$ 就是微分方程 $y'' + py' + qy = 0$ 的解。这个代数方程称为相应微分方程的特征方程。特征方程根称为特征根。

下面讨论特征方程根的情况。

（1）当 $p^2 - 4q > 0$ 时，特征方程有两个不相等的实根 $r_1 \neq r_2$，这时 $y_1 = e^{r_1 x}$、$y_2 = e^{r_2 x}$ 均是微分方程 $y'' + py' + qy = 0$ 的特解，而且是线性无关的解 $\left(\dfrac{y_2}{y_1} = e^{(r_2 - r_1)x} \neq 常数 \right)$，这时微分方程的通解为

$$y = c_1 e^{r_1 x} + c_2 e^{r_2 x} \quad (c_1, c_2 \ 均为任意常数)$$

（2）当 $p^2 - 4q = 0$ 时，特征方程有两个相等的实根 $r_1 = r_2 = \dfrac{-p}{2}$，这时只能得到微分方程的一个解 $y_1 = e^{r_1 x}$。还需再找一个与 y_1 线性无关的解 y_2。由 $\dfrac{y_2}{y_1} = u(x)$，知 $y_2 = u(x)y_1$，其中 $u(x)$ 为待定函数。将 y_2 及其一阶、二阶导数 $y_2' = (ue^{r_1 x})' = e^{r_1 x}[u'(x) + r_1 u(x)]$，$y_2'' = e^{r_1 x}[u''(x) + 2r_1 u'(x) + r_1^2 u(x)]$ 代入方程 $y'' + py' + qy = 0$ 中，得

$$e^{r_1 x}[u'' + (2r_1 + p)u' + (r_1^2 + pr_1 + q)u] = 0$$

由于 r_1 是特征方程的二重根，故 $r_1^2 + pr_1 + q = 0$，$2r_1 + p = 0$，即有 $u''(x) = 0$，解出 $u(x) = c_1 x + c_2$，因为只要得到一个不为常数的解即可，为简便起见，不妨取 $u(x) = x$，由此得到该微分方程的另一个与 y_1 线性无关的解 $y_2 = xe^{r_1 x}$，从而得到该微分方程的通解为

$$y = c_1 e^{r_1 x} + c_2 e^{r_1 x} = (c_1 + c_2 x)e^{r_1 x}$$

（3）当 $p^2 - 4q < 0$ 时，r_1、r_2 是一对共轭复数根 $r_1 = \alpha + i\beta$ 与 $r_2 = \alpha - i\beta$，这时有两个线性无关的特解 $y_1 = e^{(\alpha + i\beta)x}$ 与 $y_2 = e^{(\alpha - i\beta)x}$。这是两个复数解，为了便于在实数范围内讨论问题，再找两个线性无关的实数解。

由欧拉公式

$$e^{ix} = \cos x + i\sin x$$

可得

$$y_1 = e^{(\alpha + i\beta)x} = e^{\alpha x}(\cos \beta x + i\sin \beta x)$$
$$y_2 = e^{(\alpha - i\beta)x} = e^{\alpha x}(\cos \beta x - i\sin \beta x)$$

于是有

$$\frac{1}{2}(y_1 + y_2) = e^{\alpha x}\cos\beta x$$

$$\frac{1}{2i}(y_1 - y_2) = e^{\alpha x}\sin\beta x$$

由定理 1 知，以上两个函数 $e^{\alpha x}\cos\beta x$ 与 $e^{\alpha x}\sin\beta x$ 均为微分方程的解，且它们线性无关。因此，微分方程的通解为

$$y = e^{\alpha x}(c_1\cos\beta x + c_2\sin\beta x)$$

例 1　求方程 $y'' - 2y' - 3y = 0$ 的通解。

解　该方程的特征方程为 $r^2 - 2r - 3 = 0$，它有两个不等的实根 $r_1 = -1$ 和 $r_2 = 3$。其对应的两个线性无关的特解为 $y_1 = e^{-x}$ 与 $y_2 = e^{3x}$。所以，方程的通解为

$$y = c_1 e^{-x} + c_2 e^{3x}$$

例 2　求微分方程 $y'' - 2y' + 2y = 0$ 的通解。

解　该方程的特征方程为 $r^2 - 2r + 2 = 0$，它有两个共轭复根 $r_1 = 1 + i$ 和 $r_2 = 1 - i$。故该微分方程的通解为

$$y = e^x(c_1\cos x + c_2\sin x)$$

（二）二阶常系数线性非齐次方程的解法

二阶常系数非齐次线性微分方程的一般形式为

$$y'' + py' + qy = f(x) \tag{7-1}$$

其中，p、q 是常数。

由定理 3 知，求二阶常系数非齐次线性微分方程的通解，归结为求对应的齐次方程

$$y'' + py' + qy = 0 \tag{7-2}$$

方程式（7-2）的通解和非齐次方程式（7-1）本身的一个特解。由于二阶常系数齐次线性方程的通解的求法已得到解决，所以这里只需讨论求二阶常系数非齐次线性微分方程的一个特解 y^*，它叫作待定系数法。$f(x)$ 的两种形式是：

（1）$f(x) = p_m(x)e^{\lambda x}$，其中 λ 是常数，$p_m(x)$ 是 x 的一个 m 次多项式：$p_m(x) = a_0 x^m + a_1 x^{m-1} + \cdots + a_{m-1}x + a_m$；

（2）$f(x) = e^{\lambda x}[p_l(x)\cos\omega x + p_n(x)\sin\omega x]$，其中，$\lambda$、$\omega$ 是常数，$p_l(x)$、$p_n(x)$ 分别是 x 的 l 次、n 次多项式，其中有一个可为零。

下面分别介绍 $f(x)$ 为上述两种形式时 y^* 的求法。

1. $f(x) = e^{\lambda x}p_m(x)$ 型

方程式（7-1）的特解 y^* 是使方程式（7-1）成为恒等式的函数。怎样的函数能使方程式（7-1）成为恒等式呢？因为方程式（7-1）右端 $f(x)$ 是多项式 $p_m(x)$ 与函数 $e^{\lambda x}$ 的乘积，而多项式与指数函数乘积的导数仍是同一类型，因此可设 $y^* = Q(x)e^{\lambda x}$，把 y^*、$y^{*'}$ 及 $y^{*''}$ 代入方程式（7-1），然后选取适当的 $Q(x)$，使 $y^* = Q(x)e^{\lambda x}$ 满足方程式（7-1）。为此将

$$y^* = Q(x)e^{\lambda x}$$
$$y^{*'} = e^{\lambda x}[\lambda Q(x) + Q'(x)]$$
$$y^{*''} = e^{\lambda x}[\lambda^2 Q(x) + 2\lambda Q'(x) + Q''(x)]$$

代入方程式 (7-1) 并消去 $e^{\lambda x}$，得

$$Q''(x) + (2\lambda + p)Q'(x) + (\lambda^2 + px + q)Q(x) = p_m(x) \tag{7-3}$$

(1) 如果 λ 不是方程式 (7-2) 的特征方程 $r^2 + pr + q = 0$ 的根，即 $r^2 + pr + q \neq 0$，由于 $p_m(x)$ 是一个 m 次多项式，要使方程式 (7-3) 的两端恒等，可令 $Q(x)$ 为另一个 m 次多项式 $Q_m(x)$：$Q_m(x) = b_0 x^m + b_1 x^{m-1} + \cdots + b_{m-1} x + b_m$，代入方程式 (7-3)，比较等式两端 x 同次幂的系数，就得到以 b_0，b_1，$\cdots$，b_m 作为未知数的 $m + 1$ 个方程的联立方程组。从而可以确定 b_0，b_1，$\cdots$，b_m，并得到所求的特解 $y^* = Q_m(x) e^{\lambda x}$。

(2) 如果 λ 是特征方程 $r^2 + pr + q = 0$ 的单根，即 $\lambda^2 + p\lambda + q = 0$，但 $2\lambda + p \neq 0$，要使方程式 (7-3) 两端恒等，那么 $Q'(x)$ 必是 m 次多项式，此时可令 $Q(x) = xQ_m(x)$，并且可用同样的方法确定 $Q_m(x)$ 的各项系数。

(3) 如果 λ 是特征方程 $r^2 + pr + q = 0$ 的重根，即 $\lambda^2 + p\lambda + q = 0$，且 $2\lambda + p = 0$，要使方程式 (7-3) 的两端恒等，那么 $Q''(x)$ 必须是 m 次多项式。此时可令 $Q(x) = x^2 Q_m(x)$，并用同样的方法来确定 $Q_m(x)$ 中的系数。

综上所述，有如下结论：如果 $f(x) = p_m e^{\lambda x}$，则二阶常系数非齐次线性微分方程式 (7-1) 具有形如 $y^* = x^k Q_m(x) e^{\lambda x}$ 的特解，其中 $Q_m(x)$ 与 $p_m(x)$ 是同次多项式，而 k 按 λ 不是特征方程的根，是特征方程的单根或是特征方程的重根依次取为 0、1 或 2。

例 3 求微分方程 $y'' - 5y' + 6y = xe^{2x}$ 的通解。

解 所给方程对应的齐次方程为

$$y'' - 5y' + 6y = 0$$

它的特征方程

$$r^2 - 5r + 6 = 0$$

有两个实根 $r_1 = 2$ 和 $r_2 = 3$，于是与所给方程对应的齐次方程的通解为

$$Y = c_1 e^{2x} + c_2 e^{3x}$$

由于 $\lambda = 2$ 是特征方程的单根，所以设 y^* 为

$$y^* = x(b_0 x + b_1) e^{2x}$$

把它代入所给方程，得

$$-2b_0 x + 2b_0 - b_1 = x$$

比较等式两端同次幂的系数，得

$$\begin{cases} -2b_0 = 1 \\ 2b_0 - b_1 = 0 \end{cases}$$

解得 $b_0 = -\dfrac{1}{2}$，$b_1 = -1$。因此，求得一个特解为

$$y^* = x\left(-\frac{1}{2}x - 1 \right) e^{2x}$$

从而所求的通解为

$$y = c_1 e^{2x} + c_2 e^{3x} - \frac{1}{2}(x^2 + 2x) e^{2x}$$

2. $f(x) = e^{\lambda x}[P_l(x)\cos\omega x + P_n(x)\sin\omega x]$ 型

应用欧拉公式，把三角函数表为复变指数函数的形式，有

$$f(x) = e^{\lambda x}[P_l\cos\omega x + P_n\sin\omega x]$$

$$= e^{\lambda x}\left[P_l\frac{e^{i\omega x}+e^{-i\omega x}}{2} + P_n\frac{e^{i\omega x}-e^{-i\omega x}}{2i}\right]$$

$$= \left(\frac{P_l}{2}+\frac{P_n}{2i}\right)e^{(\lambda+i\omega)x} + \left(\frac{P_l}{2}-\frac{P_n}{2i}\right)e^{(\lambda-i\omega)x}$$

$$= P(x)e^{(\lambda+i\omega)x} + \overline{P}(x)e^{(\lambda-i\omega)x}$$

其中

$$P(x) = \frac{P_l}{2}+\frac{P_n}{2i} = \frac{P_l}{2}-\frac{P_n}{2}i$$

$$\overline{P}(x) = \frac{P_l}{2}-\frac{P_n}{2i} = \frac{P_l}{2}+\frac{P_n}{2}i$$

是互为共轭的 m 次多项式（即它们对应项的系数是共轭复数），而 $m = \max\{l, n\}$，应用上面的结果，对于 $f(x)$ 中的第一项 $P(x)e^{(\lambda+i\omega)x}$，可求出一个 m 次多项式 $Q_m(x)$，使得 $y_1^* = x^k Q_m e^{(\lambda+i\omega)x}$ 为方程 $y''+py'+qy = P(x)e^{(\lambda+i\omega)x}$ 的特解，其中 k 按 $\lambda+i\omega$ 不是特征方程的根或是特征方程的单根依次取 0 或 1。由于 $f(x)$ 的第二项 $\overline{P}(x)e^{(\lambda-i\omega)x}$ 与第一项 $P(x)e^{(\lambda+i\omega)x}$ 成共轭，所以与 y_1^* 成共轭的函数 $y_2^* = x^k \overline{Q}_m e^{(\lambda-i\omega)x}$ 必然是方程 $y''+py'+qy = \overline{P}(x)e^{(\lambda-i\omega)x}$ 的特解，这里 $\overline{Q}_m$ 表示与 Q_m 成共轭的 m 次多项式。于是方程式（7-1）的特解为

$$y^* = x^k Q_m e^{(\lambda+i\omega)x} + x^k \overline{Q}_m e^{(\lambda-i\omega)x}$$

上式可写为

$$y^* = x^k e^{\lambda x}[Q_m e^{i\omega x} + \overline{Q}_m e^{-i\omega x}]$$

$$= x^k e^{\lambda x}[Q_m(\cos\omega x + i\sin\omega x) + \overline{Q}_m(\cos\omega x - i\sin\omega x)]$$

由于括弧内的两项是互成共轭的，相加后即无虚部，所以可以写成实函数的形式

$$y^* = x^k e^{\lambda x}[R_m^{(1)}(x)\cos\omega x + R_m^{(2)}(x)\sin\omega x]$$

综上所述，有如下结论：如果 $f(x) = e^{\lambda x}[P_l(x)\cos\omega x + P_n(x)\sin\omega x]$，则二阶常系数非齐次线性微分方程（7-3）的特解可设为

$$y^* = x^k e^{\lambda x}[R_m^{(1)}(x)\cos\omega x + R_m^{(2)}(x)\sin\omega x]$$

其中，$R_m^{(1)}(x)$ 和 $R_m^{(2)}(x)$ 是 m 次多项式，$m = \max\{l, n\}$，而 k 按 $\lambda+i\omega$（或 $\lambda-i\omega$）不是特征方程的根，或是特征方程的单根依次取 0 或 1。

例4　求微分方程 $y''+y = x\cos 2x$ 的一个特解。

解　$f(x)$ 属于 $e^{\lambda x}[P_l(x)\cos\omega x + P_n(x)\sin\omega x]$ 型（其中，$\lambda = 0$、$\omega = 2$、$P_l(x) = x$、$P_n(x) = 0$）。

与所给方程对应的齐次方程为

$$y''+y = 0,$$

它的特征方程为

$$r^2+1 = 0$$

由于 $\lambda+i\omega = 2i$ 不是特征方程的根，所以应设特解为

$$y^* = (ax+b)\cos 2x + (cx+d)\sin 2x$$

把它代入所给方程得

$$(-3ax-3b+4c)\cos2x-(3cx+3d+4a)\sin2x=x\cos2x$$

比较两端同类项的系数得

$$\begin{cases} -3a=1 \\ -3b+4c=0 \\ -3c=0 \\ -3d-4a=0 \end{cases}$$

由此解得 $a=-\dfrac{1}{3}$，$b=0$，$c=0$，$d=\dfrac{4}{9}$。

于是求得一个特解为

$$y^*=-\frac{1}{3}x\cos2x+\frac{4}{9}\sin2x$$

❖ **价值引领**

如果没有欧拉公式

　　如果没有欧拉的公式、方程和方法，现代科学技术的进展就会滞后，这在我们看来是不可想象的。欧拉留给我们的，不仅是科学创见，还有极其丰富的科学遗产和为科学献身的精神。欧拉一生也曾遇到坎坷，欧拉一直保持着高度用脑用眼，很少休息，这样的高强度脑力劳动导致他的身体不堪一击，欧拉慢慢失去了视力，就像音乐家贝多芬失去了听力。这是命运对他的考验，而欧拉不曾放弃他所钟爱的数学。

　　这样惊人的意志才有了欧拉惊人的成就，即使是天才也比常人在擅长的领域中多花了百倍努力。正是因为欧拉有这样不屈不挠的意志，他才能成为数学史上最伟大的四位数学家之一，也被人称为"数学之王"。这样的欧拉你崇拜吗？

习题 7-4

1. 求下列各微分方程的通解。

（1）$2y''+y'-y=2e^x$；　　　　（2）$y''+a^2y=e^x$；

（3）$2y''+5y'=5x^2-2x-1$；　（4）$y''+3y'+2y=3xe^{-x}$；

（5）$y''-2y'+5y=e^x\sin2x$；　（6）$y''-6y'+9y=(x+1)e^{3x}$；

（7）$y''+5y'+4y=3-2x$；　　　（8）$y''+4y=x\cos x$；

（9）$y''+y=e^x+\cos x$。

2. 求下列各方程满足已知初始条件的特解。

（1）$y''+y+\sin2x=0$，$y|_{x=\pi}=1$，$y'|_{x=\pi}=1$；

（2）$y''-3y'+2y=5$，$y|_{x=0}=1$，$y'|_{x=0}=2$；

（3）$y''-y=4xe^x$，$y|_{x=0}=0$，$y'|_{x=0}=1$。

第八章　向量代数 空间解析几何

空间解析几何是用代数的方法研究空间图形的一门数学学科，它在其他学科特别是工程技术上的应用比较广泛。在讨论多元函数微积分时，空间解析几何也能给多元函数提供直观的几何解释。

第一节　空间直角坐标系

一、空间直角坐标系

过空间定点 O 作三条互相垂直的数轴，它们都以 O 为原点，并且通常取相同的长度单位。这三条数轴分别称为 x 轴、y 轴、z 轴。各轴正向之间的顺序通常按下述法则确定：以右手握住 z 轴，让右手的四指从 x 轴的正向以 $\dfrac{\pi}{2}$ 的角度转向 y 轴的正向，这时大拇指所指的方向就是 z 轴的正向。这个法则称为右手法则，如图 8-1 所示。这样就组成了空间直角坐标系，O 称为坐标原点，每两条坐标轴确定的平面称为坐标平面，简称为坐标面。x 轴与 y 轴所确定的坐标面称为 xOy 面。

类似地有 yOz 面、zOx 面。这些坐标面把空间分成八个部分，每一部分称为一个卦限，如图 8-2 所示。x 轴、y 轴、z 轴的正半轴卦限称为第 I 卦限，从第 I 卦限开始，从 Oz 轴的正向向下看，按逆时针方向，先后出现的卦限依次称为第 II、III、IV 卦限；第 I、II、III、IV 卦限下面的空间部分依次称为第 V、VI、VII、VIII 卦限。

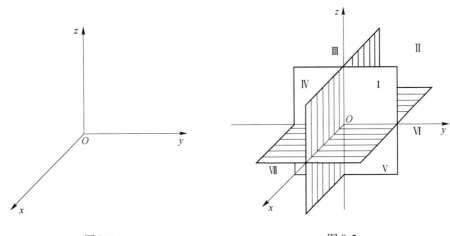

图 8-1　　　　　　　　　图 8-2

设 M 为空间的一点，若过点 M 分别作垂直于三坐标轴的平面，与三坐标轴分别相交于 P、Q、R 三点，且这三点的 x 轴、y 轴、z 轴上的坐标依次为 x、y、z，则点 M 唯一地确定了一组有序组 x、y 和 z。反之，设给定一组有序数组 x、y 和 z，且它们分别在 x 轴、y 轴和 z 轴上依次对应于 P、Q 和 R 点，若过 P、Q 和 R 点分别作平面垂直于所在坐标轴，则这三张平面确定了唯一的交点 M。这样，空间的点就与一组有序组 x、y、z 之间建立了一一对应关系，如图 8-3 所示。有序数组 x、y、z 就称为点 M 的坐标，记为 $M(x,y,z)$，将它们分别称为 x 坐标、y 坐标和 z 坐标。

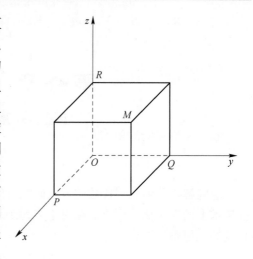

图 8-3

显然，原点 O 的坐标为 $(0,0,0)$，坐标轴上的点至少有两个坐标为 0，坐标面上的点至少有一个坐标为 0。例如，在 x 轴上的点，均有 $y=z=0$；在 xy 坐标面上的点，均有 $z=0$。

二、两点间的距离公式

设空间两点 $M_1(x_1,y_1,z_1)$、$M_2(x_2,y_2,z_2)$，求它们之间的距离 $d=|M_1M_2|$。过点 M_1、M_2 各作三张平面分别垂直于三个坐标轴，形成如图 8-4 所示的长方体。易知

$$d^2 = |M_1M_2|^2 = |M_1Q|^2 + |QM_2|^2 = |M_1P|^2 + |PQ|^2 + |QM_2|^2$$
$$= |M_1'P'|^2 + |P'M_2'|^2 + |QM_2|^2 + (x_2-x_1)^2 + (y_2-y_1)^2 + (z_2-z_1)^2$$

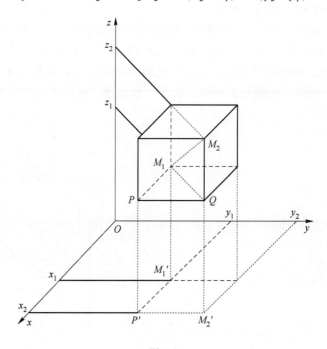

图 8-4

所以

$$d = \sqrt{(x_2 - x_1)^2 + (y_2 - y_1)^2 + (z_2 - z_1)^2}$$

特别地，点 $M(x,y,z)$ 与原点 $O(0,0,0)$ 的距离为

$$d = |OM| = \sqrt{x^2 + y^2 + z^2}$$

例1 已知 $A(-3,2,1)$，$B(0,2,5)$，求 $\triangle AOB$ 的周长。

解 由两点间的距离公式得

$$|AB| = \sqrt{(-3-0)^2 + (2-2)^2 + (1-5)^2} = 5$$
$$|AO| = \sqrt{(-3-0)^2 + (2-0)^2 + (1-0)^2} = \sqrt{14}$$
$$|BO| = \sqrt{(0-0)^2 + (2-0)^2 + (5-0)^2} = \sqrt{29}$$

所以，$\triangle AOB$ 的周长为

$$l = |AB| + |AO| + |BO| = 5 + \sqrt{14} + \sqrt{29}$$

◆ **名人故事**

笛卡尔建立坐标系

23 岁的笛卡尔因病躺在了床上，无所事事的他默默地思考着，抬头望着天花板，一只小小的蜘蛛从墙角慢慢地爬过来，吐丝结网，忙个不停。笛卡尔突发奇想，算一算蜘蛛走过的路程。他先把蜘蛛看成一个点，这个点离墙角多远？离墙的两边多远？他思考着、计算着，病中的他睡着了。梦中他继续在数学的广阔天地中驰骋，好像悟出了什么，又看到了什么，大梦醒来的笛卡尔茅塞顿开，一种新的思想初露端倪，用数形结合的方式将代数与几何的桥梁连起来了。这就是解析几何学诞生的曙光，沿着这条思路前进，在众多数学家的努力下数学的历史发生了重要的转折，建立了解析几何学。

当代中国青年要在感悟时代、紧跟时代中珍惜韶华，不断锤炼自己、提高自己，做到志存高远、德才并重、情理兼修、勇于开拓，在火热的青春中放飞人生梦想，在拼搏的青春中成就事业华章。

习题 8-1

1. 在坐标面上和在坐标轴上点的坐标各有什么特征？指出下列各点的位置：$A(3,4,0)$，$B(0,4,3)$，$C(3,0,0)$，$D(0,-1,0)$。

2. 求点 (a,b,c) 关于（1）各坐标面；（2）各坐标轴；（3）坐标原点的对称点的坐标。

3. 自点 $P_0(x_0,y_0,z_0)$ 分别作各坐标面和各坐标轴的垂线，写出各垂足的坐标。

4. 过点 $P_0(x_0,y_0,z_0)$ 分别作平行于 z 轴的直线和平行于 xOy 面的平面，问：在它们上面的点的坐标各有什么特点？

5. 一边长为 a 的立方体放置在 xOy 面上，其底面的中心在原点，底面的顶点在 x 轴和 y 轴上，求各顶点的坐标。

6. 求点 $M(4,-3,5)$ 到各坐标轴的距离。

7. 在 yOz 面上，求与三点 $A(3,1,2)$、$B(4,-2,-2)$ 和 $C(0,5,1)$ 等距离的点。

第二节　向量及其坐标表示法

一、向量的概念

在物理学中，既有大小又有方向的量，如力、位移、速度、加速度等，这类量称为向量或矢量。

常用有向线段来表示向量，以 A 为起点、B 为终点的有向线段所表示的向量，记为 **AB**（图 8-5），也可用一个黑体字母或一个字母上面加一个箭头来表示向量，如 **a**、**i**、**v**、**f** 或 $\vec{a}$、$\vec{i}$、$\vec{v}$、$\vec{f}$ 等。

向量的大小称为该向量的模，记作 $|a|$；模等于 1 的向量称为单位向量，与 **a** 同向的单位向里记为 $a°$；模等于 0 的向量称为零向量，记为 0，其方向不定。

规定，两个向量 **a** 与 **b** 不论起点是否一致，如果其方向相同、模相等，则称它们是相等的，记为 $a=b$。即经过平行移动后，两向量完全重合。允许平行移动的向量称为自由向量，本书所讨论的向量均为自由向量。

在物理学中，如果有两个力 F_1、f_2 作用在同一质点上，则它们的合力 F 可按平行四边形或三角形法则求得。由此启发我们如何定义向量的加法。

定义 1　设有两个非零向量 **a**、**b**，以 **a**、**b** 为边的平行四边形的对角线所表示的向量（图 8-6），称为两向量 **a** 与 **b** 的和向量，记为 $a+b$，这就是向量加法的平行四边形法则。

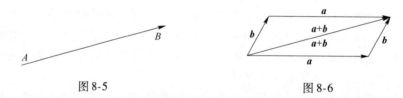

图 8-5　　　　　　　　　　　　图 8-6

由图 8-6 可以看出，若以向量 **a** 的终点作为向量 **b** 的起点，则由 **a** 的起点到 **b** 的终点的向量也是 **a** 与 **b** 的和向量。这是向量加法的三角形法则。这个法则可以推广到任意有限个向量相加的情形。

从图 8-6 和图 8-7 可以看出：向量的加法满足交换律和结合律。即

$$a+b=b+a$$
$$(a+b)+c=a+(b+c)$$

根据向量加法的三角形法则，若向量 **b** 加向量 **c** 等于向量 **a**，则称向量 **c** 为 **a** 与 **b** 之差，记为 $c=a-b$，如图 8-8 所示。

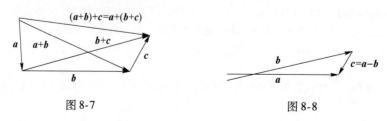

图 8-7　　　　　　　　　　　　图 8-8

显然，若把向量 a 与 b 移到同一起点，则从 b 的终点向 a 的终点所引的向量便是向量 a 与 b 的差 $a - b$。

下面，给出数量与向量乘积的定义。

定义 2　设 a 是一个非零向量，λ 是一个非零实数，则 a 与 λ 的乘积 λa 仍是一个向量，记作 λa，且：

（1）$|\lambda a| = |\lambda||a|$；

（2）λa 的方向 $\begin{cases} \text{与 } a \text{ 同向，当 } \lambda > 0 \\ \text{与 } a \text{ 反向，当 } \lambda < 0 \end{cases}$。

如果 $\lambda = 0$ 或 $a = 0$，规定 $\lambda a = 0$。

容易验证，数乘向量满足结合律与分配律，即

$$\lambda(\mu a) = (\lambda \mu) a$$
$$\lambda(a + b) = \lambda a + \lambda b$$
$$(\lambda + \mu) a = \lambda a + \mu a$$

其中，λ、μ 都是数量。

设 a 是非零向量，由数乘向量的定义可知，向量 $\dfrac{a}{|a|}$ 的模等于 1，且与 a 同方向，所以有

$$a^\circ = \frac{a}{|a|}$$

因此任一非零向量 a 都可以表示为

$$a = |a| a^\circ$$

二、向量的坐标表示法

向量的运算仅靠几何方法研究有些不便。为此需将向量的运算代数化，下面先介绍向量的坐标表示法。

在空间直角坐标系中，与 x 轴、y 轴、z 轴的正向同向的单位向量分别记为 i、j、k，称为基本单位向量。

设向量 a 的起点在坐标原点 O，终点为 $P(x, y, z)$。过 a 的终点 $P(x, y, z)$ 作三张平面分别垂直于三条坐标轴，设垂足依次为 A、B、C（图8-9），则点 A 在 x 轴上的坐标为 x，根据向量与数的乘法运算得向量 $\overrightarrow{OA} = xi$，同理 $\overrightarrow{OB} = yj$，$\overrightarrow{OC} = zk$，于是，由向量加法的三角形法则，有

$$a = \overrightarrow{OP} = \overrightarrow{OQ} + \overrightarrow{QP} = \overrightarrow{OA} + \overrightarrow{OB} + \overrightarrow{OC} = xi + yj + zk$$

我们称 $a = xi + yj + zk$ 为向量 a 的坐标表达式，记作 $a = \{x, y, z\}$。其中 x、y、z 称为向量 a 的坐标。

例 1　已知 $a = \overrightarrow{AB}$ 是以 $A(x_1, y_1, z_1)$ 为起点，$B(x_2, y_2, z_2)$ 为终点的向量（图8-10），求向量 a 的坐标表示。

解　$a = \overrightarrow{AB} = \overrightarrow{OB} - \overrightarrow{OA} = (x_2 i + y_2 j + z_2 k) - (x_1 i + y_1 j + z_1 k)$

$\qquad = (x_2 - x_1) i + (y_2 - y_1) j + (z_2 - z_1) k$

得 a 的坐标依次为 $a_x = x_2 - x_1$，$a_y = y_2 - y_1$，$a_z = z_2 - z_1$，即

$$a = \{a_x, a_y, a_z\} = \{x_2 - x_1, y_2 - y_1, z_2 - z_1\}$$

由此可知，起点不在坐标原点的向量的坐标，恰好等于向量相应的终点坐标与起点坐标之差。

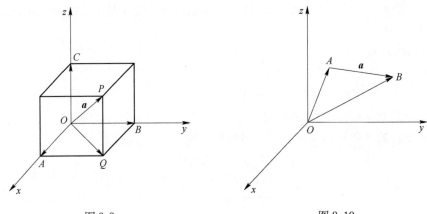

图 8-9　　　　　　　　　　　　　　　　　图 8-10

设 $a = \{a_x, a_y, a_z\}$，$b = \{b_x, b_y, b_z\}$，即 $a = \{a_x i, a_y j, a_z k\}$，$b = \{b_x i, b_y j, b_z k\}$。利用向量加法的交换律与结合律，以及向量与数乘法的结合律与分配律，有

$$a \pm b = (a_x \pm b_x)i + (a_y \pm b_y)j + (a_z \pm b_z)k$$
$$\lambda a = (\lambda a_x)i + (\lambda a_y)j + (\lambda a_z)k$$

即
$$a \pm b = \{a_x \pm b_x, a_y \pm b_y, a_z \pm b_z\}$$
$$\lambda a = \{\lambda a_x, \lambda a_y, \lambda a_y\}$$

向量是由它的模与方向确定的。如果已知非零向量 a 的坐标为 $\{a_x, a_y, a_z\}$，那么，它的模与方向也可以用其坐标来表示。

不妨将 a 的起点放在坐标原点（图 8-11），那么它的终点 A 的坐标就是 $\{a_x, a_y, a_z\}$。由两点间距离公式知

$$|a| = |OA| = \sqrt{a_x^2 + a_y^2 + a_z^2}$$

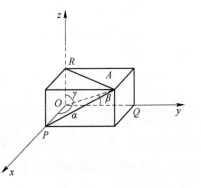

图 8-11

显然，非零向量 a 的方向可由该向量与三坐标轴正向的夹角 α、β、γ（其中，$0 \leqslant \alpha \leqslant \pi$，$0 \leqslant \beta \leqslant \pi$，$0 \leqslant \gamma \leqslant \pi$），或这三个角的余弦 $\cos\alpha$、$\cos\beta$、$\cos\gamma$ 来表示。α、β、γ 称为向量 a 的方向角；$\cos\alpha$、$\cos\beta$、$\cos\gamma$ 称为向量 a 的方向余弦。

因为 $\triangle OPA$、$\triangle OQA$、$\triangle ORA$ 都是直角三角形，所以

$$\cos\alpha = \frac{a_x}{|a|} = \frac{a_x}{\sqrt{a_x^2 + a_y^2 + a_z^2}}$$

$$\cos\beta = \frac{a_y}{|a|} = \frac{a_y}{\sqrt{a_x^2 + a_y^2 + a_z^2}}$$

$$\cos\gamma = \frac{a_z}{|a|} = \frac{a_z}{\sqrt{a_x^2 + a_y^2 + a_z^2}}$$

显然，$\cos^2\alpha + \cos^2\beta + \cos^2\gamma = 1$，即任一非零向量的方向余弦的平方和等于 1。

例 2 已知 $M_1(1,-2,3)$、$M_2(4,2,-1)$，求 $\overrightarrow{M_1M_2}$ 的模及方向余弦。

解
$$\overrightarrow{M_1M_2} = \{4-1, 2-(-2), -1-3\} = \{3,4,-4\}$$
$$|\overrightarrow{M_1M_2}| = \sqrt{3^2 + 4^2 + (-4)^2} = \sqrt{41}$$
$$\cos\alpha = \frac{3}{\sqrt{41}}, \quad \cos\beta = \frac{4}{\sqrt{41}}, \quad \cos\gamma = \frac{-4}{\sqrt{41}}$$

例 3 设向量 a 的两个方向余弦为 $\cos\alpha = \frac{1}{3}$，$\cos\beta = \frac{2}{3}$，又 $|a| = 6$，求向量 a 的坐标。

解 因为 $\cos\alpha = \frac{1}{3}$，$\cos\beta = \frac{2}{3}$。所以
$$\cos\gamma = \pm\sqrt{1 - \cos^2\alpha - \cos^2\beta} = \pm\sqrt{1 - \left(\frac{1}{3}\right)^2 - \left(\frac{2}{3}\right)^2} = \pm\frac{2}{3}$$
$$a_x = |a|\cos\alpha = 6 \cdot \frac{1}{3} = 2$$
$$a_y = |a|\cos\beta = 6 \cdot \frac{2}{3} = 4$$
$$a_y = |a|\cos\gamma = 6 \cdot \left(\pm\frac{2}{3}\right) = \pm 4$$

综上所述，$a = \{2,4,4\}$ 或 $a = \{2,4,-4\}$。

❖ **名人名言**

一个人就好像一个分数，他的实际才能好比分子，而他对自己的估价好比分母。分母越大，则分数的值就越小。

——托尔斯泰

习题 8-2

1. 已知平行四边形 $ABCD$，其对角线交点为 M，又 $\overrightarrow{AB} = a$，$\overrightarrow{BC} = b$，试用向量 a 和 b 表示向量 $\overrightarrow{AC}$、$\overrightarrow{BD}$、$\overrightarrow{MA}$、$\overrightarrow{MB}$、$\overrightarrow{MC}$、$\overrightarrow{MD}$。

2. 试用向量证明：三角形两边中点的连线平行且等于第三边的一半。

3. 已知向量 $a = \{3,5,-1\}$，$b = \{2,2,2\}$，$c = \{4,-1,-3\}$，求：

（1）$2a - 3b + 4c$；（2）$ma + nb$（m，n 为常数）。

4. 求下列各向量的模、方向余弦以及它们同方向的单位向量：

（1）$a = 2i + 2j - k$；（2）$b = i + j + k$。

5. 已知点 $M_1(-1,1,0)$、$M_2(0,-1,2)$，求向量 $\overrightarrow{M_1M_2}$ 及其方向余弦。

6. 设向量 $a = 2i + 3j + 4k$ 的始点为 $(1,-1,5)$，求向量 a 的终点坐标。

7. 设向量 a 的终点为 $\left(\frac{7}{2}, \frac{3}{2}, -1+\frac{3}{\sqrt{2}}\right)$，$|a| = 3$，方向余弦中的 $\cos\alpha = \frac{1}{2}$，$\cos\beta = \frac{1}{2}$，求向量 a 的坐标及其起点。

第三节　向量的数量积与向量积

一、两向的数量积

(一) 向量数量积的定义及其性质

设有非零向量 a 与 b，且平行移动其中的一个向量，使它们的起点相同（图 8-12），在这两个向量所决定的平面内，规定两向量 a、b 正方向之间不超过 $180°$ 的夹角为向量 a 与 b 的夹角，记作 $(\widehat{a,b})$ 或 $(\widehat{b,a})$。

设一物体在常力 F 作用下沿直线从点 M_1 移动到点 M_2，以 S 表示位移 $\overrightarrow{M_1M_2}$。由物理学知道，力 F 所做的功为

$$W = |F||S|\cos\theta$$

其中，θ 为 F 与 S 的夹角，如图 8-13 所示。

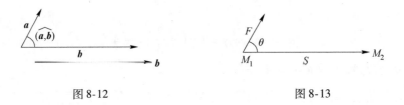

图 8-12　　　　　　　　　　　　　图 8-13

像这样由两个向量的模及其夹角余弦的乘积构成的算式，在其他问题中还会遇到。

定义 1　两向量 a、b 的模及其夹角余弦的连乘积，称为向量 a、b 的数量积或点积，记为 $a \cdot b$，即

$$a \cdot b = |a||b|\cos(\widehat{a,b})$$

由数量积定义，上述做功问题可表示为

$$W = F \cdot S$$

定义 2　$|a|\cos(\widehat{a,b})$ 称为向量 a 在向量 b 上的投影，如图 8-14 所示。记为 $\mathrm{Pr}j_b a$，即

$$\mathrm{Pr}j_b a = |a|\cos(\widehat{a,b})$$

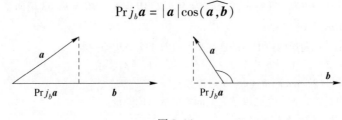

图 8-14

类似地　　　　　　　　　$\mathrm{Pr}j_a b = |b|\cos(\widehat{b,a})$

所以，两向量的数量积也可以用投影表示为：

$$a \cdot b = |b| \cdot \mathrm{Pr}j_b a = |a| \cdot \mathrm{Pr}j_a b$$

容易证明，数量积有下列运算规律。

（1）交换律：$\boldsymbol{a} \cdot \boldsymbol{b} = \boldsymbol{b} \cdot \boldsymbol{a}$；

（2）结合律：$m(\boldsymbol{a} \cdot \boldsymbol{b}) = (m\boldsymbol{a}) \cdot \boldsymbol{b}$（$m$ 为数量）；

（3）分配律：$\boldsymbol{a} \cdot (\boldsymbol{b} + \boldsymbol{c}) = \boldsymbol{a} \cdot \boldsymbol{b} + \boldsymbol{a} \cdot \boldsymbol{c}$。

利用结合律及交换律，容易推得

$$\boldsymbol{a} \cdot (\lambda \boldsymbol{b}) = \lambda(\boldsymbol{a} \cdot \boldsymbol{b}) \quad 及 \quad (\lambda \boldsymbol{a}) \cdot (\mu \boldsymbol{b}) = \lambda u(\boldsymbol{a} \cdot \boldsymbol{b})$$

这是因为

$$(\lambda \boldsymbol{a}) \cdot (\mu \boldsymbol{b}) = \lambda[\boldsymbol{a} \cdot (\mu \boldsymbol{b})] = \lambda[\mu(\boldsymbol{a} \cdot \boldsymbol{b})] = \lambda u(\boldsymbol{a} \cdot \boldsymbol{b})$$

由数量积的定义可知：

（1）$\boldsymbol{a} \cdot \boldsymbol{a} = |\boldsymbol{a}||\boldsymbol{a}|\cos(\widehat{\boldsymbol{a},\boldsymbol{a}}) = |\boldsymbol{a}|^2$，所以，$\boldsymbol{i} \cdot \boldsymbol{i} = \boldsymbol{j} \cdot \boldsymbol{j} = \boldsymbol{k} \cdot \boldsymbol{k} = 1$。

（2）若两个非零向量 $\boldsymbol{a}$、$\boldsymbol{b}$ 相互垂直，则有 $\cos(\widehat{\boldsymbol{a},\boldsymbol{b}}) = 0$，即有 $\boldsymbol{a} \cdot \boldsymbol{b} = 0$；反之，当 $\boldsymbol{a}$、$\boldsymbol{b}$ 均为非零向量，且 $\boldsymbol{a} \cdot \boldsymbol{b} = 0$ 时，则 $\cos(\widehat{\boldsymbol{a},\boldsymbol{b}}) = 0$，从而 $(\widehat{\boldsymbol{a},\boldsymbol{b}}) = \dfrac{\pi}{2}$，即 $\boldsymbol{a}$ 与 $\boldsymbol{b}$ 相互垂直。当 $\boldsymbol{a}$、$\boldsymbol{b}$ 中至少有一个是零向量时，规定零向量与任何向量都垂直。这样，两个向量相互垂直的充要条件是 $\boldsymbol{a} \cdot \boldsymbol{b} = 0$。

由这个结论可得：

$$\boldsymbol{i} \cdot \boldsymbol{j} = \boldsymbol{j} \cdot \boldsymbol{k} = \boldsymbol{k} \cdot \boldsymbol{i} = 0$$

（二）数量积的坐标计算式

设 $\boldsymbol{a} = a_x \boldsymbol{i} + a_y \boldsymbol{j} + a_z \boldsymbol{k}$，$\boldsymbol{b} = b_x \boldsymbol{i} + b_y \boldsymbol{j} + b_z \boldsymbol{k}$，利用数量积的运算规则有：

$$\begin{aligned}
\boldsymbol{a} \cdot \boldsymbol{b} &= (a_x \boldsymbol{i} + a_y \boldsymbol{j} + a_z \boldsymbol{k}) \cdot (b_x \boldsymbol{i} + b_y \boldsymbol{j} + b_z \boldsymbol{k}) \\
&= a_x b_x \boldsymbol{i} \cdot \boldsymbol{i} + a_x b_y \boldsymbol{i} \cdot \boldsymbol{j} + a_x b_z \boldsymbol{i} \cdot \boldsymbol{k} + a_y b_x \boldsymbol{j} \cdot \boldsymbol{i} + a_y b_y \boldsymbol{j} \cdot \boldsymbol{j} + a_y b_z \boldsymbol{j} \cdot \boldsymbol{k} + \\
&\quad a_z b_x \boldsymbol{k} \cdot \boldsymbol{i} + a_z b_y \boldsymbol{k} \cdot \boldsymbol{j} + a_z b_z \boldsymbol{k} \cdot \boldsymbol{k} = a_x b_x + a_y b_y + a_z b_z
\end{aligned}$$

因此，两向量的数量积等于它们对应坐标乘积之和。

（三）两非零向量夹角余弦的坐标表示式

设 $\boldsymbol{a} = a_x \boldsymbol{i} + a_y \boldsymbol{j} + a_z \boldsymbol{k}$，$\boldsymbol{b} = b_x \boldsymbol{i} + b_y \boldsymbol{j} + b_z \boldsymbol{k}$，均为非零向量，由两向量的数量积定义可知：

$$\cos(\widehat{\boldsymbol{a},\boldsymbol{b}}) = \frac{\boldsymbol{a} \cdot \boldsymbol{b}}{|\boldsymbol{a}||\boldsymbol{b}|} = \frac{a_x b_x + a_y b_y + a_z b_z}{\sqrt{a_x^2 + a_y^2 + a_z^2}\sqrt{b_x^2 + b_y^2 + b_z^2}}$$

例 1　已知三点 $M(1,1,1)$、$A(2,2,1)$、$B(2,1,2)$，求 $\angle AMB$。

解　作向量 $\overrightarrow{MA}$ 及 $\overrightarrow{MB}$，$\angle AMB$ 就是向量 $\overrightarrow{MA}$ 与 $\overrightarrow{MB}$ 的夹角。这里 $\overrightarrow{MA} = \{1,1,0\}$，$\overrightarrow{MB} = \{1,0,1\}$，从而

$$\overrightarrow{MA} \cdot \overrightarrow{MB} = 1 \times 1 + 1 \times 0 + 0 \times 1 = 1$$

$$|\overrightarrow{MA}| = \sqrt{1^2 + 1^2 + 0^2} = \sqrt{2}$$

$$|\overrightarrow{MB}| = \sqrt{1^2 + 0^2 + 1^2} = \sqrt{2}$$

代入两向量夹角余弦的表达式，得

$$\cos \angle AMB = \frac{\overrightarrow{MA} \cdot \overrightarrow{MB}}{|\overrightarrow{MA}| \cdot |\overrightarrow{MB}|} = \frac{1}{\sqrt{2} \cdot \sqrt{2}} = \frac{1}{2}$$

所以
$$\angle AMB = \frac{\pi}{3}$$

例 2　设 $a = a_x i + a_y j + a_z k$，求 $\mathrm{Pr}j_i a$，$\mathrm{Pr}j_j a$ 及 $\mathrm{Pr}j_k a$。

解　因为 $i = \{1,0,0\}$，$j = \{0,1,0\}$，$k = \{0,0,1\}$，$|i| = |j| = |k| = 1$

所以

$$\mathrm{Pr}j_i a = |a|\cos(\widehat{a,i}) = |a|\frac{a \cdot i}{|a||i|} = a \cdot i = a_x$$

同理可得：

$$\mathrm{Pr}j_j a = a_y, \mathrm{Pr}j_k a = a_z$$

这就是说，向量 a 的坐标 a_x、a_y、a_z 正是 a 分别在 i、j、k 上的投影。为简便，常称它们依次是 a 在 x 轴、y 轴、z 轴上的投影。

二、两向量的向量积

（一）向量积的定义及其性质

设 O 为一根杠杆 L 的支点。有一力 F 作用于这杠杆上 P 点处。F 与 $\overrightarrow{OP}$ 的夹角为 θ，如图 8-15（a）所示。由力学规定，力 F 对支点 O 的力矩是一向量 M，它的模 $|M| = |OQ||IF| = |\overrightarrow{OP}||F|\sin\theta$，而 M 的方向垂直于 $\overrightarrow{OP}$ 与 F 所决定的平面，M 的指向是按右手规则从 $\overrightarrow{OP}$ 以不超过 π 的角转向 F 来确定的，即当右手的四个手指从 $\overrightarrow{OP}$ 以不超过 π 的角转向 F 握拳时，大拇指的指向就是 M 的指向，如图 8-15（b）所示。

由此，引出两个向量的向量积概念。

定义 3　设有两向量 a、b 若向量 c 满足：

（1）$|c| = |a||b|\sin(\widehat{a,b})$；

（2）c 垂直于 a、b 所决定的平面，它的正方向由右手法则确定。

则称向量 c 为 a 与 b 的向量积，记为 $a \times b$，即

$$c = a \times b$$

于是，上述力 F 对轴 L 上支点 O 的力矩 M，可以表示为

$$M = \overrightarrow{OP} \times F$$

由向量积的定义可知，$a \times b$ 的模等于以 a、b 为邻边的平行四边形的面积，如图 8-16 所示。

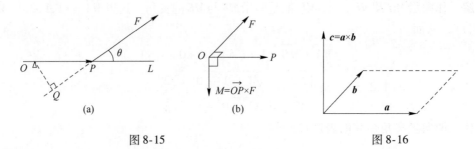

图 8-15　　　　　　　　　　　　　图 8-16

向量积符合下列运算规律：

（1）$a \times b = -b \times a$；

（2）$a \times (b + c) = a \times b + a \times c$；

（3）$(\lambda a) \times b = a \times (\lambda b) = \lambda(a \times b)$；

（4）$(\lambda a) \times (\mu b) = (\lambda \mu)(a \times b)$。

两个非零向量 a、b 相互平行的充分必要条件是 $a \times b = 0$。

事实上，若以 $a /\!/ b$，则 $(\widehat{a, b}) = 0$ 或 π，即有 $|a \times b| = |a||b|\sin(\widehat{a, b}) = 0$，因此 $a \times b = 0$。反之，当 a、b 为非零向量，且 $a \times b = 0$ 时，则必有 $\sin(\widehat{a, b}) = 0$，从而有 $(\widehat{a, b}) = 0$ 或 π，即 $a /\!/ b$。当 a、b 中至少有一个为零向量时，规定零向量与任何向量平行。

（二）向量积的坐标计算式

设 $a = a_x i + a_y j + a_z k$，$b = b_x i + b_y j + b_z k$，利用向量积的运算规律有：

$$a \times b = (a_x i + a_y j + a_z k) \times (b_x i + b_y j + b_z k)$$
$$= a_x b_x i \times i + a_x b_y i \times j + a_x b_z i \times k + a_y b_x j \times i + a_y b_y j \times j +$$
$$a_y b_z j \times k + a_z b_x k \times i + a_z b_y k \times j + a_z b_z k \times k$$

由于 $i \times i = j \times j = k \times k = 0$，$i \times j = k$，$j \times k = i$，$k \times i = j$，$j \times i = -k$，$k \times j = -i$，$i \times k = -j$，所以

$$a \times b = (a_y b_z - a_z b_y)i + (a_z b_x - a_x b_z)j + (a_x b_y - a_y b_x)k$$

为了便于记忆，利用三阶行列式，上式可写成

$$a \times b = \begin{vmatrix} i & j & k \\ a_x & a_y & a_z \\ b_x & b_y & b_z \end{vmatrix}$$

由于两个非零向量 a、b 平行的充要条件是 $a \times b = 0$，因此 $a /\!/ b$ 充要条件为 $a_y b_z - a_z b_y = 0$，$a_z b_x - a_x b_z = 0$，$a_x b_y - a_y b_x = 0$，当 b_x、b_y、b_z 不全为零时，有

$$\frac{a_x}{b_x} = \frac{a_y}{b_y} = \frac{a_z}{b_z}$$

当 b_x、b_y、b_z 中出现零时，仍用该式表示，但约定相应的分子为零，例如，$\dfrac{a_x}{0} = \dfrac{a_y}{b_y} = \dfrac{a_z}{b_z}$，应理解为 $a_x = 0$，$\dfrac{a_y}{b_y} = \dfrac{a_z}{b_z}$。

例 3 设 $a = \{2, 1, -1\}$，$b = \{1, -1, -2\}$，计算 $a \times b$。

解 $a \times b = \begin{vmatrix} i & j & k \\ 2 & 1 & -1 \\ 1 & -1 & 2 \end{vmatrix} = i - 5j - 3k$

例 4 求以 $A(1, 2, 3)$、$B(3, 4, 5)$、$C(2, 4, 7)$ 为顶点的 $\triangle ABC$ 的面积。

解 根据向量积的定义，可知 $\triangle ABC$ 的面积为

$$S_{\triangle ABC} = \frac{1}{2}|\overrightarrow{AB}||\overrightarrow{AC}|\sin \angle A = \frac{1}{2}|\overrightarrow{AB} \times \overrightarrow{AC}|$$

由于 $\overrightarrow{AB} = \{2, 2, 2\}$，$\overrightarrow{AC} = \{1, 2, 4\}$，因此

$$\overrightarrow{AB} \times \overrightarrow{AC} = \begin{vmatrix} i & j & k \\ 2 & 2 & 2 \\ 1 & 2 & 4 \end{vmatrix} = 4i - 6j + 2k$$

于是

$$S_{\triangle ABC} = \frac{1}{2}|4i - 6j + 2k| = \frac{1}{2}\sqrt{4^2 + (-6)^2 + 2^2} = \sqrt{14}$$

例 5　求同时垂直于向量 $a = \{4,5,3\}$ 和 $b = \{2,2,1\}$ 的单位向量 $C°$。

解　由向量积的定义可知，若 $a \times b = c$，则 c 同时垂直于 a 和 b，且

$$c = a \times b = \begin{vmatrix} i & j & k \\ 4 & 5 & 3 \\ 2 & 2 & 1 \end{vmatrix} = -i + 2j - 2k$$

因此，与 $c = a \times b$ 平行的单位向量应有两个：

$$C° = \frac{c}{|c|} = \frac{1}{3}(-i + 2j - 2k)$$

和
$$-C° = \frac{1}{3}(i - 2j + 2k)$$

◆ **知识拓展**

三峡水电站

　　三峡水电站，即长江三峡水利枢纽工程，又称三峡工程。中国湖北省宜昌市境内的长江西陵峡段与下游的葛洲坝水电站构成梯级电站。

　　三峡水电站是世界上规模最大的水电站，也是中国有史以来建设最大型的工程项目。而由它所引发的移民搬迁、环境等诸多问题，使它从开始筹建的那一刻起，便始终与巨大的争议相伴。三峡水电站的功能有十多种，航运、发电、种植等。三峡水电站1992年获得中国全国人民代表大会批准建设，1994年正式动工兴建，2003年6月1日下午开始蓄水发电，于2009年全部完工。

　　三峡水电站已经成为中国人向世界展示的一张名片，在它的背后，蕴藏着中国制造的魅力，它用世界之最的称号回馈整个社会，每一个中国人都为之骄傲。

习题 8-3

1. 设 $a = 3i - j - 2k$，$b = i + 2j - k$，求：

(1) $(-2a) \cdot 3b$ 及 $a \times 2b$；

(2) a、b 的夹角的余弦。

2. 设 a、b、c 为单位向量，且满足 $a + b + c = 0$，求 $a \cdot b + b \cdot c + c \cdot a$。

3. 已知 $M_1(1, -1, 2)$、$M_2(3, 3, 1)$ 和 $M_3(3, 1, 3)$，求与 $\overrightarrow{M_1 M_2}$、$\overrightarrow{M_2 M_3}$ 同时垂直的单位向量。

4. 求向量 $a = \{4, -3, 4\}$ 在向量 $b = \{2, 2, 1\}$ 上的投影。

5. 设 $a = \{3,5,-2\}$，$b = \{2,1,4\}$，问 λ 与 μ 有怎样的关系，能使 $\lambda a + \mu b$ 与子轴垂直？

6. 试用向量证明直径所对的圆周角是直角。

7. 已知向量 a 和 b 的夹角是 $\dfrac{\pi}{3}$，且 $|a| = 5$，$|b| = 8$，试求 $|a+b|$ 和 $|a-b|$。

8. 已知 $|a| = 2$，$|b| = 2\sqrt{3}$，$|a+b| = 2$，求 a 和 b 的夹角 $(\widehat{a,b})$。

第四节　平面及其方程

一、平面的点法式方程

与平面垂直的非零向量称为该平面的法向量。显然，平面的法向量有无穷多个，而且平面上的任一向量都与该平面的法向量垂直。

由立体几何知道，过空间一点可以作而且只能作一个平面垂直于一条已知直线。下面利用这个结论来建立平面的方程。

设平面 π 过点 $M_0(x_0,y_0,z_0)$，$n = \{A,B,C\}$ 是平面 π 的法向量，如图 8-17 所示。现在来建立平面 π 的方程。

在平面 π 上任取一点 $M(x,y,z)$，则点 M 在平面 π 上的充要条件是 $\overrightarrow{M_0M} \perp n$，即 $\overrightarrow{M_0M} \cdot n = 0$。

因为 $\overrightarrow{M_0M} = \{x-x_0,y-y_0,z-z_0\}$，所以有

$$A(x-x_0) + B(y-y_0) + C(z-z_0) = 0$$

该方程称为平面 π 的点法式方程。

例1　求过点 $M_1(1,2,-1)$、$M_2(2,3,1)$ 且和平面 $x-y+z+1=0$ 垂直的平面方程。

解　因为点 M_1、M_2 在所求平面上（图 8-18），所以向量 $\overrightarrow{M_1M_2} = \{1,1,2\}$ 在该平面上。又因为平面 $x-y+z+1=0$ 的法向量 $n_1 = \{1,-1,1\}$，而所求的平面与该平面垂直，故可取所求平面的法向量

$$n = \overrightarrow{M_1M_2} \times n_1 = \begin{vmatrix} i & j & k \\ 1 & 1 & 2 \\ 1 & -1 & 1 \end{vmatrix} = 3i + j - 2k$$

由于所求平面过点 $M_1(1,2,-1)$，由平面的点法式方程知所求平面方程为 $3(x-1) + (y-2) - 2(z+1) = 0$，即 $3x+y-2z-7=0$。

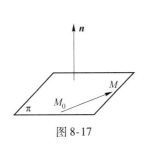

图 8-17

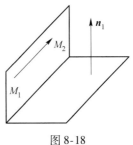

图 8-18

二、平面的一般方程

将方程 $A(x-x_0) + B(y-y_0) + C(z-z_0) = 0$ 展开得 $Ax + By + Cz + (-Ax_0 - By_0 - Cz_0) =$

0，这是 x、y、z 的一次方程，所以平面可用 x、y、z 的一次方程来表示。反之，任意的 x、y、z 的一次方程

$$Ax + By + Cz + D = 0 \tag{8-1}$$

任取满足该方程的一组数 x_0、y_0、z_0，即

$$Ax_0 + By_0 + Cz_0 + D = 0 \tag{8-2}$$

把方程式（8-1）与方程式（8-2）相减得

$$A(x - x_0) + B(y - y_0) + C(z - z_0) = 0 \tag{8-3}$$

它是通过点 $M_0(x_0, y_0, z_0)$ 且以 $\boldsymbol{n} = \{A, B, C\}$ 为法向量的平面方程。但方程式（8-1）与方程式（8-3）同解，由此可知 x、y、z 的一次方程都表示平面，其中系数 A、B、C 表示法向量的坐标。方程式（8-1）称为平面的一般方程。

对于特殊的三元一次方程，应熟悉它们的图形的特点。

当 $D = 0$ 时，方程式（8-1）成为 $Ax + By + Cz = 0$，它表示通过原点的平面。

当 $A = 0$ 时，方程式（8-1）成为 $By + Cz + D = 0$，法向量 $\boldsymbol{n} = \{0, B, C\}$ 垂直于 x 轴，方程表示一个平行于 x 轴的平面。

同样，方程 $Ax + Cz + D = 0$ 和 $Ax + By + D = 0$，分别表示一个平行于 y 轴和 z 轴的平面。

当 $A = B = 0$ 时，方程式（8-1）成为 $Cz + D = 0$ 或 $z = -\dfrac{D}{C}$，法向量 $\boldsymbol{n} = \{0, 0, C\}$ 同时垂直于 x 轴和 y 轴，方程表示一个平行于 xOy 面的平面。

同样，方程 $Ax + D = 0$ 和 $By + D = 0$ 分别表示一个平行于 yOz 面和 xOz 面的平面。

例 2　设一平面过点 $M_1(1, 0, -2)$ 和 $M_2(1, 2, 2)$，且与向量 $\boldsymbol{a} = \{1, 1, 1\}$ 平行，求此平面方程。

解　因向量 $\overrightarrow{M_1M_2}$ 在所求平面上，且所求的平面法向量垂直于向量 $\boldsymbol{a}$，所以可取所求平面的法向量为

$$\boldsymbol{n} = \overrightarrow{M_1M_2} \times \boldsymbol{a}$$

又因为 $\overrightarrow{M_1M_2} = \{0, 2, 4\}$，所以

$$\boldsymbol{n} = \begin{vmatrix} \boldsymbol{i} & \boldsymbol{j} & \boldsymbol{k} \\ 0 & 2 & 4 \\ 1 & 1 & 1 \end{vmatrix} = -2\boldsymbol{i} + 4\boldsymbol{j} - 2\boldsymbol{k}$$

由平面点法式得所求平面方程为

$$-2(x - 1) + 4(y - 0) - 2(z + 2) = 0$$

即

$$x - 2y + z + 1 = 0$$

例 3　求过点 $M_1(a, 0, 0)$、$M_2(0, b, 0)$、$M_3(0, 0, c)$ 的平面方程（其中 $abc \neq 0$）。

解　设所求平面的方程为 $Ax + By + Cz + D = 0$（A、B、C 不全为零）。

因为点 M_1、M_2、M_3 在平面上，所以它们的坐标都满足该方程，于是有

$$\begin{cases} Aa + D = 0 \\ Bb + D = 0 \\ Cc + D = 0 \end{cases}$$

解此方程组，可得

$$A = -\frac{D}{a}, \quad B = -\frac{D}{b}, \quad C = -\frac{D}{c}$$

代入所设方程并约去 $D(D \neq 0)$ 得

$$\frac{x}{a} + \frac{y}{b} + \frac{z}{c} = 1$$

该方程称为平面的截距式方程，其中 a、b、c 分别称为平面在 x 轴、y 轴、z 轴上的截距，如图 8-19 所示。

例 4 设一平面通过 x 轴和点 $M(4, -3, -1)$，试求该平面方程。

解 因所求平面过 x 轴，故可设所求平面方程为

$$By + Cz = 0$$

将 $M(4, -3, -1)$ 代入该方程中得

$$-3B - C = 0$$

将 $C = -3B$ 代回 $By + Cz = 0$ 并化简，得所求平面方程为

$$y - 3z = 0$$

三、两平面的夹角

两平面法向量的夹角，称为两平面的夹角。设平面 π_1、π_2 的方程分别为 $A_1x + B_1y + C_1z + D_1 = 0$ 和 $A_2x + B_2y + C_2z + D = 0$，它们的夹角为 θ，如图 8-20 所示。由于两平面的法向量分别为 $\boldsymbol{n}_1 = \{A_1, B_1, C_1\}$ 和 $\boldsymbol{n}_2 = \{A_2, B_2, C_2\}$，因此由两向量夹角余弦公式得

$$\cos\theta = \frac{\boldsymbol{n}_1 \cdot \boldsymbol{n}_2}{|\boldsymbol{n}_1||\boldsymbol{n}_2|} = \frac{A_1A_2 + B_1B_2 + C_1C_2}{\sqrt{A_1^2 + B_1^2 + C_1^2}\sqrt{A_2^2 + B_2^2 + C_2^2}}$$

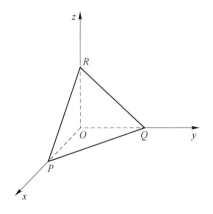

图 8-19

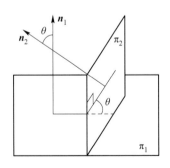

图 8-20

例 5 求两平面 $x - y + 2z + 3 = 0$ 与 $2x + y + z - 5 = 0$ 的夹角 θ。

解 由两平面夹角的余弦计算公式得

$$\cos\theta = \frac{2 - 1 + 2}{\sqrt{1^2 + (-1)^2 + 2^2}\sqrt{2^2 + 1^2 + 1^2}} = \frac{1}{2}$$

所以 $\theta = \dfrac{\pi}{3}$。

由两向量垂直、平行的充要条件，容易得到两平面垂直、平行的充要条件。

设平面 π_1、π_2 的方程分别为 $A_1x + B_1y + C_1z + D_1 = 0$ 和 $A_2x + B_2y + C_2z + D_2 = 0$，则 $\pi_1 \perp \pi_2$ 的充要条件是 $A_1A_2 + B_1B_2 + C_1C_2 = 0$；$\pi_1 /\!/ \pi_2$ 的充要条件是 $\dfrac{A_1}{A_2} = \dfrac{B_1}{B_2} = \dfrac{C_1}{C_2}$（包括重合）。

❖ 名人故事

"数学之王" 苏步青

苏步青（1902—2003 年），浙江平阳人，中国著名的数学家、教育家，中国微分几何学派创始人，被誉为"数学之王"。

苏步青在研究生期间就因"苏锥面"而在日本乃至国际数学界产生很大反响，有人称他为"东方国度上空升起的灿烂的数学明星"。走上工作岗位后，苏步青在科研和教学中取得了令世人叹服的光辉业绩，以其姓氏命名的成果除了"苏锥面"外，还有"苏的二次曲面""苏（步青）链"，德国著名数学家布拉须凯赞誉他是"东方第一个几何学家"。

回顾苏步青的一生，他不仅在学术研究上获得了令人瞩目的成就，而且在教书育人方面也成绩斐然，为祖国培养了一大批优秀人才，即使在晚年身体不便的时候，依然活跃在学术领域，继续发光发热，是值得我们后人学习的榜样。

习题 8-4

1. 求过点 $(1, -2, 3)$ 且与平面 $7x - 3y + z - 6 = 0$ 平行的平面方程。

2. 已知点 $A(2, -1, 2)$ 和 $B(8, -7, 5)$，求过点 B 且垂直于 $\overrightarrow{AB}$ 的平面方程。

3. 分别按下列条件求平面方程：
(1) 平行于 xOz 面且经过点 $(2, -5, 3)$；
(2) 通过 z 轴和点 $(-3, 1, -2)$；
(3) 平行于 x 轴且经过两点 $(4, 0, -2)$ 和 $(5, 1, 7)$。

4. 设平面通过点 $(5, -7, 4)$ 且在三坐标轴上的截距相等，求此平面方程。

5. 一平面通过三点：$A(1, -1, 0)$，$B(2, 3, -1)$，$C(-1, 0, 2)$，求此平面方程。

6. 求平面 $2x - y + z = 7$ 与 $x + y + 2z = 11$ 的夹角。

7. 判断下列各题中各对平面的位置关系：
(1) $x - 2y + 7z + 3 = 0$，$3x + 5y + z - 1 = 0$；
(2) $x + y + z - 7 = 0$，$2x + 2y + 2z - 1 = 0$。

8. 求过点 $(1, 1, 1)$，且同时垂直于平面 $x - y + z - 7 = 0$ 及 $3x + 2y - 12z + 5 = 0$ 的平面方程。

9. 求点 $(1, 2, 1)$ 到平面 $x + 2y + 2z - 10 = 0$ 的距离。

第五节　空间直线及其方程

一、空间直线的点向式方程和参数方程

与直线平行的非零向量称为该直线的方向向量。显然，直线的方向向量有无穷多个。

由立体几何知道，过空间一点可以作而且只能作一条直线与已知直线平行，我们将利用这个结论建立空间直线的方程。

设直线 L 过点 $M_0(x_0, y_0, z_0)$，$S = \{m, n, p\}$ 是直线 L 的方向向量（图 8-21），设 $M(x, y, z)$ 是直线 L 上任一点，则 $\overrightarrow{M_0M} = \{x - x_0, y - y_0, z - z_0\}$，且 $\overrightarrow{M_0M} \parallel S$。由两向量平行的充要条件可知

$$\frac{x - x_0}{m} = \frac{y - y_0}{n} = \frac{z - z_0}{p} \qquad (8\text{-}4)$$

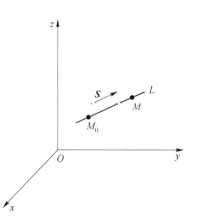

图 8-21

方程式（8-4）称为直线的点向式方程或标准方程或对称式方程（当 m、n、p 中有一个或两个为零时，就理解为相应的分子是零）。

若直线 L 的方程为

$$\frac{x - x_0}{m} = \frac{y - y_0}{n} = \frac{z - z_0}{p}$$

平面 π 的方程为

$$Ax + By + Cz + D = 0$$

则直线 L 与平面 π 平行的充要条件是

$$mA + nB + pC = 0$$

直线 L 与平面 π 垂直的充要条件是

$$\frac{m}{A} = \frac{n}{B} = \frac{p}{C}$$

在直线的点向式方程式（8-4）中，记其比值为 t，则有

$$\begin{cases} x = x_0 + mt \\ y = y_0 + nt \\ z = z_0 + pt \end{cases} \qquad (8\text{-}5)$$

这样，空间直线上动点 M 的坐标 x、y、z 就都表达为变量 t 的函数，当 t 取遍所有实数时，由方程组（8-5）所确定的点 $M(x, y, z)$ 就描出了直线。形如方程组（8-5）的方程称为直线的参数方程，t 为参数。

例1　求过点 $M(2, 0, 3)$ 且垂直于平面 π：$4x + y - z + 5 = 0$ 的直线方程。

解　由于所求直线垂直于平面 π，所以可取直线的方向向量 S 为平面 π 的法向量 $n = \{4, 1, -1\}$，即 $S = \{4, 1, -1\}$。

故所求的直线方程为

$$\frac{x - 2}{4} = \frac{y}{1} = \frac{z - 3}{-1}$$

例 2　求过点 $(1,-3,2)$ 且平行于两平面 $3x-y+5z+2=0$ 及 $x+2y-3z+4=0$ 的直线方程。

解　因为所求直线平行于两平面，故直线的方向向量 S 垂直于两平面的法向量 $n_1=\{3,-1,5\}$ 及 $n_2=\{1,2,-3\}$，所以可取

$$S=n_1\times n_2=\begin{vmatrix} i & j & k \\ 3 & -1 & 5 \\ 1 & 2 & -3 \end{vmatrix}=-7i+14j+7k$$

因此所求直线方程为

$$\frac{x-1}{-7}=\frac{y+3}{14}=\frac{z-2}{7}$$

即

$$\frac{x-1}{-1}=\frac{y+3}{2}=\frac{z-2}{1}$$

例 3　求点 $P(1,1,4)$ 到直线 $L:\ \dfrac{x-2}{1}=\dfrac{y-3}{1}=\dfrac{z-4}{2}$ 的距离。

解　先求过点 $P(1,1,4)$ 且垂直于直线 L 的平面 π 的方程。显然，平面 π 的法向量为 $n=\{1,1,2\}$，则平面方程为

$$(x-1)+(y-1)+2(z-4)=0$$

即

$$x+y+2z-10=0$$

再求平面 π 与直线 L 的交点 Q。由于 L 的参数方程为

$$\begin{cases} x=2+t \\ y=3+t \\ z=4+2t \end{cases}$$

代入方程 $x+y+2z-10=0$，得

$$6t+3=0$$

即

$$t=-\frac{1}{2}$$

从而得 Q 点的坐标为 $x=2-\dfrac{1}{2}=\dfrac{3}{2}$，$y=3-\dfrac{1}{2}=\dfrac{5}{2}$，$z=4+2\left(-\dfrac{1}{2}\right)=3$，所以点 P 到 L 的距离为

$$|PQ|=\sqrt{\left(1-\frac{3}{2}\right)^2+\left(1-\frac{5}{2}\right)^2+(4-3)^2}=\frac{\sqrt{14}}{2}$$

二、空间直线的一般方程

空间直线可以看作两个平面的交线。如果两个相交平面的方程分别为 $A_1x+B_1y+C_1z+D_1=0$ 和 $A_2x+B_2y+C_2z+D_2=0$（A_1、B_1、C_1 与 A_2、B_2、C_2 不成比例），则它们的交线是空间直线。该直线上任何一点的坐标应同时满足这两个平面方程，而不在直线上的点的坐标不能同时满足这两个方程。所以方程组

$$\begin{cases} A_1x + B_1y + C_1z + D_1 = 0 \\ A_2x + B_2y + C_2z + D_2 = 0 \end{cases}$$

就是这两个平面交线的方程。该方程称为空间直线的一般方程。

例4 将直线方程

$$\begin{cases} x + y + z + 2 = 0 \\ 2x - y + 3z + 4 = 0 \end{cases}$$

化为点向式方程及参数方程。

解 令 $z = 0$，代入原方程得 $x = -2$，$y = 0$。即点 $(-2, 0, 0)$ 是该直线上的一点。

再求该直线的一个方向向量 $\boldsymbol{S}$。因为 $\boldsymbol{S}$ 分别垂直于平面 $x + y + z + 2 = 0$ 及 $2x - y + 3z + 4 = 0$ 的法向量 $\boldsymbol{n}_1 = \{1, 1, 1\}$、$\boldsymbol{n}_2 = \{2, -1, 3\}$，所以可取

$$\boldsymbol{S} = \boldsymbol{n}_1 \boldsymbol{n}_2 = \begin{vmatrix} \boldsymbol{i} & \boldsymbol{j} & \boldsymbol{k} \\ 1 & 1 & 1 \\ 2 & -1 & 3 \end{vmatrix} = 4\boldsymbol{i} - \boldsymbol{j} - 3\boldsymbol{k}$$

已知直线的点向式方程为

$$\frac{x+2}{4} = \frac{y}{-1} = \frac{z}{-3}$$

令上式为 t，得已知直线的参数方程为

$$\begin{cases} x = -2 + 4t \\ y = -t \\ z = -3t \end{cases}$$

三、空间两直线的夹角

两直线的方向向量的夹角（通常指锐角）叫作两直线的夹角。

设直线 L_1 和 L_2 的方向向量依次为 $\boldsymbol{S}_1 = \{m_1, n_1, p_1\}$ 和 $\boldsymbol{S}_2 = \{m_2, n_2, p_2\}$，那么 L_1 和 L_2 的夹角 φ 应是 $(\widehat{\boldsymbol{S}_1, \boldsymbol{S}_2})$ 和 $(\widehat{-\boldsymbol{S}_1, \boldsymbol{S}_2})$ 两者中的锐角，因此 $\cos\varphi = |\cos(\widehat{\boldsymbol{S}_1, \boldsymbol{S}_2})|$，直线 L_1 和 L_2 的夹角 φ 可由 $\cos\varphi = \dfrac{|m_1m_2 + n_1n_2 + p_1p_2|}{\sqrt{m_1^2 + n_1^2 + p_1^2} \cdot \sqrt{m_2^2 + n_2^2 + p_2^2}}$ 来确定。

由两向量垂直、平行的充要条件立即推得下列结论：

（1）$L_1 \perp L_2$ 的充要条件是 $m_1m_2 + n_1n_2 + p_1p_2 = 0$；

（2）$L_1 /\!/ L_2$ 或 L_1 与 L_2 重合相当于 $\dfrac{m_1}{m_2} = \dfrac{n_1}{n_2} = \dfrac{p_1}{p_2}$。

例5 确定下列各组方程所表示的直线或直线与平面间的位置关系：

（1）$L_1 : \dfrac{x-2}{2} = \dfrac{y-1}{-1} = \dfrac{z+3}{3}$ 和 $L_1' : \dfrac{x+1}{4} = \dfrac{y+2}{-2} = \dfrac{z-3}{6}$；

（2）$L_2 : \dfrac{x-4}{1} = \dfrac{y+3}{2} = \dfrac{z-2}{2}$ 和 $L_2' : \dfrac{x+2}{2} = \dfrac{y-5}{4} = \dfrac{z+1}{-5}$；

（3）$L_3 : \dfrac{x-1}{2} = \dfrac{y+1}{3} = \dfrac{z-2}{6}$ 和 $\pi_1 : 3x - 4y + z + 2 = 0$；

(4) L_4: $\dfrac{x+2}{3} = \dfrac{y-1}{2} = \dfrac{z+3}{1}$ 和 π_2: $x + 3y - 9z - 28 = 0$;

(5) L_5: $\dfrac{x+3}{4} = \dfrac{y-2}{2} = \dfrac{z-1}{-3}$ 和 π: $8x + 4y - 6z + 11 = 0$。

解 （1）因为直线 L_1 的方向向量 $S_1 = \{2, -1, 3\}$ 和直线 L_1' 的方向向量 $S_1' = \{4, -2, 6\}$ 互相平行，所以 $L_1 /\!/ L_2'$;

（2）因为 L_2 的方向向量 $S_2 = \{1, 2, 2\}$ 和 L_2' 的方向向量 $S_2' = \{2, 4, -5\}$ 互相垂直，所以 $L_2 \perp L_2'$;

（3）因为 L_3 的方向向量 $S_3 = \{2, 3, 6\}$ 与 π_1 的法向量 $n_1 = \{3, -4, 1\}$ 互相垂直，所以直线 $L_3 /\!/$ 平面 π_1;

（4）因为 L_4 的方向向量 $S_4 = \{3, 2, 1\}$ 与平面 π_2 的法向量 $n_2 = \{1, 3, -9\}$ 互相垂直，所以 $L_4 /\!/$ 平面 π_2，又因 L_4 上的点 $m(-2, 1, -3)$ 满足平面 π_2 的方程，即 M 在 π_2 上，所以 L_4 在平面 π_2 上;

（5）因为 L_5 的方向向量 $S_5 = \{4, 2, -3\}$ 与平面 π_3 的法向量 $n_3 = \{8, 4, -6\}$ 互相平行，所以 $L_5 \perp$ 平面 π_3。

例 6 求直线 L_1: $\dfrac{x-1}{1} = \dfrac{y}{-4} = \dfrac{z+3}{1}$ 和直线 L_2: $\dfrac{x}{2} = \dfrac{y+2}{-2} = \dfrac{z}{-1}$ 的夹角。

解 由求两直线夹角的公式有

$$\cos\varphi = \frac{|1 \times 2 + (-4) \times (-2) + 1 \times (-1)|}{\sqrt{1^2 + (-4)^2 + 1^2}\sqrt{2^2 + (-2)^2 + (-1)^2}} = \frac{\sqrt{2}}{2}$$

所以，L_1 和 L_2 的夹角 $\varphi = \dfrac{\pi}{4}$。

◆◆ **知识拓展**

北京大兴国际机场

北京大兴国际机场坐落于永定河北岸，单体建筑面积 140 万平方米，相当于 63 个天安门广场，核心区面积 70 万平方米，相当于 7 个国家大剧院。机场历时 4 年，耗资 800 亿元。数学与建筑的交叉融合建造出如此美妙的大兴国际机场——全球最大单体航站楼，世界最大单体减隔震建筑，世界首个"双进双出"航站楼，高铁下穿航站楼，最高时速达 350km，被英国《卫报》评为"世界新七大奇迹"榜首。

大兴机场承载着民航人建设民航强国的初心，承载着国家京津冀协同发展战略的新动力源使命，承载着人民对更加安全、便捷、绿色出行的追求。这份中国自信将大大激励并鼓舞我们前进，我国向世界证明：即便是依靠自己，也能够交出一份完美答卷。

习题 8-5

1. 将直线的点向式方程化为参数方程和一般方程。

（1）$2x - 1 = 3 - y = 4z$；

（2）$\dfrac{x+5}{1} = \dfrac{y+2}{0} = \dfrac{z-1}{2}$。

2. 用对称式方程及参数方程表示直线 $\begin{cases} x - y + z = 1 \\ 2x + y + z = 4 \end{cases}$。

3. 求过点 $M_1(3, -2, 1)$ 和 $M_2(-1, 0, 2)$ 的直线方程。

4. 求过点 $(2, 0, -3)$ 且与直线 $\begin{cases} x - 2y + 4z - 7 = 0 \\ 3x + 5y - 2z + 1 = 0 \end{cases}$ 垂直的平面方程。

5. 求过点 $(0, 2, 4)$ 且与两平面 $x + 2z = 1$ 和 $y - 3z = 2$ 平行的直线方程。

6. 求过直线 $(3, 1, -2)$ 且通过直线 $\dfrac{x-4}{5} = \dfrac{y+3}{2} = \dfrac{z}{1}$ 的平面方程。

7. 求过直线 $\dfrac{x-1}{1} = \dfrac{y+1}{-1} = \dfrac{z-1}{2}$ 与平面 $x + y - 3z + 15 = 0$ 的交点，且垂直于该平面的直线方程。

8. 求过点 $(2, 0, 1)$ 与直线 $L_1:\begin{cases} 3x + y - 5 = 0 \\ 2y - 3z + 5 = 0 \end{cases}$ 和 $L_2:\begin{cases} x = -1 + 2t \\ y = -3 - t \\ z = 2 + 4t \end{cases}$ 都垂直的直线方程。

9. 求过点 $(1, 2, 1)$ 而与两直线 $\begin{cases} x + 2y - z + 1 = 0 \\ x - y + z - 1 = 0 \end{cases}$ 和 $\begin{cases} 2x - y + z = 0 \\ x - y + z = 0 \end{cases}$ 平行的平面方程。

10. 求点 $(-1, 2, 0)$ 在平面 $x + 2y - z + 1 = 0$ 上的投影。

11. 求点 $P(3, -1, 2)$ 到直线 $\begin{cases} x + y - z + 1 = 0 \\ 2x - y + z - 4 = 0 \end{cases}$ 的距离。

12. 设一平面垂直于平面 $z = 0$，并通过从点 $(1, -1, 1)$ 到直线 $\begin{cases} y - z + 1 = 0 \\ x = 0 \end{cases}$ 的垂线，求此平面方程。

第六节　二次曲面与空间曲线

一、曲面方程的概念

我们把任何曲面都理解为满足一定条件的点的几何轨迹。若是曲面 S 上的点的坐标都满足方程 $F(x, y, z) = 0$（或 $z = f(x, y)$），而不在曲面 S 上的点的坐标都不满足方程 $F(x, y, z) = 0$（或 $z = f(x, y)$），则称方程 $F(x, y, z) = 0$（或 $z = f(x, y)$）为曲面 S 的方程，曲面 S 就称为方程 $F(x, y, z) = 0$（或 $z = f(x, y)$）的图形。

平面是曲面的特殊情形，从本章第三节已经知道，关于 x、y、z 的一次方程 $Ax + By + Cz + D = 0$ 的图形是平面。本节将讨论一些常见的用 x、y、z 的二次方程所表示的曲面，这类曲面称为二次曲面。

二、常见的二次曲面及其方程

(一) 球面方程

下面建立球心在 $M_0(x_0,y_0,z_0)$，半径为 R 的球面方程。设 $M(x,y,z)$ 是球面上的任意一点，则 $|M_0M|=R$，由两点间距离公式得

$$\sqrt{(x-x_0)^2+(y-y_0)^2+(z-z_0)^2}=R$$

即

$$(x-x_0)^2+(y-y_0)^2+(z-z_0)^2=R^2$$

当球心在坐标原点即 $x_0=y_0=z_0=0$ 时，半径为 R 的球面方程为

$$x^2+y^2+z^2=R^2$$

(二) 母线平行于坐标轴的柱面方程

动直线 L 沿给定曲线 C 平行移动所形成的曲面，称为柱面。动直线 L 称为柱面的母线，定曲线 C 称为柱面的准线，如图 8-22 所示。

现在来建立以 xy 坐标面上曲线 C：$f(x,y)=0$ 为准线，平行于 z 轴的直线 L 为母线的柱面方程，如图 8-23 所示。

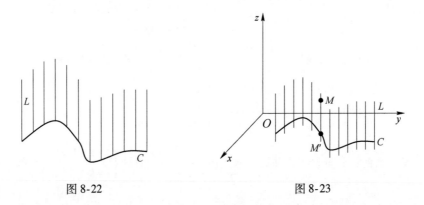

图 8-22　　　　　　　　　　　　　图 8-23

设 $M(x,y,z)$ 为柱面上任一点，过 M 作平行于 z 轴的直线交 xy 面于点 $M'(x,y,0)$，由柱面定义可知 M' 必在准线 C 上，所以点 M' 的坐标满足曲线 C 的方程 $f(x,y)=0$。由于方程 $f(x,y)=0$ 不含 z，所以点 $M(x,y,z)$ 也满足方程 $f(x,y)=0$。而不在柱面上的点作平行于 z 轴的直线与 xy 坐标面的交点必不在曲线 C 上，也就是说不在柱面上的点的坐标不满足方程 $f(x,y)=0$。所以，不含变量 z 的方程 $f(x,y)=0$，在空间表示以 xy 坐标面上的曲线为准线，平行于 z 轴的直线为母线的柱面。

类似地，不含变量 x 的方程 $f(y,z)=0$，在空间表示以 yz 坐标面上的曲线为准线，平行于 x 轴的直线为母线的柱面。

而不含变量 y 的方程 $f(x,z)=0$，在空间表示以 xz 坐标面上的曲线为准线，平行于 y 轴的直线为母线的柱面。

例如，方程 $x^2+\dfrac{z^2}{4}=1$ 在空间表示以 xz 坐标面上的椭圆为准线，平行于 y 轴的直线为

母线的柱面，称为椭圆柱面，如图 8-24 所示。

（三）　以坐标轴为旋转轴的旋转曲面方程

平面曲线 C 绕同一平面上定直线 L 旋转所形成的曲面，称为旋转曲面。定曲线称为旋转轴。

现在建立 yz 面上以曲线 C：$f(y,z)=0$ 绕子轴旋转所成的旋转曲面（图 8-25）的方程。

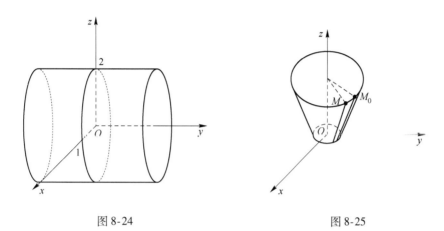

图 8-24　　　　　　　　　　　　　　　　图 8-25

设 $M(x,y,z)$ 为旋转曲面上任一点，过点 M 作平面垂直于 z 轴，交 z 轴于点 $P(0,0,z)$，交曲线 C 于点 $M_0(0,y_0,z_0)$。显然有

$$|PM|=|PM_0|, \quad z=z_0$$

因为　　　　　　$|PM|=\sqrt{(x-0)^2+(y-0)^2+(z-z)^2}=\sqrt{x^2+y^2}$

$$|PM_0|=|y_0|$$

所以　　　　　　　　　　　$y_0=\pm\sqrt{x^2+y^2}$

又因为 M_0 在曲线 C 上，所以

$$f(y_0,z_0)=0$$

将 $y_0=\pm\sqrt{x^2+y^2}$ 和 $z_0=z$ 代入 $f(y_0,z_0)=0$，得旋转曲面方程：

$$f(\pm\sqrt{x^2+y^2},z)=0$$

因此，求平面曲线 $f(y,z)=0$ 绕 z 轴旋转的旋转曲面方程，只要将 $f(y,z)=0$ 中 y 换成 $\pm\sqrt{x^2+y^2}$，而 z 保持不变，即得旋转曲面方程。

同理，曲线 C 绕 y 轴旋转的旋转曲面方程为

$$f(y,\pm\sqrt{x^2+z^2})=0$$

例 1　yz 坐标面上的直线 $z=ay(a\neq0)$ 绕 z 轴旋转所成的曲面方程为 $z=a(\pm\sqrt{x^2+y^2})$，即所求旋转曲面方程为 $z^2=a^2(x^2+y^2)$，它表示的曲面为圆锥面，坐标原点为圆锥顶点。

例 2　椭圆 $\dfrac{x^2}{a^2}+\dfrac{z^2}{c^2}=1$ 绕 x 轴旋转所成的曲面方程是 $\dfrac{x^2}{a^2}+\dfrac{y^2+z^2}{c^2}=1$，它是旋转椭球面。

例 3　抛物线 $y^2=2pz$（在 yOz 坐标面上）绕 z 轴旋转所成的曲面方程是 $x^2+y^2=2pz$，它是旋转抛物面。

（四）椭球面

由方程 $\dfrac{x^2}{a^2}+\dfrac{y^2}{b^2}+\dfrac{z^2}{c^2}=1$ 所确定的曲面叫作椭球面。其特征是：用坐标面或平行于坐标面的平面 $x=m$，$y=n$，$z=h$（$-a<m<a$，$-b<n<b$，$-c<h<c$）截曲面所得到的交线均为椭圆，如图 8-26 所示。

（五）双叶双曲面

由方程 $\dfrac{x^2}{a^2}-\dfrac{y^2}{b^2}+\dfrac{z^2}{c^2}=-1$ 所确定的曲面叫作双叶双曲面，如图 8-27 所示。

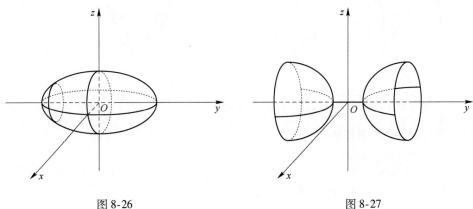

图 8-26　　　　　　　　　　　　　　　　　图 8-27

（六）单叶双曲面

由方程 $\dfrac{x^2}{a^2}+\dfrac{y^2}{b^2}-\dfrac{z^2}{c^2}=1$ 所确定的曲面叫作单叶双曲面，如图 8-28 所示。

（七）椭圆抛物面

由方程 $\dfrac{x^2}{2p}+\dfrac{y^2}{2q}=z$（$p$ 与 q 同号）所确定的曲面叫作椭圆抛物面，如图 8-29 所示。

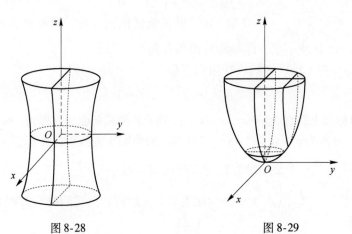

图 8-28　　　　　　　　　　　　　　　　　图 8-29

三、空间曲线的方程

空间直线可以看作两个平面的交线。同样，空间曲线 L 也可以看作是两个曲面的交线。若两个曲面的方程为 $F_1(x,y,z)=0$ 和 $F_2(x,y,z)=0$，则其交线 L 的方程为

$$\begin{cases} F_1(x,y,z)=0 \\ F_2(x,y,z)=0 \end{cases}$$

该方程称为空间曲线的一般方程。

例 4 方程组 $\begin{cases} x^2+y^2+z^2=25 \\ z=3 \end{cases}$ 表示什么样的曲线?

解 因为 $x^2+y^2+z^2=25$ 是球心的原点，半径为 5 的球面，$z=3$ 是平行于 xy 坐标面的平面，所以它们的交线是在平面 $z=3$ 上的圆。也可以用同解方程组 $\begin{cases} x^2+y^2=16 \\ z=3 \end{cases}$ 来表示。由此可知，表示空间曲线的方程组不是唯一的。

例 5 设质点在圆柱面 $x^2+y^2=R^2$ 上以角速度 ω 绕 z 轴旋转，同时又以均匀的线速度 v 向平行于 z 轴的方向上升。运动开始，$t=0$ 时，质点在 $P_0(R,0,0)$ 处，求质点的运动方程。

解 设时间 t 时，质点的位置为 $P(x,y,z)$，由 P 作 xy 坐标面的垂线，垂足为 $Q(x,y,0)$（图 8-30），从 P_0 到 P 所转过的角 $\theta=\omega t$，上升的高度 $QP=vt$，即质点的运动方程为:

$$\begin{cases} x=R\cos\omega t \\ y=R\sin\omega t \\ z=vt \end{cases}$$

此方程称为螺旋线方程。

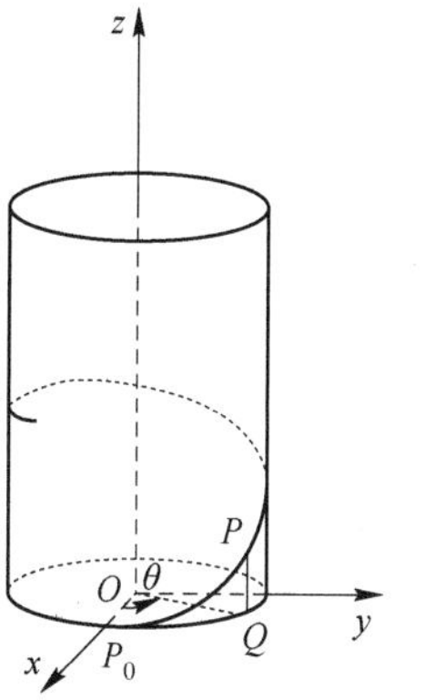

图 8-30

四、空间曲线在坐标面上的投影

设 L 为已知空间曲线，则以 L 为准线，平行于 z 轴的直线为母线的柱面，称为空间曲线 L 关于 xy 坐标面的投影柱面。而投影柱面与 xy 坐标面的交线 C 称为曲线 L 在 xy 坐标面上的投影曲线。类似地，可以定义曲线 L 关于 yz 坐标面、zx 坐标面的投影柱面及投影曲线。

下面讨论投影曲线方程的求法。

设空间曲线 L 的方程为

$$\begin{cases} F_1(x,y,z)=0 \\ F_2(x,y,z)=0 \end{cases}$$

消去 z，得

$$G(x,y)=0$$

可知满足曲线 L 的方程一定满足方程 $G(x,y)=0$。而 $G(x,y)=0$ 是母线平行于 z 轴的柱面方程，因此，柱面 $G(x,y)=0$ 就是曲线 L 关于 xy 坐标面的投影柱面。而

$$\begin{cases} G(x,y)=0 \\ z=0 \end{cases}$$

就是曲线 L 在 xy 坐标面上的投影曲线方程。

同理，从曲线 L 的方程中消去 x 或 y，就可得到 L 关于 yz 坐标面或 zx 坐标面的投影柱面方程，从而也可得到相应的投影曲线的方程。

例6　求曲线 L：$\begin{cases} x^2 + y^2 + z^2 = 64 \\ x^2 + y^2 = 8y \end{cases}$ 在 xy、yz 坐标面上的投影曲线的方程。

解　求曲线 L 在 xy 坐标面上的投影曲线的方程，本应从方程组中消去 z，得到关于 xy 坐标面的投影柱面方程，但因这里的第二个方程就是母线平行于 z 轴的柱面，所以，$x^2 + y^2 = 8y$ 就是 L 关于 xy 坐标面的投影柱面的方程。因而曲线 L 在 xy 坐标面上的投影曲线是圆

$$\begin{cases} x^2 + y^2 = 8y \\ z = 0 \end{cases}$$

从曲线 L 的方程中消去 x，得到曲线 L 关于 yz 坐标面的投影柱面方程

$$z^2 + 8y = 64$$

所以，L 在 yz 坐标面上的投影曲线是一段抛物线

$$\begin{cases} z^2 + 8y = 64 \\ x = 0 \end{cases} \qquad (0 \leqslant y \leqslant 8)$$

◆ **知识拓展**

广州塔"小蛮腰"

广州塔建筑总高度 $600m$，其中主塔体高 $450m$，天线桅杆高 $150m$，具有结构性超高、造型奇特、形体复杂、用钢量最多等特点。它的外框筒由 24 根钢柱和 46 个钢椭圆环交叉构成，形成镂空、开放的独特美体，它仿佛在三维空间中扭转变换。作为目前世界上建筑物腰身最细（最小处直径只有 30 多米）、施工难度最大的建筑，建设者们克服了前所未有的工程建筑难度，把 10000 多个倾斜并且大小规格全部不相同的钢构件，精确安装成挺拔高耸的建筑经典作品，并创造了一系列建筑上的"世界之最"。这就是中国力量，始终以与时俱进、一往无前的态势，克服艰难险阻，不断发展。

习题 8-6

1. 求出以下（1）、（2）题中球面的方程。

（1）球心在点 $(-1, -3, 2)$ 处，且通过点 $(1, -1, 1)$；

（2）球面过点 $(0, 2, 2)$、$(4, 0, 0)$，球心在 y 轴上。

2. 求方程 $36x^2 + 36y^2 + 36z^2 - 72x - 36y + 24z + 13 = 0$ 所表示的球面的球心和半径。

3. 写出下列曲线绕指定轴旋转而生成的旋转曲面方程。

（1）$\begin{cases} \dfrac{x^2}{3} + \dfrac{z^2}{4} = 1 \\ y = 0 \end{cases}$ 绕 x 轴及 z 轴旋转；

（2）$\begin{cases} (x-2)^2 + y^2 = 1 \\ z = 0 \end{cases}$ 绕 x 轴旋转；

（3）$\begin{cases} x^2 - y^2 = 1 \\ z = 0 \end{cases}$ 绕 x 轴及 y 轴旋转。

4. 指出下列方程所表示的曲面的名称。若为旋转曲面，说明它们是如何形成的？

（1）$x^2 + 2y^2 = 1$； （2）$x^2 + 2y^2 = z$；

（3）$2x^2 + 2y^2 = z$； （4）$x^2 + 2y^2 = z^2$；

（5）$x^2 - 2y^2 = 1 + z^2$； （6）$x^2 + 2y^2 = 1 - z^2$；

（7）$x^2 - 2y^2 = 1 - z^2$； （8）$x^2 - y^2 = z^2$。

5. 求出下列各曲线在指定坐标面上的投影曲线的方程。

（1）$\begin{cases} x^2 + y^2 - z = 0 \\ z = x + 1 \end{cases}$ 在 xy 坐标面；

（2）$\begin{cases} x^2 + y^2 + z^2 = 1 \\ x^2 + (y-1)^2 + (z-1)^2 = 1 \end{cases}$ 在 xy 坐标面；

（3）$\begin{cases} 2x^2 + y^2 + z^2 = 16 \\ x^2 - y^2 + z^2 = 0 \end{cases}$ 在 yz 及 zx 坐标面。

第九章　多元函数微分学

在自然科学与工程技术问题中，常常遇到含有两个或更多个自变量的函数，即多元函数。本章将在一元函数微分学的基础上讨论多元函数微分学。讨论中将以二元函数微分学为主，然后把讨论的结果推广到一般的多元函数。

第一节　多元函数的概念　二元函数的极限和连续性

一、多元函数的概念

（一）二元函数的定义

定义 1　设有三个变量 x、y 和 z，如果当变量 x、y 在一定范围内任意取定一对数值时，变量 z 按照一定的规律 f 总有确定的数值与它们对应，则称 z 是 x、y 的二元函数，记为

$$z = f(x, y)$$

其中，x、y 称为自变量，z 称为因变量。自变量 x、y 在其取值范围内取值时，点 (x, y) 的集合称为函数的定义域。

二元函数在点 (x_0, y_0) 所取得的函数值记为 $z\Big|_{\substack{x=x_0 \\ y=y_0}}$，$z\Big|_{(x_0, y_0)}$ 或 $f(x_0, y_0)$。

例 1　设 $z = \sin(xy) - \sqrt{1 + y^2}$，求 $z\Big|_{(\frac{\pi}{2}, 1)}$。

解　$z\Big|_{(\frac{\pi}{2}, 1)} = \sin\dfrac{\pi}{2} - \sqrt{1 + 1^2} = 1 - \sqrt{2}$

类似地，可以定义三元函数 $u = f(x, y, z)$ 以及 n 元函数 $u = f(x_1, x_2, \cdots, x_n)$，多于一个自变量的函数统称为多元函数。

因为数组 (x, y) 表示平面上的一点 P，所以二元函数 $z = f(x, y)$ 也可以表示为 $z = f(P)$，而数组 (x, y, z) 表示空间一点 P，所以三元函数 $u = f(x, y, z)$ 也可以表示为 $u = f(P)$，同样，n 元函数 $u = f(x_1, x_2, \cdots, x_n)$ 也可以记为 $u = f(P)$，$(x_1, x_2, \cdots, x_n)$ 称为点 P 的坐标。当 P 是数轴上的点 x 时，则 $u = f(P)$ 就表示一元函数。以点 P 表示自变量的函数称为点函数。这样不论是一元函数还是多元函数，都可统一地表示为点 P 的函数 $u = f(P)$。

（二）二元函数的定义域

二元函数的定义域比较复杂，可以是全部 xy 坐标面，可以是一条曲线，也可以是由曲线所围成的部分平面等。全部 xy 坐标平面或由曲线所围成的部分平面称为区域，常用字母 D 表示。围成区域的曲线称为该区域的边界。不包括边界的区域称为开区域；连同

边界在内的区域称为闭区域。如果一个区域可以被包含在一个以原点为圆心，适当长为半径的圆内，则称此区域为有界区域；否则称为无界区域。开区域内的点称为内点，而边界上的点称为边界点。

如同区间可以用不等式表示一样，区域也可以用不等式或不等式组表示。

例 2 求下列函数的定义域 D，并画出 D 的图形：

（1）$z = \arcsin \dfrac{x}{2} + \arcsin \dfrac{y}{3}$；

（2）$z = \sqrt{4 - x^2 - y^2} + \dfrac{1}{\sqrt{x^2 + y^2 - 1}}$。

解 （1）要使函数 $z = \arcsin \dfrac{x}{2} + \arcsin \dfrac{y}{3}$ 有意义，应有 $\left| \dfrac{x}{2} \right| \leqslant 1$ 且 $\left| \dfrac{y}{3} \right| \leqslant 1$，即

$$\begin{cases} -2 \leqslant x \leqslant 2 \\ -3 \leqslant y \leqslant 3 \end{cases}$$

所以，函数的定义域 D 是以 $x = \pm 2$、$y = \pm 3$ 为边界的矩形闭区域，如图 9-1 所示。

（2）要使函数 $z = \sqrt{4 - x^2 - y^2} + \dfrac{1}{\sqrt{x^2 + y^2 + 1}}$ 有意义，应有 $\begin{cases} 4 - x^2 - y^2 \geqslant 0 \\ x^2 + y^2 - 1 > 0 \end{cases}$，即

$$1 < x^2 + y^2 \leqslant 4$$

所以，函数定义域是以原点为圆心的环形区域，是有界区域，如图 9-2 所示。

例 3 试作由不等式组 $\begin{cases} 0 \leqslant r \leqslant 2\cos\theta \\ -\dfrac{\pi}{6} \leqslant \theta \leqslant \dfrac{\pi}{3} \end{cases}$ 所围的区域（θ 为极坐标的幅角，r 为极坐标的极径）。

解 所给不等式组所围区域如图 9-3 中虚线部分所示。

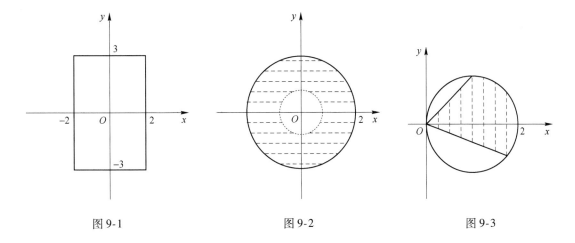

图 9-1   图 9-2   图 9-3

（三）二元函数的几何意义

一元函数一般表示平面上一条曲线；对于二元函数，在空间直角坐标系中一般表示曲面。设 $P(x,y)$ 是二元函数 $z = f(x,y)$ 的定义域 D 内的任一点，则相应的函数值是 $z = f(x,y)$，

于是，有序数组 x、y、z 确定了空间一点 $M(x,y,z)$。当点 P 在 D 内变动时，对应的点 M 就在空间变动，一般形成一张曲面 S，称为二元函数 $z=f(x,y)$ 的图形，如图 9-4 所示。定义域 D 就是曲面 S 在 xy 面上的投影区域。

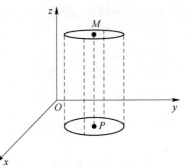

二、二元函数的极限

二元函数 $z=f(x,y)$，当 $x \to x_0$，$y \to y_0$，即 $P(x,y) \to P_0(x_0,y_0)$ 时的极限。

图 9-4

设函数 $z=f(x,y)$ 的定义域为 D，$P_0(x_0,y_0)$ 是 D 的内点或边界点，$P(x,y) \to P_0(x_0,y_0)$ 表示点 P 以任何方式趋向于点 P_0，也就是 $\rho = |PP_0|$ 趋于零，即

$$\rho = |PP_0| = \sqrt{(x-x_0)^2 + (y-y_0)^2} \to 0$$

与一元函数极限概念相类似，如果在 $P(x,y) \to P_0(x_0,y_0)$ 的过程中，对应的函数值 $f(x,y)$ 无限趋近于某一确定的常数 A，就说 A 是函数 $z=f(x,y)$ 当 $x \to x_0$、$y \to y_0$ 时的极限。

定义 2　设函数 $z=f(x,y)$ 的定义域为 D，$P_0(x_0,y_0)$ 是 D 的内点或边界点，如果对于任意给定的正数 ε，总存在正数 δ，使得对于适合不等式 $0 < |PP_0| = \sqrt{(x-x_0)^2 + (y-y_0)^2} < \delta$ 的一切点 $P(x,y) \in D$，都有 $|f(x,y) - A| < \varepsilon$ 成立，则称 A 为函数 $z=f(x,y)$ 当 $(x,y) \to (x_0,y_0)$ 时的极限，记为

$$\lim_{\substack{x \to x_0 \\ y \to y_0}} f(x,y) = A$$

或

$$\lim_{P \to P_0} f(P) = A$$

应当注意的是，二元函数极限的定义中，要求点 $P(x,y)$ 以任意方式趋向于 P_0。如果点 P 只取某些特殊方式，例如，沿平行于坐标轴的直线或沿某一条曲线趋向于点 P_0，即使这时函数趋向于某一确定值，也不能断定函数极限就一定存在。

例 4　求 $\lim\limits_{\substack{x \to 0 \\ y \to 0}} \dfrac{\sin(x^2+y^2)}{x^2+y^2}$。

解　令 $u = x^2 + y^2$，因为当 $x \to 0$，$y \to 0$ 时 $u \to 0$，所以

$$\lim_{\substack{x \to 0 \\ y \to 0}} \frac{\sin(x^2+y^2)}{x^2+y^2} = \lim_{u \to 0} \frac{\sin u}{u} = 1$$

本例表明，二元函数的极限问题有时可转化为一元函数的极限问题，再求解。

例 5　考察函数

$$f(x,y) = \begin{cases} \dfrac{xy}{x^2+y^2}, & x^2+y^2 \neq 0 \\ 0, & x^2+y^2 = 0 \end{cases}$$

在 $(x,y) \to (0,0)$ 时的极限是否存在。

解　当点 (x,y) 沿 x 轴趋于点 $(0,0)$ 时，$\lim\limits_{\substack{x \to 0 \\ y = 0}} f(x,y) = \lim\limits_{x \to 0} f(x,0) = \lim\limits_{x \to 0} 0 = 0$；

当点 (x,y) 沿 y 轴趋于点 $(0,0)$ 时，$\lim\limits_{\substack{x\to 0\\y\to 0}}f(x,y)=\lim\limits_{y\to 0}f(0,y)=\lim\limits_{y\to 0}0=0$。

但当点 (x,y) 沿着直线 $y=kx$ 趋于点 $(0,0)$ 时，$\lim\limits_{\substack{x\to 0\\y=kx\to 0}}\dfrac{xy}{x^2+y^2}=\lim\limits_{x\to 0}\dfrac{kx^2}{x^2+k^2x^2}=\dfrac{k}{1+k^2}$。

显然它是随着 k 的值的不同而改变的，所以极限 $\lim\limits_{\substack{x\to 0\\y\to 0}}f(x,y)$ 不存在。

三、二元函数的连续性

（一）二元函数的连续定义

定义 3　设函数 $z=f(x,y)$ 的定义域为 D，$P_0(x_0,y_0)$ 是 D 的内点或边界点，且 $P_0\in D$，如果 $\lim\limits_{\substack{x\to x_0\\y\to y_0}}f(x,y)=f(x_0,y_0)$ 或 $\lim\limits_{P\to P_0}f(P)=f(P_0)$，则称二元函数 $z=f(x,y)$ 在点 $P_0(x_0,y_0)$ 处连续。

若令 $x=x_0+\Delta x$，$y=y_0+\Delta y$，则当 $x\to x_0$ 时，$\Delta x\to 0$；$y\to y_0$ 时，$\Delta y\to 0$。因此
$$\lim\limits_{\substack{\Delta x\to 0\\\Delta y\to 0}}\left[f(x_0+\Delta x,y_0+\Delta y)-f(x_0,y_0)\right]=0$$
其中，$f(x_0+\Delta x,y_0+\Delta y)-f(x_0,y_0)$ 称为当自变量 x、y 分别有增量 Δx、Δy 时函数 $z=f(x,y)$ 的全增量，记为 Δz，即
$$\Delta z=f(x_0+\Delta x,y_0+\Delta y)-f(x_0,y_0)$$

利用全增量的概念，连续定义可用另一形式表述，即，若 $\lim\limits_{\substack{\Delta x\to 0\\\Delta y\to 0}}\Delta z=0$，则称函数 $z=f(x,y)$ 在点 (x_0,y_0) 处连续。

因为当 $\Delta x\to 0$、$\Delta y\to 0$ 时，$\rho=\sqrt{(x-x_0)^2+(y-y_0)^2}=\sqrt{(\Delta x)^2+(\Delta y)^2}\to 0$，所以 $\lim\limits_{\substack{\Delta x\to 0\\\Delta y\to 0}}\Delta z=0$ 又可写成：$\lim\limits_{\rho\to 0}\Delta z=0$。

如果函数 $z=f(x,y)$ 在区域 D 内各点都连续，则称函数 $z=f(x,y)$ 在区域 D 内连续。

（二）有界闭区域上连续函数的性质

（1）最大值、最小值定理。在有界闭区域上连续的二元函数在该区域上一定能取到最大值和最小值。

（2）介值定理。在有界闭区域上连续的二元函数必能取得介于它的两个不同函数值之间的任何值至少一次。

以上关于二元函数极限与连续的讨论完全可以推广到三元以及三元以上的函数。

❖ **价值引领**

从数学的角度看《题西林壁》

"横看成岭侧成峰，远近高低各不同。不识庐山真面目，只缘身在此山中。"
北宋文学家苏轼的这首诗描绘的是庐山随着观察者角度不同，呈现出不同的样貌。

高等数学中多元函数的极值这个知识点，数形结合后画出来的图形，就像庐山的山岭一样连绵起伏，极大值在山顶取得，极小值则是出现在山谷。人生就像连绵不断的曲面，起起落落是成长的必经之路，跌入低谷不气馁，甘于平淡不放任，伫立高峰不张扬，这便是宽阔胸襟。

习题 9-1

1. 已知函数 $f(x,y) = x^2 + y^2 - xy\tan\dfrac{x}{y}$，试求 $f(tx,ty)$。

2. 试证函数 $F(x,y) = \ln x \cdot \ln y$ 满足关系式：$F(xy,uv) = F(x,u) + F(x,v) + F(y,u) + F(y,v)$。

3. 已知函数 $f(u,v,w) = u^w + w^{u+v}$，试求 $f(x+y, x-y, xy)$。

4. 求下列各函数的定义域。

(1) $z = \ln(y^2 - 2x + 1)$；

(2) $z = \dfrac{1}{\sqrt{x+y}} + \dfrac{1}{\sqrt{x-y}}$；

(3) $z = \sqrt{x - \sqrt{y}}$；

(4) $z = \ln(y-x) + \dfrac{\sqrt{x}}{\sqrt{1-x^2-y^2}}$；

(5) $u = \sqrt{R^2 - x^2 - y^2 - z^2} + \dfrac{1}{\sqrt{x^2+y^2+z^2-r^2}} \ (R > r > 0)$。

5. 求下列各极限。

(1) $\lim\limits_{\substack{x \to 0 \\ y \to 1}} \dfrac{1-xy}{x^2+y^2}$；

(2) $\lim\limits_{\substack{x \to 1 \\ y \to 0}} \dfrac{\ln(x - e^y)}{\sqrt{x^2+y^2}}$；

(3) $\lim\limits_{\substack{x \to 0 \\ y \to 0}} \dfrac{2 - \sqrt{xy+4}}{xy}$；

(4) $\lim\limits_{\substack{x \to 0 \\ y \to 0}} \dfrac{xy}{\sqrt{xy+1}-1}$；

(5) $\lim\limits_{\substack{x \to 2 \\ y \to 0}} \dfrac{\sin(xy)}{y}$；

(6) $\lim\limits_{\substack{x \to 0 \\ y \to 0}} \dfrac{1 - \cos(x^2+y^2)}{(x^2+y^2)e^{x^2y^2}}$。

6. 证明下列极限不存在。

(1) $\lim\limits_{\substack{x \to 0 \\ y \to 0}} \dfrac{x+y}{x-y}$；

(2) $\lim\limits_{\substack{x \to 0 \\ y \to 0}} \dfrac{x^2y^2}{x^2y^2 + (x-y)^2}$。

7. 函数 $z = \dfrac{y^2 + 2x}{y^2 - 2x}$ 在何处是间断的？

第二节　偏　导　数

一、偏导数的概念

在一元函数微分学中，研究过函数 $y = f(x)$ 的导数，即函数 y 对于自变量的变化率，

且知道 $\dfrac{\mathrm{d}y}{\mathrm{d}x} = \lim\limits_{\Delta x \to 0} \dfrac{f(x + \Delta x) - f(x)}{\Delta x}$，即为函数 $y = f(x)$ 在 x 处的导数。对于多元函数，也常常遇到研究它对某个自变量的变化率的问题，这就产生了偏导数的概念。

（一）偏导数的定义

定义　设函数 $z = f(x, y)$ 在点 (x_0, y_0) 的某一邻域内有定义，当 y 固定在 y_0 而 x 在 x_0 处有增量 Δx 时，相应函数有增量 $f(x_0 + \Delta x, y_0) - f(x_0, y_0)$，如果 $\lim\limits_{\Delta x \to 0} \dfrac{f(x_0 + \Delta x, y_0) - f(x_0, y_0)}{\Delta x}$ 存在，则称此极限为函数 $z = f(x, y)$ 在点 (x_0, y_0) 处对 x 的偏导数，记作

$$\frac{\partial z}{\partial x}\bigg|_{\substack{x = x_0 \\ y = y_0}}, \quad \frac{\partial f}{\partial x}\bigg|_{\substack{x = x_0 \\ y = y_0}}, \quad z'_x\bigg|_{\substack{x = x_0 \\ y = y_0}} \quad \text{或} \quad f'_x(x_0, y_0)$$

即

$$f'_x(x_0, y_0) = \lim_{\Delta x \to 0} \frac{f(x_0 + \Delta x, y_0) - f(x_0, y_0)}{\Delta x}$$

类似地，函数 $z = f(x, y)$ 在点 (x_0, y_0) 处对 y 的偏导数定义为

$$\lim_{\Delta y \to 0} \frac{f(x_0, y_0 + \Delta y) - f(x_0, y_0)}{\Delta y}$$

记作

$$\frac{\partial z}{\partial y}\bigg|_{\substack{x = x_0 \\ y = y_0}}, \quad \frac{\partial f}{\partial y}\bigg|_{\substack{x = x_0 \\ y = y_0}}, \quad z'_y\bigg|_{\substack{x = x_0 \\ y = y_0}}, \quad f'_y(x_0, y_0)$$

如果函数 $z = f(x, y)$ 在区域 D 内每一点 (x, y) 处对 x 的偏导数都存在，那么这个偏导数就是 x、y 的函数，它就称为函数 $z = f(x, y)$ 对自变量 x 的偏导函数，记作

$$\frac{\partial z}{\partial x}, \quad \frac{\partial f}{\partial x}, \quad z'_x, \quad f'_x(x, y)$$

类似地，可以定义函数 $z = f(x, y)$ 对自变量 y 的偏导函数，记作

$$\frac{\partial z}{\partial y}, \quad \frac{\partial f}{\partial y}, \quad z'_y, \quad f'_y(x, y)$$

由偏导函数的概念可知，$f(x, y)$ 在点 (x_0, y_0) 处对 x 的偏导数 $f'_x(x_0, y_0)$ 就是偏导函数 $f'_x(x, y)$ 在点 (x_0, y_0) 处的函数值；$f'_y(x_0, y_0)$ 就是偏导函数 $f'_y(x, y)$ 在点 (x_0, y_0) 处的函数值。在不致混淆的情况下，偏导函数也称偏导数。

偏导数的概念可以推广到二元以上函数，不再一一叙述。

（二）偏导数的求法

由偏导数的定义可以看出，对某一个变量求偏导，就是将其余变量看作常数，而对该变量求导，所以求函数的偏导数不需要建立新的运算方法。

例 1　求 $z = x^2 + 3xy + y^2$ 在点 $(1, 2)$ 处的偏导数。

解　因为

$$\frac{\partial z}{\partial x} = 2x + 3y, \quad \frac{\partial z}{\partial y} = 3x + 2y$$

所以

$$\frac{\partial z}{\partial x}\bigg|_{\substack{x=1\\y=2}} = 2 \cdot 1 + 3 \cdot 2 = 8$$

$$\frac{\partial z}{\partial y}\bigg|_{\substack{x=1\\y=2}} = 3 \cdot 1 + 2 \cdot 2 = 7$$

例 2　设 $z = x^y\,(x > 0, x \neq 1)$，求证：$\dfrac{x}{y}\dfrac{\partial z}{\partial x} + \dfrac{1}{\ln x}\dfrac{\partial z}{\partial y} = 2z$。

证　因为

$$\frac{\partial z}{\partial x} = yx^{y-1}, \qquad \frac{\partial z}{\partial y} = x^y\ln x$$

所以

$$\frac{x}{y}\frac{\partial z}{\partial x} + \frac{1}{\ln x}\frac{\partial z}{\partial y} = \frac{x}{y}yx^{y-1} + \frac{1}{\ln x}x^y\ln x = x^y + x^y = 2z$$

例 3　设 $u = \sqrt{x^2 + y^2 + z^2}$，求证：$\left(\dfrac{\partial u}{\partial x}\right)^2 + \left(\dfrac{\partial u}{\partial y}\right)^2 + \left(\dfrac{\partial u}{\partial z}\right)^2 = 1$。

证　$\dfrac{\partial u}{\partial x} = \dfrac{1}{2}\dfrac{1}{\sqrt{x^2 + y^2 + z^2}}(x^2 + y^2 + z^2)'_x = \dfrac{x}{\sqrt{x^2 + y^2 + z^2}} = \dfrac{x}{u}$

同理，得 $\dfrac{\partial u}{\partial y} = \dfrac{y}{u}$，$\dfrac{\partial u}{\partial z} = \dfrac{z}{u}$，代入等式左边得

$$\left(\frac{\partial u}{\partial x}\right)^2 + \left(\frac{\partial u}{\partial y}\right)^2 + \left(\frac{\partial u}{\partial z}\right)^2 = \frac{x^2 + y^2 + z^2}{u^2} = \frac{u^2}{u^2} = 1$$

所以有

$$\left(\frac{\partial u}{\partial x}\right)^2 + \left(\frac{\partial u}{\partial y}\right)^2 + \left(\frac{\partial u}{\partial z}\right)^2 = 1$$

例 4　已知气态方程 $PV = RT$（R 是常数），求证：$\dfrac{\partial P}{\partial V} \cdot \dfrac{\partial V}{\partial T} \cdot \dfrac{\partial T}{\partial P} = -1$。

证　由 $P = \dfrac{RT}{V}$ 得 $\dfrac{\partial P}{\partial V} = -\dfrac{RT}{V^2}$，由 $V = \dfrac{RT}{P}$ 得 $\dfrac{\partial V}{\partial T} = \dfrac{R}{P}$，由 $T = \dfrac{PV}{R}$ 得 $\dfrac{\partial T}{\partial P} = \dfrac{V}{R}$。

代入等式左边得

$$\frac{\partial P}{\partial V} \cdot \frac{\partial V}{\partial T} \cdot \frac{\partial T}{\partial P} = -\frac{RT}{V^2} \cdot \frac{R}{P} \cdot \frac{V}{R} = -\frac{RT}{VP} = -\frac{RT}{RT} = -1$$

所以

$$\frac{\partial P}{\partial V} \cdot \frac{\partial V}{\partial T} \cdot \frac{\partial T}{\partial P} = -1$$

这个例子说明：偏导数 $\dfrac{\partial z}{\partial x}$、$\dfrac{\partial z}{\partial y}$ 的记号是一个整体，不能看成 ∂z 与 ∂x 或 ∂z 与 ∂y 之商。

例 5　设 $f(x, y) = \begin{cases} \dfrac{xy}{x^2 + y^2}, & x^2 + y^2 \neq 0 \\ 0, & x^2 + y^2 = 0 \end{cases}$，求 $f'_x(0,0)$ 和 $f'_y(0,0)$。

解　$f'_x(0,0) = \lim\limits_{\Delta x \to 0}\dfrac{f(0 + \Delta x, 0) - f(0,0)}{\Delta x} = \lim\limits_{\Delta x \to 0}\dfrac{0 - 0}{\Delta x} = \lim\limits_{\Delta x \to 0} 0 = 0$

同理可求得 $f'_y(0,0)=0$。

由于 $\lim\limits_{\substack{x\to 0\\y\to 0}}f(x,y)$ 不存在，故 $f(x,y)$ 在点 $(0,0)$ 处不连续。本例表明，$f(x,y)$ 在点 $(0,0)$ 处两个偏导数都存在，因此，对于二元函数 $z=f(x,y)$ 来讲，在点 (x_0,y_0) 处的偏导数存在，并不能保证函数在该点连续。

（三）偏导数的几何意义

一般来说，函数 $z=f(x,y)$ 在空间直角坐标系中表示一个曲面 S。函数 $f(x,y)$ 在点 $P_0(x_0,y_0)$ 关于 x 的偏导数 $f'_x(x_0,y_0)$ 就是一元函数 $z=f(x,y_0)$，在 $x=x_0$ 处的导数，$z=f(x,y_0)$ 的几何图形是曲面 S 与平面 $y=y_0$ 的交线 C_x。于是，偏导数 $f'_x(x_0,y_0)$ 的几何意义就是曲线 C_x 上的点 $M(x_0,y_0,f(x_0,y_0))$ 处的切线对 x 轴的斜率，如图9-5所示。同理，$f'_y(x_0,y_0)$ 是曲线 $C_y:\begin{cases}z=f(x,y)\\x=x_0\end{cases}$ 在点 $(x_0,y_0,f(x_0,y_0))$ 处的切线的斜率。

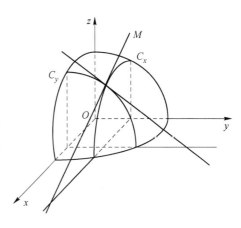

图9-5

二、高阶偏导数

函数 $z=f(x,y)$ 的两个偏导数 $\dfrac{\partial z}{\partial x}=f'_x(x,y)$ 和 $\dfrac{\partial z}{\partial y}=f'_y(x,y)$，一般来说仍然是 x、y 的函数，如果这两个函数关于 x、y 的偏导数也存在，则称它们的偏导数是 $f(x,y)$ 的二阶偏导数。

依照对变量的不同求导次序，二阶偏导数有以下四个：

（1）$\left(\dfrac{\partial z}{\partial x}\right)'_x=\dfrac{\partial}{\partial x}\left(\dfrac{\partial z}{\partial x}\right)=\dfrac{\partial^2 z}{\partial x^2}=f''_{xx}(x,y)=z''_{xx}$；

（2）$\left(\dfrac{\partial z}{\partial x}\right)'_y=\dfrac{\partial}{\partial y}\left(\dfrac{\partial z}{\partial x}\right)=\dfrac{\partial^2 z}{\partial x\partial y}=f''_{xy}(x,y)=z''_{xy}$；

（3）$\left(\dfrac{\partial z}{\partial y}\right)'_x=\dfrac{\partial}{\partial x}\left(\dfrac{\partial z}{\partial y}\right)=\dfrac{\partial^2 z}{\partial y\partial x}=f''_{yx}(x,y)=z''_{yx}$；

（4）$\left(\dfrac{\partial z}{\partial y}\right)'_y=\dfrac{\partial}{\partial y}\left(\dfrac{\partial z}{\partial y}\right)=\dfrac{\partial^2 z}{\partial y^2}=f''_{yy}(x,y)=z''_{yy}$。

其中，$f''_{xy}(x,y)$ 及 $f''_{yx}(x,y)$ 称为二阶混合偏导数。

类似地，可以定义三阶、四阶、$\cdots$、n 阶偏导数，二阶及二阶以上的偏导数称为高阶偏导数。而 $f'_x(x,y)$ 和 $f'_y(x,y)$ 称为函数 $f(x,y)$ 的一阶偏导数。

例6 求函数 $z=x^3y^2-3xy^3-xy+1$ 的所有二阶偏导数。

解 $\dfrac{\partial z}{\partial x}=3x^2y^2-3y^3-y$，$\dfrac{\partial z}{\partial y}=2x^3y-9xy^2-x$

$\dfrac{\partial^2 z}{\partial x^2}=6xy^2$，$\dfrac{\partial^2 z}{\partial y\partial x}=6x^2y-9y^2-1$

$$\frac{\partial^2 z}{\partial x \partial y} = 6x^2 y - 9y^2 - 1, \quad \frac{\partial^2 z}{\partial y^2} = 2x^3 - 18xy$$

本例中 $\dfrac{\partial^2 z}{\partial x \partial y} = \dfrac{\partial^2 z}{\partial y \partial x}$，这不是偶然的，有下述定理。

定理　如果函数 $z = f(x,y)$ 在区域 D 上两个二阶混合偏导数 $\dfrac{\partial^2 z}{\partial x \partial y}$、$\dfrac{\partial^2 z}{\partial y \partial x}$ 连续，则在区域 D 上有 $\dfrac{\partial^2 z}{\partial x \partial y} = \dfrac{\partial^2 z}{\partial y \partial x}$。

即当二阶混合偏导数在区域 D 上连续时，求导结果与求导次序无关，证明从略。这个定理也适用于三元及三元以上的函数。

例 7　设 $z = \arctan \dfrac{y}{x}$，试求 $\dfrac{\partial^2 z}{\partial x \partial y}$ 和 $\dfrac{\partial^2 z}{\partial y \partial x}$。

解　$\dfrac{\partial z}{\partial x} = \dfrac{1}{1 + \left(\dfrac{y}{x}\right)^2} \cdot \dfrac{-y}{x^2} = \dfrac{-y}{x^2 + y^2}$

$$\frac{\partial z}{\partial y} = \frac{1}{1 + \left(\dfrac{y}{x}\right)^2} \cdot \frac{1}{x} = \frac{x}{x^2 + y^2}$$

$$\frac{\partial^2 z}{\partial x \partial y} = \frac{\partial}{\partial y}\left(\frac{-y}{x^2 + y^2}\right) = \frac{(-1)(x^2 + y^2) - (-y)(0 + 2y)}{(x^2 + y^2)^2} = \frac{y^2 - x^2}{(x^2 + y^2)^2}$$

$$\frac{\partial^2 z}{\partial y \partial x} = \frac{\partial}{\partial x}\left(\frac{x}{x^2 + y^2}\right) = \frac{1(x^2 + y^2) - x(2x + 0)}{(x^2 + y^2)^2} = \frac{y^2 - x^2}{(x^2 + y^2)^2}$$

例 8　证明函数 $u = \dfrac{1}{r}$ 满足方程 $\dfrac{\partial^2 u}{\partial x^2} + \dfrac{\partial^2 u}{\partial y^2} + \dfrac{\partial^2 u}{\partial z^2} = 0$，其中 $r = \sqrt{x^2 + y^2 + z^2}$。

证　$\dfrac{\partial u}{\partial x} = -\dfrac{1}{r^2} \dfrac{\partial r}{\partial x} = -\dfrac{1}{r^2} \cdot \dfrac{x}{r} = \dfrac{x}{r^3}$

$$\frac{\partial^2 u}{\partial x^2} = -\frac{1}{r^3} + \frac{3x}{r^4} \cdot \frac{\partial r}{\partial x} = -\frac{1}{r^3} + \frac{3x^2}{r^5}$$

类似地可求得

$$\frac{\partial^2 u}{\partial y^2} = -\frac{1}{r^3} + \frac{3y^2}{r^5}, \quad \frac{\partial^2 u}{\partial z^2} = -\frac{1}{r^3} + \frac{3z^2}{r^5}$$

所以　$\dfrac{\partial^2 u}{\partial x^2} + \dfrac{\partial^2 u}{\partial y^2} + \dfrac{\partial^2 u}{\partial z^2} = -\dfrac{3}{r^3} + \dfrac{3(x^2 + y^2 + y^2)}{r^5} = -\dfrac{3}{r^3} + \dfrac{3r^2}{r^5} = 0$

◆ **名人名言**

数学中的转折点是笛卡尔的变数。有了变数，运动进入了数学；有了变数，辩证法进入了数学；有了变数，微分和积分立刻成为必要的了，而它们也就立刻产生。

——恩格斯

习题 9-2

1. 求下列函数的偏导数。

（1）$z = x^3 y - y^3 x$；

（2）$s = \dfrac{u^2 + v^2}{uv}$；

（3）$z = \sqrt{\ln(xy)}$；

（4）$z = \sin(xy) + \cos^2(xy)$；

（5）$z = \ln\tan\dfrac{x}{y}$；

（6）$z = (1 + xy)^y$；

（7）$u = x^{\frac{y}{z}}$；

（8）$u = \arctan(x - y)^z$。

2. 设 $z = e^{-\left(\frac{1}{x} + \frac{1}{y}\right)}$，求证 $x^2 \dfrac{\partial z}{\partial x} + y^2 \dfrac{\partial z}{\partial y} = 2z$。

3. 曲线 $\begin{cases} z = \dfrac{x^2 + y^2}{4} \\ y = 4 \end{cases}$ 在点 $(2, 4, 5)$ 处的切线对于 x 轴的倾角是多少?

4. 求下列函数的 $\dfrac{\partial^2 z}{\partial x^2}$、$\dfrac{\partial^2 z}{\partial y^2}$ 和 $\dfrac{\partial^2 z}{\partial x \partial y}$。

（1）$z = x^4 + y^4 - 4x^2 y^2$；

（2）$z = y^x$。

5. 设 $f(x, y, z) = xy^2 + yz^2 + zx^2$，求 $f''_{xx}(0, 0, 1)$、$f''_{xz}(1, 0, 2)$、$f''_{yz}(0, -1, 0)$ 及 $f''_{zzx}(2, 0, 1)$。

第三节　全微分及其在近似计算中的应用

如果函数在区域 D 内各点处都可微，则称这函数在 D 内可微分。

多元函数在某点的各个偏导数即使都存在，却不能保证函数在该点连续。但是，如果函数 $z = f(x, y)$ 在点 (x, y) 可微，则有

$$\Delta z = A\Delta x + B\Delta y + o(\rho)$$

所以

$$\lim_{\substack{\Delta x \to 0 \\ \Delta y \to 0}} \Delta z = \lim_{\substack{\Delta x \to 0 \\ \Delta y \to 0}} (A\Delta x + B\Delta y) + \lim_{\rho \to 0} o(\rho) = 0$$

因此，函数 $z = f(x, y)$ 在点 (x, y) 处连续。

定理 1　如果函数 $z = f(x, y)$ 在点 (x, y) 处可微，则函数 $z = f(x, y)$ 在点 (x, y) 处连续。

定理 1 也说明，如果 $f(x, y)$ 在 (x, y) 处不连续，则 $f(x, y)$ 在 (x, y) 处不可微。

如果函数在点 (x, y) 处可微，如何求 A、B 呢?

定理 2（可微的必要条件）　如果函数 $z = f(x, y)$ 在点 (x, y) 处可微，则该函数在点 (x, y) 的偏导数 $\dfrac{\partial z}{\partial x}$、$\dfrac{\partial z}{\partial y}$ 存在，且函数 $z = f(x, y)$ 在点 (x, y) 的全微分为

$$\mathrm{d}z = \frac{\partial z}{\partial x}\Delta x + \frac{\partial z}{\partial y}\Delta y$$

证　设函数 $z = f(x, y)$ 在点 $P(x, y)$ 可微。于是，对于点 P 的某个邻域内的任意一点 $P'(x + \Delta x, y + \Delta y)$ 有

$$f(x + \Delta x, y + \Delta y) - f(x, y) = A\Delta x + B\Delta y + o(\rho)$$

特别当 $\Delta y = 0$ 时，该式也应成立，这时 $\rho = |\Delta x|$，所以该式成为

$$f(x + \Delta x, y) - f(x, y) = A\Delta x + o(|\Delta x|)$$

上式两边各除以 Δx，再令 $\Delta x \to 0$，取极限得

$$\lim_{\Delta x \to 0} \frac{f(x + \Delta x, y) - f(x, y)}{\Delta x} = A$$

从而偏导数 $\dfrac{\partial z}{\partial x}$ 存在，且等于 A。同理可证 $\dfrac{\partial z}{\partial y} = B$。所以有 $\mathrm{d}z = \dfrac{\partial z}{\partial x}\Delta x + \dfrac{\partial z}{\partial y}\Delta y$。

像一元函数一样，规定 $\Delta x = \mathrm{d}x$，$\Delta y = \mathrm{d}y$，则有

$$\mathrm{d}z = \frac{\partial z}{\partial x}\mathrm{d}x + \frac{\partial z}{\partial y}\mathrm{d}y$$

一元函数中，可微与可导是等价的，但在多元函数里，这个结论并不成立，例如函数

$$f(x, y) = \begin{cases} \dfrac{xy}{x^2 + y^2}, & x^2 + y^2 \neq 0 \\ 0, & x^2 + y^2 = 0 \end{cases}$$ 在点 $(0,0)$ 处的两个偏导数存在，但是 $f(x,y)$ 在点 $(0,0)$ 处

不连续，由定理 1 知 $f(x,y)$ 在点 $(0,0)$ 处不可微。因此，两个偏导数存在只是函数可微的必要条件。那么，全微分存在的充分条件是什么？

定理 3（可微的充分条件）　如果函数 $z = f(x,y)$ 在点 (x,y) 处的两个偏导数 $\dfrac{\partial z}{\partial x}$、$\dfrac{\partial z}{\partial y}$ 连续，则函数在该点处可微（证明略）。

二元函数全微分的概念可以类似地推广到二元以上函数。例如，三元函数 $u = f(x, y, z)$，如果三个偏导数 $\dfrac{\partial u}{\partial x}$、$\dfrac{\partial u}{\partial y}$、$\dfrac{\partial u}{\partial z}$ 连续，则它可微且其全微分为

$$\mathrm{d}u = \frac{\partial u}{\partial x}\mathrm{d}x + \frac{\partial u}{\partial y}\mathrm{d}y + \frac{\partial u}{\partial z}\mathrm{d}z$$

例 1　求函数 $z = \dfrac{y}{x}$ 在点 $(2,1)$ 处当 $\Delta x = 0.1$、$\Delta y = -0.2$ 时的全增量与全微分。

解　全增量　　　　$\Delta z = \dfrac{y + \Delta y}{x + \Delta x} - \dfrac{y}{x} = \dfrac{1 - 0.2}{2 + 0.1} - \dfrac{1}{2} = -0.119$

因为　　　　　　　$\dfrac{\partial z}{\partial x}\bigg|_{(2,1)} = -\dfrac{y}{x^2}\bigg|_{(2,1)} = 0.25$

　　　　　　　　　$\dfrac{\partial z}{\partial y}\bigg|_{(2,1)} = -\dfrac{1}{x}\bigg|_{(2,1)} = 0.5$

所以全微分

$$\mathrm{d}z = \frac{\partial z}{\partial x}\bigg|_{(2,1)}\Delta x + \frac{\partial z}{\partial y}\bigg|_{(2,1)}\Delta y = -0.25 \times 0.1 + 0.5 \times (-0.2) = -0.125$$

例 2　求函数 $z = \mathrm{e}^{xy}$ 在点 $(2,1)$ 处的全微分。

解　因为 $\dfrac{\partial z}{\partial x} = y\mathrm{e}^{xy}$，$\dfrac{\partial z}{\partial y} = x\mathrm{e}^{xy}$，$\dfrac{\partial z}{\partial x}\bigg|_{(2,1)} = \mathrm{e}^2$，$\dfrac{\partial z}{\partial y}\bigg|_{(2,1)} = 2\mathrm{e}^2$，所以

$$\mathrm{d}z = \mathrm{e}^2\mathrm{d}x + 2\mathrm{e}^2\mathrm{d}y$$

例 3　求函数 $u = x + \sin\dfrac{y}{2} + \mathrm{e}^{yz}$ 的全微分。

解　因为 $\dfrac{\partial u}{\partial x} = 1$，$\dfrac{\partial u}{\partial y} = \dfrac{1}{2}\cos\dfrac{y}{2} + z\mathrm{e}^{yz}$，$\dfrac{\partial u}{\partial z} = y\mathrm{e}^{yz}$，所以

$$du = dx + \left(\frac{1}{2} \cos \frac{y}{2} + ze^{yz} \right) dy + ye^{yz} dz$$

由于函数 $z = f(x, y)$ 在点 (x_0, y_0) 处的全微分与全增量之差是 ρ 的高阶无穷小，所以当 $|\Delta x|$、$|\Delta y|$ 很小时，常用全微分 dz 代替全增量 Δz：

$$\Delta z \approx dz$$

即

$$f(x_0 + \Delta x, y_0 + \Delta y) - f(x_0, y_0) \approx f_x'(x_0, y_0) \Delta x + f_y'(x_0, y_0) \Delta y$$

上式也可以写成

$$f(x_0 + \Delta x, y_0 + \Delta y) \approx f(x_0, y_0) + f_x'(x_0, y_0) \Delta x + f_y'(x_0, y_0) \Delta y$$

上式为函数值的近似公式。

例4 计算 $\sqrt{(1.01)^3 + (1.98)^3}$ 的近似值。

解 设 $f(x, y) = \sqrt{x^3 + y^3}$，取 $x_0 = 1$，$y_0 = 2$，$\Delta x = 0.01$，$\Delta y = -0.02$。

$$f_x'(x_0, y_0) = \frac{3x^2}{2\sqrt{x^3 + y^3}} \bigg|_{(1,2)} = \frac{1}{2}$$

$$f_y'(x_0, y_0) = \frac{3y^2}{2\sqrt{x^3 + y^3}} \bigg|_{(1,2)} = 2$$

由公式

$$f(x_0 + \Delta x, y_0 + \Delta y) \approx f(x_0, y_0) + f_x'(x_0, y_0) \Delta x + f_y'(x_0, y_0) \Delta y$$

得

$$\sqrt{(1.01)^3 + (1.98)^3} \approx 3 + \frac{1}{2} \times 0.01 + 2 \times (-0.02) = 2.97$$

◆ **名人故事**

芝诺的追龟悖论

阿喀琉斯是古希腊神话中善跑的英雄，一次他和乌龟赛跑，他的速度是 10m/s，乌龟速度是 1m/s，乌龟跑了 100m 后（位置标记为 a 点），他开始从后面追，芝诺认为他不可能追上乌龟。芝诺说："当阿喀琉斯追到 100m 的一半 50m 位置点时，乌龟又向前爬了一段距离，到达了一个新的位置点 a_1，而当阿喀琉斯追到他与 a_1 点间距的一半时，乌龟又向前爬了一段距离，到达了一个新的位置点 a_2，等阿喀琉斯追赶到他和 a_2 位置点的一半时，乌龟又向前爬了一段距离……这样，阿喀琉斯和乌龟之间总是有间距，乌龟总是在阿喀琉斯的前面，可见，阿喀琉斯是追不上乌龟的。"

芝诺悖论看似是一个诡辩的悖论，但是这个问题的本质其实就是在质疑时间的本质，疑惑时间是否存在最小的时间间隔，直到几千年后，量子力学的诞生才解决了芝诺的这个难题，但是人类对时间的本质的探索并不会停止，或许在遥远的未来，科学家可以制造出时光机器，进行时间旅行。或许那个科学家就是你！

习题 9-3

1. 求下列函数的全微分。

（1）$z = xy + \dfrac{x}{y}$；　　　　　　　（2）$z = e^{\frac{y}{x}}$；

（3）$z = \dfrac{y}{\sqrt{x^2 + y^2}}$；　　　　　（4）$u = x^{yz}$。

2. 求函数 $z = \ln(1 + x^2 + y^2)$ 在 $x = 1$、$y = 2$ 时的全微分。

3. 求函数 $z = \dfrac{y}{x}$ 在 $x = 2$、$y = 1$、$\Delta x = 0.1$、$\Delta y = -0.2$ 时的全微分。

4. 求函数 $z = e^{xy}$ 在 $x = 1$、$y = 1$、$\Delta x = 0.15$、$\Delta y = 0.1$ 时的全微分。

5. 计算 $(1.97)^{1.05}$ 的近似值（$\ln 2 = 0.693$）。

6. 有一圆柱体，它的底半径 R 由 2cm 增加到 2.05cm，高 H 由 10cm 减少到 9.8cm，试求体积变化的近似值。

第四节　多元复合函数与隐函数的微分法

一、多元复合函数求导法则

现要将一元函数微分学中复合函数的求导法则推广到多元复合函数的情形。多元复合函数的求导法则在多元函数微分学中也起着重要作用。

定理　设一元函数 $u = \varphi(x)$ 与 $v = \psi(x)$ 在 x 处均可导，二元函数 $z = f(u, v)$ 在 x 的对应点 (u, v) 处有一阶连续偏导数 $\dfrac{\partial z}{\partial u}$ 和 $\dfrac{\partial z}{\partial v}$，则复合函数 $z = f[\varphi(x), \psi(x)]$ 对 x 的导数存在，且为

$$\frac{\mathrm{d}z}{\mathrm{d}x} = \frac{\partial z}{\partial u}\frac{\mathrm{d}u}{\mathrm{d}x} + \frac{\partial z}{\partial v}\frac{\mathrm{d}v}{\mathrm{d}x} \tag{9-1}$$

证　给 x 以增量 Δx，则 u、v 有相应的增量 Δu、Δv，$z = f(u, v)$ 有全增量：

$$\Delta z = f(u + \Delta u, v + \Delta v) - f(u, v)$$

根据假设，$z = f(u, v)$ 在 (u, v) 偏导数连续，从而知其可微，所以

$$\Delta z = \frac{\partial z}{\partial u}\Delta u + \frac{\partial z}{\partial v}\Delta v + o(\rho) \tag{9-2}$$

其中 $\rho = \sqrt{(\Delta u)^2 + (\Delta v)^2}$，又因一元函数 u 与 v 可导，所以 u 与 v 均连续，得 $\lim\limits_{\Delta x \to 0} \rho = 0$，于是

$$
\begin{aligned}
\lim_{\Delta x \to 0}\left(\frac{o(\rho)}{\Delta x}\right)^2 &= \lim_{\Delta x \to 0}\left(\frac{(o(\rho))^2}{\rho^2} \cdot \frac{\rho^2}{(\Delta x)^2}\right) \\
&= \lim_{\rho \to 0}\frac{(o(\rho))^2}{\rho^2} \lim_{\Delta x \to 0}\frac{(\Delta u)^2 + (\Delta v)^2}{(\Delta x)^2} \\
&= \lim_{\rho \to 0}\frac{(o(\rho))^2}{\rho^2}\left[\left(\frac{\mathrm{d}u}{\mathrm{d}x}\right)^2 + \left(\frac{\mathrm{d}v}{\mathrm{d}x}\right)^2\right] = 0
\end{aligned}
$$

因此，$\lim\limits_{\Delta x \to 0} \dfrac{o(\rho)}{\Delta x} = 0$，再将式（9-2）两边除以 Δx，并求 $\Delta x \to 0$ 时的极限，得

$$\frac{dz}{dx} = \lim_{\Delta x \to 0} \frac{\Delta z}{\Delta x}$$

$$= \lim_{\Delta x \to 0} \left(\frac{\partial z}{\partial u} \cdot \frac{\Delta u}{\Delta x} \right) + \lim_{\Delta x \to 0} \left(\frac{\partial z}{\partial v} \cdot \frac{\Delta v}{\Delta x} \right) + \lim_{\Delta x \to 0} \frac{o(\rho)}{\Delta x}$$

$$= \frac{\partial z}{\partial u} \cdot \frac{du}{dx} + \frac{\partial z}{\partial v} \cdot \frac{dv}{dx}$$

所以，式（9-1）成立。

　　假定函数 $z = f(u, v)$ 可微，而 $u = \varphi(x, y)$ 和 $v = \psi(x, y)$，它们的一阶偏导数都存在，这时，复合函数 $f[u(x,y), v(x,y)]$ 对 x 与 y 的偏导数存在，且

$$\frac{\partial z}{\partial x} = \frac{\partial z}{\partial u} \cdot \frac{\partial u}{\partial x} + \frac{\partial z}{\partial v} \cdot \frac{\partial v}{\partial x} \tag{9-3}$$

$$\frac{\partial z}{\partial y} = \frac{\partial z}{\partial u} \cdot \frac{\partial u}{\partial y} + \frac{\partial z}{\partial v} \cdot \frac{\partial v}{\partial y} \tag{9-4}$$

　　这是因为当 z 对 x 求偏导数时，应把 y 看成常数，此时的 u 和 v 也只当作是 x 的函数，所以可运用式（9-1），并把相应的导数记号写成偏导数记号，于是就可得到式（9-3）。同理可得式（9-4）。

　　应用式（9-1）、式（9-3）与式（9-4）时，可通过图9-6及图9-7表示函数的复合关系和求导的运算途径。例如在图9-7中，一方面从 z 引出的两个箭头指向 u、v，表示 z 是 u 和 v 的函数；同理，u 与 v 又同是 x 和 y 的函数。另一方面，从 z 到 x 的途径有两条，表示 z 对 x 的偏导数包括两项；每条途径由两个箭头组成，表示每项由两个导数相乘而得，其中每个箭头表示一个变量对某个变量的偏导数，如 $z \to u$、$u \to x$ 分别表示 $\dfrac{\partial z}{\partial u}$、$\dfrac{\partial u}{\partial x}$。

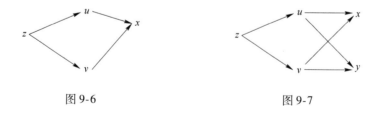

图 9-6　　　　　　　　　　　　　　　图 9-7

　　如果 $z = f(u, x, y)$ 具有连续偏导数，而 $u = \varphi(x, y)$ 具有偏导数，则复合函数

$$z = f[\varphi(x, y), x, y] \tag{9-5}$$

具有下面求导公式：

（1）$\dfrac{\partial z}{\partial x} = \dfrac{\partial f}{\partial u} \dfrac{\partial u}{\partial x} + \dfrac{\partial f}{\partial x}$；

（2）$\dfrac{\partial z}{\partial y} = \dfrac{\partial f}{\partial u} \dfrac{\partial u}{\partial y} + \dfrac{\partial f}{\partial y}$。

注意：这里 $\dfrac{\partial z}{\partial x}$ 与 $\dfrac{\partial f}{\partial x}$ 是不同的，$\dfrac{\partial z}{\partial x}$ 是把复合函数式（9-5）中的 y 看作不变而对 x 的

偏导数，$\dfrac{\partial f}{\partial x}$ 是把 $f(u,x,y)$ 中的 u 及 y 看作不变而对 x 的偏导数。$\dfrac{\partial z}{\partial y}$ 与 $\dfrac{\partial f}{\partial y}$ 也有类似的区别。

例 1　设 $z = \mathrm{e}^u \sin v$，而 $u = xy$，$v = x + y$，求 $\dfrac{\partial z}{\partial x}$ 和 $\dfrac{\partial z}{\partial y}$。

解　$\dfrac{\partial z}{\partial x} = \dfrac{\partial z}{\partial u} \cdot \dfrac{\partial u}{\partial x} + \dfrac{\partial z}{\partial v} \cdot \dfrac{\partial v}{\partial x}$

$\qquad = \mathrm{e}^u \sin v \cdot y + \mathrm{e}^u \cos v \cdot 1$

$\qquad = \mathrm{e}^{xy} \left[y\sin(x + y) + \cos(x + y) \right]$

$\quad\dfrac{\partial z}{\partial y} = \dfrac{\partial z}{\partial u} \cdot \dfrac{\partial u}{\partial y} + \dfrac{\partial z}{\partial v} \cdot \dfrac{\partial v}{\partial y}$

$\qquad = \mathrm{e}^u \sin v \cdot x + \mathrm{e}^u \cos v \cdot 1$

$\qquad = \mathrm{e}^{xy} \left[x\sin(x + y) + \cos(x + y) \right]$

例 2　设 $u = f(x,y,z) = \mathrm{e}^{x^2 + y^2 + z^2}$，而 $z = x^2 \sin y$，求 $\dfrac{\partial u}{\partial x}$ 和 $\dfrac{\partial u}{\partial y}$。

解　$\dfrac{\partial u}{\partial x} = \dfrac{\partial f}{\partial x} + \dfrac{\partial f}{\partial z} \cdot \dfrac{\partial z}{\partial x}$

$\qquad = 2x\mathrm{e}^{x^2 + y^2 + z^2} + 2z\mathrm{e}^{x^2 + y^2 + z^2} \cdot 2x\sin y$

$\qquad = 2x(1 + 2x^2 \sin^2 y)\mathrm{e}^{x^2 + y^2 + x^4 \sin^2 y}$

$\quad\dfrac{\partial u}{\partial y} = \dfrac{\partial f}{\partial y} + \dfrac{\partial f}{\partial z} \cdot \dfrac{\partial z}{\partial y}$

$\qquad = 2y\mathrm{e}^{x^2 + y^2 + z^2} + 2z\mathrm{e}^{x^2 + y^2 + z^2} \cdot x^2 \cos y$

$\qquad = 2(y + x^4 \sin y \cos y)\mathrm{e}^{x^2 + y^2 + x^4 \sin^2 y}$

例 3　设 $z = uv + \sin t$，而 $u = \mathrm{e}^t$，$v = \cos t$，求全导数 $\dfrac{\mathrm{d}z}{\mathrm{d}t}$。

解　$\dfrac{\mathrm{d}z}{\mathrm{d}t} = \dfrac{\partial z}{\partial u} \cdot \dfrac{\mathrm{d}u}{\mathrm{d}t} + \dfrac{\partial z}{\partial v} \cdot \dfrac{\mathrm{d}v}{\mathrm{d}t} + \dfrac{\partial z}{\partial t} = v\mathrm{e}^t - u\sin t + \cos t$

$\qquad = \mathrm{e}^t \cos t - \mathrm{e}^t \sin t + \cos t = \mathrm{e}^t(\cos t - \sin t) + \cos t$

例 4　设 $w = f(x + y + z, xyz)$，f 具有二阶连续偏导数，求 $\dfrac{\partial w}{\partial x}$ 及 $\dfrac{\partial^2 w}{\partial x \partial z}$。

解　令 $u = x + y + z$，$v = xyz$，则 $w = f(u, v)$。
为表达简便起见，引入以下记号：

$$f_1' = \frac{\partial f(u,v)}{\partial u}, \quad f_{12}'' = \frac{\partial^2 f(u,v)}{\partial u \partial v}$$

注意：下标 1 表示对第一个变量 u 求偏导数，下标 2 表示对第二个变量 v 求偏导数。同理有 f_2'、f_{11}''、f_{22}'' 等。

根据复合函数求导法则，有

$$\frac{\partial w}{\partial x} = \frac{\partial f}{\partial u}\frac{\partial u}{\partial x} + \frac{\partial f}{\partial v}\frac{\partial v}{\partial x} = f_1' + yzf_2'$$

$$\frac{\partial^2 w}{\partial x \partial z} = \frac{\partial}{\partial z}(f_1' + yzf_2') = \frac{\partial f_1'}{\partial z} + yf_2' + yz\frac{\partial f_2'}{\partial z}$$

求 $\dfrac{\partial f_1'}{\partial z}$ 及 $\dfrac{\partial f_2'}{\partial z}$ 时，应注意 f_1' 及 f_2' 仍旧是复合函数，根据复合函数求导法则，有

$$\frac{\partial f_1'}{\partial z} = \frac{\partial f_1'}{\partial u}\frac{\partial u}{\partial z} + \frac{\partial f_1'}{\partial v}\frac{\partial v}{\partial z} = f_{11}'' + xyf_{12}''$$

$$\frac{\partial f_2'}{\partial z} = \frac{\partial f_2'}{\partial u}\frac{\partial u}{\partial z} + \frac{\partial f_2'}{\partial v}\frac{\partial v}{\partial z} = f_{21}'' + xyf_{22}''$$

于是

$$\frac{\partial^2 w}{\partial x \partial z} = f_{11}'' + xyf_{12}'' + yf_2' + yzf_{21}'' + xy^2 zf_{22}''$$

$$= f_{11}'' + y(x+z)f_{12}'' + xy^2 zf_{22}'' + yf_2'$$

二、隐函数的求导公式

（一）一元隐函数的求导公式

现在根据多元复合函数的求导法，给出一元隐函数的求导公式。

设方程 $F(x,y)=0$ 确定了函数 $y=y(x)$，则将它代入方程变为恒等式：

$$F(x,y(x)) \equiv 0$$

两端对 x 求导得

$$F_x' + F_y' \cdot \frac{\mathrm{d}y}{\mathrm{d}x} = 0$$

若 $F_y' \neq 0$，则

$$\frac{\mathrm{d}y}{\mathrm{d}x} = -\frac{F_x'}{F_y'}$$

这就是一元隐函数的求导公式。

例 5 设 $x^2 + y^2 = 2x$，求 $\dfrac{\mathrm{d}y}{\mathrm{d}x}$。

解 令 $F(x,y) = x^2 + y^2 - 2x$，则 $F_x' = 2x - 2$，$F_y' = 2y$，所以

$$\frac{\mathrm{d}y}{\mathrm{d}x} = -\frac{F_x'}{F_y'} = -\frac{2x-2}{2y} = \frac{1-x}{y}$$

（二）二元隐函数的求导公式

设方程 $F(x,y,z)=0$ 确定了隐函数 $z=z(x,y)$，若 F_x'、F_y'、F_z' 连续，且 $F_z' \neq 0$，则可得出 z 对 z、y 的两个偏导数的求导公式。

将 $z=z(x,y)$ 代入方程 $F(x,y,z)=0$ 得恒等式：

$$F(x,y,z(x,y)) \equiv 0$$

两端分别对 x、y 求偏导，得

$$F_x' + F_z'\frac{\partial z}{\partial x} = 0, \quad F_y' + F_z'\frac{\partial z}{\partial y} = 0$$

因为 $F'_z \neq 0$，所以

$$\frac{\partial z}{\partial x} = -\frac{F'_x}{F'_z}, \quad \frac{\partial z}{\partial y} = -\frac{F'_y}{F'_z}$$

这就是二元隐函数的求导公式。

例6　设 $z^x = y^z$，求 $\mathrm{d}z$。

解　令 $F(x,y,z) = z^x - y^z$。

因为 $F'_x = z^x \ln z$，$F'_y = -zy^{z-1}$，$F'_z = xz^{x-1} - y^z \ln y$，所以

$$\frac{\partial z}{\partial x} = -\frac{z^x \ln z}{xz^{x-1} - y^z \ln y}, \quad \frac{\partial z}{\partial y} = -\frac{-zy^{z-1}}{xz^{x-1} - y^z \ln y}$$

故

$$\mathrm{d}z = \frac{z^x \ln z}{y^z \ln y - xz^{x-1}}\mathrm{d}x + \frac{zy^{z-1}}{xz^{x-1} - y^z \ln y}\mathrm{d}y$$

例7　设 $x^2 + 2y^2 + 3z^2 = 4$，求 $\dfrac{\partial z}{\partial x}$ 和 $\dfrac{\partial^2 z}{\partial x \partial y}$。

解　令 $f(x,y,z) = x^2 + 2y^2 + 3z^2 - 4$。

因为 $F'_x = 2x$，$F'_y = 4y$，$F'_z = 6z$，所以

$$\frac{\partial z}{\partial x} = -\frac{2x}{6z} = -\frac{x}{3z}$$

$$\frac{\partial^2 z}{\partial y} = -\frac{4y}{6z} = -\frac{2y}{3z}$$

故

$$\frac{\partial^2 z}{\partial x \partial y} = \frac{\partial}{\partial y}\left(\frac{\partial z}{\partial x}\right) = \frac{\partial}{\partial y}\left(-\frac{x}{3z}\right) = -\frac{x}{3}\frac{\partial}{\partial y}\left(\frac{1}{z}\right)$$

$$= -\frac{x}{3}\left(-\frac{1}{z^2}\right)\frac{\partial z}{\partial y} = \frac{x}{3z^2}\left(-\frac{2y}{3z}\right) = -\frac{2xy}{9z^3}$$

◆ **知识拓展**

世界上最古老的石拱桥——赵州桥

赵州桥又称安济桥，坐落在河北省石家庄市赵县的洨河上，桥长50.82m，跨径37.02m，桥高7.23m，两端宽9.6m，桥的设计完全合乎科学原理，施工技术更是巧妙绝伦。

赵州桥是世界上现存年代久远、跨度最大、保存最完整的单孔坦弧敞肩石拱桥，其建造工艺独特，在世界桥梁史上首创"敞肩拱"结构形式，具有较高的科学研究价值；雕作刀法苍劲有力，艺术风格新颖豪放，显示了隋代浑厚、严整、俊逸的石雕风貌，桥体饰纹雕刻精细，具有较高的艺术价值。赵州桥在中国造桥史上占有重要的历史地位，对全世界后代桥梁建筑具有深远的影响。

习题 9-4

1. 设 $z = u^2 + v^2$，而 $u = x + y$，$v = x - y$，求 $\dfrac{\partial z}{\partial x}$ 和 $\dfrac{\partial z}{\partial y}$。

2. 设 $z = u^2 \ln v$，而 $u = \dfrac{x}{y}$，$v = 3x - 2y$，求 $\dfrac{\partial z}{\partial x}$ 和 $\dfrac{\partial z}{\partial y}$。

3. 设 $z = e^{x-2y}$，而 $x = \sin t$，$y = t^3$，求 $\dfrac{dz}{dt}$。

4. 设 $z = \arcsin(x - y)$，而 $x = 3t$，$y = 4t^3$，求 $\dfrac{dz}{dt}$。

5. 设 $z = \arctan(x, y)$，而 $y = e^x$，求 $\dfrac{dz}{dx}$。

6. 设 $z = \arctan \dfrac{x}{y}$，而 $x = u + v$，$y = u - v$，验证：$\dfrac{\partial z}{\partial u} + \dfrac{\partial z}{\partial v} = \dfrac{u - v}{u^2 + v^2}$。

7. 求下列函数的一阶偏导数（其中 f 具有一阶连续偏导数）。

（1）$u = f(x^2 - y^2, e^{xy})$；（2）$u = f\left(\dfrac{x}{y}, \dfrac{y}{z}\right)$；（3）$u = f(x, xy, xyz)$。

8. 设 $z = xy + xF(u)$，而 $u = \dfrac{y}{x}$，$F(u)$ 为可导函数，证明：$x\dfrac{\partial z}{\partial x} + y\dfrac{\partial z}{\partial y} = z + xy$。

9. 设 $z = \dfrac{y}{f(x^2 - y^2)}$，其中 $f(u)$ 为导函数，验证：$\dfrac{1}{x}\dfrac{\partial z}{\partial x} + \dfrac{1}{y}\dfrac{\partial z}{\partial y} = \dfrac{z}{y^2}$。

10. 设 $z = f(x^2 + y^2)$，其中 f 具有二阶导数，求 $\dfrac{\partial^2 z}{\partial x^2}$、$\dfrac{\partial^2 z}{\partial x \partial y}$ 和 $\dfrac{\partial^2 z}{\partial y^2}$。

11. 设 $\sin y + e^x - xy^2 = 0$，求 $\dfrac{dy}{dx}$。

12. 设 $\ln \sqrt{x^2 + y^2} = \arctan \dfrac{y}{x}$，求 $\dfrac{dy}{dx}$。

13. 设 $x + 2y + z - 2\sqrt{xyz} = 0$，求 $\dfrac{\partial z}{\partial x}$ 和 $\dfrac{\partial z}{\partial y}$。

14. 设 $\dfrac{x}{z} = \ln \dfrac{z}{y}$，求 $\dfrac{\partial z}{\partial x}$ 和 $\dfrac{\partial z}{\partial y}$。

15. 设 $2\sin(x + 2y - 3z) = x + 2y - 3z$，证明：$\dfrac{\partial z}{\partial x} + \dfrac{\partial z}{\partial y} = 1$。

16. 设 $x = x(y, z)$、$y = y(x, z)$、$z = z(x, y)$ 都是由方程 $F(x, y, z) = 0$ 所确定的具有连续偏导数的函数，证明：$\dfrac{\partial x}{\partial y} \cdot \dfrac{\partial y}{\partial z} \cdot \dfrac{\partial z}{\partial x} = -1$。

17. 设 $\phi(u, v)$ 具有连续偏导数，证明：由方程 $\phi(cx - az, cy - bz) = 0$ 所确定的函数 $z = f(x, y)$ 满足 $a\dfrac{\partial z}{\partial x} + b\dfrac{\partial z}{\partial y} = c$。

18. 设 $e^z - xyz = 0$，求 $\dfrac{\partial^2 z}{\partial x^2}$。

19. 设 $z^3 - 3xyz = a^3$，求 $\dfrac{\partial^2 z}{\partial x \partial y}$。

20. 设 $x^2 + y^2 + z^2 = yf\left(\dfrac{z}{y}\right)$，其中 f 可微，证明：$(x^2 - y^2 - z^2)\dfrac{\partial z}{\partial x} + 2xy\dfrac{\partial z}{\partial y} = 2xz$。

第五节　偏导数的应用

一、偏导数的几何应用举例

(一) 空间曲线的切线与法平面

定义 1　设 M_0 是空间曲线 L 上的一点，M 是 L 上的另一点，如图 9-8 所示。则当点 M 沿曲线 L 趋向于点 M_0 时，割线 M_0M 的极限位置 M_0T（如果存在），称为曲线 L 在点 M_0 处的切线。过点 M_0 且与切线 M_0T 垂直的平面，称为曲线 L 的在点 M_0 处的法平面。

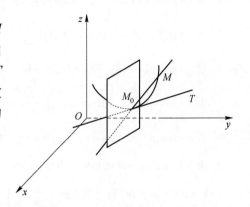

图 9-8

下面建立空间曲线的切线与法平面的方程。

设曲线 L 的参数方程为

$$\begin{cases} x = x(t) \\ y = y(t) \\ z = z(t) \end{cases}$$

当 $t = t_0$ 时，曲线 L 上对应的点为 $M_0(x_0, y_0, z_0)$。假定 $x(t)$、$y(t)$、$z(t)$ 可导，且 $x'(t_0)$、$y'(t_0)$、$z'(t_0)$ 不同时为零。给 t_0 以增量 Δt，对应地在曲线 L 上有一点 $M(x_0 + \Delta x, y_0 + \Delta y, z_0 + \Delta z)$，则割线 M_0M 的方程为

$$\frac{x - x_0}{\Delta x} = \frac{y - y_0}{\Delta y} = \frac{z - z_0}{\Delta z}$$

上式中各分母除以 Δt，得

$$\frac{x - x_0}{\dfrac{\Delta x}{\Delta t}} = \frac{y - y_0}{\dfrac{\Delta y}{\Delta t}} = \frac{z - z_0}{\dfrac{\Delta z}{\Delta t}}$$

当点 M 沿曲线 L 趋向于点 M_0 时，有 $\Delta t \to 0$，对上式取极限，因为上式分母各趋向于 $x'(t_0)$、$y'(t_0)$、$z'(t_0)$，且不同时为零，所以割线的极限位置存在，且为

$$\frac{x - x_0}{x'(t_0)} = \frac{y - y_0}{y'(t_0)} = \frac{z - z_0}{z'(t_0)} \tag{9-6}$$

这就是曲线 L 在点 M_0 处的切线 M_0T 的方程。切线的方向向量 S 可取为 $\{x'(t_0), y'(t_0), z'(t_0)\}$。曲线 L 在点 M_0 处的法平面方程为

$$x'(t_0)(x - x_0) + y'(t_0)(y - y_0) + z'(t_0)(z - z_0) = 0$$

例 1　求曲线 $x = t$，$y = t^2$，$z = t^3$ 在点 $(1,1,1)$ 处的切线及法平面方程。

解　因为 $x'_t = 1$，$y'_t = 2t$，$z'_t = 3t^2$，而点 $(1,1,1)$ 所对应的参数 $t = 1$，所以

$$S = \{1, 2, 3\}$$

于是，切线方程为

$$\frac{x - 1}{1} = \frac{y - 1}{2} = \frac{z - 1}{3}$$

法平面方程为

$$(x-1)+2(y-1)+3(z-1)=0$$

即　　　　　　　　　　　　　　$x+2y+3z=6$

如果空间曲线 L 的方程以 $\begin{cases} y=\varphi(x) \\ z=\psi(x) \end{cases}$ 的形式给出，取 x 为参数，它就可以表示为参数方程的形式

$$\begin{cases} x=x \\ y=\varphi(x) \\ z=\psi(x) \end{cases}$$

若 $\varphi(x)$、$\psi(x)$ 在点 $x=x_0$ 处可导，根据上面的讨论可知，$S=\{1,\varphi'(x_0),\psi'(x_0)\}$，因此曲线 L 在点 $M_0(x_0,y_0,z_0)$ 处的切线方程为

$$\frac{x-x_0}{1}=\frac{y-y_0}{\varphi'(x_0)}=\frac{z-z_0}{\psi'(x_0)}$$

在点 $M_0(x_0,y_0,z_0)$ 的法平面方程为

$$(x-x_0)+\varphi'(x_0)(y-y_0)+\psi'(x_0)(z-z_0)=0$$

（二）　曲面的切平面与法线

定义 2　设 M_0 为曲面 S 上的一点，若过点 M_0 且在曲面 S 上的任何曲线在点 M_0 处的切线均在同一个平面上，则称该平面为曲面 S 在点 M_0 处的切平面，过点 M_0 且垂直于切平面的直线，称为曲面 S 在点 M_0 处的法线。

设曲面 S 的方程为 $F(x,y,z)=0$，$M_0(x_0,y_0,z_0)$ 是 S 上的一点，F'_x、F'_y、F'_z 在点 M_0 处连续且不同时为零。则可以证明，曲面上过点 M_0 的任何曲线的切线都在同一平面上。即该平面就是曲线 S 在点 M_0 处的切平面，且其方程为

$$F'_x(x_0,y_0,z_0)(x-x_0)+F'_y(x_0,y_0,z_0)(y-y_0)+F'_z(x_0,y_0,z_0)(z-z_0)=0$$

曲面 S 在点 M_0 处的法线方程为

$$\frac{x-x_0}{F'_x(x_0,y_0,z_0)}=\frac{y-y_0}{F'_y(x_0,y_0,z_0)}=\frac{z-z_0}{F'_z(x_0,y_0,z_0)}$$

若曲面方程由显函数 $z=f(x,y)$ 给出，令 $F(x,y,z)=f(x,y)-z$，于是 $F(x,y,z)=f(x,y)-z=0$，因为 $F'_x=f'_x$，$F'_y=f'_y$，$F'_z=-1$，所以曲面 S 在点 M_0 处的切平面方程为

$$f'_x(x_0,y_0)(x-x_0)+f'_y(x_0,y_0)(y-y_0)-(z-z_0)=0$$

而法线方程为

$$\frac{x-x_0}{f'_x(x_0,y_0)}=\frac{y-y_0}{f'_y(x_0,y_0)}=\frac{z-z_0}{-1}$$

例 2　求球面 $x^2+y^2+z^2=14$ 在点 $(1,2,3)$ 处的切平面及法线方程。

解　$F(x,y,z)=x^2+y^2+z^2-14$

因为 $F'_x=2x$，　$F'_y=2y$，　$F'_z=2z$，　设

$$n=\{F'_x,F'_y,F'_z\}=\{2x,2y,2z\}$$

则

$$n\Big|_{(1,2,3)}=\{2,4,6\}$$

所以在点$(1,2,3)$处此球面的切平面方程为
$$2(x-1)+4(y-2)+6(z-3)=0$$
即
$$x+2y+3z-14=0$$
法线方程为

$$\frac{x-1}{1}=\frac{y-2}{2}=\frac{z-3}{3}$$

即
$$\frac{x}{1}=\frac{y}{2}=\frac{z}{3}$$

例 3　求旋转抛物面$z=x^2+y^2-1$在点$(2,1,4)$处的切平面及法线方程。

解　$z=f(x,y)=x^2+y^2-1$

$n=\{f'_x,f'_y,-1\}=\{2x,2y,-1\}$

$n\Big|_{(2,1,4)}=\{4,2,-1\}$

所以在点$(2,1,4)$处的切平面方程为
$$4(x-2)+2(y-1)-(z-4)=0$$
即
$$4x+2y-z-6=0$$
法线方程为

$$\frac{x-2}{4}=\frac{y-1}{2}=\frac{z-4}{-1}$$

二、多元函数的极值

(一) 二元函数的极值

我们曾应用导数求一元函数的极值，类似地，也可以用偏导数求二元函数的极值。

定义 3　设函数$z=f(x,y)$在点(x_0,y_0)的领域内有定义，如果对于该领域内有定义，对于该领域内异于(x_0,y_0)的点(x,y)都有$f(x,y)<f(x_0,y_0)$〔或$f(x,y)>f(x_0,y_0)$〕，则称$f(x_0,y_0)$为函数$f(x,y)$的极大值（或极小值）。极大值和极小值统称为极值。使函数取得极大值的点（或极小值的点）(x_0,y_0)，称为极大值点（或极小值点），极大值点和极小值点统称为极值点。

定理 1（极值存在的必要条件）　设函数$z=f(x,y)$在点$P_0(x_0,y_0)$的偏导数$f'_x(x_0,y_0)$、$f'_y(x_0,y_0)$存在，且在点P_0处有极值，则在该点的偏导数必为零，即
$$f'_x(x_0,y_0)=0,\quad f'_y(x_0,y_0)=0$$

证　不妨设$z=f(x,y)$在点(x_0,y_0)处有极大值。依极大值的定义，在点(x_0,y_0)的某领域内异于(x_0,y_0)的点(x,y)都适合不等式
$$f(x,y)<f(x_0,y_0)$$
特殊地，在该领域内取$y=y_0$而$x\neq x_0$的点，也应适合不等式
$$f(x,y_0)<f(x_0,y_0)$$
这表明一元函数$f(x,y_0)$在$x=x_0$处取得极大值，因而必有
$$f'_x(x_0,y_0)=0$$
同理可证

$$f'_y(x_0,y_0)=0$$

同时满足 $\begin{cases} f'_x(x_0,y_0)=0 \\ f'_y(x_0,y_0)=0 \end{cases}$ 的点 (x_0,y_0) 称为函数 $f(x,y)$ 的驻点，与一元函数类似，驻点不一定是极值点。那么，在什么条件下，驻点是极值点呢?

定理 2（极值存在的充分条件）　设 $P_0(x_0,y_0)$ 是函数 $z=f(x,y)$ 的驻点，且函数在点 P_0 的邻域内二阶偏导数连续，令

$$A=f''_{xx}(x_0,y_0),\ B=f''_{xy}(x_0,y_0),\ C=f''_{yy}(x_0,y_0),\ \Delta=B^2-AC$$

则:（1）当 $\Delta<0$ 且 $A<0$ 时，$f(x_0,y_0)$ 是极大值，当 $\Delta<0$ 且 $A>0$ 时，$f(x_0,y_0)$ 是极小值;

（2）当 $\Delta>0$ 时，$f(x_0,y_0)$ 不是极值;

（3）当 $A=0$ 时，函数 $f(x,y)$ 在点 $P_0(x_0,y_0)$ 可能有极值，也可能没有极值。

证明从略。

综上所述，若函数 $z=f(x,y)$ 的二阶偏导数连续，就可以按下列步骤求该函数的极值。

第一步:解方程组 $f'_x(x,y)=0$，$f'_y(x,y)=0$，求得一切实数解，即可求得一切驻点。

第二步:对于每一个驻点 (x_0,y_0)，求出二阶偏导数的值 A、B 和 C。

第三步:定出 $AC-B^2$ 的符号，按定理 2 的结论判定 $f(x_0,y_0)$ 是否是极值，是极大值还是极小值。

例 4　求函数 $f(x,y)=x^3-y^3+3x^2+3y^2-9x$ 的极值。

解　先解方程组

$$\begin{cases} f'_x(x,y)=3x^2+6x-9=0 \\ f'_y(x,y)=-3y^2+6y=0 \end{cases}$$

求得驻点为 $(1,0)$、$(1,2)$、$(-3,0)$、$(-3,2)$。

再求出二阶偏导数

$$f''_{xx}(x,y)=6x+6,\quad f''_{xy}(x,y)=0,\quad f''_{yy}(x,y)=-6y+6$$

（1）在点 $(1,0)$ 处，$AC-B^2=12\times6>0$，又 $A>0$，所以函数在 $(1,0)$ 处有极小值 $f(1,0)=-5$;

（2）在点 $(1,2)$ 处，$AC-B^2=12\times(-6)<0$，所以 $f(-3,0)$ 不是极值;

（3）在点 $(-3,2)$ 处，$AC-B^2=-12\times(-6)>0$，又 $A<0$，所以函数在 $(-3,2)$ 处有极大值 $f(-3,2)=31$。

与一元函数类似，二元可微函数的极值点一定是驻点，但对有些函数来说，极值点不一定是驻点。例如，点 $(0,0)$ 是函数 $z=\sqrt{x^2+y^2}$ 的极小值点，但点 $(0,0)$ 并不是驻点，这是因为函数在该点偏导数不存在。因此，二元函数的极值点可能是驻点，也可能是偏导数中至少有一个不存在的点。

（二）最大值及最小值

如果 $f(x,y)$ 在有界闭区域 D 上连续，则 $f(x,y)$ 在 D 上必定能取得最大值和最小值。这种使函数取得最大值或最小值的点可能在 D 的内部，也可能在 D 的边界上。求有界闭区域 D 上二元函数的最大值和最小值时，首先要求出函数在 D 内的驻点、一阶偏导不存

在的点处的函数值及该函数在 D 的边界上的最大值、最小值，比较这些值，其中最大者就是该函数在闭区域 D 上的最大值，最小者都是函数在闭区域 D 上的最小值。

求二元函数在区域上的最大值和最小值，往往比较复杂。但是，如果根据问题的实际意义，知道函数在区域 D 内存在最大值（或最小值），又知函数在 D 内可微，且只有唯一的驻点，则该点处的函数值因是所求的最大值（或最小值）。

例 5　在 xy 坐标面上找一点 P，使它到三点 $P_1(0,0)$、$P_2(1,0)$、$P_3(0,1)$ 距离的平方和为最小。

解　设 $P(x,y)$ 为所求之点，d 为 P 到 P_1、P_2、P_3 三点距离的平方和，即

$$d = |PP_1|^2 + |PP_2|^2 + |PP_3|^2$$

因为 $|PP_1|^2 = x^2 + y^2$，$|PP_2|^2 = (x-1)^2 + y^2$，$|PP_3|^2 = x^2 + (y-1)^2$，所以

$$d = x^2 + y^2 + (x-1)^2 + y^2 + x^2 + (y-1)^2 = 3x^2 + 3y^2 - 2x - 2y + 2$$

对 x、y 求偏导数，有

$$d'_x = 6x - 2, \quad d'_y = 6y - 2$$

令 $d'_x = 0$，$d'_y = 0$，解得驻点为 $\left(\dfrac{1}{3}, \dfrac{1}{3}\right)$，即为所求点。

（三）条件极值、拉格朗日乘数法

上面所讨论的极值问题，对于函数的自变量，除了限制在函数的定义域内以外，并无其他条件限制，这一类极值问题叫作无条件极值。但在许多实际问题中，人们常常会遇到对函数的自变量附有一定约束条件的极值问题。例如，求表面积为 a^2 而体积最大的长方体的体积问题。设长方体的长宽高各为 x、y、z，则其体积 $v = xyz$。又因表面积为 a^2，所以自变量 x、y、z 还必须满足附加条件 $2(xy + yz + zx) = a^2$。像这种对自变量有附加条件的极值称为条件极值。

有时，条件极值可以化为无条件极值。但在许多情况下，将条件极值化为无条件极值是很困难的，甚至是不可能的。下面，介绍拉格朗日乘数法来解决条件极值问题。

设二元函数 $z = f(x,y)$ 和 $\varphi(x,y)$ 在所考虑的区域内有连续的一阶偏导数，且 $\varphi'_x(x,y)$ 和 $\varphi'_y(x,y)$ 不同时为零，可用以下步骤求函数 $z = f(x,y)$ 在约束条件 $\varphi(x,y) = 0$ 下的极值。

（1）构造辅助函数 $F(x,y) = f(x,y) + \lambda \varphi(x,y)$，称为拉格朗日函数，$\lambda$ 称为拉格朗日乘数。

（2）解联立方程组

$$\begin{cases} F'_x = 0 \\ F'_y = 0 \\ \varphi(x,y) = 0 \end{cases}$$

即

$$\begin{cases} F'_x(x,y) + \lambda \varphi'_x(x,y) = 0 \\ F'_y(x,y) + \lambda \varphi'_y(x,y) = 0 \\ \varphi(x,y) = 0 \end{cases}$$

得可能的极值点 (x,y)，在实际问题中，往往就是所求的极值点。

拉格朗日乘数法可以推广到两个以上自变量或一个以上约束条件的情况。

例 6　求表面积为 a^2 而体积为最大的长方体的体积。

解　设长方体的三棱长为 x、y、z，则问题就是在条件 $\varphi(x,y,z)=2xy+2yz+2zx-a^2=0$ 下，求函数 $V=xyz(x>0,y>0,z>0)$ 的最大值。

构造辅助函数

$$F(x,y,z)=xyz+\lambda(2xy+2yz+2zx-a^2)$$

求其对 x、y、z 的偏导数，并使之为零，得到

$$yz+2\lambda(y+z)=0$$
$$xz+2\lambda(x+z)=0$$
$$xy+2\lambda(y+x)=0$$

再与 $2xy+2yz+2zx-a^2=0$ 联立解得

$$x=y=z=\frac{\sqrt{6}}{6}a$$

这是唯一可能的极值点。因为由问题本身可知最大值一定存在，所以最大值就在这个可能的极值点处取得。也就是说，表面为 a^2 的长方体中，以棱长为 $\frac{\sqrt{6}}{6}a$ 的正方体的体积为最大，最大体积 $V=\frac{\sqrt{6}}{36}a^3$。

◆ **知识拓展**

最浪漫的学科

数学给人的感觉是枯燥的、抽象的，其实不然，这只是它的表象。数学应是最浪漫的学科，它比世上任何东西都要完美，因为它从不说谎，也不会背叛。

浙江大学数学系老师蔡天新曾说，"数学是最浪漫的，它比世界上任何语言都要煽情。9 对 3 说，我除了你，还是你；4 对 2 说，我除了你，也还是你；1 对 0 说，我除了你，一切都变得毫无意义；0 对 1 说，我除了你，就只有孤独的自己……"

同学们，当你在想玩些什么时，有人在想学点什么；当你还在计划时，有人已上路；当你决定放弃时，有人却坚信前进就有希望。人生路上，差之毫厘，谬以千里。

习题 9-5

1. 求曲线 $x=t-\sin t$、$y=1-\cos t$、$z=4\sin\dfrac{t}{2}$ 在点 $\left(\dfrac{\pi}{2}-1,1,2\sqrt{2}\right)$ 处的切线及法平面方程。

2. 求曲线 $\begin{cases}x^2+y^2+z^2-3x=0\\2x-3y+5z-4=0\end{cases}$，在点 $(1,1,1)$ 处的切线及法平面方程。

3. 求出曲线 $x=t$、$y=t^2$、$z=t^3$ 上的点，使在该点的切线平行于平面 $x+2y+z=4$。

4. 求曲面 $e^z-z+xy=3$ 在点 $(2,1,0)$ 处的切平面及法线方程。

5. 求椭球面 $x^2+2y^2+z^2=1$ 上平行于平面 $x-y+2z=0$ 的切平面方程。

6. 试证曲面 $\sqrt{x}+\sqrt{y}+\sqrt{z}=\sqrt{a}\,(a>0)$ 上任何点处的切平面在各坐标轴上的截距之和等于 a。

7. 求函数 $f(x,y)=4(x-y)-x^2-y^2$ 的极值。

8. 求函数 $f(x,y)=(6x-x^2)(4y-y^2)$ 的极值。

9. 求函数 $f(x,y)=e^{2x}(x+y^2+2y)$ 的极值。

10. 求函数 $z=xy$ 在适合附加条件 $x+y=1$ 下的极大值。

11. 从斜边之长为 l 的一切直角三角形中，求有最大周长的直角三角形。

12. 求内接于半径为 a 的球且有最大体积的长方体。

13. 抛物面 $z=x^2+y^2$ 被平面 $x+y+z=1$ 截成一椭圆，求原点到这椭圆的最长与最短距离。

第十章 重 积 分

在一元函数积分学中，定积分是某种确定形式的和的极限。这种和的极限概念推广到定义在区域上多元函数的情形，便得到了重积分的概念。本章将介绍重积分（包括二重积分和三重积分）的概念、性质及其计算方法。

第一节 二重积分的概念与性质

一、二重积分的概念

（一）引例

例 1 设有一立体的底是 xy 面上的有界闭区域 D，侧面是以 D 的边界曲线为准线、母线平行于 z 轴的柱面，顶是由二元非负连续函数 $z = f(x,y)$ 所表示的曲面，如图 10-1 所示。这个立体称为 D 上的曲顶柱体。试求该曲顶柱体的体积。

解 用一组曲线网把区域 D 任意分成 n 个小区域：$\Delta\sigma_1$，$\Delta\sigma_2$，$\cdots$，$\Delta\sigma_n$，小区域 $\Delta\sigma_i(i=1,2,\cdots,n)$ 的面积也记作 $\Delta\sigma_i$。以每个小区域为底，以它们的边界曲线为准线作母线平行于 z 轴的柱面，这些柱面把原来的曲顶柱体分割成几个小曲顶柱体。设以小区域 $\Delta\sigma_i$ 为底的小曲顶柱体的体积为 ΔV_i，则原曲顶柱体的体积为 $V = \sum\limits_{i=1}^{n} \Delta V_i$。当小区域 $\Delta\sigma_i$ 的直径 λ_i 很小时（有界闭区域的直径是指该区域上任意两点距离的最大值），由于 $f(x,y)$ 连续，所以在区域 $\Delta\sigma_i$ 上，$f(x,y)$ 变化很小。在 $\Delta\sigma_i$ 上任取一点 (ξ_i,η_i)，以 $f(\xi_i,\eta_i)$ 为高，以 $\Delta\sigma_i$ 为底的小曲顶柱体的体积近似为 $f(\xi_i,\eta_i)\Delta\sigma_i$，如图 10-2 所示。于是便可得到整个曲顶柱体体积的近似值。

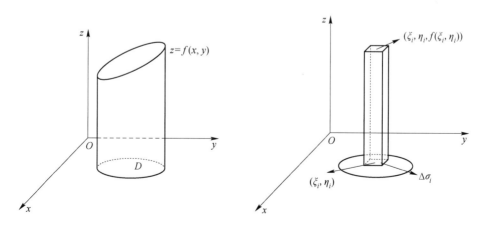

图 10-1   图 10-2

$$V = \sum_{i=1}^{n} \Delta V_i \approx \sum_{i=1}^{n} f(\xi_i, \eta_i) \Delta \sigma_i$$

为了求出 V 的精确值，令 n 个小区域的直径 λ_i 中的最大值 $\lambda \to 0$，取上式的极限，得到曲顶柱顶的体积

$$V = \lim_{\lambda \to 0} \sum_{i=1}^{n} f(\xi_i, \eta_i) \Delta \sigma_i$$

例 2　设有一平面薄片占有 xy 平面上的区域 D。它在点 (x, y) 处的面密度为 $\rho(x, y)$，这里 $\rho(x, y) > 0$ 且在 D 上连续。求该平面薄片的质量。

解　由于 $\rho(x, y)$ 连续，将区域 D 任意分成 n 个小块：$\Delta \sigma_1$，$\Delta \sigma_2$，$\cdots$，$\Delta \sigma_n$，只要每个小块 $\Delta \sigma_i (i = 1, 2, \cdots, n)$ 的直径 λ_i 很小，薄片在小块 $\Delta \sigma_i$ 上就可以近似看作均匀的，在 $\Delta \sigma_i$ 上任取一点 (ξ_i, η_i)，则 $\rho(\xi_i, \eta_i) \Delta \sigma_i$ 就是这个小块 $\Delta \sigma_i$ 的质量 Δm_i 的近似值，于是整个薄片质量的近似值就是

$$m = \sum_{i=1}^{n} \Delta m_i = \sum_{i=1}^{n} \rho(\xi_i, \eta_i) \Delta \sigma_i$$

令 $\lambda \to 0$ 取上式和式的极限，就得平面薄片的质量 m，即

$$m = \lim_{\lambda \to 0} \sum_{i=1}^{n} \rho(\xi_i, \eta_i) \Delta \sigma_i$$

上面两个具体问题的实际意义虽不相同，但解决问题的方法是一样的，都归结为二元函数的某种和式的极限。抛开具体问题的实际背景，抽象出在数量关系上的共性，得到二重积分的定义。

（二）二重积分的定义

定义　设 $f(x, y)$ 是有界闭区域 D 上的有界函数，将闭区域 D 任意分成 n 个小闭区域。

$$\Delta \sigma_1, \Delta \sigma_2, \cdots, \Delta \sigma_n$$

其中，$\Delta \sigma_i$ 表示第 i 个小闭区域，也表示它的面积。在每个 $\Delta \sigma_i$ 上任取一点 (ξ_i, η_i)，作乘积 $f(\xi_i, \eta_i) \Delta \sigma_i (i = 1, 2, \cdots, n)$，并作和 $\sum_{i=1}^{n} f(\xi_i, \eta_i) \Delta \sigma_i$。如果当各小闭区域的直径中的最大值 λ 趋于零时，这和的极限总存在，则称此极限为函数 $f(x, y)$ 在闭区域 D 上的二重积分，记作 $\iint\limits_{D} f(x, y) \mathrm{d}\sigma$，即

$$\iint\limits_{D} f(x, y) \mathrm{d}\sigma = \lim_{\lambda \to 0} \sum_{i=1}^{n} f(\xi_i, \eta_i) \Delta \sigma_i$$

其中，$f(x, y)$ 叫作被积函数，$f(x, y) \mathrm{d}\sigma$ 叫作被积表达式，$\mathrm{d}\sigma$ 叫作面积元素，x 与 y 叫作积分变量，D 叫作积分区域，$\sum_{i=1}^{n} f(\xi_i, \eta_i) \Delta \sigma_i$ 叫作积分和。

与一元函数定积分存在定理一样，如果 $f(x, y)$ 在有界闭区域 D 上连续，则无论 D 如何分法，点 (ξ_i, η_i) 如何取法，上述和式的极限一定存在。换句话说，在有界闭区域上连续的函数，一定可积（证明从略）。本书假定所讨论的函数在有界区域上都是可积的。

根据二重积分的定义，曲顶柱体的体积就是函数 $f(x, y)$ 在底 D 上的二重积分：

$$V = \iint\limits_{D} f(x,y)\,\mathrm{d}\sigma$$

平面薄片的质量是它的面密度 $\rho(x,y)$ 在薄片所占闭区域 D 上的二重积分:

$$M = \iint\limits_{D} \rho(x,y)\,\mathrm{d}\sigma$$

（三）二重积分的几何意义

当 $f(x,y) \geq 0$ 时,二重积分 $\iint\limits_{D} f(x,y)\,\mathrm{d}\sigma$ 的几何意义就是图 10-1 所示的曲顶柱体的体积;当 $f(x,y) < 0$ 时,柱体在 xy 平面的下方,二重积分 $\iint\limits_{D} f(x,y)\,\mathrm{d}\sigma$ 表示该柱体体积的相反值,即 $f(x,y)$ 的绝对值在 D 上的二重积分 $\iint\limits_{D} f(x,y)\,\mathrm{d}\sigma$ 才是该曲顶柱体的体积;当 $f(x,y)$ 在 D 上有正有负时,如果规定在 xy 平面上方的柱体体积取正号,在 xy 平面下方的柱体体积取负号,则二重积分 $\iint\limits_{D} f(x,y)\,\mathrm{d}\sigma$ 的值就是它们上下方柱体体积的代数和。

二、二重积分的性质

二重积分具有下述的性质,以下所遇到的函数假定均可积。

性质 1 被积函数中的常数因子可以提到二重积分号的外面,即

$$\iint\limits_{D} kf(x,y)\,\mathrm{d}\sigma = k\iint\limits_{D} f(x,y)\,\mathrm{d}\sigma \quad (k \text{ 为常数})$$

性质 2 函数的和（或差）的二重积分等于各个函数的二重积分的和（或差）,即

$$\iint\limits_{D} [f(x,y) \pm g(x,y)]\,\mathrm{d}\sigma = \iint\limits_{D} f(x,y)\,\mathrm{d}\sigma \pm \iint\limits_{D} g(x,y)\,\mathrm{d}\sigma$$

性质 3 如果闭区域 D 被有限条曲线分为有限个部分闭区域,则在 D 上的二重积分等于在各部分闭区域上的二重积分的和。例如 D 分为两个闭区域 D_1 与 D_2,则

$$\iint\limits_{D} f(x,y)\,\mathrm{d}\sigma = \iint\limits_{D_1} f(x,y)\,\mathrm{d}\sigma + \iint\limits_{D_2} f(x,y)\,\mathrm{d}\sigma$$

这个性质表示二重积分对于积分区域具有可加性。

性质 4 如果在 D 上,$f(x,y) = 1$,且 D 的面积为 σ,则

$$\iint\limits_{D} \mathrm{d}\sigma = \sigma$$

性质 5 如果在 D 上,$f(x,y) \leq g(x,y)$,则

$$\iint\limits_{D} f(x,y)\,\mathrm{d}\sigma \leq \iint\limits_{D} g(x,y)\,\mathrm{d}\sigma$$

推论: 函数在 D 上的二重积分的绝对值不大于函数绝对值在 D 上的二重积分,即

$$\left| \iint\limits_{D} f(x,y)\,\mathrm{d}\sigma \right| \leq \iint\limits_{D} |f(x,y)|\,\mathrm{d}\sigma$$

性质 6 如果 M、m 分别是函数 $f(x,y)$ 在 D 上的最大值与最小值,σ 为区域 D 的面

积，则

$$m\sigma \leq \iint\limits_{D} f(x,y)\,\mathrm{d}\sigma \leq M\sigma$$

性质7 （二重积分中段定理）　设函数 $f(x,y)$ 在有界闭区域 D 上连续，记 σ 是 D 的面积，则在 D 上至少存在一点 (ξ,η)，使得

$$\iint\limits_{D} f(x,y)\,\mathrm{d}\sigma = f(\xi,\eta)\sigma$$

这些性质的证明与相应的定积分性质的证法类似。证明从略。

❖ **价值引领**

1.01 与 0.99 法则

1.01、1、0.99 三个数字之间相差不大，表面看起来只是分别相差了 0.01，实在是微乎其微，不足道哉。但是把这三个数字放大到一年中的每一天，即各自的 365 次方，数字分别为 37.8、1、0.03。结果发现多 0.01 的是原来的 37.4 倍，少了 0.01 的是原来 1/33，两者之间的倍数相差达到 1260 倍。假如我们把"1"作为每天正常的状态，每天多一点惰性就是"0.99"，每天多一点努力就是"1.01"，那么一年后结果就发生巨大的倍增变化，每天多一点努力的成效是每天多一点惰性的 1260 倍。如果每天多做两点 1.02，一年就是 1.02 的 365 次方，等于 1377.4。

每个人都可以通过勤奋学习塑造优秀的人格，练就过硬的本领和才干，改变自己的前途命运。广大青年学生把勤奋学习作为一种追求和态度，作为探索未知世界的一把钥匙，就能让学习的灯塔始终照亮人生前行的道路。

习题 10-1

1. 试用二重积分表达下列曲顶柱体的体积，并用不等式组表示曲顶柱体在 xOy 坐标面上的底。

（1）由平面 $\dfrac{x}{2} + \dfrac{y}{3} + \dfrac{z}{4} = 1$、$x=0$、$y=0$、$z=0$ 围成的立体；

（2）由椭圆抛物面 $z = 2x^2 + y^2$、抛物柱面 $y = x^2$ 及平面 $y=4$、$z=0$ 围成的立体；

（3）椭圆抛物面 $z = 2 - (4x^2 + y^2)$ 及平面 $z=0$ 围成的立体；

（4）由上半球面 $z = \sqrt{4 - x^2 - y^2}$、圆柱面 $x^2 + y^2 = 1$ 及平面 $z=0$ 围成的立体。

2. 利用二重积分的几何意义，不经计算直接给出下列二重积分的值。

（1）$\displaystyle\iint\limits_{D} \mathrm{d}\sigma$，$D$：$x^2 + y^2 \leq 1$；

（2）$\displaystyle\iint\limits_{D} \sqrt{R^2 - x^2 - y^2}\,\mathrm{d}\sigma$，$D$：$x^2 + y^2 \leq R^2$。

3. 根据二重积分的性质，比较下列积分的大小。

（1）$\displaystyle\iint\limits_{D} (x+y)^2\mathrm{d}\sigma$ 与 $\displaystyle\iint\limits_{D} (x+y)^3\mathrm{d}\sigma$，其中积分区域 D 由 x 轴、y 轴与直线 $x+y=1$ 围成；

(2) $\iint\limits_{D}(x+y)^2\mathrm{d}\sigma$ 与 $\iint\limits_{D}(x+y)^3\mathrm{d}\sigma$，其中积分区域 D 由圆周 $(x-2)^2+(y-1)^2=2$ 围成；

(3) $\iint\limits_{D}\ln\ (x+y)\ \mathrm{d}\sigma$ 与 $\iint\limits_{D}\left[\ln(x+y)\right]^2\mathrm{d}\sigma$，其中 D 是矩形闭区域：$3\leqslant x\leqslant 5$，$0\leqslant y\leqslant 1$。

4. 利用二重积分的性质估计下列积分的值。

(1) $I=\iint\limits_{D}xy(x+y)\mathrm{d}\sigma$，其中 D 是矩形闭区域：$0\leqslant x\leqslant 1$，$0\leqslant y\leqslant 1$；

(2) $I=\iint\limits_{D}\sin^2 x\sin^2 y\mathrm{d}\sigma$，其中 D 是矩形闭区域：$0\leqslant x\leqslant\pi$，$0\leqslant y\leqslant\pi$；

(3) $I=\iint\limits_{D}(x+y+1)\mathrm{d}\sigma$，其中 D 是矩形闭区域：$0\leqslant x\leqslant 1$，$0\leqslant y\leqslant 2$；

(4) $I=\iint\limits_{D}(x^2+4y^2+9)\mathrm{d}\sigma$，其中 D 是圆形闭区域：$x^2+y^2\leqslant 4$。

第二节 二重积分的计算方法

按照二重积分的定义来计算二重积分，对少数特别简单的被积函数和积分区域来说是可行的，但对一般的函数和区域来说，这不是一种切实可行的方法。本节介绍一种计算二重积分的方法，这种方法是把二重积分化为两次单积分（即两次定积分）来计算。

一、直角坐标系中的累次积分法

下面用几何观点来讨论二重积分 $\iint\limits_{D}f(x,y)\mathrm{d}\sigma$ 的计算问题。在讨论中假定 $f(x,y)\geqslant 0$。

设积分区域 D 可以用不等式 $\varphi_1(x)\leqslant y\leqslant\varphi_2(x)(a\leqslant x\leqslant b)$ 来表示（图 10-3），其中函数 φ_1、φ_2 在区间 $[a,b]$ 上连续。

按照二重积分的几何意义，$\iint\limits_{D}f(x,y)\mathrm{d}\sigma$ 的值等于以 D 为底，以曲面 $z=f(x,y)$ 为顶的曲顶柱体（图 10-4）的体积。下面应用计算"平行截面面积为已知的立体的体积"的方法，来计算这个曲顶柱体的体积。

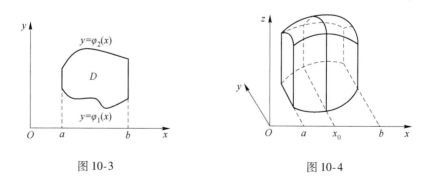

图 10-3　　　　　　　　　　　图 10-4

先计算截面面积。为此，在区间 $[a,b]$ 上任意取定一点 x_0，作平行于 yOz 面的平面 $x=x_0$。这平面截曲顶柱体所得截面是一个以区间 $[\varphi_1(x_0),\varphi_2(x_0)]$ 为底，曲线 $z=f(x_0,y)$ 为曲边的曲边梯形（图 10-4），所以这截面的面积为

$$A(x_0) = \begin{cases} \varphi_2(x_0) \\ \varphi_1(x_0) \end{cases} f(x_0, y) \, \mathrm{d}y$$

一般地, 过区间 $[a,b]$ 上任一点 x 且平行于 yOz 面的平面截曲顶柱体所得截面的面积为

$$A(x) = \begin{cases} \varphi_2(x_0) \\ \varphi_1(x_0) \end{cases} f(x, y) \, \mathrm{d}y$$

于是, 应用计算平行截面面积为已知的立体体积的方法, 得曲顶柱体体积为

$$V = \int_a^b A(x) \, \mathrm{d}x = \int_a^b \left[\int_{\varphi_1(x)}^{\varphi_2(x)} f(x, y) \, \mathrm{d}y \right] \mathrm{d}x$$

这个体积也就是所求二重积分的值, 从而有等式

$$\iint\limits_D f(x, y) \, \mathrm{d}\sigma = \int_a^b \left[\int_{\varphi_1(x)}^{\varphi_2(x)} f(x, y) \, \mathrm{d}y \right] \mathrm{d}x \tag{10-1}$$

式 (10-1) 右端的积分叫作先对 y、后对 x 的二次积分。就是说, 先把 x 看作常数, 把 $f(x,y)$ 只看作 y 的函数, 并对 y 计算从 $\varphi_1(x)$ 到 $\varphi_2(x)$ 的定积分; 然后把算得的结果 (是 x 的函数) 再对 x 计算在区间 $[a,b]$ 上的定积分。这个先对 y、再对 x 的二次积分也常记作 $\int_a^b \mathrm{d}x \int_{\varphi_1(x)}^{\varphi_2(x)} f(x, y) \, \mathrm{d}y$。因此, 式 (10-1) 也写成

$$\iint\limits_D f(x, y) \, \mathrm{d}\sigma = \int_a^b \int_{\varphi_1(x)}^{\varphi_2(x)} f(x, y) \, \mathrm{d}y \tag{10-2}$$

这就是把二重积分化为先对 y、后对 x 的二次积分的公式。

在上述讨论中, 假定 $f(x,y) \geqslant 0$, 但实际上式 (10-1) 的成立并不受此条件限制。

类似地, 如果积分区域 D 可以用不等式 $\psi_1(y) \leqslant x \leqslant \psi_2(y)$ ($c \leqslant y \leqslant d$) 来表示, 其中函数 $\psi_1(y)$、$\psi_2(y)$ 在区间 $[c,d]$ 上连续, 那么就有

$$\iint\limits_D f(x, y) \, \mathrm{d}\sigma = \int_c^d \left[\int_{\psi_1(y)}^{\psi_2(y)} f(x, y) \, \mathrm{d}x \right] \mathrm{d}y = \int_c^d \mathrm{d}y \int_{\psi_1(y)}^{\psi_2(y)} f(x, y) \, \mathrm{d}x$$

这就是把二重积分化为先对 x、后对 y 的二次积分的公式。

不难发现, 把二重积分化为累次积分。其关键是根据所给出的积分区域 D, 定出两次定积分的上下限。其上下限的定法可用如下直观方法确定。

首先在 xy 平面上画出曲线所围成的区域 D。

若是先积 y 后积 x 时, 则把区域 D 投影到 x 轴上, 得投影区间 $[a,b]$, 这时 a 就是对 x 积分 (第二次积分) 的下限, b 就是对 x 积分的上限; 在 $[a,b]$ 上任意确定一个 x, 过 x 画一条与 y 轴平行的直线, 假定它与区域 D 的边界曲线 ($x=a$, $x=b$ 可以除外) 的交点不超过两个, 且与边界曲线交点的纵坐标分别为 $y=\varphi_1(x)$ 和 $y=\varphi_2(x)$, 如果 $\varphi_2(x) \geqslant \varphi_1(x)$, 那么 $\varphi_1(x)$ 就是对 y 积分的下限, $\varphi_2(x)$ 就是对 y 积分的上限, 图 10-3 是这个定限方法的示意图。

类似地, 图 10-5 是先积 x 后积 y 时的定限示意图。

如果区域不属于上述两种情形, 就不能直接用式 (10-1) 和式 (10-2), 这时可以用平行于 y 轴 (或平行于 x 轴) 的直线, 把 D 分成若干个小区域, 使每个小区域都属于上述类型。那么 D 上的二重积分就是这些小区域上的二重积分的和。例如, 图 10-6 所示的

区域 D，若先积 y 后积 x，就要用如图所示的一条平行 y 轴的虚线把 D 分割成 D_1、D_2、D_3 三部分。

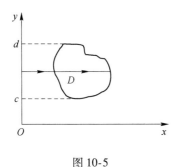

图 10-5

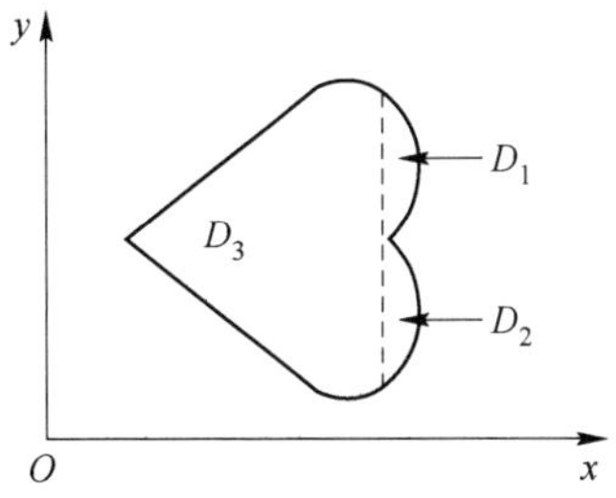

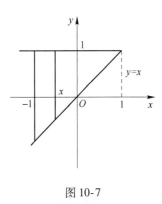

图 10-6

例1 计算 $\iint\limits_{D} y \sqrt{1+x^2-y^2}\mathrm{d}\sigma$，其中 D 是由直线 $y=x$、$x=-1$、$y=1$ 围成的闭区域。

解 画出积分区域 D 如图 10-7 所示，先积 y 后积 x 得

$$
\iint\limits_{D} y \sqrt{1+x^2-y^2}\mathrm{d}\sigma = \int_{-1}^{1}\left[\int_{x}^{1} y \sqrt{1+x^2-y^2}\mathrm{d}y\right]\mathrm{d}x
$$

$$
= -\frac{1}{3}\int_{-1}^{1}\left[(1+x^2-y^2)^{\frac{3}{2}}\right]_{x}^{1}\mathrm{d}x
$$

$$
= -\frac{1}{3}\int_{-1}^{1}(|x|^3-1)\mathrm{d}x
$$

$$
= -\frac{2}{3}\int_{0}^{1}(x^3-1)\mathrm{d}x = \frac{1}{2}
$$

图 10-7

若先对 x 积分后对 y 积分，就有

$$
\iint\limits_{D} y \sqrt{1+x^2-y^2}\mathrm{d}\sigma = \int_{-1}^{1} y\left[\int_{-1}^{y} \sqrt{1+x^2-y^2}\mathrm{d}x\right]\mathrm{d}y
$$

显然计算比较麻烦。

例2 计算 $\iint\limits_{D} xy\mathrm{d}\sigma$，其中 D 是由抛物线 $y^2=x$ 及直线 $y=x-2$ 围成的闭区域。

解 画出积分区域 D 如图 10-8 所示。先积 x 后积 y 得

$$
\iint\limits_{D} xy\mathrm{d}\sigma = \int_{-1}^{2}\left[\int_{y^2}^{y+2} xy\mathrm{d}x\right]\mathrm{d}y = \int_{-1}^{2}\left[\frac{x^2}{2}y\right]_{y^2}^{y+2}\mathrm{d}y
$$

$$
= \frac{1}{2}\int_{-1}^{2}\left[y(y+2)^2-y^5\right]\mathrm{d}y
$$

$$
= \frac{1}{2}\left[\frac{y^4}{4}+\frac{4}{3}y^3+2y^2-\frac{y^6}{6}\right]_{-1}^{2} = 5\frac{5}{8}
$$

若先积 y 后积 x，就有

$$
\iint\limits_{D} xy\mathrm{d}\sigma = \int_{0}^{1}\left[\int_{-\sqrt{x}}^{\sqrt{x}} xy\mathrm{d}y\right]\mathrm{d}x + \int_{1}^{4}\left[\int_{x-2}^{\sqrt{x}} xy\mathrm{d}y\right]\mathrm{d}x
$$

显然计算比较麻烦。

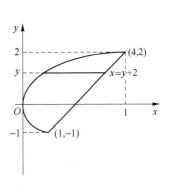

图 10-8

上述两个例子说明，在化二重积分为二次积分时，为了计算简便，需要选择恰当的二次积分的次序。这时，既要考虑积分区域 D 的形状，又要考虑被积函数 $f(x,y)$ 的特性。

例3　求两个底圆半径都等于 R 的直交圆柱面所围成的立体的体积。

解　设这两个圆柱面的方程分别为 $x^2 + y^2 = R^2$ 及 $x^2 + z^2 = R^2$。

利用立体关于坐标平面的对称性，只要算出它在第一卦限部分〔图 10-9(a)〕的体积 V_1，然后再乘以 8 就行了。

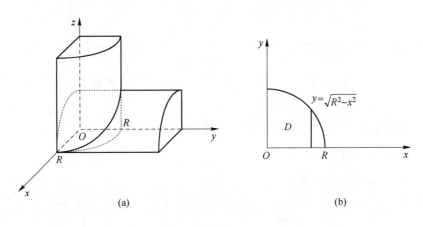

图 10-9

所求立体在第一卦限部分可以看成是一个曲顶柱体，它的底为

$$D = \{(x,y) \mid 0 \leqslant y \leqslant \sqrt{R^2 - x^2}, 0 \leqslant x \leqslant R\}$$

如图 10-9(b)所示，它的顶是柱面 $z = R^2 - x^2$，于是

$$V_1 = \iint\limits_{D} \sqrt{R^2 - x^2}\, d\sigma = \int_0^R \left[\int_0^{\sqrt{R^2 - x^2}} \sqrt{R^2 - x^2}\, dy \right] dx$$

$$= \int_0^R \left[\sqrt{R^2 - x^2}\, y \right]_0^{\sqrt{R^2 - x^2}} dx = \int_0^R (R^2 - x^2)\, dx = \frac{2}{3} R^3$$

从而所求立体体积为

$$V = 8V_1 = \frac{16}{3} R^3$$

二、极坐标系中的累次积分法

前面已经介绍了二重积分在直角坐标系中的计算法，但是对某些被积函数和某些积分域用极坐标计算会比较简便。下面介绍二重积分在极坐标中的累次积分法。

先考虑在直角坐标系中面积元素 $d\sigma$ 的表达式。因为在二重积分的定义中区域 D 的分割是任意的，所以在直角坐标系中，可以用平行于 x 轴和平行于 y 轴的两族直线，即 $x =$ 常数和 $y =$ 常数，把区域 D 分割成许多子域。这些子域除了靠边界曲线的一些子域外，绝大多数的都是矩形域，如图 10-10 所示（当分割更细时，这些不规则子域的面积之和趋向于 0，所以不必考虑）。于是，图 10-10 中阴影所示的小矩形 $\Delta\sigma_i$ 的面积为

$$d\Delta\sigma_i = \Delta x_j \Delta y_k$$

因此，在直角坐标系中的面积元素可记为

$$d\sigma = dxdy$$

与此相类似，在极坐标系中，可以用 $\theta = $ 常数和 $r = $ 常数的两族曲线，即一族从极点出发的射线和另一族圆心在极点的同心圆，把 D 分割成许多子域，这些子域除了靠边界曲线的一些子域外，绝大多数的都是扇形域，如图 10-11 所示（当分割更细时，这些不规则子域的面积之和趋向于 0，所以不必考虑）。于是，图 10-11 中所示的子域的面积近似等于以 $rd\theta$ 为长、dr 为宽的矩形面积，因此在极坐标系中的面积元素可记为

$$d\sigma = rdrd\theta$$

于是二重积分的极坐标形式为

$$\iint\limits_{D} f(x,y)d\sigma = \iint\limits_{D} f(r\cos\theta, r\sin\theta)rdrd\theta$$

这就是极坐标系中的二重积分化为二次积分的公式。通常是选择先积 r 后积 θ 的次序。

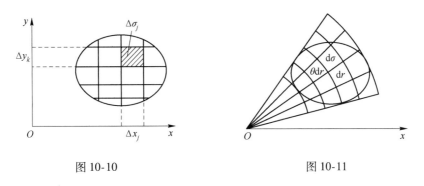

图 10-10　　　　　　　　　　　　　图 10-11

实际计算中，分两种情形来考虑。

（1）如果积分区域 D 可以用不等式 $\varphi_1(\theta) \leqslant r \leqslant \varphi_2(\theta)(\alpha \leqslant \theta \leqslant \beta)$ 来表示（图 10-12），其中函数 $\varphi_1(\theta)$、$\varphi_2(\theta)$ 在区间 $[\alpha,\beta]$ 上连续，则二重积分的累次积分为

$$\iint\limits_{D} f(r\cos\theta, r\sin\theta)rdrd\theta = \int_{\alpha}^{\beta}\left[\int_{\varphi_1(\theta)}^{\varphi_2(\theta)} f(r\cos\theta, r\sin\theta)rdr\right]d\theta$$

$$= \int_{\alpha}^{\beta}d\theta\int_{\varphi_1(\theta)}^{\varphi_2(\theta)} f(r\cos\theta, r\sin\theta)rdr$$

（2）如果积分区域 D 如图 10-13 所示，极点在 D 的内部，那么可以把它看作图 10-12 中当 $\alpha = 0$、$\beta = 2\pi$、$r_1(\theta) = 0$、$r_2(\theta) = r(\theta)$ 时的特例。这时闭区域 D 可以用不等式 $0 \leqslant r$

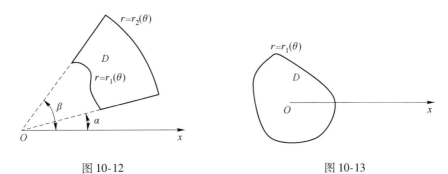

图 10-12　　　　　　　　　　　　　图 10-13

$\leqslant \varphi(\theta)(0 \leqslant \theta \leqslant 2\pi)$ 来表示，则二重积分的累次积分为

$$\iint\limits_{D} f(r\cos\theta, r\sin\theta) r\mathrm{d}r\mathrm{d}\theta = \int_0^{2\pi} \mathrm{d}\theta \int_0^{\varphi(\theta)} f(r\cos\theta, r\sin\theta) r\mathrm{d}r$$

例 4　计算 $\iint\limits_{D} \mathrm{e}^{-x^2-y^2}\mathrm{d}x\mathrm{d}y$，其中 D 是由中心在原点、半径为 a 的圆周围成的闭区域。

解　在极坐标系中，闭区域 D 可表示为 $0 \leqslant r \leqslant a,\ 0 \leqslant \theta \leqslant 2\pi$。
所以

$$\iint\limits_{D} \mathrm{e}^{-x^2-y^2}\mathrm{d}x\mathrm{d}y = \iint\limits_{D} \mathrm{e}^{-r^2} r\mathrm{d}r\mathrm{d}\theta = \int_0^{2\pi} \left[\int_0^a \mathrm{e}^{-r^2} r\mathrm{d}r \right]\mathrm{d}\theta$$

$$= \int_0^{2\pi} \left[-\frac{1}{2}\mathrm{e}^{-r^2} \right]_0^a \mathrm{d}\theta = \frac{1}{2}(1 - \mathrm{e}^{-a^2}) \int_0^{2\pi}\mathrm{d}\theta$$

$$= \pi(1 - \mathrm{e}^{-a^2})$$

注意：例 4 如果用直角坐标计算，因积分 $\int \mathrm{e}^{-x^2}\mathrm{d}x$ 不能用初等函数表示，所以无法计算。现在用例 4 的结果来计算广义积分 $\int_0^{+\infty} \mathrm{e}^{-x^2}\mathrm{d}x$，设

$$D_1 = \{(x,y) \mid x^2 + y^2 \leqslant R^2, x \geqslant 0, y \geqslant 0\}$$
$$D_2 = \{(x,y) \mid x^2 + y^2 \leqslant 2R^2, x \geqslant 0, y \geqslant 0\}$$
$$S = \{(x,y) \mid 0 \leqslant x \leqslant R, 0 \leqslant y \leqslant R\}$$

显然，$D_1 \subset S \subset D_2$，如图 10-14 所示。

由于 $\mathrm{e}^{-x^2-y^2} > 0$，从而函数 $\mathrm{e}^{-x^2-y^2}$ 在上述区域上的二重积分之间有不等式

$$\iint\limits_{D_1} \mathrm{e}^{-x^2-y^2}\mathrm{d}x\mathrm{d}y < \iint\limits_{S} \mathrm{e}^{-x^2-y^2}\mathrm{d}x\mathrm{d}y < \iint\limits_{D_2} \mathrm{e}^{-x^2-y^2}\mathrm{d}x\mathrm{d}y$$

因为

$$\iint\limits_{S} \mathrm{e}^{-x^2-y^2}\mathrm{d}x\mathrm{d}y = \int_0^R \mathrm{e}^{-x^2}\mathrm{d}x \int_0^R \mathrm{e}^{-y^2}\mathrm{d}y = \left(\int_0^R \mathrm{e}^{-x^2}\mathrm{d}x \right)^2$$

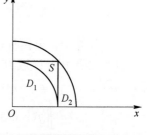

图 10-14

利用例 4 的结果，有

$$\iint\limits_{D_1} \mathrm{e}^{-x^2-y^2}\mathrm{d}x\mathrm{d}y = \frac{\pi}{4}(1 - \mathrm{e}^{-R^2})$$

$$\iint\limits_{D_2} \mathrm{e}^{-x^2-y^2}\mathrm{d}x\mathrm{d}y = \frac{\pi}{4}(1 - \mathrm{e}^{-2R^2})$$

于是上面的不等式可以写成

$$\frac{\pi}{4}(1 - \mathrm{e}^{-R^2}) < \left(\int_0^R \mathrm{e}^{-x^2}\mathrm{d}x \right)^2 < \frac{\pi}{4}(1 - \mathrm{e}^{-2R^2})$$

令 $R \to \infty$，上式两端趋于同一极限 $\frac{\pi}{4}$，从而

$$\int_0^{+\infty} \mathrm{e}^{-x^2}\mathrm{d}x = \frac{\sqrt{\pi}}{2}$$

例 5　计算 $\iint\limits_{D} \sqrt{4a^2 - x^2 - y^2}\,\mathrm{d}x\mathrm{d}y$，其中 D 为半圆周 $y =$

$\sqrt{2ax - x^2}$ 及 x 轴围成的闭区域。

解　闭区域 D 如图 10-15 所示，且 D 可用不等式 $0 \leqslant r \leqslant$

$2a\cos\theta\left(0 \leqslant \theta \leqslant \dfrac{\pi}{2}\right)$ 来表示。于是

$$\iint\limits_{D} \sqrt{4a^2 - x^2 - y^2}\,\mathrm{d}x\mathrm{d}y = \int_0^{\frac{\pi}{2}} \mathrm{d}\theta \int_0^{2a\cos\theta} \sqrt{4a^2 - r^2}\,r\mathrm{d}r$$

$$= \frac{8}{3}a^3 \int_0^{\frac{\pi}{2}} (1 - \sin^3\theta)\,\mathrm{d}\theta$$

$$= \frac{8}{3}a^3\left(\frac{\pi}{2} - \frac{2}{3}\right)$$

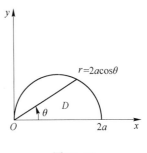

图 10-15

❖ **名人故事**

神奇的斐波那契数列

　　斐波那契提出了一个有趣的问题：假设一对刚出生的小兔一个月后就能长成大兔，再过一个月就能生下一对小兔，并且此后每个月都生一对小兔，一年内没有发生死亡，问：一对刚出生的兔子，一年内繁殖成多少对兔子？

　　斐波那契数列：1，1，2，3，5，8，13，21，34，55，89，144，233……即第一项和第二项是 1，之后的每一项为之前两项的和。因此，兔子问题得以解决，答案为 144 对。斐波那契从一对兔子的繁殖开始，推论出了"兔子数列"，即斐波那契数列。由此递推数列，我们可以发现，养一对兔子，一年之后就会发展壮大成一个养兔场。"不积跬步，无以至千里；不积小流，无以成江海。"学习要有一股持之以恒的韧劲，远离浮躁、宁静致远，不走投机取巧、不劳而获的捷径，才能从持续的学习中获益。

习题 10-2

1. 计算下列二重积分。

(1) $\iint\limits_{D} (x^2 + y^2)\,\mathrm{d}\sigma$，其中 D 是矩形闭区域：$|x| \leqslant 1$，$|y| \leqslant 1$；

(2) $\iint\limits_{D} (3x + 2y)\,\mathrm{d}\sigma$，其中 D 是由两坐标轴及直线 $x + y = 2$ 围成的闭区域；

(3) $\iint\limits_{D} (x^3 + 3x^2y + y^3)\,\mathrm{d}\sigma$，其中 D 是矩形闭区域：$0 \leqslant x \leqslant 1$，$0 \leqslant y \leqslant 1$；

(4) $\iint\limits_{D} x\cos(x + y)\,\mathrm{d}\sigma$，其中 D 是顶点分别为 $(0,0)$、$(\pi,0)$ 和 (π,π) 的三角形闭区域。

2. 画出积分区域，并计算下列二重积分。

(1) $\iint\limits_{D} x\sqrt{y}\,\mathrm{d}\sigma$，其中 D 是由两条抛物线 $y=\sqrt{x}$、$y=x^2$ 围成的闭区域；

(2) $\iint\limits_{D} xy^2\,\mathrm{d}\sigma$，其中 D 是由圆周 $x^2+y^2=4$ 及 y 轴围成的右半闭区域；

(3) $\iint\limits_{D} \mathrm{e}^{x+y}\,\mathrm{d}\sigma$，其中 D 是由 $|x|+|y|\le 1$ 确定的闭区域；

(4) $\iint\limits_{D} (x^2+y^2-x)\,\mathrm{d}\sigma$，其中 D 是由直线 $y=2$、$y=x$ 及 $y=2x$ 围成的闭区域。

3. 如果二重积分 $\iint\limits_{D} f(x,y)\,\mathrm{d}x\mathrm{d}y$ 的被积函数 $f(x,y)$ 是两个函数 $f_1(x)$ 及 $f_2(y)$ 的乘积，即 $f(x,y)=f_1(x)f_2(y)$，积分区域 D 为 $a\le x\le b$，$c\le y\le \mathrm{d}$，证明这个二重积分等于两个单积分的积，即

$$\iint\limits_{D} f_1(x)f_2(y)\,\mathrm{d}x\mathrm{d}y = \left[\int_a^b f_1(x)\,\mathrm{d}x\right]\left[\int_c^d f_2(y)\,\mathrm{d}y\right]$$

4. 改换下列二次积分的积分次序。

(1) $\int_0^1 \mathrm{d}y \int_0^y f(x,y)\,\mathrm{d}x$；

(2) $\int_0^2 \mathrm{d}y \int_{y^2}^{2y} f(x,y)\,\mathrm{d}x$；

(3) $\int_0^1 \mathrm{d}y \int_{-\sqrt{1-y^2}}^{\sqrt{1-y^2}} f(x,y)\,\mathrm{d}x$；

(4) $\int_1^2 \mathrm{d}x \int_{2-x}^{\sqrt{2x-x^2}} f(x,y)\,\mathrm{d}y$；

(5) $\int_1^e \mathrm{d}x \int_0^{\ln x} f(x,y)\,\mathrm{d}y$；

(6) $\int_0^{\pi} \mathrm{d}x \int_{-\sin\frac{x}{2}}^{\sin x} f(x,y)\,\mathrm{d}y$。

5. 计算由四个平面 $x=0$、$y=0$、$x=1$、$y=1$ 围成的柱体被平面 $z=0$ 及 $2x+3y+z=6$ 截得的立体的体积。

6. 求由平面 $x=0$、$y=0$、$x+y=1$ 围成的柱体被平面 $z=0$ 及抛物面 $x^2+y^2=6-z$ 截得的立体的体积。

7. 求由曲面 $z=x^2+2y^2$ 及 $z=6-2x^2-y^2$ 围成的立体的体积。

8. 化下列二次积分为极坐标形式的二次积分。

(1) $\int_0^1 \mathrm{d}x \int_0^1 f(x,y)\,\mathrm{d}y$；

(2) $\int_0^2 \mathrm{d}x \int_x^{\sqrt{3}x} f(x,y)\,\mathrm{d}y$；

(3) $\int_0^1 \mathrm{d}x \int_{1-x}^{\sqrt{1-x^2}} f(x,y)\,\mathrm{d}y$；

(4) $\int_0^1 \mathrm{d}x \int_0^{x^2} f(x,y)\,\mathrm{d}y$。

9. 把下列积分化为极坐标形式，并计算积分值。

(1) $\int_0^{2a} \mathrm{d}x \int_0^{\sqrt{2ax-x^2}} (x^2+y^2)\,\mathrm{d}y$；

(2) $\int_0^a \mathrm{d}x \int_0^x \sqrt{x^2+y^2}\,\mathrm{d}y$；

(3) $\int_0^1 \mathrm{d}x \int_{x^2}^x (x^2+y^2)^{-\frac{1}{2}}\,\mathrm{d}y$；

(4) $\int_0^a \mathrm{d}y \int_0^{\sqrt{a^2-y^2}} (x^2+y^2)\,\mathrm{d}x$。

10. 利用极坐标计算下列各题。

(1) $\iint\limits_{D} \mathrm{e}^{x^2+y^2}\,\mathrm{d}\sigma$，其中 D 是由圆周 $x^2+y^2=4$ 围成的闭区域；

(2) $\iint\limits_{D} \ln(1+x^2+y^2)\,\mathrm{d}\sigma$，其中 D 是由圆周 $x^2+y^2=1$ 及坐标轴围成的在第一象限内的闭区域；

(3) $\iint\limits_{D} \arctan\dfrac{y}{x}\,\mathrm{d}\sigma$，其中 D 是由圆周 $x^2+y^2=4$、$x^2+y^2=1$ 及直线 $y=0$、$y=x$ 围成的在第一象限内的闭区域。

11. 选用适当的坐标计算下列各题。

(1) $\iint\limits_{D} \dfrac{x^2}{y^2}\,\mathrm{d}\sigma$，其中 D 是由直线 $x=2$、$y=x$ 及曲线 $xy=1$ 围成的闭区域；

(2) $\iint\limits_{D} (x^2+y^2)\,\mathrm{d}\sigma$，其中 D 是由直线 $y=x$、$y=x+a$、$y=a$、$y=3a(a>0)$ 围成的闭区域；

（3）$\iint\limits_{D} \sqrt{x^2 + y^2}\,\mathrm{d}\sigma$，其中 D 是圆环形闭区域：$a^2 \leqslant x^2 + y^2 \leqslant b^2$。

12. 计算以 xOy 面上的圆周 $x^2 + y^2 = ax(a > 0)$ 围成的闭区域为底，以曲面 $z = x^2 + y^2$ 为顶的曲顶柱体的体积。

第三节　三　重　积　分

一、三重积分的概念

定积分及二重积分作为和的极限的概念，可以很自然地推广到三重积分。

定义　设 $f(x, y, z)$ 是空间有界闭区域 Ω 上的有界函数，将 Ω 任意分成 n 个小闭区域

Δv_1，Δv_2，$\cdots$，Δv_n。

其中，Δv_i 表示第 i 个小闭区域，也表示它的体积。在每个 Δv_i 上任取一点 (ξ_i, η_i, ζ_i)，作乘积 $f(\xi_i, \eta_i, \zeta_i)\Delta v_i (i = 1, 2, \cdots, n)$，并作和 $\sum\limits_{i=1}^{n} f(\xi_i, \eta_i, \zeta_i)\Delta v_i$。

如果当各小闭区域直径中的最大值 λ 趋于零时这和的极限总存在，则称此极限为函数 $f(x, y, z)$ 在闭区域 Ω 上的三重积分。记作 $\iiint\limits_{\Omega} f(x, y, z)\,\mathrm{d}v$，即 $\iiint\limits_{\Omega} f(x, y, z)\,\mathrm{d}v = \lim\limits_{\lambda \to 0} \sum\limits_{i=1}^{n} f(\xi_i, \eta_i, \zeta_i)\Delta v_i$，其中 $\mathrm{d}v$ 叫作体积元素。

在直角坐标系中，如果用平行于坐标面的平面来划分 Ω，那么除了包含 Ω 的边界点的一些不规则小闭区域外，得到的小闭区域 Δv_i 为长方体。设长方体小闭区域 Δv_i 的边长为 Δx_j、Δy_k、Δz_l，则 $\Delta v_i = \Delta x_j \Delta y_k \Delta z_l$。因此，在直角坐标系中，有时也把体积元素 $\mathrm{d}v$ 记作 $\mathrm{d}x\mathrm{d}y\mathrm{d}z$，而把三重积分记作 $\iiint\limits_{\Omega} f(x, y, z)\,\mathrm{d}x\mathrm{d}y\mathrm{d}z$，其中 $\mathrm{d}x\mathrm{d}y\mathrm{d}z$ 叫作直角坐标系中的体积元素。

二、三重积分的累次积分法

（一）在直角坐标系中的累次积分法

三重积分也可以化为累次积分来计算。计算的关键还是定限。如果平行于坐标轴 Oz 且穿过 Ω 的直线与 Ω 边界的交点不超过两个，那么它的定限步骤如下：

（1）将空间闭区域 Ω 投影到 xy 平面，得到在 xy 平面上的一个平面闭区域 D；

（2）在 D 上任取一点 (x, y)，作平行于 z 轴的直线 l，与边界曲面的交点的竖坐标 $z_1 = z_1(x, y)$ 和 $z_2 = z_2(x, y)$，且假定 $z_1(x, y) \leqslant z_2(x, y)$，于是区域 Ω 可表示为：$z_1(x, y) \leqslant z \leqslant z_2(x, y)$ $(x, y) \in D$，如图 10-16 所示。那么，有

$$\iiint\limits_{\Omega} f(x, y, z)\,\mathrm{d}v = \iint\limits_{D} \left[\int_{z_1(x, y)}^{z_2(x, y)} f(x, y, z)\,\mathrm{d}z \right] \mathrm{d}x\mathrm{d}y$$

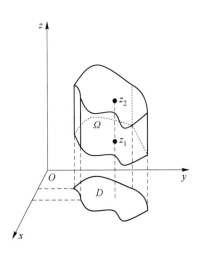

图 10-16

在对 z 积分时，把 x、y 看成常数，积出后再在 D 上计算二重积分。对于二重积分在平面直角坐标系中的定限法，前面已经介绍了，因此由上式和二重积分化为累次积分的公式，就可以将三重积分转化为累次积分进行计算。

三重积分也可以先积 y 或先积 x，这时需要先把空间区域 Ω 分别投影到 xz 平面或 yz 平面上得到投影区域 D，再作平行于 y 轴或 x 轴的动直线 l，在与边界曲面交点不多于两个的条件下，就可依照上面的定限法得到相应的累次积分公式。

例 1　计算三重积分 $\iiint\limits_{\Omega} \mathrm{d}x\mathrm{d}y\mathrm{d}z$，其中 Ω 为三个坐标面及平面 $x+2y+z=1$ 所围成的闭区域。

解　画出积分域 Ω 及 Ω 在 xy 平面上的投影区域 D，如图 10-17 所示。根据定限示意图图 10-17 有

$$\iiint\limits_{\Omega} x\mathrm{d}x\mathrm{d}y\mathrm{d}z = \int_0^1 \mathrm{d}x \int_0^{\frac{1-x}{2}} \mathrm{d}y \int_0^{1-x-2y} x\mathrm{d}z = \int_0^1 x\mathrm{d}x \int_0^{\frac{1-x}{2}} (1-x-2y)\,\mathrm{d}y$$

$$= \frac{1}{4}\int_0^1 (x - 2x^2 + x^3)\,\mathrm{d}x = \frac{1}{48}$$

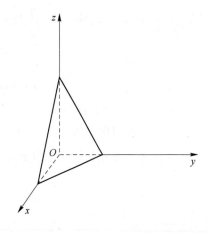
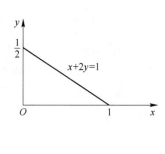

图 10-17

（二）在柱面坐标系中的计算法

给定空间一点 M，从点 M 作 xy 坐标面的垂线，给垂足为 P（图 10-18），设点 P 极坐标为 (r,θ)，点 M 的竖坐标为 Z，那么有序数组 (r,θ,z) 称为点 M 的柱坐标。由图 10-18 可知，柱坐标与直角坐标的关系是

$$x = r\cos\theta, \quad y = r\sin\theta, \quad z = z$$

$$(0 \leqslant r < +\infty, 0 \leqslant \theta \leqslant 2\pi, -\infty < z < +\infty)$$

柱面坐标系中的体积元素可表示为

$$\mathrm{d}v = \mathrm{d}z\mathrm{d}\sigma = r\mathrm{d}r\mathrm{d}\theta\mathrm{d}z$$

于是，三重积分的变量从直角坐标变换为柱面坐

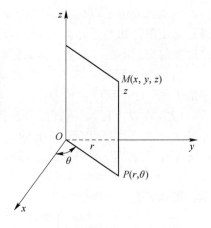

图 10-18

标的公式为

$$\iiint_{\Omega} f(x,y,z)\,dxdydz = \iiint_{\Omega} f(r\cos\theta, r\sin\theta, z)\,rdrd\theta dz$$

例2 设立体 Ω 由曲面 $z = \sqrt{x^2+y^2}$ 及 $z = \sqrt{8-x^2-y^2}$ 围成。试在柱面坐标系中计算三重积分 $\iiint_{\Omega} zdv$。

解 画出积分域 Ω 及它在 xy 平面上的投影区域 D〔图10-19(a)(b)〕，按柱面坐标定限法有

$$\iiint_{\Omega} zdv = \iint_{D}\left[\int_{\sqrt{x^2+y^2}}^{\sqrt{8-x^2-y^2}} zdz\right]d\sigma = \int_{0}^{2\pi}d\theta\int_{0}^{2}rdr\int_{r}^{\sqrt{8-r^2}} zdz = \int_{0}^{2\pi}d\theta\int_{0}^{2}r(4-r^2)dr = 8\pi$$

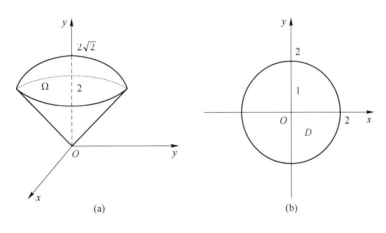

图 10-19

（三）球面坐标系中的计算法

在球面坐标系中，用 r、θ、φ 三个量构成的有序数组 (r,θ,φ) 确定空间的点 M，如图10-19所示。其中 r 是点 M 到原点的距离，设 OM 在 xy 平面上的投影为 OP。

从面对正 z 轴方向看，x 轴正向以逆时针方向转到 OP 的角为 θ，φ 为 OM 与 z 轴正向的夹角（取向如图10-20所示），它们的取值范围是：$0\leqslant r\leqslant +\infty$，$0\leqslant\theta\leqslant 2\pi$，$0\leqslant\varphi\leqslant\pi$。$(r,\theta,\varphi)$ 称为空间点的球坐标。事实上，点 M 也可以看成是以原点为球心、r 为半径的球面与极角为 θ 的半平面，张角为 φ 的锥面的公共交点。因此称 (r,θ,φ) 为点 M 的球坐标。

球面坐标与直角坐标的关系，由图10-20可知，应是 $x = r\sin\varphi\cos\theta$，$y = r\sin\varphi\sin\theta$，$z = r\cos\varphi$。

为了把三重职分中的变量从直角坐标变换为球面坐标，用三组坐标面 $r =$ 常数、$\varphi =$ 常数、$\theta =$ 常数把积分区

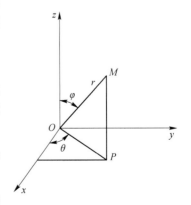

图 10-20

域 Ω 分成许多小闭区域。考虑由 r、φ、θ 各取得微小增量 dr、$d\varphi$、$d\theta$ 所成的六面体的体积，如图 10-21 所示。不计高阶无穷小，可把这个六面体看作长方体，其经线方向的长为 $rd\varphi$，纬线方向的宽为 $r\sin\varphi d\theta$，向径方向的高为 dr，于是得

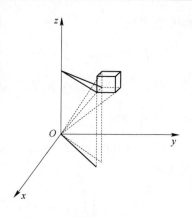

$$dv = r^2\sin\varphi drd\varphi d\theta$$

这就是球面坐标系中的体积元素。因此，三重积分 $\iiint\limits_{\Omega} f(x,y,z)dv$ 在球面坐标系中，可以表示为

$$\iiint\limits_{\Omega} f(x,y,z)dv = \iiint\limits_{\Omega} f(r\sin\varphi\cos\theta,r\sin\varphi\sin\theta,r\cos\varphi) \cdot$$
$$r^2\sin\varphi drd\theta d\varphi$$

图 10-21

上式右端也可化为对 r、θ、φ 的三次积分。本节仅介绍下述两种特殊区域的情形。

例 3　将三重积分 $\iiint\limits_{\Omega} f(x,y,z)dv$ 化为球面坐标系中的累次积分。其中，Ω：$x^2 + y^2 + z^2 \leqslant R^2$。

解　对球域 Ω 来说，因为球心在坐标原点，所以球域内任一点的球面坐标 (r,θ,φ) 的变化范围为 $0\leqslant r\leqslant R$，$0\leqslant\theta\leqslant 2\pi$，$0\leqslant\varphi\leqslant\pi$。

因此

$$\iiint\limits_{\Omega} f(x,y,z)dv = \int_0^{2\pi}d\theta\int_0^{\pi}d\varphi\int_0^R f(r\sin\varphi\cos\theta,r\sin\varphi\sin\theta,r\cos\varphi)r^2\sin\varphi dr$$

例 4　求由球面 $x^2 + y^2 + z^2 = 2Rz$ 和顶角等于 2α，以 z 轴为轴的圆锥面所围成的立体 Ω 的体积。

解　在球面坐标系下，球面 $x^2 + y^2 + z^2 = 2Rz$ 的方程可以化为

$$r = 2R\cos\varphi$$

顶角等于 2α，以 z 轴为轴的圆锥面的方程为

$$\varphi = \alpha$$

于是，积分域 Ω 可以用不等式组表示为

$$\begin{cases}0\leqslant r\leqslant 2R\cos\varphi \\ 0\leqslant\varphi\leqslant\alpha \\ 0\leqslant\theta\leqslant 2\pi\end{cases}$$

所以，Ω 的体积为

$$V = \iiint\limits_{\Omega}dv = \iiint\limits_{\Omega}r^2\sin\varphi drd\theta d\varphi = \int_0^{2\pi}d\theta\int_0^{\alpha}d\varphi\int_0^{2R\cos\varphi}r^2\sin\varphi dr$$

$$= 2\pi\int_0^{\alpha}\left[\frac{1}{3}r^3\sin\varphi\right]_0^{2R\cos\varphi}d\varphi = \frac{16}{3}\pi R^3\int_0^{\alpha}\cos^3\varphi\sin\varphi d\varphi$$

$$= \frac{4}{3}\pi R^3(1 - \cos^4\alpha)$$

港珠澳大桥

港珠澳大桥是一座我国内地珠海连接中国香港、中国澳门的桥隧工程，位于中国广东省珠江口伶仃洋海域内，为珠江三角洲地区环线高速公路南环段。

港珠澳大桥东起香港国际机场附近的香港口岸人工岛，向西横跨南海伶仃洋水域接珠海和澳门人工岛，止于珠海洪湾立交；桥隧全长 55km，其中主桥 29.6km、香港口岸至珠澳口岸 41.6km；桥面为双向六车道高速公路，设计速度 100km/h；工程项目总投资额 1269 亿元。港珠澳大桥集桥梁、隧道和人工岛于一体，建设难度之大，被业界誉为桥梁界的"珠穆朗玛峰"，也被英国《卫报》评为"新的世界七大奇迹"之一。

港珠澳大桥的建成，加深了内地与港澳之间政治、经济、文化联系，见证了中国工程技术发展前进的步伐，更彰显了国人无穷的智慧与力量，同时也体现了我国正走向民族复兴强盛的新阶段。在中国共产党的坚强领导下，国家综合实力不断提升，人民生活幸福感不断增强。

习题 10-3

1. 在直角坐标系中计算下列三重积分。

(1) $\iiint\limits_{\Omega} xy^2z^3\mathrm{d}v$，其中 Ω 为长方体：$0 \le z \le 3$，$0 \le y \le 2$，$0 \le x \le 1$；

(2) $\iiint\limits_{\Omega} \sin(x+y+z)\mathrm{d}v$，其中 Ω 是由三个坐标面与平面 $x+y+z=\dfrac{\pi}{2}$ 围成的立体。

2. 在柱面坐标系中计算下列三重积分。

(1) $\iiint\limits_{\Omega}(x^2+y^2)\mathrm{d}v$，其中 Ω 是由旋转抛物面 $z=\dfrac{1}{2}(x^2+y^2)$ 及平面 $z=2$ 围成的立体；

(2) $\iiint\limits_{\Omega} \sqrt{x^2+y^2}\mathrm{d}v$，其中 Ω 是由坐标 $z=0$ 与半球面 $z=\sqrt{R^2-(x^2+y^2)}$ 围成的立体。

3. 在球面坐标系中计算下列三重积分。

(1) $\iiint\limits_{\Omega} \dfrac{\cos\sqrt{x^2+y^2+z^2}}{\sqrt{x^2+y^2+z^2}}\mathrm{d}v$，其中 Ω 为：$\pi^2 \le x^2+y^2+z^2 \le 4\pi^2$；

(2) $\iiint\limits_{\Omega} \sqrt{x^2+y^2+z^2}\mathrm{d}v$，其中 Ω 为：$\sqrt{x^2+y^2} \le z \le \sqrt{R^2-(x^2+y^2)}$。

4. 利用三重积分，计算下列立体 Ω 的体积。

(1) Ω 由三个坐标面与平面 $\dfrac{x}{2}+\dfrac{y}{3}+\dfrac{z}{4}=1$ 围成；

(2) Ω 由旋转抛物面 $z=x^2+y^2$ 与平面 $z=2$ 围成；

(3) Ω 由旋转抛物面 $z=x^2+y^2$ 与锥面 $z=\sqrt{x^2+y^2}$ 围成。

第十一章　无穷级数

　　无穷级数也是高等数学课程中的重要内容，它在函数的研究、近似计算等方面有着广泛的应用。本章将在极限理论的基础上，首先介绍数项级数的基本知识，然后由此得出幂级数的一些基本结论，以及函数展开成幂级数的方法和应用，最后研究在电工学等学科中经常用到的傅里叶级数。

第一节　数项级数的概念和性质

　　分数 $\frac{1}{3}$ 写成循环小数形式时为 $0.333\cdots$，而 $0.3 = \frac{3}{10}$，$0.03 = \frac{3}{10^2}$，$0.003 = \frac{3}{10^3}$，$\cdots$，所以

$$\frac{1}{3} = \frac{3}{10} + \frac{3}{10^2} + \frac{3}{10^3} + \cdots$$

这样就得到了一个"无穷和式"，这个"无穷和式"就是一个数项级数。

　　定义 1　一般地，如果给定一个数列 u_1，u_2，u_3，$\cdots$，u_n，$\cdots$，则由这数列构成的表达式

$$u_1 + u_2 + u_3 + \cdots + u_n + \cdots \tag{11-1}$$

叫作（常数项）无穷级数，简称（常数项）级数，记为 $\sum\limits_{n=1}^{\infty} u_n$，即

$$\sum_{n=1}^{\infty} u_n = u_1 + u_2 + u_3 + \cdots + u_n + \cdots$$

其中，第 n 项 u_n 叫作级数的一般项。

　　这里需要指出，作为级数（11-1）只是一个形式上的和式，如何理解无穷多个数相加的含义呢？下面从级数的前 n 项的和出发，观察它的变化趋势，从而给出无穷多个数相加的含义。

　　级数（11-1）前 n 项的和为

$$S_n = u_1 + u_2 + \cdots + u_n \tag{11-2}$$

称为级数（11-1）的部分和。当 n 依次取 1，2，3，$\cdots$时，部分和构成一个新的数列：

$$S_1 = u_1, \quad S_2 = u_1 + u_2, \quad S_3 = u_1 + u_2 + u_3, \quad S_n = u_1 + u_2 + \cdots + u_n + \cdots$$

根据这个数列有没有极限，引进无穷级数（11-1）的收敛与发散的概念。

　　定义 2　如果级数 $\sum\limits_{n=1}^{\infty} u_n$ 的部分和数列 $\{S_n\}$ 有极限 S，即 $\lim\limits_{n\to\infty} S_n = S$，则称无穷级数 $\sum\limits_{n=1}^{\infty} u_n$ 收敛，这时极限 S 叫作这级数的和，并写成

$$S = u_1 + u_2 + \cdots + u_n + \cdots$$

如果 $\{S_n\}$ 没有极限，则称无穷级数 $\sum\limits_{n=1}^{\infty} u_n$ 发散。

例1 无穷级数 $\sum\limits_{n=1}^{\infty} aq^n = a + aq + aq^2 + \cdots + aq^n + \cdots$ 叫作等比级数（又称为几何级数），其中 $a \neq 0$，q 叫作级数的公比。试讨论该级数的收敛性。

解 如果 $|q| \neq 1$，则部分和为

$$S_n = a + aq + \cdots + aq^{n-1} = \frac{a - aq^n}{1 - q}$$

当 $|q| < 1$ 时，由于 $\lim\limits_{n \to \infty} q^n = 0$，从而 $\lim\limits_{n \to \infty} S_n = \dfrac{a}{1-q}$，因此这时该级数收敛，其和为 $\dfrac{a}{1-q}$。

当 $|q| > 1$ 时，由于 $\lim\limits_{n \to \infty} q^n = \infty$，从而 $\lim\limits_{n \to \infty} S_n = \infty$，这时该级数发散。

如果 $|q| = 1$，则 $q = 1$ 时，$S_n = na \to \infty$，因此该级数发散；当 $q = -1$ 时，该级数成为

$$a - a + a - a + \cdots$$

显然 S_n 随着 n 为奇数或为偶数而等于 a 或等于零，从而 S_n 的极限不存在，这时该级数也发散。

综合上述结果，得到：如果等比级数的公比的绝对值 $|q| < 1$，则级数收敛；如果 $|q| \geq 1$，则级数发散。

例2 级数 $1 + \dfrac{1}{2} + \dfrac{1}{3} + \cdots + \dfrac{1}{n} + \cdots$ 称为调和级数，试证明其发散。

证 假若该级数收敛，设它的部分和为 S_n，且 $S_n \to S(n \to \infty)$。显然，对该级数的部分和 $S_{2n} \to S(n \to \infty)$。于是

$$S_{2n} - S_n \to S - S = 0(n \to \infty)$$

但另一方面

$$S_{2n} - S_n = \frac{1}{n+1} + \frac{1}{n+2} + \cdots + \frac{1}{2n} > \underbrace{\frac{1}{2n} + \frac{1}{2n} + \cdots + \frac{1}{2n}}_{n\text{项}} = \frac{1}{2}$$

故

$$S_{2n} - S_n \nrightarrow 0(n \to \infty)$$

与假设该级数收敛矛盾，所以该级数必定发散。

例3 求级数 $\sum\limits_{n=1}^{\infty} \dfrac{1}{n(n+1)}$ 的和。

解 由于

$$u_n = \frac{1}{n(n+1)} = \frac{1}{n} - \frac{1}{n+1}$$

因此

$$S_n = \frac{1}{1 \cdot 2} + \frac{1}{2 \cdot 3} + \cdots + \frac{1}{n(n+1)}$$

$$= \left(1 - \frac{1}{2}\right) + \left(\frac{1}{2} - \frac{1}{3}\right) + \cdots + \left(\frac{1}{n} - \frac{1}{n+1}\right) = 1 - \frac{1}{n+1}$$

从而

$$\lim_{n \to \infty} S_n = \lim_{n \to \infty} \left(1 - \frac{1}{n+1}\right) = 1$$

所以该级数的和为 1，即

$$\sum_{n=1}^{\infty} \frac{1}{n(n+1)} = 1$$

一、数项级数的基本性质

根据数项级数收敛性的概念，可以得出如下的基本性质。

（1）在级数的前面加上或去掉有限项，不影响级数的收敛性。但一般将会改变收敛级数的和。

（2）用一个非零的常数 c 乘级数 $\sum_{n=1}^{\infty} u_n$ 的每一项，所得到新的级数 $\sum_{n=1}^{\infty} cu_n$ 的收敛性与原级数 $\sum_{n=1}^{\infty} u_n$ 相同，且若 $\sum_{n=1}^{\infty} u_n = S$，则必有 $\sum_{n=1}^{\infty} cu_n = cS$。

（3）两个收敛级数的对应项相加，所得级数收敛且其和等于两个级数和的相加。

上述性质的证明从略。

去掉级数 $\sum_{n=1}^{\infty} u_n$ 的前 n 项，所得的级数 $\sum_{k=n+1}^{\infty} u_k$ 称为级数 $\sum_{n=1}^{\infty} u_n$ 的余项，记为 r_n，即

$$r_n = u_{n+1} + u_{n+2} + u_{n+3} + \cdots$$

若级数 $\sum_{n=1}^{\infty} u_n$ 收敛于 S，则余项 r_n 也必收敛，且有 $\lim_{n \to \infty} r_n = 0$。这是因为

$$r_n = S - S_n$$
$$\lim_{n \to \infty} r_n = \lim_{n \to \infty} (S - S_n) = S - S = 0$$

显然，$|r_n|$ 就是用 S_n 替代 S 时，所产生的误差。这是能借助级数作近似计算的基本依据。

二、数项级数收敛的必要条件

定理　如果级数 $\sum_{n=1}^{\infty} u_n$ 收敛，则它的一般项 u_n 趋于零，即 $\lim_{n \to \infty} u_n = 0$。

证　设级数 $\sum_{n=1}^{\infty} u_n$ 的部分和为 S_n，且 $S_n \to S(n \to \infty)$，则

$$\lim_{n \to \infty} u_n = \lim_{n \to \infty} (S_n - S_{n-1}) = S - S = 0$$

由该定理知，如果级数的一般项不趋于零，则该级数必定发散。

注意：级数的一般项趋于零并不是级数收敛的充分条件。有些级数虽然一般项趋于零，但仍然是发散的，如调和级数。

◆ **价值引领**

愚公移山精神

愚公移山精神是中华优秀传统文化的重要标识。《愚公移山》是中国古代故事，

选自《列子·汤问》，作者是春秋战国时期的列御寇。讲述的是愚公不畏艰难、子孙相继、挖山不止的故事，体现了中华民族知难而进、艰苦奋斗的伟大精神。千百年来，愚公移山的故事广为传颂，愚公移山精神激励着中华儿女艰苦奋斗、奋勇前进。1945 年 6 月 11 日，毛泽东同志在党的七大会议上以《愚公移山》为题作大会闭幕词，1958 年又发出了"愚公移山改造中国"的伟大号召。

新时代，愚公移山精神不仅没有过时，而且越发彰显出时代精神和现实意义。没有比人更高的山，没有比脚更长的路。只要我们锲而不舍，奋斗到底，必能达到。

习题 11-1

1. 写出下列级数的一般项。

（1）$1 + \dfrac{1}{3} + \dfrac{1}{5} + \dfrac{1}{7} + \cdots$；

（2）$\dfrac{2}{1} - \dfrac{3}{2} + \dfrac{4}{3} - \dfrac{5}{4} + \dfrac{6}{5} - \cdots$；

（3）$\dfrac{\sqrt{x}}{2} + \dfrac{x}{2 \cdot 4} + \dfrac{x\sqrt{x}}{2 \cdot 4 \cdot 6} + \dfrac{x^2}{2 \cdot 4 \cdot 6 \cdot 8} + \cdots$；

（4）$\dfrac{a^2}{3} - \dfrac{a^3}{5} + \dfrac{a^4}{7} - \dfrac{a^5}{9} + \cdots$。

2. 根据级数收敛与发散的定义判别下列级数的收敛性。

（1）$\displaystyle\sum_{n=1}^{\infty} (\sqrt{n+1} - \sqrt{n})$；

（2）$\dfrac{1}{1 \cdot 3} + \dfrac{1}{3 \cdot 5} + \dfrac{1}{5 \cdot 7} + \cdots + \dfrac{1}{(2n-1)(2n+1)} + \cdots$；

（3）$\sin\dfrac{\pi}{6} + \sin\dfrac{2}{6}\pi + \cdots + \sin\dfrac{n\pi}{6} + \cdots$。

3. 判别下列级数的收敛性。

（1）$-\dfrac{8}{9} + \dfrac{8^2}{9^2} - \dfrac{8^3}{9^3} + \cdots + (-1)^n \dfrac{8^n}{9^n} + \cdots$；

（2）$\dfrac{1}{3} + \dfrac{1}{6} + \dfrac{1}{9} + \cdots + \dfrac{1}{3n} + \cdots$；

（3）$\dfrac{1}{3} + \dfrac{1}{\sqrt{3}} + \dfrac{1}{\sqrt[3]{3}} + \cdots + \dfrac{1}{\sqrt[n]{3}} + \cdots$；

（4）$\dfrac{3}{2} + \dfrac{3^2}{2^2} + \dfrac{3^3}{2^3} + \cdots + \dfrac{3^n}{2^n} + \cdots$；

（5）$\left(\dfrac{1}{2} - \dfrac{1}{3}\right) + \left(\dfrac{1}{2^2} - \dfrac{1}{3^2}\right) + \left(\dfrac{1}{2^3} - \dfrac{1}{3^3}\right) + \cdots + \left(\dfrac{1}{2^n} - \dfrac{1}{3^n}\right) + \cdots$。

第二节　正项级数及其审敛法

正项级数是数项级数中比较简单，但又很重要的一种类型。若级数 $\sum\limits_{n=1}^{\infty} u_n$ 中各项均为非负，即 $u_n \geqslant 0 (n=1, 2, 3\cdots)$，则称该级数为正项级数。设它的部分和为 S_n，因为

$$S_n = S_{n-1} + u_n \geqslant S_{n-1}$$

所以，正项级数的部分和数列是一个单调增加的数列。

单调有界数列必有极限。根据这一准则，可得到判定正项级数收敛性的一个定理。

定理1　正项级数收敛的充要条件是它的部分和数列有界。

直接应用定理1来判定正项级数是否收敛，往往不太方便。但由定理1可得到常用的正项级数的比较审敛法。

定理2（比较审敛法）　设有两个正项级数 $\sum\limits_{n=1}^{\infty} u_n$ 和 $\sum\limits_{n=1}^{\infty} v_n$。如果 $u_n \leqslant v_n (n=1, 2, 3, \cdots)$ 成立，那么：

(1) 若级数 $\sum\limits_{n=1}^{\infty} v_n$ 收敛，则级数 $\sum\limits_{n=1}^{\infty} u_n$ 也收敛；

(2) 若级数 $\sum\limits_{n=1}^{\infty} u_n$ 发散，则级数 $\sum\limits_{n=1}^{\infty} v_n$ 也发散。

证　(1) 设级数 $\sum\limits_{n=1}^{\infty} v_n$ 收敛于和 σ，则级数 $\sum\limits_{n=1}^{\infty} u_n$ 的部分和

$$S_n = u_1 + u_2 + \cdots + u_n \leqslant v_1 + v_2 + \cdots + v_n \leqslant \sigma \quad (n=1,2,\cdots)$$

即部分和数列 $\{S_n\}$ 有界，由定理1知级数 $\sum\limits_{n=1}^{\infty} u_n$ 收敛。

(2) 若级数 $\sum\limits_{n=1}^{\infty} v_n$ 收敛，由 (1) 已证明的结论，将有级数 $\sum\limits_{n=1}^{\infty} u_n$ 也收敛，与假设矛盾。

例1　讨论 p – 级数

$$1 + \frac{1}{2^p} + \frac{1}{3^p} + \frac{1}{4^p} + \cdots + \frac{1}{n^p} + \cdots \tag{11-3}$$

的收敛性，其中常数 $p > 0$。

解　设 $p \leqslant 1$，这时级数的各项不小于调和级数的对应项：$\dfrac{1}{n^p} \geqslant \dfrac{1}{n}$，但调和级数发散，因此根据比较审敛法可知，当 $p \leqslant 1$ 时，级数 (11-3) 发散。

设 $p > 1$，因为当 $n-1 \leqslant x \leqslant n$ 时，$\dfrac{1}{n^p} \leqslant \dfrac{1}{x^p}$，所以

$$\frac{1}{n^p} = \int_{n-1}^{n} \frac{1}{n^p} \mathrm{d}x \leqslant \int_{n-1}^{n} \frac{1}{x^p} \mathrm{d}x = \frac{1}{p-1}\left[\frac{1}{(n-1)^{p-1}} - \frac{1}{n^{p-1}}\right] \quad (n=2,3,\cdots)$$

考虑级数

$$\sum_{n=2}^{\infty} \left[\frac{1}{(n-1)^{p-1}} - \frac{1}{n^{p-1}}\right] \tag{11-4}$$

级数（11-4）的部分和

$$S_n = \left(1 - \frac{1}{2^{p-1}}\right) + \left(\frac{1}{2^{p-1}} - \frac{1}{3^{p-1}}\right) + \cdots + \left(\frac{1}{n^{p-1}} - \frac{1}{(n+1)^{p-1}}\right) = 1 - \frac{1}{(n+1)^{p-1}}$$

因为

$$\lim_{n \to \infty} S_n = \lim_{n \to \infty}\left[1 - \frac{1}{(n+1)^{p-1}}\right] = 1$$

所以，级数（11-4）收敛。从而，根据比较审敛法可知，当 $p > 1$ 时，级数（11-3）收敛。

综合上述结果，得到：p-级数（11-3）当 $p > 1$ 时收敛，当 $p \leqslant 1$ 时发散。

例 2　证明级数 $\displaystyle\sum_{n=1}^{\infty} \frac{1}{\sqrt{n(n+1)}}$ 是发散的。

证　因为 $n(n+1) < (n+1)^2$，所以 $\dfrac{1}{\sqrt{n(n+1)}} > \dfrac{1}{n+1}$。而级数

$$\sum_{n=1}^{\infty} \frac{1}{n+1} = \frac{1}{2} + \frac{1}{3} + \cdots + \frac{1}{n+1} + \cdots$$

是发散的。根据比较审敛法可知所给级数也是发散的。

定理 3（比较审敛法的极限形式）　设 $\displaystyle\sum_{n=1}^{\infty} u_n$ 和 $\displaystyle\sum_{n=1}^{\infty} v_n$ 都是正项级数，如果 $\displaystyle\lim_{n \to \infty} \frac{u_n}{v_n} = l$

$(0 < l < +\infty)$，则级数 $\displaystyle\sum_{n=1}^{\infty} u_n$ 和 $\displaystyle\sum_{n=1}^{\infty} v_n$ 同时收敛或同时发散。

证　由极限的定义可知，对 $\varepsilon = \dfrac{l}{2}$，存在自然数 N，当 $n > N$ 时，有不等式

$$l - \frac{l}{2} < \frac{u_n}{v_n} < l + \frac{l}{2}$$

即

$$\frac{l}{2} v_n < u_n < \frac{3}{2} l v_n$$

再根据比较审敛法即得所要证的结论。

例 3　判别级数 $\displaystyle\sum_{n=1}^{\infty} \sin \frac{1}{n}$ 的收敛性。

解　因为

$$\lim_{n \to \infty} \frac{\sin \dfrac{1}{n}}{\dfrac{1}{n}} = 1$$

根据定理 3 知此级数发散。

例 4　判别级数 $\displaystyle\sum_{n=1}^{\infty} \ln\left(1 + \frac{1}{n^2}\right)$ 的收敛性。

解　因为

$$\lim_{n \to \infty} \frac{\ln\left(1 + \dfrac{1}{n^2}\right)}{\dfrac{1}{n^2}} = 1$$

根据定理 3 知此级数收敛。

定理 4［比值审敛法，达朗贝尔（D'Alembert）判别法］　若正项级数 $\sum\limits_{n=1}^{\infty} u_n$ 的后项与前项之比值的极限等于 ρ，即

$$\lim_{n \to \infty} \frac{u_{n+1}}{u_n} = \rho$$

那么：

（1）当 $\rho < 1$ 时，级数收敛；

（2）当 $\rho > 1$ 时，级数发散；

（3）当 $\rho = 1$ 时，级数可能收敛也可能发散。

证　（1）当 $\rho < 1$，取一个适当小的正数 ε，使得 $\rho + \varepsilon = r < 1$，根据极限定义，存在自然数 N，当 $n \geq N$ 时有不等式

$$\frac{u_{n+1}}{u_n} < \rho + \varepsilon = r$$

因此

$$u_{N+1} < r u_N, \ u_{N+2} < r u_{N+1} < r^2 u_N, \ u_{N+3} < r u_{N+2} < r^3 u_N, \ \cdots$$

这样，级数 $u_{N+1} + u_{N+2} + u_{N+3} + \cdots$ 的各项就小于收敛的等比级数（公比 $r < 1$）$r u_N + r^2 u_N + r^3 u_N + \cdots$ 的对应项，所以它也收敛。由于级数 $\sum\limits_{n=1}^{\infty} u_n$ 只比它多了前 N 项，因此级数 $\sum\limits_{n=1}^{\infty} u_n$ 也收敛。

（2）当 $\rho > 1$，取一个适当小的正数 ε，使得 $\rho - \varepsilon > 1$。

根据极限定义，当 $n \geq N$ 时有不等式

$$\frac{u_{n+1}}{u_n} > \rho - \varepsilon > 1$$

也就是 $u_{n+1} > u_n$

所以当 $n \geq N$ 时，级数的一般项 u_n 是逐渐增大的，从而 $\lim\limits_{n \to \infty} u_n \neq 0$。根据级数收敛的必要条件可知级数 $\sum\limits_{n=1}^{\infty} u_n$ 发散。

（3）当 $\rho = 1$ 时，级数可能收敛也可能发散。例如 p - 级数（1），不论 p 为何值都有

$$\lim_{n \to \infty} \frac{u_{n+1}}{u_n} = \lim_{n \to \infty} \frac{\dfrac{1}{(n+1)^p}}{\dfrac{1}{n^p}} = 1$$

但是，当 $p > 1$ 时级数收敛，当 $p \leq 1$ 时级数发散，因此只根据 $\rho = 1$ 不能判别级数的收敛性。

例 5　试证明正项级数 $\sum\limits_{n=1}^{\infty} 2^n \tan \dfrac{\pi}{3^n}$ 收敛。

证　因为

$$\lim_{n \to \infty} \frac{u_{n+1}}{u_n} = \lim_{n \to \infty} \frac{2^{n+1} \tan \frac{\pi}{3^{n+1}}}{2^n \tan \frac{\pi}{3^n}} = \frac{2}{3} < 1$$

所以级数收敛。

例6　讨论级数 $\sum\limits_{n=1}^{\infty} n! \left(\dfrac{x}{n} \right)^n (x > 0)$ 的收敛性。

解　因为

$$\lim_{n \to \infty} \frac{u_{n+1}}{u_n} = \lim_{n \to \infty} \frac{(n+1)! \left(\dfrac{x}{n+1} \right)^{n+1}}{n! \left(\dfrac{x}{n} \right)^n} = \lim_{n \to \infty} \frac{x}{\left(1 + \dfrac{1}{n} \right)^n} = \frac{x}{e}$$

当 $x < e$，即 $\dfrac{x}{e} < 1$ 时，级数收敛；当 $x > e$，即 $\dfrac{x}{e} > 1$ 时，级数发散。

当 $x = e$ 时，虽然不能利用比值审敛法直接得出级数收敛或发散的结论，但是，由于数列 $\left\{ \left(1 + \dfrac{1}{n} \right)^n \right\}$ 是一个单调增加而有上界的数列，即 $\left(1 + \dfrac{1}{n} \right)^n \leqslant e$ ($n = 1, 2, 3, \cdots$)，因此对于任意有限的 n，总有

$$\frac{u_{n+1}}{u_n} = \frac{x}{\left(1 + \dfrac{1}{n} \right)^n} = \frac{e}{\left(1 + \dfrac{1}{n} \right)^n} > 1$$

所以，级数的后项总是大于前项，故 $\lim\limits_{n \to \infty} u_n \neq 0$，所以级数也发散。

❖ **知识拓展**

用数学模型预测疫情

自新冠疫情爆发以来，国内外一些科研机构利用数学模型对新冠病毒的可能感染规模和传播风险等进行了预测。在为疫情防控提供一定指导意义的同时，也有人对此提出质疑，主要集中在预测本身的科学性及其产生的实际作用，乃至于社会影响等方面。

建立符合实际的数学模型对疫情进行短期预测是具有一定的精准性的，其结果也能为评估防控措施的有效性以及医疗、卫生资源的分配提供重要的参考价值。特别是在封城策略对全国疫情影响的分析中，采用数学的知识帮助验证了封城策略将在减缓全国疫情中发挥重要作用，这为国家实施防控策略提供了重要的理论决策支持。

对青年而言，勇于创新、敢为人先，关键在于聚焦国家发展战略和人民美好生活需要，紧盯科学、技术、产业、管理的前沿，努力在基础研究、重大项目、重点工程中刻苦攻关、施展才华。深入人民、深入实践，想党和人民之所想，赴党和人民之所需，才能让创新潜能和创造活力永不枯竭。

习题 11-2

1. 用比较审敛法或极限审敛法判别下列级数的收敛性。

（1）$1 + \dfrac{1}{3} + \dfrac{1}{5} + \cdots + \dfrac{1}{(2n-1)} + \cdots$；

（2）$1 + \dfrac{1+2}{1+2^2} + \dfrac{1+3}{1+3^2} + \cdots + \dfrac{1+n}{1+n^2} + \cdots$；

（3）$\dfrac{1}{2 \cdot 5} + \dfrac{1}{3 \cdot 6} + \cdots + \dfrac{1}{(n+1)(n+4)} + \cdots$；

（4）$\sin\dfrac{\pi}{2} + \sin\dfrac{\pi}{2^2} + \sin\dfrac{\pi}{2^3} + \cdots + \sin\dfrac{\pi}{2^n} + \cdots$；

（5）$\displaystyle\sum_{n=1}^{\infty} \dfrac{1}{1+a^n}(a > 0)$。

2. 用比值审敛法判别下列级数的收敛性。

（1）$\displaystyle\sum_{n=1}^{\infty} \dfrac{3^n}{n \cdot 2^n}$；　　　　　　（2）$\displaystyle\sum_{n=1}^{\infty} \dfrac{n^2}{3^n}$；

（3）$\displaystyle\sum_{n=1}^{\infty} \dfrac{2^n \cdot n!}{n^n}$；　　　　　　（4）$\displaystyle\sum_{n=1}^{\infty} n\tan\dfrac{\pi}{2^{n+1}}$；

（5）$\displaystyle\sum_{n=1}^{\infty} \left(\dfrac{n}{2n+1}\right)^n$；　　　　（6）$\displaystyle\sum_{n=1}^{\infty} \dfrac{1}{[\ln(n+1)]^n}$。

3. 判别下列级数的收敛性。

（1）$\dfrac{3}{4} + 2\left(\dfrac{3}{4}\right)^2 + 3\left(\dfrac{3}{4}\right)^3 + \cdots + n\left(\dfrac{3}{4}\right)^n + \cdots$；

（2）$\dfrac{1^4}{1!} + \dfrac{2^4}{2!} + \dfrac{3^4}{3!} + \cdots + \dfrac{n^4}{n!} + \cdots$；

（3）$\displaystyle\sum_{n=1}^{\infty} \dfrac{n+1}{n(n+2)}$；

（4）$\displaystyle\sum_{n=1}^{\infty} 2^n \sin\dfrac{\pi}{3^n}$；

（5）$\sqrt{2} + \sqrt{\dfrac{3}{2}} + \cdots + \sqrt{\dfrac{n+1}{n}} + \cdots$；

（6）$\dfrac{1}{a+b} + \dfrac{1}{2a+b} + \cdots + \dfrac{1}{na+b} + \cdots (a > 0, b > 0)$。

第三节　任意项级数

一、交错级数及其审敛法

所谓交错级数是这样的级数，它的各项是正负交错的，从而可以写成下面的形式：

$$u_1 - u_2 + u_3 - u_4 + \cdots$$

或
$$-u_1 + u_2 - u_3 + u_4 - \cdots$$

其中，u_1，u_2，$\cdots$都是正数，下面证明关于交错级数的一个审敛法。

定理 1（莱布尼兹审敛法）　如果交错级数 $\displaystyle\sum_{n=1}^{\infty} (-1)^{n-1} u_n$ 满足条件：

（1）$u_n \geqslant u_{n+1}$（$n = 1, 2, 3, \cdots$）；

（2）$\lim\limits_{n \to \infty} u_n = 0$。

则级数收敛，且其和 $S \leqslant u_1$，其余项 r_n 的绝对值 $|r_n| \leqslant u_{n+1}$。

证　先证明前 $2n$ 项的和 S_{2n} 的极限存在。为此把 S_{2n} 写成两种形式：

$$S_{2n} = (u_1 - u_2) + (u_3 - u_4) + \cdots + (u_{2n-1} - u_{2n})$$

及

$$S_{2n} = u_1 - (u_2 - u_3) - (u_4 - u_5) - \cdots - (u_{2n-2} - u_{2n-1}) - u_{2n}$$

根据条件（1）知道所有括弧中的差都是非负的。由第一种形式可见数列 $\{S_{2n}\}$ 是单调增加的，由第二种形式可见 $S_{2n} < u_1$。于是，根据单调有界数列必有极限的准则知道，当 n 无限增大时，S_{2n} 趋于一个极限 S，并且 S 不大于 u_1：

$$\lim\limits_{n \to \infty} S_{2n} = S \leqslant u_1$$

再证明前 $2n+1$ 项的和 S_{2n+1} 的极限也是 S。事实上，有

$$S_{2n+1} = S_{2n} + u_{2n+1}$$

由条件（2）知 $\lim\limits_{n \to \infty} u_{2n+1} = 0$，因此

$$\lim\limits_{n \to \infty} S_{2n+1} = \lim\limits_{n \to \infty} (S_{2n} + u_{2n+1}) = S$$

由于级数的前偶数项的和与奇数项的和趋于同一极限 S，故级数 $\sum\limits_{n=1}^{\infty} (-1)^{n-1} u_n$ 的部分和 S_n 当 $n \to \infty$ 时具有极限 S。这就证明了级数收敛于和 S，且 $S \leqslant u_1$。

最后，不难看出余项 r_n 可以写成

$$r_n = \pm (u_{n+1} - u_{n+2} + \cdots)$$

其绝对值

$$|r_n| = u_{n+1} - u_{n+2} + \cdots$$

上式右端也是一个交错级数，它也满足收敛的两个条件，所以其和小于级数的第一项，即

$$|r_n| \leqslant u_{n+1}$$

证毕。

例1　试判定交错级数 $\sum\limits_{n=1}^{\infty} (-1)^{n-1} \dfrac{n}{2^n}$ 的收敛性。

解　因为 $u_n = \dfrac{n}{2^n}$，$u_{n+1} = \dfrac{n+1}{2^{n+1}}$，而

$$u_n - u_{n+1} = \frac{n-1}{2^{n+1}} \geqslant 0 \quad (n = 1, 2, 3, \cdots)$$

所以　　　　　　　　　　$u_n \geqslant u_{n+1} \quad (n = 1, 2, 3, \cdots)$

又因为 $\lim\limits_{n \to \infty} u_n = \lim\limits_{n \to \infty} \dfrac{n}{2^n} = 0$，所以该交错级数收敛。

二、绝对收敛与条件收敛

现在讨论一般的级数 $u_1 + u_2 + \cdots + u_n + \cdots$，它的各项为任意实数。如果级数 $\sum\limits_{n=1}^{\infty} u_n$ 各

项的绝对值所构成的正项级数 $\sum\limits_{n=1}^{\infty} |u_n|$ 收敛，则称级数 $\sum\limits_{n=1}^{\infty} u_n$ 绝对收敛；如果级数 $\sum\limits_{n=1}^{\infty} u_n$ 收敛，而级数 $\sum\limits_{n=1}^{\infty} |u_n|$ 发散，则称级数 $\sum\limits_{n=1}^{\infty} u_n$ 条件收敛。易知，级数 $\sum\limits_{n=1}^{\infty} (-1)^{n-1} \dfrac{1}{n^2}$ 绝对收敛，而级数 $\sum\limits_{n=1}^{\infty} (-1)^{n-1} \dfrac{1}{n}$ 是条件收敛级数。

级数绝对收敛与级数收敛有以下关系。

定理 2　如果级数 $\sum\limits_{n=1}^{\infty} u_n$ 绝对收敛，则级数 $\sum\limits_{n=1}^{\infty} u_n$ 必定收敛。

证　设级数 $\sum\limits_{n=1}^{\infty} |u_n|$ 收敛。令

$$v_n = \frac{1}{2}(u_n + |u_n|) \quad (n = 1, 2, \cdots)$$

显然 $v_n \geq 0$ 且 $v_n \leq |u_n|(n = 1, 2, \cdots)$。由比较审敛法知道，级数 $\sum\limits_{n=1}^{\infty} v_n$ 收敛，从而级数 $\sum\limits_{n=1}^{\infty} 2v_n$ 也收敛。而 $u_n = 2v_n - |u_n|$，由收敛级数的基本性质可知

$$\sum\limits_{n=1}^{\infty} u_n = \sum\limits_{n=1}^{\infty} 2v_n - \sum\limits_{n=1}^{\infty} |u_n|$$

所以级数 $\sum\limits_{n=1}^{\infty} u_n$ 收敛。

证毕。

注意　上述定理的逆定理不成立。

例 2　判别级数 $\sum\limits_{n=1}^{\infty} \dfrac{\sin n\alpha}{\sqrt{n^3}}$ 的收敛性。

解　因为 $\left| \dfrac{\sin n\alpha}{\sqrt{n^3}} \right| \leq \dfrac{1}{n^{\frac{3}{2}}}$，而级数 $\sum\limits_{n=1}^{\infty} \dfrac{1}{n^{\frac{3}{2}}}$ 收敛，所以级数 $\sum\limits_{n=1}^{\infty} \left| \dfrac{\sin n\alpha}{\sqrt{n^3}} \right|$ 也收敛。

由定理 2 知，级数 $\sum\limits_{n=1}^{\infty} \dfrac{\sin n\alpha}{\sqrt{n^3}}$ 收敛且为绝对收敛。

❖ **名人名言**

　　每个人的生活都是由一件件小事组成的，养小德才能成大德。

——习近平

习题 11-3

1. 判别下列级数是否收敛？如果是收敛的，是绝对收敛还是条件收敛？

（1）$1 - \dfrac{1}{\sqrt{2}} + \dfrac{1}{\sqrt{3}} - \dfrac{1}{\sqrt{4}} + \cdots$；

（2）$\displaystyle\sum_{n=1}^{\infty} (-1)^{n-1} \dfrac{n}{3^{n-1}}$；

（3）$\dfrac{1}{3} \cdot \dfrac{1}{2} - \dfrac{1}{3} \cdot \dfrac{1}{2^2} + \dfrac{1}{3} \cdot \dfrac{1}{2^3} - \dfrac{1}{3} \cdot \dfrac{1}{2^4} + \cdots$；

（4）$\dfrac{1}{\ln 2} - \dfrac{1}{\ln 3} + \dfrac{1}{\ln 4} - \dfrac{1}{\ln 5} + \cdots$；

（5）$\displaystyle\sum_{n=1}^{\infty} \dfrac{n\cos^2 \dfrac{n\pi}{3}}{2^n}$；

（6）$\displaystyle\sum_{n=1}^{\infty} (-1)^n \ln \dfrac{n+1}{n}$；

（7）$\displaystyle\sum_{n=1}^{\infty} (-1)^{n+1} \dfrac{2^{n^2}}{n!}$。

2. 讨论级数 $\displaystyle\sum_{n=1}^{\infty} (-1)^{n-1} \dfrac{1}{n^p}$ 的收敛性（$p > 0$）。

第四节　幂　级　数

一、函数项级数的概念

如果给定一个定义在区间 I 上的函数列

$$u_1(x),\ u_2(x),\ u_3(x),\ \cdots,\ u_n(x),\ \cdots$$

则由这函数列构成的表达式为

$$u_1(x) + u_2(x) + u_3(x) + \cdots + u_n(x) + \cdots \tag{11-5}$$

式（11-5）称为定义在区间 I 上的（函数项）无穷级数，简称（函数项）级数。

对于每一个确定的值 $x_0 \in I$，函数项级数（11-5）成为常数项级数

$$u_1(x_0) + u_2(x_0) + u_3(x_0) + \cdots + u_n(x_0) + \cdots \tag{11-6}$$

如果级数（11-6）收敛，称点 x_0 是函数项级数（11-5）的收敛点；如果（11-6）发散，称点 x_0 是函数项级数（11-5）的发散点。函数项级数（11-5）的所有收敛点的全体称为它的收敛域，所有发散点的全体称为它的发散域。

对应于收敛域内的任意一个数 x，函数项级数成为一收敛的常数项级数，因而有一确定的和 S。这样，在收敛域上，函数项级数的和是 x 的函数 $S(x)$，通常称 $S(x)$ 为函数项级数的和函数，这函数的定义域就是级数的收敛域，并写成

$$S(x) = u_1(x) + u_2(x) + u_3(x) + \cdots + u_n(x) + \cdots$$

把函数项级数（11-5）的前 n 项的部分和记作 $S_n(x)$，则在收敛域上有

$$\lim_{n \to \infty} S_n(x) = S(x)$$

$r_n(x) = S(x) - S_n(x)$ 称为函数项级数的余项（当然，只有 x 在收敛域上 $r_n(x)$ 才有意义），于是有

$$\lim_{n \to \infty} r_n(x) = 0$$

二、幂级数及其收敛性

形如式（11-7）的函数项级数叫作幂级数，其中 a_0，a_1，$\cdots$，$a_n\cdots$ 都是常数，称为幂级数的系数。

$$a_0 + a_1 x + a_2 x^2 + \cdots + a_n x^n + \cdots \tag{11-7}$$

例如

$$1 + x + x^2 + \cdots + x^n + \cdots$$

$$1 + x + \frac{1}{2!}x^2 + \cdots + \frac{1}{n!}x^n + \cdots$$

都是幂级数。

幂级数的更一般的形式是

$$a_0 + a_1(x - x_0) + a_2(x - x_0)^2 + \cdots + a_n(x - x_0)^n + \cdots \tag{11-8}$$

其中，x_0 为常数，由于只需作变量代换 $t = x - x_0$，就可将级数（11-8）变成级数（11-7）的形式，所以下面主要讨论形如式（11-7）的幂级数。

现在来讨论幂级数的收敛性问题，即对给定的幂级数，它的收敛域是怎样的？

先看一个例子，考察下列幂级数的收敛性。

$$1 + x + x^2 + \cdots + x^n + \cdots$$

当 $|x| < 1$ 时，该幂级数收敛，其和为 $\dfrac{1}{1-x}$；当 $|x| \geqslant 1$ 时，该幂级数发散。因此，这个幂级数的收敛域是开区间（-1，1），如果 x 在（-1，1）内取值，则

$$\frac{1}{1-x} = 1 + x + x^2 + \cdots + x^n + \cdots$$

从这个例子可以看到，该幂级数的收敛域是一个区间，事实上，对于一般的幂级数也有类似的结论，有如下定理。

定理 1（阿贝尔定理）　如果级数（11-7）当 $x = x_0 (x_0 \neq 0)$ 时收敛，则适合不等式 $|x| < |x_0|$ 的一切 x，使幂级数（11-7）绝对收敛；反之，如果当 $x = x_0$ 时级数（11-7）发散，则适合不等式 $|x| > |x_0|$ 的一切 x，使幂级数（11-7）发散。

证　先设 x_0 是幂级数（11-7）的收敛点（$x_0 \neq 0$），即级数 $a_0 + a_1 x_0 + a_2 x_0^2 + \cdots + a_n x_0^n + \cdots$ 收敛，根据级数收敛的必要条件，这时有

$$\lim_{n \to \infty} a_n x_0^n = 0$$

于是存在一个常数 $M > 0$，使得

$$|a_n x_0^n| \leqslant M$$

这样级数（11-7）的一般项的绝对值为

$$|a_n x^n| = \left| a_n x_0^n \cdot \frac{x^n}{x_0^n} \right| = |a_n x_0^n| \cdot \left| \frac{x}{x_0} \right|^n \leqslant M \left| \frac{x}{x_0} \right|^n$$

由于当 $|x| < |x_0|$ 时，等比级数 $\displaystyle\sum_{n=0}^{\infty} M \left| \frac{x}{x_0} \right|^n$ 收敛，所以级数 $\displaystyle\sum_{n=0}^{\infty} |a_n x^n|$ 收敛，也就是级数（11-7）绝对收敛。

定理 1 的第二部分用反证法。若级数在 $x = x_0$ 处发散，而又存在一点 x_1，$|x_1| >$

$|x_0|$，在 $x=x_1$ 处收敛，那么由定理 1 的第一部分可得幂级数在 $x=x_0$ 处绝对收敛，这与假设矛盾。

由定理 1 可知，如果幂级数（11-7）不是仅在 $x=0$ 一点收敛，也不是在整个数轴上都收敛，则必有一个完全确定的正数 R 存在，它具有下列性质：

（1）当 $|x|<R$ 时，幂级数（11-7）绝对收敛；

（2）当 $|x|>R$ 时，幂级数（11-7）发散；

（3）当 $|x|=R$ 时，幂级数（11-7）可能收敛也可能发散。

通常正数 R 叫作幂级数的收敛半径。由幂级数在 $x=\pm R$ 处的收敛性，就可确定它在区间 $(-R,R)$、$[-R,R)$、$(-R,R]$ 或 $[-R,R]$ 上收敛，这区域叫作幂级数（11-7）的收敛区间。

如果幂级数（11-7）只在 $x=0$ 处收敛，则规定收敛半径 $R=0$，这时收敛区间只有一点；如果幂级数（11-7）对一切 x 都收敛，则规定收敛半径 $R=+\infty$，这时收敛区间是 $(-\infty,+\infty)$。

关于收敛半径 R 的求法，有下面的定理。

定理 2 设
$$\lim_{n\to\infty}\left|\frac{a_{n+1}}{a_n}\right|=\rho$$

其中，a_n 和 a_{n+1} 是幂级数（11-7）的相邻两项的系数，则有下列结论：

（1）若 $\rho\neq0$，则 $R=\dfrac{1}{\rho}$；

（2）若 $\rho=0$，则 $R=+\infty$；

（3）若 $\rho=+\infty$，则 $R=0$。

证明从略。

例 1 求幂级数 $x-\dfrac{x^2}{2}+\dfrac{x^3}{3}-\cdots+(-1)^{n-1}\dfrac{x^n}{n}+\cdots$ 的收敛半径与收敛区间。

解 因为
$$\rho=\lim_{n\to\infty}\left|\frac{a_{n+1}}{a_n}\right|=\lim_{n\to\infty}\frac{\dfrac{1}{n+1}}{\dfrac{1}{n}}=1$$

所以收敛半径 $R=\dfrac{1}{\rho}=1$。

对于端点 $x=1$，级数成为交错级数
$$1-\frac{1}{2}+\frac{1}{3}-\cdots+(-1)^{n-1}\frac{1}{n}+\cdots$$

此时级数收敛。

对于端点 $x=-1$，级数成为
$$-1-\frac{1}{2}-\frac{1}{3}-\cdots-\frac{1}{n}-\cdots$$

此时级数发散。因此，收敛区间是 $(-1,1]$。

例 2　求幂级数 $1 + x + \dfrac{1}{2!}x^2 + \cdots + \dfrac{1}{n!}x^n + \cdots$ 的收敛区间。

解　因为

$$\rho = \lim_{n \to \infty} \left| \frac{a_{n+1}}{a_n} \right| = \lim_{n \to \infty} \frac{n!}{(n+1)!} = \lim_{n \to \infty} \frac{1}{n+1} = 0$$

所以收敛半径 $R = +\infty$，从而收敛区间是 $(-\infty, +\infty)$。

例 3　求幂级数 $\displaystyle\sum_{n=0}^{\infty} n!x^n$ 的收敛半径。

解　因为

$$\rho = \lim_{n \to \infty} \left| \frac{a_{n+1}}{a_n} \right| = \lim_{n \to \infty} \frac{(n+1)!}{n!} = +\infty$$

所以收敛半径 $R = 0$，即级数仅在 $x = 0$ 处收敛。

例 4　求幂级数 $\displaystyle\sum_{n=0}^{\infty} \frac{(2n)!}{(n!)^2} x^{2n}$ 的收敛半径。

解　级数缺少奇次幂的项，定理 2 不能直接应用。可根据比值审敛法来求收敛半径：

$$\lim_{n \to \infty} \left| \frac{[2(n+1)]!}{[(n+1)!]^2} x^{2(n+1)} : \frac{(2n)!}{(n!)^2} x^{2n} \right| = 4 |x|^2$$

当 $4|x|^2 < 1$，即 $|x| < \dfrac{1}{2}$ 时，级数收敛；当 $4|x|^2 > 1$，即 $|x| > \dfrac{1}{2}$ 时，级数发散。所以收敛半径 $R = \dfrac{1}{2}$。

例 5　求幂级数 $\displaystyle\sum_{n=1}^{\infty} \frac{(x-1)^n}{2^n \cdot n}$ 的收敛区间。

解　令 $t = x - 1$，上述级数变为

$$\sum_{n=1}^{\infty} \frac{t^n}{2^n \cdot n}$$

因为

$$\rho = \lim_{n \to \infty} \left| \frac{a_{n+1}}{a_n} \right| = \lim_{n \to \infty} \frac{2^n \cdot n}{2^{n+1}(n+1)} = \frac{1}{2}$$

所以收敛半径 $R = 2$。

当 $t = 2$ 时，级数成为 $\displaystyle\sum_{n=1}^{\infty} \frac{1}{n}$，此级数发散；当 $t = -2$ 时，级数成为 $\displaystyle\sum_{n=1}^{\infty} \frac{(-1)^n}{n}$，此级数收敛。因此，收敛区间为 $-2 \leqslant t < 2$，即 $-2 \leqslant x - 1 < 2$ 或 $-1 \leqslant x < 3$，所以原级数的收敛区间为 $[-1, 3)$。

三、幂级数的运算

设幂级数 $\displaystyle\sum_{n=0}^{\infty} a_n x^n$ 与 $\displaystyle\sum_{n=0}^{\infty} b_n x^n$ 的收敛半径分别为 R_1 与 R_2（R_1 与 R_2 均不为零），它们的和函数分别为 $S_1(x)$ 与 $S_2(x)$，那么对于收敛的幂级数可以进行如下运算。

（一）加法和减法

$$\sum_{n=0}^{\infty} a_n x^n \pm \sum_{n=0}^{\infty} b_n x^n = \sum_{n=0}^{\infty} (a_n \pm b_n) x^n = S_1(x) \pm S_2(x)$$

此时所得幂级数 $\sum_{n=0}^{\infty} (a_n \pm b_n) x^n$ 的收敛半径是 R_1 与 R_2 中较小的一个。

（二）乘法

$$\sum_{n=0}^{\infty} a_n x^n \cdot \sum_{n=0}^{\infty} b_n x^n = a_0 b_0 + (a_0 b_1 + a_1 b_0) x + (a_0 b_2 + a_1 b_1 + a_2 b_0) x^2 + \cdots +$$
$$(a_0 b_n + a_1 b_{n-1} + \cdots + a_n b_0) x^n + \cdots = S_1(x) \cdot S_2(x)$$

此时所得幂级数的收敛半径是 R_1 与 R_2 中较小的一个。

（三）逐项求导数

若幂级数 $\sum_{n=0}^{\infty} a_n x^n$ 的收敛半径为 R，则在 $(-R, R)$ 内和函数可导，且有

$$S_1' = \left(\sum_{n=0}^{\infty} a_n x^n \right)' = \sum_{n=0}^{\infty} (a_n x^n)' = \sum_{n=0}^{\infty} a_n x^{n-1}$$

所得幂级数的收敛半径仍为 R，但在收敛区间端点处的收敛性可能改变。

（四）逐项积分

设幂级数 $\sum_{n=0}^{\infty} a_n x^n$ 的和函数 $S(x)$ 收敛半径为 R，则和函数 $S(x)$ 在该区间可积，并且有：

$$\int_0^x S(x) \mathrm{d}x = \int_0^x \sum_{n=0}^{\infty} a_n x^n \mathrm{d}x = \sum_{n=0}^{\infty} \int_0^x a_n x^n \mathrm{d}x = \sum_{n=0}^{\infty} \frac{a_n}{n+1} x^{n+1}$$

所得幂级数的收敛半径仍为 R，但在收敛区间端点处的收敛性可能改变。

以上结论证明从略。

例6　在区间 $(-1, 1)$ 内求幂级数 $\sum_{n=1}^{\infty} \frac{x^n}{n+1}$ 的和函数。

解　设和函数为 $S(x)$，即

$$S(x) = \sum_{n=0}^{\infty} \frac{x^n}{n+1}$$

显然 $S(0) = 1$。于是

$$xS(x) = \sum_{n=0}^{\infty} \frac{x^{n+1}}{n+1}$$

逐项求导得

$$[xS(x)]' = \sum_{n=0}^{\infty} \left(\frac{x^{n+1}}{n+1} \right)' = \sum_{n=0}^{\infty} x^n = \frac{1}{1-x}$$

对上式从 0 到 x 积分得

$$xS(x) = \int_0^x \frac{1}{1-x}dx = -\ln(1-x)$$

于是，当 $x \neq 0$ 时，$S(x) = -\frac{1}{x}\ln(1-x)$，从而

$$S(x) = \begin{cases} -\dfrac{1}{x}\ln(1-x), & 0 < |x| < 1 \\ 1, & x = 0 \end{cases}$$

例7　求幂级数 $\displaystyle\sum_{n=1}^{\infty} n^2 x^{n-1}$ 的收敛区间，并求其和函数，利用该和函数计算 $\displaystyle\sum_{n=1}^{\infty} (-1)^{n-1} \frac{n^2}{2^{n-1}}$。

解　因为

$$\rho = \lim_{n \to \infty} \left| \frac{a_{n+1}}{a_n} \right| = \lim_{n \to \infty} \frac{(n+1)^2}{n^2} = 1$$

所以收敛半径为 $R = \dfrac{1}{\rho} = 1$。

当 $x = -1$ 时，幂级数成为 $\displaystyle\sum_{n=1}^{\infty} (-1)^{n-1} n^2$ 发散。

当 $x = 1$ 时，幂级数成为 $\displaystyle\sum_{n=1}^{\infty} n^2$ 发散。

所以级数 $\displaystyle\sum_{n=1}^{\infty} n^2 x^{n-1}$ 的收敛区间为 $(-1, 1)$。

设幂级数的和函数为 $S(x)$，即

$$S(x) = \sum_{n=1}^{\infty} n^2 x^{n-1}$$

将上式两端逐项积分，得

$$\int_0^x S(x)\,dx = \sum_{n=1}^{\infty} \int_0^x n^2 x^{n-1}\,dx = \sum_{n=1}^{\infty} n x^n = x \sum_{n=1}^{\infty} n x^{n-1}$$

令

$$f(x) = \sum_{n=1}^{\infty} n x^{n-1}$$

再对它逐项积分，得

$$\int_0^x f(x)\,dx = \sum_{n=1}^{\infty} \int_0^x n x^{n-1}\,dx = \sum_{n=1}^{\infty} x^n = \frac{x}{1-x}$$

对上式关于 x 求导，得

$$f(x) = \left(\frac{x}{1-x} \right)' = \frac{1}{(1-x)^2}$$

所以

$$\int_0^x S(x)\,dx = xf(x) = \frac{x}{(1-x)^2}$$

两端求导，得

$$S(x) = \left[\frac{x}{(1-x)^2} \right]' = \frac{1+x}{(1-x)^3}$$

即

$$\sum_{n=1}^{\infty} n^2 x^{n-1} = \frac{1+x}{(1-x)^3}$$

取 $x = -\dfrac{1}{2}$，则得

$$\sum_{n=1}^{\infty} (-1)^{n-1} \frac{n^2}{2^{n-1}} = \frac{1-\dfrac{1}{2}}{\left(1+\dfrac{1}{2}\right)^3} = \frac{4}{27}$$

◆ **名人故事**

令人惋惜的数学天才

　　阿贝尔是一名优秀的挪威数学家，在很多数学领域做出了开创性的工作。他很早便显示了在数学方面的才华。16 岁那年，他遇到了一位能赏识其才能的老师霍姆伯厄，霍姆伯厄很快就发现了 16 岁的阿贝尔惊人的数学天赋，私下开始给他教授高等数学，还介绍他阅读泊松、高斯以及拉格朗日的著作。在他的热心指点下，阿贝尔很快掌握了经典著作中最难懂的部分。他最著名的一个成就是首次完整给出了高于四次的一般代数方程没有一般形式的代数解的证明。这个问题是他那时最著名的未解决问题之一，悬疑达 250 多年。他也是椭圆函数领域的开拓者，阿贝尔函数的发现者。阿贝尔《关于非常广泛的一类超越函数的一般性质的论文》是数学史上重要的成就，然而这位卓越的数学家却是一个命途多舛的早夭者，只生存了短短的 27 年。尤其可悲的是，在他生前，社会并没有给他的才能和成果予以公正的认可。这位数学天才在他短暂的一生中为数学的发展做出了巨大的贡献，虽然生活拮据，虽然怀才不遇，但是在困境中他依然坚持数学的研究，这种精神和阿贝尔的数学贡献同样珍贵。

习题 11-4

1. 求下列幂级数的收敛区间。

（1）$x + 2x^2 + 3x^3 + \cdots + nx^n + \cdots$；

（2）$1 - x + \dfrac{x^2}{2^2} + \cdots + (-1)^n \dfrac{x^n}{n^2} + \cdots$；

（3）$\dfrac{x}{2} + \dfrac{x^2}{2 \cdot 4} + \dfrac{x^3}{2 \cdot 4 \cdot 6} + \cdots + \dfrac{x^n}{2 \cdot 4 \cdot \cdots \cdot (2n)} + \cdots$；

（4）$\dfrac{x}{1 \cdot 3} + \dfrac{x^2}{2 \cdot 3^2} + \dfrac{x^3}{3 \cdot 3^3} + \cdots + \dfrac{x^n}{n \cdot 3^n} + \cdots$；

（5）$\dfrac{2}{2}x + \dfrac{2^2}{5}x^2 + \dfrac{2^3}{10}x^3 + \cdots + \dfrac{2^n}{n^2+1}x^n + \cdots$；

(6) $\sum\limits_{n=1}^{\infty}(-1)^n\dfrac{x^{2n+1}}{2n+1}$;

(7) $\sum\limits_{n=1}^{\infty}\dfrac{2n-1}{2^n}x^{2n-2}$;

(8) $\sum\limits_{n=1}^{\infty}\dfrac{(x-5)^n}{\sqrt{n}}$。

2. 利用逐项求导或逐项积分，求下列级数的和函数。

(1) $\sum\limits_{n=1}^{\infty}nx^{n-1}$;

(2) $\sum\limits_{n=1}^{\infty}\dfrac{x^{4n+1}}{4n+1}$;

(3) $x+\dfrac{x^2}{3}+\dfrac{x^5}{5}+\cdots+\dfrac{x^{2n-1}}{2n-1}+\cdots$。

第五节　函数的幂级数展开

本节将要研究另外一个问题：对于任意一个函数 $f(x)$ 而言，能否将其展开成一个幂级数，以及展开成的幂级数是否以 $f(x)$ 为和函数？

一、马克劳林公式

幂级数实际上可以视为多项式的延伸，因此在考虑函数 $f(x)$ 能否展开成一个幂级数时，可以从函数 $f(x)$ 与多项式的关系入手来解决这个问题。为此，这里不加证明地给出如下的公式。

泰勒（Taylor）公式　如果函数 $f(x)$ 在 $x=x_0$ 的某一邻域内，有直到 $(n+1)$ 阶的导数，则在这个邻域内有如下的公式：

$$f(x)=f(x_0)+f'(x_0)(x-x_0)+\frac{f''(x_0)}{2!}(x-x_0)^2+\cdots+\frac{f^{(n)}(x_0)}{n!}(x-x_0)^n+R_n(x)$$

$$(11\text{-}9)$$

其中

$$R_n(x)=\frac{f^{(n+1)}(\xi)}{(n+1)!}(x-x_0)^{n+1}\quad(\xi\text{ 在 }x_0\text{ 与 }x\text{ 之间})$$

称为拉格朗日型余项。式（11-9）称为泰勒公式。

如果令 $x_0=0$，就得到

$$f(x)=f(0)+f'(0)x+\frac{f''(0)}{2!}x^2+\cdots+\frac{f^{(n)}(0)}{n!}x^n+R_n(x)\qquad(11\text{-}10)$$

此时

$$R_n(x)=\frac{f^{(n+1)}(\theta x)}{(n+1)!}x^{n+1}\quad(0<\theta<1)$$

式（11-10）称为马克劳林公式。

公式说明，任一函数只要有直到 $(n+1)$ 阶导数，就可等于某个 n 次多项式与一个余项的和。

下列幂级数

$$f(0) + f'(0)x + \frac{f''(0)}{2!}x^2 + \cdots + \frac{f^{(n)}(0)}{n!}x^n + \cdots \tag{11-11}$$

称为马克劳林级数，那么它是否以函数 $f(x)$ 为和函数呢？若令马克劳林级数（11-11）的前 $n+1$ 项和为 $S_{n+1}(x)$，即

$$S_{n+1}(x) = f(0) + f'(0)x + \frac{f''(0)}{2!}x^2 + \cdots + \frac{f^{(n)}(0)}{n}x^n$$

那么，级数（11-11）收敛于函数 $f(x)$ 的条件为

$$\lim_{n \to \infty} S_{n+1}(x) = f(x)$$

由于

$$f(x) = S_{n+1}(x) + R_n(x)$$

于是，当

$$\lim_{n \to \infty} R_n(x) = 0$$

时，有

$$\lim_{n \to \infty} S_{n+1}(x) = f(x)$$

反之，若

$$\lim_{n \to \infty} S_{n+1}(x) = f(x)$$

必有

$$\lim_{n \to \infty} R_n(x) = 0$$

这表明，马克劳林级数（11-11）以 $f(x)$ 为和函数的充要条件，是马克劳林公式（11-10）中的余项 $R_n(x) \to 0$（当 $n \to \infty$ 时）。

这样，就得到了函数 $f(x)$ 的幂级数展开式：

$$f(x) = f(0) + f'(0)x + \frac{f''(0)}{2!}x^2 + \cdots + \frac{f^{(n)}(0)}{n!}x^n + \cdots \tag{11-12}$$

这就是函数 $f(x)$ 的幂级数表达式。函数的幂级数展开式是唯一的。事实上，假设函数 $f(x)$ 可以表示为幂级数。

$$f(x) = a_0 + a_1 x + a_2 x^2 + \cdots + a_n x^n + \cdots \tag{11-13}$$

那么，根据幂级数在收敛域内可逐项求导的性质，再令 $x = 0$（显然幂级数在 $x = 0$ 点收敛），就容易得到

$$a_0 = f(0), \ a_1 = f'(0), \ a_2 = \frac{f''(0)}{2!}, \ \cdots, \ a_n = \frac{f^{(n)}(0)}{n!}, \ \cdots$$

将它们代入式（11-13），所得与 $f(x)$ 的马克劳林展开式（11-12）完全相同。

综上所述，如果函数 $f(x)$ 在包含零的某区域内有任意阶导数，且在此区域内的马克劳林公式中的余项以零为极限（当 $n \to \infty$ 时），那么，函数 $f(x)$ 就可展开成形如式（11-12）的幂级数。

幂级数：$f(x_0) + f'(x_0)(x - x_0) + \frac{f''(x_0)}{2!}(x - x_0)^2 + \cdots + \frac{f^n(x_0)}{n!}(x - x_0)^n + \cdots$，称为函数 $f(x)$ 的泰勒级数。

二、直接展开法与间接展开法

利用马克劳林公式将函数 $f(x)$ 展开成幂级数的方法，称为直接展开法。

例 1　试将函数 $f(x) = \mathrm{e}^x$ 展开成 x 的幂级数。

解　由 $f^{(n)}(x) = \mathrm{e}^x (n = 1, 2, 3, \cdots)$，可以得到
$$f(0) = f'(0) = f''(0) = \cdots = f^{(n)}(0) = 1$$

因此，可以得到幂级数
$$1 + x + \frac{1}{2!}x^2 + \cdots + \frac{1}{n!}x^n + \cdots \tag{11-14}$$

因为该函数的马克劳林公式中的余项为
$$R_n(x) = \frac{\mathrm{e}^{\theta x}}{(n+1)!}x^{n+1} \quad (0 < \theta < 1)$$

且 $\theta x \leqslant |\theta x| = |\theta||x| < |x|$，故 $\mathrm{e}^{\theta x} < \mathrm{e}^{|x|}$，因而有
$$|R_n(x)| = \frac{\mathrm{e}^{\theta x}}{(n+1)!}|x|^{n+1} < \frac{\mathrm{e}^{|x|}}{(n+1)!}|x|^{n+1}$$

对任一确定的 x 值，$\mathrm{e}^{|x|}$ 是一个确定的常数，而 $\dfrac{|x|^{n+1}}{(n+1)!}$ 是收敛级数 $\displaystyle\sum_{n=0}^{\infty} \frac{|x|^{n+1}}{(n+1)!}$ 的一般项，所以当 $n \to \infty$ 时，$\dfrac{|x|^{n+1}}{(n+1)!} \to 0$，即当 $n \to \infty$ 时，有 $|R_n(x)| \to 0$。因此有
$$\mathrm{e}^x = 1 + x + \frac{1}{2!}x^2 + \cdots + \frac{1}{n!}x^n + \cdots \quad (-\infty < x < +\infty)$$

例 2　试将函数 $f(x) = \sin x$ 展开成 x 的幂级数。

解　由 $f^{(n)}(x) = \sin\left(x + \dfrac{n\pi}{2}\right)(n = 1, 2, 3, \cdots)$，可知 $f(0) = 0$，$f'(0) = 1$，$f''(0) = 0$，$f'''(0) = -1$，$\cdots$，于是得幂级数
$$x - \frac{x^3}{3!} + \frac{x^5}{5!} - \cdots + (-1)^{n-1}\frac{x^{2n-1}}{(2n-1)!} + \cdots$$

它的收敛区间为 $(-\infty, +\infty)$。

因为该函数的马克劳林公式中的余项的绝对值当 $n \to \infty$ 时的极限为零：
$$|R_n(x)| = \frac{\left|\sin\left[\theta x + \dfrac{n+1}{2}\pi\right]\right|}{(n+1)!}|x|^{n+1} \leqslant \frac{|x|^{n+1}}{(n+1)!} \to 0 \quad (n \to \infty)$$

所以得展开式
$$\sin x = x - \frac{x^3}{3!} + \frac{x^5}{5!} - \cdots + (-1)^{n-1}\frac{x^{2n-1}}{(2n-1)!} + \cdots \quad (-\infty < x < +\infty)$$

运用马克劳林公式将函数展开成幂级数的方法，虽然程序明确，但是运算过于繁琐。因此，人们常采用下面的比较简便的幂级数展开法。

在此之前已经得到了函数 $\dfrac{1}{1-x}$、e^x 及 $\sin x$ 的幂级数展开式，运用这几个已知的展开式，通过幂级数的运算，可以求得许多函数的幂级数展开式。这种求函数的幂级数展开式的方法称为间接展开法。

例 3　试求 $f(x) = \cos x$ 的幂级数展开式。

解　因为 $(\sin x)' = \cos x$，而
$$\sin x = x - \frac{1}{3!}x^3 + \frac{1}{5!}x^5 - \cdots + (-1)^n\frac{x^{2n+1}}{(2n+1)!} + \cdots \quad (-\infty < x < +\infty)$$

所以根据幂级数可逐项求导的法则，可得

$$\cos x = 1 - \frac{1}{2!}x^2 + \frac{1}{4!}x^4 - \cdots + (-1)^n \frac{x^{2n}}{(2n)!} + \cdots \quad (-\infty < x < +\infty)$$

例4　将函数 $f(x) = \ln(1+x)$ 展开成 x 的幂级数。

解　因为 $\ln(1+x) = \int_0^x \frac{1}{1+x}dx$，又因为

$$\frac{1}{1+x} = 1 - x + x^2 - \cdots + (-1)^n x^n + \cdots \quad (-1 < x < 1)$$

将上式两边同时积分得

$$\ln(1+x) = x - \frac{1}{2}x^2 + \frac{1}{3}x^3 - \cdots + (-1)^n \frac{x^{n+1}}{n+1} + \cdots$$

上式右端级数的收敛半径仍为 $R = 1$；而当 $x = -1$ 时该级数发散，当 $x = 1$ 时，该级数收敛。故收敛域为 $(-1, 1]$。

例5　试求函数 $f(x) = \arctan x$ 的幂级数展开式。

解　因为 $\arctan x = \int_0^x \frac{1}{1+x^2}dx$，又因为

$$\frac{1}{1+x^2} = 1 - x^2 + x^4 - \cdots + (-1)^n x^{2n} + \cdots \quad (-1 < x < 1)$$

将上式两端同时积分即可得到

$$\arctan x = x - \frac{1}{3}x^3 + \frac{1}{5}x^5 - \cdots + (-1)^n \frac{x^{2n+1}}{2n+1} + \cdots \quad (-1 \leqslant x \leqslant 1)$$

例6　试将函数 $f(x) = \frac{1}{x^2 - 3x + 2}$ 展开成 x 的幂级数。

解　因为

$$f(x) = \frac{1}{x^2 - 3x + 2} = \frac{1}{(1-x)(2-x)} = \frac{1}{1-x} - \frac{1}{2-x}$$

又因为

$$\frac{1}{2-x} = \frac{1}{2} \cdot \frac{1}{1 - \frac{x}{2}} = \frac{1}{2}\left[1 + \frac{x}{2} + \left(\frac{x}{2}\right)^2 + \cdots + \left(\frac{x}{2}\right)^n + \cdots\right] \quad (-2 < x < 2)$$

所以

$$f(x) = \frac{1}{1-x} - \frac{1}{2-x} = (1 + x + x^2 + \cdots + x^n + \cdots) -$$

$$\frac{1}{2}\left[1 + \frac{x}{2} + \left(\frac{x}{2}\right)^2 + \cdots + \left(\frac{x}{2}\right)^n + \cdots\right]$$

$$= \frac{1}{2} + \frac{2^2 - 1}{2^2}x + \frac{2^3 - 1}{2^3}x^2 + \cdots + \frac{2^{n+1} - 1}{2^{n+1}}x^n + \cdots \quad (-1 < x < 1)$$

此外，还有一个常用的函数的幂级数展开式，称为二项展开式，其为

$$(1+x)^m = 1 + mx + \frac{m(m-1)}{2!}x^2 + \cdots + \frac{m(m-1)\cdots(m-n+1)}{n!}x^n + \cdots \quad (-1 < x < 1)$$

◆ **名人故事**

数学天才——高斯

　　1796 年 3 月 30 日晚上，德国的哥廷根大学，19 岁的高斯正在解三道老师给他布置的数学题目。花了两个小时，他就把第一道题目和第二道题目都给解了。但是第三道题目，老师却要求他只用圆规和一把没有刻度的直尺做出正十七边形。

　　高斯觉得这道题难度高了一些，直到天亮，他终于做出来了。老师接过作业后，看到答案都惊呆了，老师用颤抖的声音问道："真的，是你做的吗？"高斯说："是的，我花了一个晚上才做出来，我实在是太笨了。"这道 2000 多年的难题，是老师不小心放到高斯的作业里去的，高斯以为是老师布置的作业，就一股脑地给做了。重点是：这道难题，就连顶级数学家阿基米德和牛顿都没解出来，高斯却解出来了。高斯的确是数学天才，有着超人的数学天赋，但也离不开他后天的勤奋和努力。

习题 11-5

1. 利用间接展开法，将下列函数展成 x 的幂级数，并求展式成立的区间。

(1) $a^x(a>0，且 a\neq 1)$；　　　　(2) $\ln(a+x)(a>0)$；

(3) $\sin^2 x$；　　　　(4) $\sinh x = \dfrac{e^x - e^{-x}}{2}$；

(5) $\dfrac{1}{(1+x)^2}$；　　　　(6) $\dfrac{x}{\sqrt{1+x^2}}$。

2. 将函数 $f(x)=\sin(x)$ 展开成 $\left(x-\dfrac{\pi}{4}\right)$ 的幂级数。

3. 将函数 $f(x)=\dfrac{1}{x}$ 展开成 $(x-3)$ 的幂级数。

4. 将 $f(x)=\dfrac{1}{x^2+3x+2}$ 展开成 $(x+4)$ 的幂级数。

第六节　幂级数在近似计算中的应用

　　有了函数的幂级数展开式，在展开式有效的区间上，函数值可以近似地利用这个级数按精度要求计算出来。

　　例 1　计算 ln2 的近似值，要求误差不超过 0.0001。

　　解　由于 $\ln2 = 1 - \dfrac{1}{2} + \dfrac{1}{3} - \cdots + (-1)^{n-1}\dfrac{1}{n} + \cdots$，如果取这级数前 n 项的和作为 ln2 的近似值，其误差为

$$|r_n| \leqslant \frac{1}{n+1}$$

为了保证误差不超过 0.0001，就需要取级数的前 10000 项进行计算。这样做计算量太大了，必须用收敛较快的级数来代替它。

把展开式

$$\ln(1+x) = x - \frac{x^2}{2} + \frac{x^3}{3} - \frac{x^4}{4} + \cdots \quad (-1 < x \leqslant 1)$$

中 x 换成 $-x$，得

$$\ln(1-x) = -x - \frac{x^2}{2} - \frac{x^3}{3} - \frac{x^4}{4} + \cdots \quad (-1 \leqslant x < 1)$$

两式相减，得到不含有偶次幂的展开式

$$\ln\frac{1+x}{1-x} = \ln(1+x) - \ln(1-x) = 2\left(x + \frac{1}{3}x^3 + \frac{1}{5}x^5 + \cdots\right) \quad (-1 < x < 1)$$

令 $\frac{1+x}{1-x} = 2$，解出 $x = \frac{1}{3}$。以 $x = \frac{1}{3}$ 代入最后一个展开式，得

$$\ln 2 = 2\left(\frac{1}{3} + \frac{1}{3} \cdot \frac{1}{3^3} + \frac{1}{5} \cdot \frac{1}{3^5} + \frac{1}{7} \cdot \frac{1}{3^7} + \cdots\right)$$

如果取前四项作 $\ln 2$ 的近似值，则误差为

$$|r_4| = 2\left(\frac{1}{9} \cdot \frac{1}{3^9} + \frac{1}{11} \cdot \frac{1}{3^{11}} + \frac{1}{13} \cdot \frac{1}{3^{13}} + \cdots\right) < \frac{2}{3^{11}}\left[1 + \frac{1}{9} + \left(\frac{1}{9}\right)^2 + \cdots\right]$$

$$= \frac{2}{3^{11}} \cdot \frac{1}{1 - \frac{1}{9}} = \frac{1}{4 \cdot 3^9} < \frac{1}{70000}$$

于是取

$$\ln 2 \approx 2\left(\frac{1}{3} + \frac{1}{3} \cdot \frac{1}{3^3} + \frac{1}{5} \cdot \frac{1}{3^5} + \frac{1}{7} \cdot \frac{1}{3^7}\right)$$

同样地，考虑到舍入误差，计算时应取五位小数：

$$\frac{1}{3} \approx 0.33333, \frac{1}{3} \cdot \frac{1}{3^3} \approx 0.01235, \frac{1}{5} \cdot \frac{1}{3^5} \approx 0.00082, \frac{1}{7} \cdot \frac{1}{3^7} \approx 0.00007$$

因此得 $\ln 2 \approx 0.6931$。

例 2 计算 $\sin 9°$ 的近似值，使其误差不超过 10^{-5}。

解 将 $9°$ 化为弧度值 $\frac{\pi}{20}$，代入 $\sin x$ 展开式

$$\sin\frac{\pi}{20} = \frac{\pi}{20} - \frac{1}{3!}\left(\frac{\pi}{20}\right)^3 + \frac{1}{5!}\left(\frac{\pi}{20}\right)^5 - \cdots$$

取它的前两项之和作为 $\sin\frac{\pi}{20}$ 的近似值，其误差为

$$|r_2| \leqslant \frac{1}{5!}\left(\frac{\pi}{20}\right)^5 < \frac{1}{120} \cdot (0.2)^5 < \frac{1}{300000}$$

因此取 $\frac{\pi}{20} \approx 0.157080$，$\left(\frac{\pi}{20}\right)^3 \approx 0.003876$，于是得 $\sin 9° \approx 0.15643$。

例 3 计算积分 $\int_0^1 \frac{\sin x}{x} dx$ 的近似值，要求误差不超过 0.0001。

解　由于 $\lim\limits_{x \to 0} \dfrac{\sin x}{x} = 1$，因此所给积分不是广义积分。如果定义被积函数在 $x = 0$ 处的值为 1，则它在积分区间 $[0, 1]$ 上连续。

展开被积函数，有

$$\frac{\sin x}{x} = 1 - \frac{x^2}{3!} + \frac{x^4}{5!} - \frac{x^6}{7!} + \cdots (-\infty < x < +\infty)$$

在区间 $[0, 1]$ 上逐项积分，得

$$\int_0^1 \frac{\sin x}{x} \mathrm{d}x = 1 - \frac{1}{3 \cdot 3!} + \frac{1}{5 \cdot 5!} - \frac{1}{7 \cdot 7!} + \cdots$$

因为第四项

$$\frac{1}{7 \cdot 7!} < \frac{1}{30000}$$

所以取前三项的和作为积分的近似值为

$$\int_0^1 \frac{\sin x}{x} \mathrm{d}x \approx 1 - \frac{1}{3 \cdot 3!} + \frac{1}{5 \cdot 5!} \approx 0.9461$$

❖ **知识拓展**

人体生物节律

　　生物节律（PSI）是指人体受自然环境周期性变化影响所产生的体力节律、情绪节律和智力节律。经长期临床观察，人们发现从出生之日开始，人体的体力、情绪和智力呈正弦曲线变化，变化周期分别为 23 天、28 天和 33 天，而每个周期又分为高潮期、临界期、低潮期三个阶段，三个阶段人体的行为表现各有不同。因此，根据生物节律准确的时间性，人们可以利用数学公式计算出人在任何一天的利害情况，从而将结果作为安排工作和生活的参考，如体力高潮期，人会具有体力充沛、不易生病等特征；情绪临界期会出现易出差错、情绪低落等情况。

　　当了解了自己的生物节律后，我们就会扬长避短，充分利用生物节律的高潮期，获得理想的学习、工作和科研成绩。在低潮期适当调整安排自己的生活，以提高适应能力，减少生物节律的不良影响。

习题 11-6

1. 利用函数的幂级数展开式求下列各数的近似值。

（1）ln3（误差不超过 0.0001）；

（2）cos2°（误差不超过 0.0001）。

2. 利用被积函数的幂级数展开式求下列定积分的近似值：

（1）$\displaystyle\int_0^{0.5} \frac{1}{1 + x^4} \mathrm{d}x$（误差不超过 0.0001）；

(2) $\int_0^{0.5} \dfrac{\arctan x}{x} \mathrm{d}x$（误差不超过 0.001）。

第七节 傅里叶级数

自然界中周期现象的数学描述就是周期函数。最简单的周期现象，如单摆的摆动、音叉的振动等，都可用正弦函数 $y = a\sin\omega t$ 或余弦函数 $y = a\cos\omega t$ 表示。但是，复杂的周期现象，如热传导、电磁波以及机械振动等，就不能仅用一个正弦函数或余弦函数表示，需要用很多个甚至无限多个正弦函数和余弦函数的叠加表示。本节就是讨论将周期函数表示为（展成）无限多个正弦函数与余弦函数之和，即傅里叶（Fourier）级数。

一、傅里叶级数

（一）函数列

$$1,\ \cos x,\ \sin x,\ \cos 2x,\ \sin 2x,\ \cdots,\ \cos nx,\ \sin nx,\ \cdots \tag{11-15}$$

式（11-15）称为三角函数系。2π 是三角函数系（11-15）中每个函数的周期。因此，讨论三角函数系（11-15）只需在长是 2π 的一个区间上即可。通常选取区间 $[-\pi, \pi]$。三角函数系具有下列性质：m 与 n 是任意非负整数，有

$$\int_{-\pi}^{\pi} \sin mx \sin nx \mathrm{d}x = \begin{cases} 0, & m \neq m \\ \pi, & m = n \neq 0 \end{cases}$$

$$\int_{-\pi}^{\pi} \sin mx \cos nx \mathrm{d}x = 0$$

$$\int_{-\pi}^{\pi} \cos mx \cos nx \mathrm{d}x = \begin{cases} 0, & m \neq m \\ \pi & m = n \neq 0 \end{cases}$$

即三角函数系（11-15）中任意两个不同函数之积在 $[-\pi, \pi]$ 的定积分是 0，而每个函数的平方在 $[-\pi, \pi]$ 的定积分不是 0。因为函数之积的积分可以视为有限维空间中内积概念的推广，所以三角函数系（11-15）的这个性质称为正交性。

（二）级数

$$\frac{a_0}{2} + \sum_{n=1}^{\infty} (a_n \cos nx + b_n \sin nx) \tag{11-16}$$

式（11-16）称为三角级数，其中 a_0、a_n、$b_n(n=1, 2, \cdots)$ 都是常数。

如果函数 $f(x)$ 在区间 $[-\pi, \pi]$ 能展成三角级数（11-16），即

$$f(x) = \frac{a_0}{2} + \sum_{n=1}^{\infty} (a_n \cos nx + b_n \sin nx) \tag{11-17}$$

那么级数（11-17）的系数 a_0、a_n、$b_n(n=1, 2, \cdots)$ 与其和函数 $f(x)$ 有什么关系呢？为了讨论这个问题，不妨假设级数（11-17）在区间 $[-\pi, \pi]$ 可逐项积分。

首先，求 a_0。

对式（11-17）等号左右两端在区间 $[-\pi, \pi]$ 积分，并将右端逐项积分。由三角函数系（11-15）的正交性，有

$$\int_{-\pi}^{\pi} f(x)\,\mathrm{d}x = \int_{-\pi}^{\pi} \frac{a_0}{2}\mathrm{d}x + \sum_{n=1}^{\infty} \left(a_n\int_{-\pi}^{\pi} \cos nx\mathrm{d}x + b_n\int_{-\pi}^{\pi} \sin nx\mathrm{d}x \right) = a_0\pi$$

即

$$a_0 = \frac{1}{\pi}\int_{-\pi}^{\pi} f(x)\,\mathrm{d}x$$

其次，求 $a_k(k\neq 0)$。

将式（11-17）等号左右两端乘以 $\cos kx$，左右两端在区间 $[-\pi, \pi]$ 积分，并将右端逐项积分。由三角函数系（11-15）的正交性，有

$$\int_{-\pi}^{\pi} f(x)\cos kx\mathrm{d}x = \int_{-\pi}^{\pi} \frac{a_0}{2}\cos kx\mathrm{d}x + \sum_{n=1}^{\infty} \left(a_n\int_{-\pi}^{\pi} \cos nx\cos kx\mathrm{d}x + b_n\int_{-\pi}^{\pi} \sin nx\cos kx\mathrm{d}x \right)$$

$$= a_k\int_{-\pi}^{\pi} \cos^2 kx\mathrm{d}x = a_k\pi$$

即

$$a_k = \frac{1}{\pi}\int_{-\pi}^{\pi} f(x)\cos kx\mathrm{d}x$$

再次，求 b_k。

将式（11-17）等号左右两端乘以 $\sin kx$，左右两端在区间 $[-\pi, \pi]$ 积分，并将右端逐项积分，有

$$\int_{-\pi}^{\pi} f(x)\sin kx\mathrm{d}x = \int_{-\pi}^{\pi} \frac{a_0}{2}\sin kx\mathrm{d}x + \sum_{n=1}^{\infty} \left(a_n\int_{-\pi}^{\pi} \cos nx\sin kx\mathrm{d}x + b_n\int_{-\pi}^{\pi} \sin nx\sin kx\mathrm{d}x \right)$$

$$= b_k\int_{-\pi}^{\pi} \sin^2 kx\mathrm{d}x = b_k\pi$$

即

$$b_k = \frac{1}{\pi}\int_{-\pi}^{\pi} f(x)\sin kx\mathrm{d}x$$

定义   若函数 $f(x)$，$f(x)\sin nx$ 与 $f(x)\cos nx$ 在 $[-\pi, \pi]$ 都可积，则称

$$a_n = \frac{1}{\pi}\int_{-\pi}^{\pi} f(x)\cos nx\mathrm{d}x \quad (n = 0,1,2,\cdots) \tag{11-18}$$

$$b_n = \frac{1}{\pi}\int_{-\pi}^{\pi} f(x)\sin nx\mathrm{d}x \quad (n = 0,1,2,\cdots) \tag{11-19}$$

为函数 $f(x)$ 的傅里叶系数。

以函数 $f(x)$ 的傅里叶系数为系数的三角级数 $\frac{a_0}{2} + \sum_{n=1}^{\infty} (a_n\cos nx + b_n\sin nx)$，称为函数 $f(x)$ 的傅里叶级数。

现在讨论另一个问题：函数 $f(x)$ 在什么条件下，它的傅里叶级数收敛于 $f(x)$？简单地说，函数 $f(x)$ 满足什么条件可以展开成傅里叶级数。为此，给出下列收敛定理（不加证明）。

收敛定理［狄利克雷（Dirichlet）充分条件］   设 $f(x)$ 是周期为 2π 的周期函数。如果它满足条件：在区间 $[-\pi, \pi]$ 上连续或只有有限个第一类间断点，并且至多只有有限个极值点，则 $f(x)$ 的傅里叶级数收敛，并且：

（1）当 x 是 $f(x)$ 的连续点时，级数收敛于 $f(x)$；

（2）当 x 是 $f(x)$ 的间断点时，级数收敛于 $\dfrac{f(x-0)+f(x+0)}{2}$；

（3）当 $x=\pm\pi$ 时，级数收敛于 $\dfrac{f(-\pi+0)+f(\pi-0)}{2}$。

　　由这个定理可知，当 $f(x)$ 满足狄利克雷条件时，$f(x)$ 就可以用傅里叶级数表示。虽然在端点 $x=\pm\pi$ 和间断点 $f(x)$ 的值不一定和它的傅里叶级数的和相等，但仍然说 $f(x)$ 可以展为傅里叶级数。另外，从这个定理还可以看出，函数展成傅里叶级数的条件比展成幂级数的条件低得多。因此，将函数展开成傅里叶级数的应用非常广泛。

　　例1　设函数 $f(x)$ 是周期为 2π 的周期函数，它在 $[-\pi,\pi]$ 上的表达式为

$$f(x)=\begin{cases}-1, & -\pi\leqslant x<0 \\ 1, & 0\leqslant x<\pi\end{cases}$$

将 $f(x)$ 展开成傅里叶级数。

　　解　所给函数满足收敛定理的条件，它在点 $x-k\pi(k-0,\pm1,\pm2,\cdots)$ 处不连续，在其他点处连续，从而由收敛定理知道 $f(x)$ 的傅里叶级数收敛，并且当 $x=k\pi$ 时级数收敛于 $\dfrac{-1+1}{2}=\dfrac{1+(-1)}{2}=0$。

　　当 $x\neq k\pi$ 时，级数收敛于 $f(x)$。和函数图形如图 11-1 所示。计算傅里叶系数如下：

$$a_n=\frac{1}{\pi}\int_{-\pi}^{\pi}f(x)\cos nx\,\mathrm{d}x=\frac{1}{\pi}\int_{-\pi}^{0}(-1)\cos nx\,\mathrm{d}x+\frac{1}{\pi}\int_{0}^{\pi}\cos nx\,\mathrm{d}x=0\quad(n=0,1,2,\cdots)$$

$$b_n=\frac{1}{\pi}\int_{-\pi}^{\pi}f(x)\sin nx\,\mathrm{d}x=\frac{1}{\pi}\int_{-\pi}^{0}(-1)\sin nx\,\mathrm{d}x+\frac{1}{\pi}\int_{0}^{\pi}\sin nx\,\mathrm{d}x$$

$$=\frac{1}{\pi}\left[\frac{\cos nx}{n}\right]_{-\pi}^{0}+\frac{1}{\pi}\left[-\frac{\cos nx}{n}\right]_{0}^{\pi}=\frac{1}{n\pi}(1-\cos n\pi-\cos n\pi+1)$$

$$=\frac{2}{n\pi}[1-(-1)^n]=\begin{cases}\dfrac{4}{n\pi}, & n=1,3,5,\cdots \\ 0, & n=2,4,6,\cdots\end{cases}$$

所以 $f(x)$ 的傅里叶级数展开式为

$$f(x)=\frac{4}{\pi}\left[\sin x+\frac{1}{3}\sin 3x+\cdots+\frac{1}{2k-1}\sin(2k-1)x+\cdots\right]$$

$$(-\infty<x<+\infty;\ x\neq0,\pm\pi,\pm2\pi,\cdots)$$

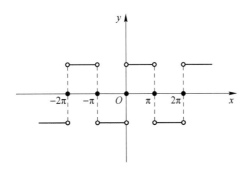

图 11-1

例2　设 $f(x)$ 是周期为 2π 的周期函数，它在 $[-\pi, \pi]$ 上的表达式为

$$f(x) = \begin{cases} x, & -\pi \leq x < 0 \\ 0, & 0 \leq x < \pi \end{cases}$$

将 $f(x)$ 展开成傅里叶级数。

解　所给函数满足收敛定理的条件，它在点 $x = (2k+1)\pi\,(k=0,\ \pm1,\ \pm2,\ \cdots)$ 处不连续。因此，$f(x)$ 的傅里叶级数在 $x = (2k+1)\pi$ 处收敛于

$$\frac{f(\pi-0) + f(-\pi+0)}{2} = \frac{0-\pi}{2} = -\frac{\pi}{2}$$

在连续点 $x[x \neq (2k+1)\pi]$ 处收敛于 $f(x)$。和函数的图形如图 11-2 所示。

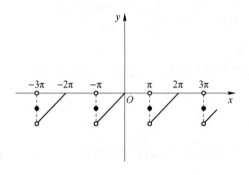

图 11-2

计算傅里叶系数如下：

$$a_n = \frac{1}{\pi}\int_{-\pi}^{\pi} f(x)\cos nx\,\mathrm{d}x = \frac{1}{\pi}\int_{-\pi}^{0} x\cos nx\,\mathrm{d}x = \frac{1}{\pi}\left[\frac{x\sin nx}{n} + \frac{\cos nx}{n^2}\right]_{-\pi}^{0}$$

$$= \frac{1}{n^2\pi}(1 - \cos n\pi) = \begin{cases} \dfrac{2}{n^2\pi}, & n = 1,\ 3,\ 5,\ \cdots \\ 0, & n = 2,\ 4,\ 6,\ \cdots \end{cases}$$

$$a_0 = \frac{1}{\pi}\int_{-\pi}^{\pi} f(x)\,\mathrm{d}x = \frac{1}{\pi}\int_{-\pi}^{0} x\,\mathrm{d}x = -\frac{\pi}{2};$$

$$b_n = \frac{1}{\pi}\int_{-\pi}^{\pi} f(x)\sin nx\,\mathrm{d}x = \frac{1}{\pi}\int_{-\pi}^{0} x\sin nx\,\mathrm{d}x = \frac{1}{\pi}\left[-\frac{x\cos nx}{n} + \frac{\sin nx}{n^2}\right]_{-\pi}^{0}$$

$$= -\frac{\cos n\pi}{n} = \frac{(-1)^{n+1}}{n}$$

所以 $f(x)$ 的傅里叶级数展开式为

$$f(x) = -\frac{\pi}{4} + \left(\frac{2}{\pi}\cos x + \sin x\right) - \frac{1}{2}\sin 2x + \left(\frac{2}{3^2\pi}\cos 3x + \frac{1}{3}\sin 3x\right) - \frac{1}{4}\sin 4x +$$

$$\left(\frac{2}{5^2\pi}\cos 5x + \frac{1}{5}\sin 5x\right) - \cdots \quad (-\infty < x < +\infty;\ x \neq \pm\pi,\ \pm3\pi,\ \cdots)$$

应该注意，如果函数 $f(x)$ 只在区间 $[-\pi, \pi]$ 上有定义，并且满足收敛定理的条件，那么 $f(x)$ 也可以展开成傅里叶级数。事实上，可以在 $[-\pi, \pi)$ 或 $(-\pi, \pi]$ 处补充函数 $f(x)$ 的定义，使它拓广为周期为 2π 的周期函数 $F(x)$，按这种方式拓广函数的定义域的过程称为周期延拓。再将 $F(x)$ 展开成傅里叶级数展开式。根据收敛定理，这级

数在 $x = \pm\pi$ 处收敛于 $\frac{1}{2}[f(\pi-0)+f(-\pi+0)]$。

例 3　将函数 $f(x) = \begin{cases} -x, & -\pi \leqslant x < 0 \\ x, & 0 \leqslant x \leqslant \pi \end{cases}$，

展开成傅里叶级数。

解　所给函数在区间 $[-\pi, \pi]$ 上满足收敛定理的条件，并且拓广为周期函数时，它在每一点 x 处都连续（图 11-3），因此拓广的周期函数的傅里叶级数在 $[-\pi, \pi]$ 上收敛于 $f(x)$。

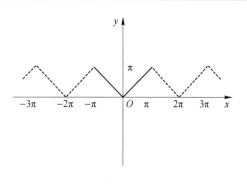

图 11-3

计算傅里叶系数如下：

$$a_n = \frac{1}{\pi}\int_{-\pi}^{\pi} f(x)\cos nx\,dx = \frac{1}{\pi}\int_{-\pi}^{0}(-x)\cos nx\,dx + \frac{1}{\pi}\int_{0}^{\pi} x\cos nx\,dx$$

$$= -\frac{1}{\pi}\left[\frac{x\sin nx}{n} + \frac{\cos nx}{n^2}\right]_{-\pi}^{0} + \frac{1}{\pi}\left[\frac{x\sin nx}{n} + \frac{\cos nx}{n^2}\right]_{0}^{\pi}$$

$$= \frac{2}{n^2\pi}(\cos n\pi - 1) = \begin{cases} -\dfrac{4}{n^2\pi}, & n = 1,3,5,\cdots \\ 0, & n = 2,4,6,\cdots \end{cases}$$

$$a_0 = \frac{1}{\pi}\int_{-\pi}^{\pi} f(x)\,dx = \frac{1}{\pi}\int_{-\pi}^{0}(-x)\,dx + \frac{1}{\pi}\int_{0}^{\pi} x\,dx$$

$$= \frac{1}{\pi}\left[-\frac{x^2}{2}\right]_{-\pi}^{0} + \frac{1}{\pi}\left[\frac{x^2}{2}\right]_{0}^{\pi} = \pi$$

$$b_n = \frac{1}{\pi}\int_{-\pi}^{\pi} f(x)\sin nx\,dx = \frac{1}{\pi}\int_{-\pi}^{0}(-x)\sin nx\,dx + \frac{1}{\pi}\int_{0}^{\pi} x\sin nx\,dx$$

$$= -\frac{1}{\pi}\left[-\frac{x\cos nx}{n} + \frac{\sin nx}{n^2}\right]_{-\pi}^{0} + \frac{1}{\pi}\left[-\frac{x\cos nx}{n} + \frac{\sin nx}{n^2}\right]_{0}^{\pi}$$

$$= 0 \quad (n = 1,2,3,\cdots)$$

所以 $f(x)$ 的傅里叶级数展开式为

$$f(x) = \frac{\pi}{2} - \frac{4}{\pi}\left(\cos x + \frac{1}{3^2}\cos 3x + \frac{1}{5^2}\cos 5x + \cdots\right) \quad (-\pi \leqslant x \leqslant \pi)$$

二、以 $2l$ 为周期的函数的傅里叶级数

下面讨论周期为 $2l(l > 0)$ 的周期函数的傅里叶级数，根据前面讨论的结果，经过自变量的变量代换，就可以得到以下定理。

定理　设周期为 $2l$ 的周期函数 $f(x)$ 满足收敛定理的条件，则它的傅里叶级数展开式为

$$f(x) = \frac{a_0}{2} + \sum_{n=1}^{\infty}\left(a_n\cos\frac{n\pi x}{l} + b_n\sin\frac{n\pi x}{l}\right) \tag{11-20}$$

其中，系数 a_n、b_n 为

$$a_n = \frac{1}{l}\int_{-l}^{l} f(x)\cos\frac{n\pi x}{l}\,dx \quad (n = 0,1,2,\cdots)$$

$$b_n = \frac{1}{l}\int_{-l}^{l} f(x)\sin\frac{n\pi x}{l}dx \quad (n=1, 2, \cdots)$$

证　作变量代换 $z = \frac{\pi x}{l}$，于是区间 $-l \leqslant x \leqslant l$ 就变换成 $-\pi \leqslant z \leqslant \pi$。设函数 $f(x) = f\left(\frac{\pi x}{l}\right) = F(z)$，从而 $F(z)$ 是周期为 2π 的周期函数，并且它满足收敛定理的条件，将 $F(z)$ 展开成傅里叶级数：

$$F(z) = \frac{a_0}{2} + \sum_{n=1}^{\infty}(a_n\cos nz + b_n\sin nz)$$

其中

$$a_n = \frac{1}{\pi}\int_{-\pi}^{\pi} F(z)\cos nz\,dz, \quad b_n = \frac{1}{\pi}\int_{-\pi}^{\pi} F(z)\sin nz\,dz$$

在以上式子中由于 $z = \frac{\pi x}{l}$，并注意到 $F(z) = f(x)$，于是有

$$f(x) = \frac{a_0}{2} + \sum_{n=1}^{\infty}\left(a_n\cos\frac{n\pi x}{l} + b_n\sin\frac{n\pi x}{l}\right)$$

而且

$$a_n = \frac{1}{l}\int_{-l}^{l} f(x)\cos\frac{n\pi x}{l}dx, \quad b_n = \frac{1}{l}\int_{-l}^{l} f(x)\sin\frac{n\pi x}{l}dx$$

证毕。

例4　设 $f(x)$ 是周期为 4 的周期函数，它在 $[-2, 2)$ 上的表达式为 $f(x) = \begin{cases} 0, & -2\leqslant x<0 \\ h, & 0\leqslant x<2 \end{cases}$（常数 $h>0$），将 $f(x)$ 展开成傅里叶级数。

解　$f(x)$ 满足收敛定理的条件，而

$$a_0 = \frac{1}{2}\int_{-2}^{2} f(x)dx = \frac{1}{2}\int_{-2}^{0}0dx + \frac{1}{2}\int_{0}^{2}hdx = h$$

$$a_n = \frac{1}{2}\int_{-2}^{2} f(x)\cos\frac{n\pi x}{2}dx = \frac{1}{2}\int_{-2}^{0}0\cos\frac{n\pi x}{2}dx + \frac{1}{2}\int_{0}^{2}h\cos\frac{n\pi x}{2}dx$$

$$= \left[\frac{h}{n\pi}\sin\frac{n\pi}{2}x\right]_0^2 = 0$$

$$b_n = \frac{1}{2}\int_{-2}^{2} f(x)\sin\frac{n\pi x}{2}dx = \frac{1}{2}\int_{-2}^{0}0\sin\frac{n\pi x}{2}dx + \frac{1}{2}\int_{0}^{2}h\sin\frac{n\pi x}{2}dx$$

$$= \left[-\frac{h}{n\pi}\cos\frac{n\pi x}{2}\right]_0^2 = \frac{h}{n\pi}(1-\cos n\pi) = \begin{cases}\frac{2h}{n\pi}, & n=1, 3, 5, \cdots \\ 0, & n=2, 4, 6, \cdots\end{cases}$$

将求得的系数代入式（11-20）得

$$f(x) = \frac{h}{2} + \frac{2h}{\pi}\left(\sin\frac{\pi}{2}x + \frac{1}{3}\sin\frac{3\pi x}{2} + \frac{1}{5}\sin\frac{5\pi x}{2} + \cdots\right)$$

$$(-\infty < x < +\infty, \quad x\neq 0, \pm 2, \pm 4, \cdots)$$

例5　将函数 $f(x) = 10 - x$，$(5 < x < 15)$ 展开成傅里叶级数。

解　作变量代换 $z = x - 10$，则区间 $(5 < x < 15)$ 变换成 $(-5 < z < 5)$，而 $f(x) =$

$f(z+10)=-z=F(z)$，补充函数 $F(z)=-z(-5<x<5)$ 的定义，令 $F(-5)=5$，然后将 $F(z)$ 作周期延拓（周期为10），这拓广的周期函数满足收敛定理的条件，它的傅里叶级数在 $(-5,5)$ 内收敛于 $F(z)$。

现计算拓广的周期函数的傅里叶系数

$$a_n=0 \quad (n=0,1,2,\cdots)$$

$$b_n=\frac{2}{5}\int_0^5(-z)\sin\frac{n\pi z}{5}dz=(-1)^n\frac{10}{n\pi} \quad (n=1,2,\cdots)$$

于是

$$F(z)=\frac{10}{\pi}\sum_{n=1}^{\infty}\frac{(-1)^n}{n}\sin\frac{n\pi z}{5} \quad (-5<z<5)$$

从而

$$10-x=\frac{10}{\pi}\sum_{n=1}^{\infty}\frac{(-1)^n}{n}\sin\frac{n\pi}{5}(x-10)=\frac{10}{\pi}\sum_{n=1}^{\infty}\frac{(-1)^n}{n}\sin\frac{n\pi}{5}x \quad (5<x<15)$$

❖ **名人故事**

约瑟夫·傅里叶

傅里叶生于法国中部奥塞尔的一个平民家庭，9 岁时双亲亡故，一生道路异常坎坷。傅里叶有志于参加炮兵或工程兵，但因家庭地位低贫而遭到拒绝；后来，他希望去巴黎继续他的数学研究事业，可是法国大革命的来袭中断了他的计划，只好回到家乡当老师；大革命期间，被捕入狱；1795 年，在巴黎综合工科学校当助教时，还讽刺性地被当作罗伯斯庇尔的支持者而被捕……

即便遭遇了如此多坎坷和不堪，都无法阻挡傅里叶成就自己。傅里叶的成就主要在于他对热传导问题的研究，以及他为推进这一方面的研究所引入的数学方法。他所做出的贡献，加快了科学的进步，也推动了人类社会的发展。傅里叶的研究成果，至今还在发光发热。

习题 11-7

1. 下列周期函数 $f(x)$ 的周期为 2π，试将 $f(x)$ 展开成傅里叶级数，如果 $f(x)$ 在 $[-\pi,\pi)$ 上的表达式为：

（1）$f(x)=e^{2x}(-\pi\leqslant x<\pi)$；

（2）$f(x)=\begin{cases}bx, & -\pi\leqslant x<0 \\ ax, & 0\leqslant x<\pi \end{cases}$（$a$、$b$ 为常数，且 $a>b>0$）。

2. 将下列函数 $f(x)$ 展开成傅里叶级数。

（1）$f(x)=2\sin\dfrac{x}{3}(-\pi\leqslant x\leqslant\pi)$；

(2) $f(x) = \begin{cases} e^x, & -\pi \leqslant x < 0 \\ 1, & 0 \leqslant x \leqslant \pi \end{cases}$。

3. 将下列各周期函数展开成傅里叶级数（下面给出函数在一个周期内的表达式）。

(1) $f(x) = 1 - x^2 \left(-\dfrac{1}{2} \leqslant x < \dfrac{1}{2} \right)$;

(2) $f(x) = \begin{cases} x, & -1 \leqslant x < 0 \\ 1, & 0 \leqslant x < \dfrac{1}{2} \\ -1, & \dfrac{1}{2} \leqslant x < 1 \end{cases}$;

(3) $f(x) = \begin{cases} 2x + 1, & -3 \leqslant x < 0 \\ 1, & 0 \leqslant x < 3 \end{cases}$。

第十二章 曲线积分与曲面积分

第一节 对弧长的曲线积分

一、对弧长曲线积分的概念

引例 若空间曲线 Γ 的线密度不是常数，而是曲线上点的位置的函数，设在空间直角坐标系中密度函数 $\rho = f(x, y, z)$。那么，怎样计算该曲线的质量呢？

把曲线 Γ 任意分成 n 个子弧段 $\Delta l_i (i = 1, 2, \cdots, n)$，且以 Δl_i 表示第 ι 个子弧段的长度；然后在每个子弧段 Δl_i 上任取一点 $P_i(\xi_i, \eta_i, \zeta_i)$。于是，子弧段的质量近似地等于 $P_i(\xi_i, \eta_i, \zeta_i)\Delta l_i$，曲线 Γ 的总质量近似地等于

$$\sum_{i=1}^{n} f(\xi_i, \eta_i, \zeta_i)\Delta l_i$$

令 $\lambda = \max_{i \leqslant x \leqslant n}\{\Delta l_i\}$，当 $\lambda \to 0$ 时，上式的极限如果存在，则这个极限就是曲线 Γ 的总质量，即

$$M = \lim_{\lambda \to 0}\sum_{i=1}^{n} f(\xi_i, \eta_i, \zeta_i)\Delta l_i$$

抽去上式具体的物理意义，有如下的对弧长的曲线积分的定义。

定义 设函数 $f(x, y, z)$ 在空间曲线 Γ 上有定义。将曲线 Γ 任意分成 n 个子弧段，记为 $\Delta l_i(i = 1, 2, \cdots, n)$，且以 Δl_i 表示第 i 个子弧段的弧长；Δl_i 上任取一点 (ξ_i, η_i, ζ_i)，作和式

$$\sum_{i=1}^{n} f(\xi_i, \eta_i, \zeta_i)\Delta l_i$$

如果当子弧段的最大长度 λ 趋于零时，上面和式的极限存在，而称此极限为函数 $f(x, y, z)$ 在空间曲线 Γ 上对弧长的曲线积分（或称第一类曲线积分），记作

$$\int_{\Gamma} f(x, y, z)\mathrm{d}l = \lim_{\lambda \to 0}\sum_{i=1}^{n} f(\xi_i, \eta_i, \zeta_i)\Delta l_i$$

其中，$f(x, y, z)$ 称为被积函数，Γ 称为积分弧段。

根据对弧长曲线积分的定义，曲线 Γ 的质量 m 等于其线密度 $\rho = f(x, y, z)$ 沿曲线 Γ 的对弧长的曲线积分，即

$$m = \int_{\Gamma} f(x, y, z)\mathrm{d}l$$

如果 Γ 是闭曲线，那么函数 $f(x, y, z)$ 在 Γ 上对弧长的曲线积分记为

$$\oint_{\Gamma} f(x, y, z)\mathrm{d}l$$

由对弧长的曲线积分的定义可知，它有以下性质：

(1) $\int_{\Gamma}[\,f(x, y, z) \pm g(x, y, z)\,]\mathrm{d}l = \int_{\Gamma}f(x, y, z)\mathrm{d}l \pm \int_{\Gamma}g(x, y, z)\mathrm{d}l$;

(2) $\int_{\Gamma}kf(x, y, z)\mathrm{d}l = k\int_{\Gamma}f(x, y, z)\mathrm{d}l$　（k 为常数）;

(3) $\int_{\Gamma}f(x, y, z)\mathrm{d}l = \int_{\Gamma_1}f(x, y, z)\mathrm{d}l + \int_{\Gamma_2}f(x, y, z)\mathrm{d}l(\Gamma = \Gamma_1 + \Gamma_2)$;

(4) $\int_{\Gamma}f(x, y, z)\mathrm{d}l = \int_{-\Gamma}f(x, y, z)\mathrm{d}l$，其中 $-\Gamma$ 表示与 Γ 指向相反的同一曲线弧段。

二、对弧长的曲线积分的计算法

如果空间曲线 Γ 的参数方程为

$$\begin{cases} x = \varphi(t) \\ y = \psi(t) \quad (\alpha \leqslant t \leqslant \beta) \\ z = \omega(t) \end{cases}$$

则有下面的计算公式

$$\int_{\Gamma}f(x, y, z)\mathrm{d}l = \int_{\alpha}^{\beta}f[\varphi(t), \psi(t), \omega(t)]\sqrt{\varphi'^2(t) + \psi'^2(t) + \omega'^2(t)}\mathrm{d}t$$

如果 $f(x, y)$ 是定义在平面曲线弧 L 上的函数，且 L 的参数方程为

$$\begin{cases} x = \varphi(t) \\ y = \psi(t) \end{cases} \quad (\alpha \leqslant t \leqslant \beta)$$

显然有下面的计算公式

$$\int_{\Gamma}f(x, y)\mathrm{d}l = \int_{\alpha}^{\beta}f[\varphi(t), \psi(t)]\sqrt{\varphi'^2(t) + \psi'^2(t)}\mathrm{d}t$$

如果曲线 L 由函数 $y = \varphi(x)$ 表示，$a \leqslant x \leqslant b$，这种情况可看作特殊的参数方程

$$\begin{cases} x = x \\ y = \varphi(x) \end{cases} \quad (a \leqslant x \leqslant b)$$

则有

$$\int_{L}f(x, y)\mathrm{d}l = \int_{a}^{b}f[x, \varphi(x)]\sqrt{1 + \varphi'^2(x)}\mathrm{d}x$$

类似地，如果曲线 L 由函数 $x = \psi(y)(c \leqslant y \leqslant d)$ 表示，则有

$$\int_{L}f(x, y)\mathrm{d}l = \int_{c}^{d}f[\varphi(y), y]\sqrt{1 + \varphi'^2(y)}\mathrm{d}y$$

例 1　计算 $\int_{L}\sqrt{y}\mathrm{d}l$，其中 L 是抛物线 $y = x^2$ 上点 $O(0, 0)$ 与点 $B(1, 1)$ 之间的一段弧，如图 12-1 所示。

　　解　因 L 由方程 $y = x^2$（$0 \leqslant x \leqslant 1$）给出，因此

$$\int_{L}\sqrt{y}\mathrm{d}l = \int_{0}^{1}\sqrt{x^2}\sqrt{1 + (x^2)'^2}\mathrm{d}x = \int_{0}^{1}x\sqrt{1 + 4x^2}\mathrm{d}x$$

$$= \left[\frac{1}{12}(1 + 4x^2)^{\frac{3}{2}}\right]_{0}^{1} = \frac{1}{12}(5\sqrt{5} - 1)$$

例 2　计算曲线积分 $\int_{\Gamma}(x^2 + y^2 + z^2)\mathrm{d}l$，其中 Γ 为

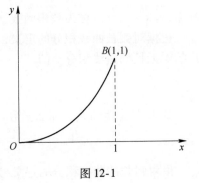

图 12-1

螺旋线 $x = a\cos t$、$y = a\sin t$、$z = kt$ 上相应于 t 从 0 到 2π 的一段弧。

解　$\displaystyle\int_\Gamma (x^2 + y^2 + z^2)\,\mathrm{d}l$

$$= \int_0^{2\pi} \left[(a\cos t)^2 + (a\sin t)^2 + (kt)^2 \right] \cdot \sqrt{(-a\sin t)^2 + (a\cos t)^2 + k^2}\,\mathrm{d}t$$

$$= \int_0^{2\pi} (a^2 + k^2 t^2)\,\sqrt{a^2 + k^2}\,\mathrm{d}t = \sqrt{a^2 + k^2}\left[a^2 t + \frac{k^2}{3}t^3 \right]_0^{2\pi}$$

$$= \frac{2}{3}\pi\,\sqrt{a^2 + k^2}\,(3a^2 + 4\pi^2 k^2)$$

❖ **价值引领**

"生命曲线"——螺旋曲线

　　螺旋曲线以各种各样的形式存在于宇宙万物当中，无论是宏观的头发生长方向，还是微观的 DNA 结构，都是它呈现的一种生命轨迹，科学家称之为"生命曲线"。

　　人生是一条螺旋式上升的曲线，这条曲线包含着两个方向，持续性地向上以及间歇性地向下。生活不可能总是按照自己的意愿一直向上，总是会有低谷的存在。而当这些失意和迷茫到来的时候，允许自己会失误，允许自己不优秀，允许自己有回落的空间，因为生活的走势不完全由我们自己掌控，这样可以让我们尽快走出负能量，卸下不必要的包袱，才能轻松前行。

习题 12-1

计算下列对弧长的曲线积分。

(1) $\displaystyle\oint_L (x^2 + y^2)^n \mathrm{d}l$，其中 L 为圆周 $x = a\cos t$、$y = a\sin t\,(0 \leqslant t \leqslant 2\pi)$；

(2) $\displaystyle\int_L (x + y)\mathrm{d}l$，其中 L 为连接 (1, 0) 及 (0, 1) 两点的直线段；

(3) $\displaystyle\oint_L x\mathrm{d}l$，其中 L 为由直线 $y = x$ 及抛物线 $y = x^2$ 所围成的区域的整个边界；

(4) $\displaystyle\oint_L \mathrm{e}^{\sqrt{x^2+y^2}}\mathrm{d}l$，其中 L 为圆周 $x^2 + y^2 = a^2$、直线 $y = x$ 及 x 轴在第一象限内围成的扇形的整个边界；

(5) $\displaystyle\int_\Gamma \frac{1}{x^2 + y^2 + z^2}\mathrm{d}l$，其中 Γ 为曲线 $x = \mathrm{e}^t\cos t$、$y = \mathrm{e}^t\sin t$、$z = \mathrm{e}^t$ 上相应于 t 从 0 到 2 的这段弧。

第二节　对坐标的曲线积分

一、对坐标的曲线积分的概念

引例　设一质点在 xOy 面内从点 A 沿曲线弧 L 移动到点 B。在移动过程中，这质点受

到力 $F(x, y) = P(x, y)i + Q(x, y)j$ 的作用，其中函数 $P(x, y)$、$Q(x, y)$ 在 L 上连续。要计算在上述移动过程中变力 $F(x, y)$ 所做的功，如图12-2所示。

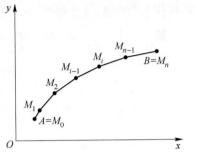

图 12-2

如果力 F 是常力，且质点从 A 沿直线移动到 B，那么常力 F 所做的功 W 等于两个量 F 与 $\overrightarrow{AB}$ 的数量积，即

$$W = F \cdot \overrightarrow{AB}$$

现在 $F(x, y)$ 是变力，且质点沿曲线 L 移动，功 W 不能直接按以上公式计算。

先用直线弧 L 上的点 $M_1(x_1, y_1)$，$M_2(x_2, y_2)$，$\cdots$，$M_{n-1}(x_{n-1}, y_{n-1})$ 把 L 分成 n 个小弧段，取其中一个有向小弧段 $\widehat{M_{i-1}M_i}$ 上任意取定一点 (ξ_i, η_i) 处的力 $F(\xi_i, \eta_i) = P(\xi_i, \eta_i)i + Q(\xi_i, \eta_i)j$ 来近似代替这小弧段上各点处的力。这样，变力 $F(x, y)$ 沿有向小弧段 $\widehat{M_{i-1}M_i}$ 所做的功 Δw_i 可以认为近似地等于常力 $F(\xi_i, \eta_i)$ 沿 $\widehat{M_{i-1}M_i}$ 所做的功

$$\Delta w_i \approx F(\xi_i, \eta_i) \cdot \overrightarrow{M_{i-1}M_i}$$

即

$$\Delta w_i \approx P(\xi_i, \eta_i)\Delta x_i + Q(\xi_i, \eta_i)\Delta y_i$$

于是

$$w = \sum_{i=1}^{n} \Delta w_i \approx \sum_{i=1}^{n} \left[P(\xi_i, \eta_i)\Delta x_i + Q(\xi_i, \eta_i)\Delta y_i \right]$$

用 λ 表示 n 个小弧段的最大长度，令 $\lambda \to 0$ 取上述和的极限，所得到的极限自然地被认作变力 F 沿有向曲线弧所做的功，即

$$W = \lim_{\lambda \to 0} \sum_{i=1}^{n} \left[P(\xi_i, \eta_i)\Delta x_i + Q(\xi_i, \eta_i)\Delta y_i \right]$$

这种和的极限在研究其他问题时，也时常会遇到。下面引进对坐标曲线积分的概念。

定义 设 L 为 xOy 面内从点 A 到点 B 的一条有向光滑曲线弧（光滑是指曲线处处存在切线），函数 $P(x, y)$、$Q(x, y)$ 在 L 上有界。在 L 上沿 L 的方向任意插入一点列 $M_1(x_1, y_1)$，$M_2(x_2, y_2)$，$\cdots$，$M_{n-1}(x_{n-1}, y_{n-1})$，把 L 分成 n 个有向小弧段

$$\widehat{M_{i-1}M_i} \quad (i = 1, 2, \cdots, n; \ M_0 = A, \ M_n = B)$$

设 $\Delta x_i = x_i - x_{i-1}$，$\Delta y_i = y_i - y_{i-1}$，点 (ξ_i, η_i) 为 $\widehat{M_{i-1}M_i}$ 上任意取定的点。如果当各小弧段长度的最大值 $\lambda \to 0$ 时，$\sum_{i=1}^{n} P(\xi_i, \eta_i)\Delta x_i$ 的极限总存在，则称此极限为函数 $P(x, y)$ 在有向曲线弧 L 上对坐标 x 的曲线积分，记作 $\int_L P(x, y) \mathrm{d}x$。类似地，如果 $\lim_{\lambda \to 0} \sum_{i=1}^{n} Q(\xi_i, \eta_i)\Delta y_i$ 总存在，则称此极限为函数 $Q(x, y)$ 在有向曲线弧 L 上对坐标 y 的曲线积分，记作 $\int_L Q(x, y)\mathrm{d}y$，即

$$\int_L P(x, y)\mathrm{d}x = \lim_{\lambda \to 0} \sum_{i=1}^{n} P(\xi_i, \eta_i)\Delta x_i$$

$$\int_L Q(x, y)\,\mathrm{d}y = \lim_{\lambda \to 0} \sum_{i=1}^{n} Q(\xi_i, \eta_i)\Delta y_i$$

其中，$P(x, y)$、$Q(x, y)$ 叫作被积函数，L 叫作积分弧段。

以上两个积分也称为第二类曲线积分。

上述定义可以类似地推广到积分弧段为空间有向曲线 Γ 的情形：

（1）$\displaystyle\int_\Gamma P(x, y, z)\,\mathrm{d}x = \lim_{\lambda \to 0} \sum_{i=1}^{n} P(\xi_i, \eta_i, \zeta_i)\Delta x_i$；

（2）$\displaystyle\int_\Gamma \theta(x, y, z)\,\mathrm{d}y = \lim_{\lambda \to 0} \sum_{i=1}^{n} \theta(\xi_i, \eta_i, \zeta_i)\Delta y_i$；

（3）$\displaystyle\int_\Gamma R(x, y, z)\,\mathrm{d}z = \lim_{\lambda \to 0} \sum_{i=1}^{n} R(\xi_i, \eta_i, \zeta_i)\Delta z_i$。

应用上经常出现的是

$$\int_L P(x, y)\,\mathrm{d}x + \int_L \theta(x, y)\,\mathrm{d}y$$

这种合并起来的形式，为简便起见，把上式写成

$$\int_L P(x, y)\,\mathrm{d}x + \theta(x, y)\,\mathrm{d}y$$

例如，本节开始时讨论过的功可以表达成

$$W = \int_L P(x, y)\,\mathrm{d}x + \theta(x, y)\,\mathrm{d}y$$

类似地，把

$$\int_\Gamma P(x, y, z)\,\mathrm{d}x + \int_\Gamma \theta(x, y, z)\,\mathrm{d}y + \int_\Gamma R(x, y, z)\,\mathrm{d}z$$

简写成

$$\int_\Gamma P(x, y, z)\,\mathrm{d}x + \theta(x, y, z)\,\mathrm{d}y + R(x, y, z)\,\mathrm{d}z$$

如果 L（或 Γ）是分段光滑的，规定函数在有向曲线弧 L（或 Γ）上对坐标的曲线积分等于在光滑的各段上对坐标的曲线积分之和。

关于对坐标的曲线积分有下列性质：

（1）如果把 L 分成 L_1 和 L_2，则

$$\int_L P\mathrm{d}x + \theta\mathrm{d}x = \int_{L_1} P\mathrm{d}x + \theta\mathrm{d}y + \int_{L_2} P\mathrm{d}x + \theta\mathrm{d}y$$

该公式可推广到 L 由 L_1，L_2，$\cdots$，L_k 组成的情形。

（2）设 L 是有向曲线弧，$-L$ 是与 L 方向相反的有向曲线弧，则

$$\int_{-L} P(x, y)\,\mathrm{d}x = -\int_L P(x, y)\,\mathrm{d}x$$

$$\int_{-L} Q(x, y)\,\mathrm{d}y = -\int_L Q(x, y)\,\mathrm{d}y$$

二、对坐标的曲线积分的计算法

如果有向曲线弧 L 的参数方程为

$$\begin{cases} x = \varphi(x) \\ y = \psi(t) \end{cases} \quad (\alpha \leqslant t \leqslant \beta)$$

则有下面的计算方式：

$$\int_L P(x,y)\mathrm{d}x + \theta(x,y)\mathrm{d}y = \int_\alpha^\beta \{P[\varphi(x),\psi(t)]\varphi'(t) + Q[\varphi(t),\psi(t)]\psi'(t)\}\mathrm{d}t$$

$$(12\text{-}1)$$

式（12-1）表明，计算对坐标的曲线积分 $\int_L P(x,y)\mathrm{d}x + Q(x,y)\mathrm{d}y$ 时，只要把 x、y、$\mathrm{d}x$、$\mathrm{d}y$ 依次换为 $\varphi(t)$、$\psi(t)$、$\varphi(t)\mathrm{d}t$、$\psi(t)\mathrm{d}t$，然后从 L 的起点所对应的参数值 α 到 L 的终点所对应的参数值 β 作定积分就行了。但必须注意，下限 α 对应于 L 的起点，上限 β 对应于 L 的终点，α 不一定小于 β。

如果 L 由方程 $y = \varphi(x)$ 或 $x = \psi(y)$ 给出，可以看作参数方程的特殊情形，例如，当 L 由 $y = \varphi(x)$ 给出时，式（12-1）成为

$$\int_L P(x,y)\mathrm{d}x + Q(x,y)\mathrm{d}y = \int_a^b \{P[x,\varphi(x)] + Q[x,\varphi(x)]\varphi'x\}\mathrm{d}x$$

这里下限 a 对应 L 的起点，上限 b 对应 L 的终点。

式（12-1）可推广到空间曲线 Γ 由参数方程 $x = \varphi(t)$、$y = \psi(t)$、$z = \omega(t)$ 给出的情形，这样便得到

$$\int_\Gamma P(x,y,z)\mathrm{d}x + \theta(x,y,z)\mathrm{d}y + R(x,y,z)\mathrm{d}z$$

$$= \int_\alpha^\beta \{P[\varphi(t),\psi(t),\omega(t)]\varphi'(t) + Q[\varphi(t),\psi(t),\omega(t)]\psi'(t) +$$

$$R[\varphi(t),\psi(t),\omega(t)]\omega'(t)\}\mathrm{d}t$$

这里下限 α 对应 Γ 的起点，上限 β 对应 Γ 的终点。

例 1　计算 $\int_L xy\mathrm{d}x$，其中 L 为抛物线 $y^2 = x$ 上从点 $A(1,\ -1)$ 到点 $B(1,\ 1)$ 的一段弧，如图 12-3 所示。

解　将所给积分化为对 x 的定积分来计算。由于 $y = \pm\sqrt{x}$ 不是单值函数，所以要把 L 分为 AO 和 OB 两部分。在 AO 上，$y = -\sqrt{x}$，x 从 1 变到 0；在 OB 上，$y = \sqrt{x}$，x 从 0 变成 1。因此

$$\int_L xy\mathrm{d}x = \int_{AO} xy\mathrm{d}x + \int_{OB} xy\mathrm{d}x$$

$$= \int_1^0 x(-\sqrt{x})\mathrm{d}x + \int_0^1 x\sqrt{x}\mathrm{d}x = 2\int_0^1 x^{\frac{3}{2}}\mathrm{d}x = \frac{4}{5}$$

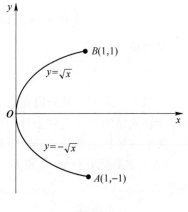

图 12-3

例 2　计算 $\int_L y^2\mathrm{d}x$，其中 L 为（图 12-4）：

（1）半径为 a、圆心为原点、按逆时针方向绕行的上半圆周；

（2）从点 $A(a,\ 0)$ 沿 x 轴到点 $B(-a,\ 0)$ 的直线段。

解　（1）L 是参数方程 $x = a\cos t$、$y = a\sin t$ 中参数 t 由 0 变到 π 的曲线弧，因此

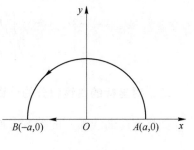

图 12-4

$$\int_L y^2 dx = \int_0^\pi a^2 \sin^2 t (-a\sin t) dt = a^3 \int_0^\pi (1 - \cos^2 t) d\cos t$$

$$= a^3 \left[\cos t - \frac{1}{3}\cos^3 t \right]_0^\pi = -\frac{4}{3}a^3$$

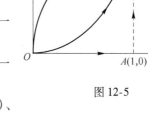

图 12-5

例 3　计算 $\int_L 2xy dx + x^2 dy$，其中 L 为（图 12-5）：

（1）抛物线 $y = x^2$ 上从 $O(0, 0)$ 到 $B(1, 1)$ 的一段弧；

（2）抛物线 $x = y^2$ 上从 $O(0, 0)$ 到 $B(1, 1)$ 的一段弧；

（3）有向折线 OAB，这里 O、A、B 依次是 $(0, 0)$、$(1, 0)$、$(1, 1)$。

解　（1）化为对 x 的定积分。L：$y = x^2$，x 从 0 变到 1。所以

$$\int_L 2xy dx + x^2 dy = \int_0^1 (2x \cdot x^2 + x^2 \cdot 2x) dx = 4\int_0^1 x^3 dx = 1$$

（2）化为对 y 的定积分。L：$x = y^2$，y 从 0 变到 1。所以

$$\int_L 2xy dx + x^2 dy = \int_0^1 (2y^2 \cdot y \cdot 2y + y^4) dy = 5\int_0^1 y^4 dy = 1$$

（3）$\int_L 2xy dx + x^2 dy = \int_{OA} 2xy dx + x^2 dy + \int_{AB} 2xy dx + x^2 dy$

在 OA 上，$y = 0$，x 从 0 变到 1，所以

$$\int_{OA} 2xy dx + x^2 dy = \int_0^1 (2x \cdot 0 + x^2 \cdot 0) dx = 0$$

在 AB 上，$x = 1$，y 从 0 变到 1，所以

$$\int_{AB} 2xy dx + x^2 dy = \int_0^1 (2y \cdot 0 + 1) dy = 1$$

从而

$$\int_L 2xy dx + x^2 dy = 0 + 1 = 1$$

例 4　计算 $\int_\Gamma x^3 dx + 3zy^2 dy - x^2 y dz$，其中 Γ 是从点 $A(3, 2, 1)$ 到点 $B(0, 0, 0)$ 的直线段 AB。

解　直线段 AB 的方程是

$$\frac{x}{3} = \frac{y}{2} = \frac{z}{1}$$

化为参数方程得 $x = 3t$，$y = 2t$，$z = t$，t 从 1 变到 0。所以

$$\int_\Gamma x^3 dx + 3zy^2 dy - x^2 y dz = \int_1^0 \left[(3t)^3 \cdot 3 + 3t(2t)^2 \cdot 2 - (3t)^2 \cdot 2t \right] dt$$

$$= 87\int_1^0 t^3 = -\frac{87}{4}$$

三、两类曲线积分之间的联系

平面曲线 L 上的两类曲线积分之间有如下联系：

$$\int_L P\mathrm{d}x + Q\mathrm{d}y = \int_L (P\cos\alpha + Q\cos\beta)\,\mathrm{d}s \tag{12-2}$$

其中，$\alpha(x, y)$、$\beta(x, y)$ 为有向曲线弧 L 上点 (x, y) 处的切线向量的方向角。

空间曲线 Γ 上的两类曲线积分之间有如下联系：

$$\int_\Gamma P\mathrm{d}x + Q\mathrm{d}y + R\mathrm{d}z = \int_\Gamma (P\cos\alpha + \theta\cos\beta + R\cos r)\,\mathrm{d}s$$

其中，$\alpha(x, y, z)$、$\beta(x, y, z)$、$\gamma(x, y, z)$ 为有向曲线弧 Γ 上点 (x, y, z) 处的切线向量的方向角。

◆ **知识拓展**

中 国 天 眼

2021 年 3 月 31 日，"中国天眼"（FAST）正式向全球天文学家开放。"中国天眼"是什么？它是我国具有自主知识产权、用于探索宇宙的单口径球面射电望远镜。有了它，可以推动对宇宙深空的了解与探测，为天文学的发展提供新的可能。

接下来，"中国天眼"将进一步在低频引力波探测、快速射电暴起源、星际分子等前沿方向加大探索，加强国内外开放共享，推动重大成果产出，勇攀世界科技高峰。我们青年一代科学家也将努力用好凝结了中国四代科学家心血的"天眼"，取得更多科研成果，推动人类对宇宙的探索和认知。

"人民是历史的创造者，人民是真正的英雄。""天眼"的背后，是中国人民在长期奋斗中培育、继承、发展起来的伟大创造精神、伟大奋斗精神、伟大团结精神、伟大梦想精神。正是这样的民族精神，成就了"天眼"，并为中国发展和人类文明进步注入力量。

习题 12-2

1. 计算下列对坐标的曲线积分。

(1) $\int_L (x^2 - y^2)\mathrm{d}x$，其中 L 是抛物线 $y = x^2$ 上从点 $(0, 0)$ 到点 $(2, 4)$ 的一段弧；

(2) $\oint_L xy\mathrm{d}x$，其中 L 为圆周 $(x - a)^2 + y^2 = a^2$ $(a > 0)$ 及 x 轴所围成的在第一象限内的区域的整个边界（按逆时针方向绕行）；

(3) $\int_L y\mathrm{d}x + x\mathrm{d}y$，其中 L 为圆周 $x = R\cos t$、$y = R\sin t$ 上对应 t 从 0 到 $\dfrac{\pi}{2}$ 的一段弧；

(4) $\oint_L \dfrac{(x + y)\mathrm{d}x - (x - y)\mathrm{d}y}{x^2 + y^2}$，其中 L 为圆周 $x^2 + y^2 = a^2$（按逆时针方向绕行）；

(5) $\int_\Gamma x^2\mathrm{d}x + z\mathrm{d}y - y\mathrm{d}z$，其中 Γ 为曲线 $x = k\theta$、$y = a\cos\theta$、$z = a\sin\theta$ 上对应 θ 从 0 到 π 的一段弧；

(6) $\int_\Gamma x\mathrm{d}x + y\mathrm{d}y + (x + y - 1)\mathrm{d}z$，其中 Γ 是从点 $A(1, 1, 1)$ 到点 $B(2, 3, 4)$ 的一段直线；

（7）$\oint_{\Gamma} dx - dy + ydz$，其中 Γ 为有向闭折线 $ABCA$，这里的 A、B、C 依次为点 $(1, 0, 0)$、$(0, 1, 0)$、$(0, 0, 1)$；

（8）$\int_{L} (x^2 - 2xy) dx + (y^2 - 2xy) dy$，其中 L 是抛物线 $y = x^2$ 上从点 $(-1, 1)$ 到点 $(1, 1)$ 的一段弧。

2. 计算 $\int_{L} (x + y) dx + (y - x) dy$，其中 L 是：

（1）抛物线 $y^2 = x$ 上从点 $(1, 1)$ 到点 $(4, 2)$ 的一段弧；

（2）从点 $(1, 1)$ 到点 $(4, 2)$ 的直线段；

（3）先沿直线从点 $(1, 1)$ 到点 $(1, 2)$，然后再沿直线点 $(4, 2)$ 的折线；

（4）曲线 $x = 2t^2 + t + 1$，$y = t^2 + 1$ 上从点 $(1, 1)$ 到点 $(4, 2)$ 的一段弧。

3. 设 Γ 为曲线 $x = t$、$y = t^2$、$z = t^3$ 上相应于 t 从 0 变到 1 的曲线弧。把对坐标的曲线积分 $\int_{\Gamma} Pdx + Qdy + Rdz$ 化为对弧长的曲线积分。

第三节　格林公式及其应用

一、格林公式

下面要介绍的格林（Green）公式告诉我们，在平面闭区域 D 上的二重积分可以通过沿闭区域 D 的边界曲线 L 上的曲线积分来表达。

现在先介绍平面单连通区域的概念。设 D 为平面区域，如果 D 内任一闭曲线所围的部分都属于 D，则称 D 为平面单连通区域，否则称为复连通区域，通俗地说，平面单连通区域就是不含有"洞"（包括点"洞"）的区域，复连通区域是含有"洞"（包括点"洞"）的区域。例如，平面上的圆形区域 $\{(x, y) | x^2 + y^2 < 1\}$ 上半平面 $\{(x, y) | y > 0\}$ 都是单连通区域，圆环形区域 $\{(x, y) | 1 < x^2 + y^2 < 4\}$、$\{(x, y) | 0 < x^2 + y^2 < 2\}$ 都是复连通区域。

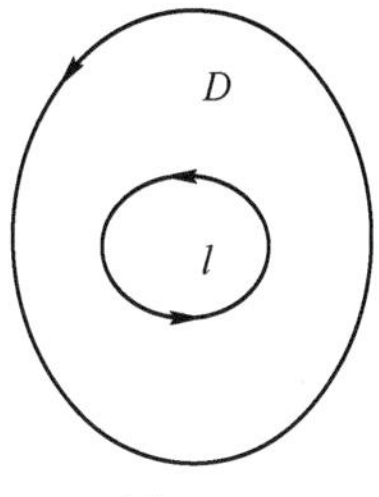

对平面区域 D 的边界曲线 L，规定 L 的正向如下：当观察者沿 L 的这个方向行走时，D 内在他近处的那一部分总在他的左边。例如，D 是边界曲线 L 及 l 所围成的复连通区域（图 12-6），作为 D 的正向边界，L 的正向是逆时针方向，而 l 的正向是顺时针方向。

图 12-6

定理 1　设闭区域 D 由分段光滑的曲线 L 围成，函数 $P(x, y)$ 及 $Q(x, y)$ 在 D 上具有一阶连续偏导数，则有

$$\iint_{D} \left(\frac{\partial \theta}{\partial x} - \frac{\partial P}{\partial y} \right) dxdy = \oint_{L} Pdx + Qdy \tag{12-3}$$

其中，L 是 D 的取正向的边界曲线。

式（12-3）为格林公式。证明从略。

注意：对于复连通区域 D，格林公式（12-3）右端应包括沿区域 D 的全部边界的曲线积分，且边界的方向对区域 D 来说都是正向。

下面说明格林公式的一个简单应用。

在式（12-3）中取 $P = -y$，$Q = x$，即得

$$2\iint_{D} dxdy = \oint_{L} xdy - ydx$$

上式左端是闭区域 D 的面积 A 的两倍，因此有

$$A = \frac{1}{2}\oint_L x\mathrm{d}y - y\mathrm{d}x \tag{12-4}$$

例 1　求椭圆 $x = a\cos\theta$、$y = b\sin\theta$ 围成图形的面积 A。

解　根据式 (12-4) 有

$$A = \frac{1}{2}\oint_L x\mathrm{d}y - y\mathrm{d}x = \frac{1}{2}\int_0^{2\pi}(ab\cos^2\theta + ab\sin^2\theta)\mathrm{d}\theta = \frac{1}{2}ab\int_0^{2\pi}\mathrm{d}\theta = \pi ab$$

例 2　设 L 是任意一条分段光滑的闭曲线，证明：

$$\oint_L 2xy\mathrm{d}x + x^2\mathrm{d}y = 0$$

证　令 $P = 2xy$，$\theta = x^2$，则

$$\frac{\partial\theta}{\partial x} - \frac{\partial P}{\partial y} = 2x - 2x = 0$$

因此，由式 (12-3) 有

$$\oint_L 2xy\mathrm{d}x + x^2\mathrm{d}y = \pm\iint_D 0\mathrm{d}x\mathrm{d}y = 0$$

例 3　计算 $\displaystyle\iint_D \mathrm{e}^{-y^2}\mathrm{d}x\mathrm{d}y$，其中 D 是以 $O(0,0)$、$A(1,1)$、

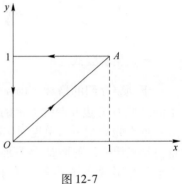

$B(0,1)$ 为顶点的三角形闭区域，如图 12-7 所示。

解　令 $P = 0$，$Q = x\mathrm{e}^{-y^2}$，则

$$\frac{\partial\theta}{\partial x} - \frac{\partial P}{\partial y} = \mathrm{e}^{-y^2}$$

图 12-7

因此，由式 (12-3) 有

$$\iint_D \mathrm{e}^{-y^2}\mathrm{d}x\mathrm{d}y = \int_{OA+AB+BO} x\mathrm{e}^{-y^2}\mathrm{d}y = \int_{OA} x\mathrm{e}^{-y^2}\mathrm{d}y = \int_0^1 x\mathrm{e}^{-x^2}\mathrm{d}x = \frac{1}{2}(1 - \mathrm{e}^{-1})$$

例 4　计算 $\displaystyle\oint_L \frac{x\mathrm{d}y - y\mathrm{d}x}{x^2 + y^2}$，其中 L 为一条无重点、分段光滑且不经过原点的连续闭曲线，L 的方向为逆时针方向。

解　令 $P = \dfrac{-y}{x^2 + y^2}$，$Q = \dfrac{x}{x^2 + y^2}$，则当 $x^2 + y^2 \neq 0$

时，有

$$\frac{\partial\theta}{\partial x} = \frac{y^2 - x^2}{(x^2 + y^2)^2} = \frac{\partial P}{\partial y}$$

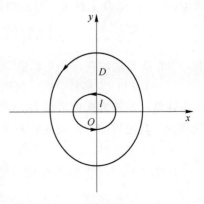

记 L 所围成的闭区域为 D。当 $(0,0) \notin D$ 时，由式 (12-3) 得

$$\oint_L \frac{x\mathrm{d}y - y\mathrm{d}x}{x^2 + y^2} = 0$$

当 $(0,0) \in D$ 时，选取适当小的 $r > 0$，作位于 D 内的圆周 l：$x^2 + y^2 = r^2$。记 L 和 l 所围成的闭区域为 D_1，如图 12-8 所示。

图 12-8

对复连接区域 D_1 应用格林公式，得

$$\oint_L \frac{x\mathrm{d}y - y\mathrm{d}x}{x^2 + y^2} - \oint_l \frac{x\mathrm{d}y - y\mathrm{d}x}{x^2 + y^2} = 0$$

其中，l 的方向取逆时针方向。于是

$$\oint_L \frac{x\mathrm{d}y - y\mathrm{d}x}{x^2 + y^2} = \oint_l \frac{x\mathrm{d}y - y\mathrm{d}x}{x^2 + y^2} = \int_0^{2\pi} \frac{r^2\cos^2\theta + r^2\sin^2\theta}{r^2}\mathrm{d}\theta = 2\pi$$

二、平面上曲线积分与路径无关的条件

在物理、力学中要研究所谓势力场，就是要研究场力所做的功与路径无关的情形。在什么条件下场力所做的功与路径无关？这个问题在数学上就是要研究曲线积分与路径无关的条件。为了研究这个问题，先要明确什么叫作曲线积分 $\int_L P\mathrm{d}x + \theta\mathrm{d}y$ 与路径无关。

设 G 是一个开区域，$P(x, y)$ 和 $Q(x, y)$ 在区域 G 内具有一阶连续偏导数。如果对于 G 内任意指定的个点 A、B 以及 G 内从点 A 到点 B 的任意两条曲线 L_1、L_2（图 12-9），等式 $\int_{L_1} P\mathrm{d}x + Q\mathrm{d}y = \int_{L_2} P\mathrm{d}x + Q\mathrm{d}y$ 恒成立，

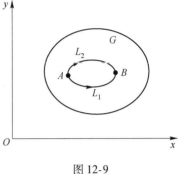

图 12-9

就说曲线积分 $\int_L P\mathrm{d}x + \theta\mathrm{d}y$ 在 G 内与路径无关，否则便说与路径有关。

在以上叙述中注意到，如果曲线积分与路径无关，那么

$$\int_{L_1} P\mathrm{d}x + Q\mathrm{d}y = \int_{L_2} P\mathrm{d}x + Q\mathrm{d}y$$

由于

$$\int_{L_2} P\mathrm{d}x + Q\mathrm{d}y = -\int_{-L_2} P\mathrm{d}x + Q\mathrm{d}y$$

所以

$$\int_{L_1} P\mathrm{d}x + Q\mathrm{d}y + \int_{-L_2} P\mathrm{d}x + Q\mathrm{d}y = 0$$

从而

$$\oint_{L_1 + (-L_2)} P\mathrm{d}x + Q\mathrm{d}y = 0$$

这里 $L_1 + (-L_2)$ 是一条有向闭曲线。因此，在区域 G 内由曲线积分与路径无关可推得在 G 内沿闭曲线的曲线积分为零。反过来，如果在区域 G 内沿任意闭曲线的曲线积分为零，也可推得在 G 内曲线积分与路径无关。由此得出结论：曲线积分 $\int_L P\mathrm{d}x + \theta\mathrm{d}y$ 在 G 内与路径无关相当于沿 G 内任意闭曲线 C 的曲线积分 $\oint_C P\mathrm{d}x + Q\mathrm{d}y$ 等于零。

定理 2　设开区域 G 是一个单连通域，函数 $P(x, y)$ 和 $Q(x, y)$ 在 G 内具有一阶连续偏导数，则曲线积分 $\int_L P\mathrm{d}x + \theta\mathrm{d}y$ 在 G 内与路径无关（或沿 G 内任意闭曲线的曲线积分

为零）的充分必要条件是等式

$$\frac{\partial P}{\partial y} = \frac{\partial \theta}{\partial x} \qquad (12\text{-}5)$$

在 G 内恒成立。

证明从略。

在本章第二节例 3 中可以看到，起点与终点相同的三个曲线积分 $\int_L 2xy\mathrm{d}x + x^2\mathrm{d}y$ 相等。由定理 2 来看，这不是偶然的，因为这里 $\frac{\partial \theta}{\partial x} = \frac{\partial P}{\partial y} = 2x$ 在整个 xOy 面内恒成立，而整个 xOy 面是单连通域，因此，曲线积分 $\int_L 2xy\mathrm{d}x + x^2\mathrm{d}y$ 与路径无关。

定理 2 要求区域 G 是单连通区域，且函数 $P(x, y)$ 和 $Q(x, y)$ 在 G 内具有一阶连续偏导数。如果这两个条件之一不能满足，那么定理的结论不能保证成立。例如，在例 4 中可以看到，当 L 所围成的区域含有原点时，虽然除去原点外，恒有 $\frac{\partial \theta}{\partial x} = \frac{\partial P}{\partial y}$，但沿闭曲线的积分 $\oint_L P\mathrm{d}x + Q\mathrm{d}y \neq 0$，其原因在于区域内含有破坏函数 P、Q 及 $\frac{\partial \theta}{\partial x}$、$\frac{\partial P}{\partial y}$ 连续性条件的点 O，这种点通常称为奇点。

❖ **名人故事**

波恩哈德·黎曼

波恩哈德·黎曼是德国著名的数学家，他在数学分析和微分几何方面做出过重要贡献，他开创了黎曼几何，并且给后来爱因斯坦的广义相对论提供了数学基础。黎曼几何的诞生彻底改变了微分几何学的面貌，也直接影响了数学甚至科学发展的进程。它不仅是一门学问，更是一种理解宇宙的光辉思想。毫无疑问，黎曼几何是如同微积分那样具有划时代意义的伟大成就。

黎曼的一生取得的成就很伟大，但也证实了一个问题——天才不仅需要天赋，更需要后天的努力。我们或许没有黎曼那样的天赋，后天的努力则是我们前进的路，将勤补拙。

习题 12-3

1. 计算下列曲线积分，并验证格林公式的正确性。

（1）$\oint_L (2xy - x^2)\mathrm{d}x + (x + y^2)\mathrm{d}y$，其中 L 是由抛物线 $y = x^2$ 和 $y^2 = x$ 围成的区域的正向边界曲线；

（2）$\oint_L (x^2 - xy^3)\mathrm{d}x + (y^2 - 2xy)\mathrm{d}y$，其中 L 是四个顶点分别为 $(0, 0)$、$(2, 0)$、$(2, 2)$ 和 $(0, 2)$ 的正方形区域的正向边界。

2. 利用曲线积分，求下列曲线所围成的图形的面积。

（1）星形线 $x = a\cos^3 t$，$y = a\sin^3 t$；

（2）椭圆 $9x^2 + 16y^2 = 144$；

（3）圆 $x^2 + y^2 = 2ax$。

3. 计算曲线积分 $\oint_L \dfrac{y\mathrm{d}x - x\mathrm{d}y}{2(x^2 + y^2)}$，其中 L 为圆周 $(x-1)^2 + y^2 = 2$，L 的方向为逆时针方向。

4. 证明下列曲线积分在整个 xOy 面内与路径无关，并计算积分值。

（1）$\displaystyle\int_{(1,1)}^{(2,3)} (x+y)\mathrm{d}x + (x-y)\mathrm{d}y$；

（2）$\displaystyle\int_{(1,2)}^{(3,4)} (6xy^2 - y^3)\mathrm{d}x + (6x^2 y - 3xy^2)\mathrm{d}y$；

（3）$\displaystyle\int_{(1,0)}^{(2,1)} (2xy - y^4 + 3)\mathrm{d}x + (x^2 - 4xy^3)\mathrm{d}y$。

5. 利用格林公式，计算下列曲线积分。

（1）$\oint_L (2x - y + 4)\mathrm{d}x + (5y + 3x - 6)\mathrm{d}y$，其中 L 为三顶点分别为 $(0,0)$、$(3,0)$ 和 $(3,2)$ 的三角形正向边界；

（2）$\oint_L (x^2 y\cos x + 2xy\sin x - y^2 \mathrm{e}^x)\mathrm{d}x + (x^2 \sin x - 2y\mathrm{e}^x)\mathrm{d}y$，其中 L 为正向星形线 $x^{\frac{2}{3}} + y^{\frac{2}{3}} = a^{\frac{2}{3}}(a > 0)$；

（3）$\displaystyle\int_L (2xy^3 - y^2 \cos x)\mathrm{d}x + (1 - 2y\sin x + 3x^2 y^2)\mathrm{d}y$，其中 L 为在抛物线 $2x = \pi y^2$ 上由点 $(0,0)$ 到 $\left(\dfrac{\pi}{2}, 1\right)$ 的一段弧；

（4）$\displaystyle\int_L (x^2 - y)\mathrm{d}x - (x + \sin^2 y)\mathrm{d}y$，其中 L 是在圆周 $y = \sqrt{2x - x^2}$ 上由点 $(0,0)$ 到点 $(1,1)$ 的一段弧。

第四节　曲面积分

一、对面积的曲面积分

引例　若曲面的面密度是常数 μ_0，曲面面积为 S，则曲面的质量 $M = \mu_0 S$。

若曲面的面密度不是常数，而是曲面上点 (x, y, z) 的函数 $\mu(x, y, z)$，则类似于求空间曲线质量的方法，可求得曲面的质量。将曲面 S 任分为 n 个小曲面 ΔS_i，ΔS_i 也代表面积，在 ΔS_i 上任取一点 (ξ_i, η_i, ζ_i)，得

$$M \approx \sum_{i=1}^{n} \mu(\xi_i, \eta_i, \zeta_i) \Delta S_i$$

于是有

$$M = \lim_{\lambda \to 0} \sum_{i=1}^{n} \mu(\xi_i, \eta_i, \zeta_i) \Delta S_i$$

从而引出曲面积分的定义。

定义 1　设函数 $f(x, y, z)$ 在曲面 Σ 上有定义，将 Σ 任意分成 n 块子曲面，记为 ΔS_i（$i = 1, 2, \cdots, n$），ΔS_i 也表示第 i 块子曲面的面积；在每块子曲面 ΔS_i 上任取一点 (ξ_i, η_i, ζ_i)，作和式 $\sum_{i=1}^{n} f(\xi_i, \eta_i, \zeta_i) \Delta S_i$。

如果当子曲面的最大直径 λ 趋于零时，和式的极限存在，则称此极限值为函数 $f(x, y, z)$ 在曲面 Σ 上对面积的曲面积分，也称为第一类曲面积分。记作

$$\iint\limits_{\Sigma} f(x,y,z)\mathrm{d}s = \lim_{\lambda \to 0} \sum_{i=1}^{n} f(\xi_i, \eta_i, \zeta_i) \Delta S_i$$

其中，$f(x, y, z)$ 称为被积函数，$f(x, y, z)\mathrm{d}s$ 称为被积表达式，$\mathrm{d}s$ 称为曲面的面积元素，Σ 称为积分曲面，如果曲面是封闭的，则曲面积分记为 $\oiint\limits_{\Sigma} f(x,y,z)\mathrm{d}s$。

如果 $f(x, y, z)$ 在 Σ 上连续，且 Σ 是光滑曲面，则 $\iint\limits_{\Sigma} f(x,y,z)\mathrm{d}s$ 一定存在。

证明从略。

对面积的曲面积分有类似于对弧长的曲线积分的性质，这里不再赘述。

在一定条件下，对面积的曲面积分可化成二重积分来计算。

设曲面 Σ 的方程为 $z = z(x, y)$，它在 xy 平面上的投影区域为 D_{xy}，函数 $z = z(x, y)$ 在 D_{xy} 上具有连续的一阶偏导数，函数 $f(x, y, z)$ 在曲面 Σ 上连续，则

$$\iint\limits_{\Sigma} f(x,y,z)\mathrm{d}s = \iint\limits_{D_{xy}} f[x,y,z(x,y)] \sqrt{1 + z_x'^2 + z_y'^2}\,\mathrm{d}\sigma$$

证明从略。

需注意以下几点：

(1) $f(x, y, z)$ 定义在曲面 $z = z(x, y)$ 上，所以 z 要换成 $z(x, y)$；

(2) 曲面的面积元素为 $\mathrm{d}s = \sqrt{1 + z_x'^2 + z_y'^2}\,\mathrm{d}\sigma$，其中 $\mathrm{d}\sigma$ 是 $\mathrm{d}s$ 在 xy 平面上的投影区域的面积。

例 1 计算曲面积分 $\oiint\limits_{\Sigma} xz\mathrm{d}s$，其中 Σ 为球面 $x^2 + y^2 + z^2 = 1$。

解 球面方程为 $z = \sqrt{1 - x^2 - y^2}$ 与 $z = -\sqrt{1 - x^2 - y^2}$，上半球面记为 Σ_1，下半球面记为 Σ_2，则根据对面积的曲面积分的性质，有

$$\oiint\limits_{\Sigma} xz\mathrm{d}s = \iint\limits_{\Sigma_1} xz\mathrm{d}s + \iint\limits_{\Sigma_2} xz\mathrm{d}s$$

因为 Σ_1、Σ_2 在 xy 平面上的投影区域都是 $D: x^2 + y^2 \leqslant 1$，所以

$$\iint\limits_{\Sigma_1} xz\mathrm{d}s = \iint\limits_{D} x\sqrt{1 - x^2 - y^2} \cdot \frac{1}{\sqrt{1 - x^2 - y^2}}\mathrm{d}\sigma = \iint\limits_{D} x\mathrm{d}\sigma$$

$$\iint\limits_{\Sigma_2} xz\mathrm{d}s = \iint\limits_{D} x(-\sqrt{1 - x^2 - y^2}) \cdot \frac{1}{\sqrt{1 - x^2 - y^2}}\mathrm{d}\sigma = \iint\limits_{D} (-x)\mathrm{d}\sigma$$

因此

$$\oiint\limits_{\Sigma} xz\mathrm{d}s = 0$$

二、对坐标的曲面积分

(一) 有向曲面与曲面的侧

与对坐标的曲线积分一样，对坐标的曲面积分也具有方向性，首先来规定曲面的

方向。

设Σ是光滑曲面，一般说来曲面Σ是双侧的。例如，由方程$z = z(x, y)$表示的曲面，有上侧和下侧之分；方程$y = y(x, y)$表示的曲面，有左侧和右侧之分；方程$x = x(y, z)$所表示的曲面，有前侧与后侧之分 [图12-10(a)]；对于封闭曲面，有内侧和外侧之分，如图12-10(b) 所示。

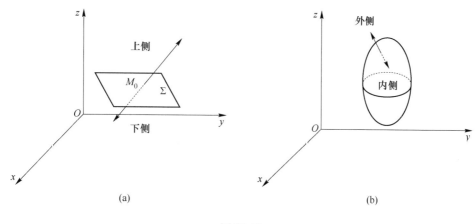

图 12-10

若曲面Σ上任意一点M_0的法线选定了一个确定的方向，则曲面Σ上全部点的法线方向随之而定，也就是选定了曲面Σ的一侧；若原先选定的法线方向改变，则其他点处的方向也一律改变，这样就确定了曲面Σ的另一侧，如图12-10所示。换句话说，在曲面Σ上取定了法向量也就是确定了曲面的侧。确定了侧的曲面，称为有向曲面。

（二）引例　流向曲面一侧的流量

设稳定流动（即在每一点的流速都不随时间而改变）的不可压缩的流体（即密度为常数，为简单起见，设密度为1）的速度场为$V(x, y, z) = P(x, y, z)i + Q(x, y, z)j + R(x, y, z)k$，$\Sigma$是速度场中的一张有向曲面，函数$P(x, y, z)i$、$Q(x, y, z)$、$R(x, y, z)$都在$\Sigma$上连续，求在单位时间内流向$\Sigma$指定侧的流量$\Phi$。

如果流体通过平面上面积为A的一个区域时，流体在这区域上各点处的流速为常量v，且设n°为该有向平面的单位法向量，那么在单位时间内流过该区域指向n°的流量是：一个底面积为A、斜高为$|v|$的斜柱体的体积，如图12-11所示。其体积为

$$A|v|\cos\theta = Av \cdot n^\circ$$

由于Σ是一张有向曲面，而不是平面，且在Σ上各点处的流速可能不同，即v不是常向量，因此所求的流量不能直接用上述方法计算。但是，仍然可以用"局部求近似，和式取极限"的方法，来解决目前的问题。具体做法如下：把曲面Σ分成n张小曲面$\Delta S_i(i = 1, 2, \cdots, n)$，同时以$\Delta S_i$表示第$i$张小曲面的面积，当$\Delta S_i$的直径$\lambda_i$很小时，它近似等于在其上任一点处的切平面中相应小块的面积，这小块切平面是ΔS_i在xy平面上投影的边界为准线、平行z轴的直线为母线的柱面截下的那一部分。

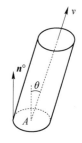

图 12-11

在 ΔS_i 上取任一点 $(\xi_i,\ \eta_i,\ \zeta_i)$ 处的流速

$$V(\xi_i,\eta_i,\zeta_i)=P(\xi_i,\eta_i,\zeta_i)i+Q(\xi_i,\eta_i,\zeta_i)j+R(\xi_i,\eta_i,\zeta_i)k$$

近似代替 ΔS_i 上其他各点处的流速。

设在点 $(\xi_i,\ \eta_i,\ \zeta_i)$ 处曲面的单位法向量为

$$\boldsymbol{n}_i^\circ=\cos\alpha_i i+\cos\beta_i j+\cos Y_i k$$

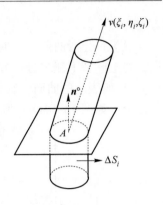

用 $\boldsymbol{n}_i^\circ$ 近似代替 ΔS_i 上其他各点处的单位法向量。于是通过 ΔS_i 流向指定侧的流量的近似值（图 12-12）为

$$\Delta\varPhi_i\approx\left[V(\xi_i,\ \eta_i,\ \zeta_i)\ \cdot\ \boldsymbol{n}_i^\circ\right]\Delta S_i$$

通过 Σ 流向指定侧的流量的近似值为

图 12-12

$$\varPhi=\sum_{i=1}^{n}\Delta\varPhi_i\approx\sum_{i=1}^{n}\left[V(\xi_i,\ \eta_i,\ \zeta_i)\ \cdot\ \boldsymbol{n}_i^\circ\right]\Delta S_i$$

$$=\sum_{i=1}^{n}\left[P(\xi_i,\eta_i,\zeta_i)\cos\alpha_i+Q(\xi_i,\eta_i,\zeta_i)\cos\beta_i+R(\xi_i,\eta_i,\zeta_i)\cos Y_i\right]\Delta S_i$$

设 $(\Delta S_i)_{yz}=\Delta S_i\cos\alpha_i$，$(\Delta S_i)_{zx}=\Delta S_i\cos\beta_i$，$(\Delta S_i)_{xy}=\Delta S_i\cos Y_i$。

它们分别表示 ΔS_i 在三个坐标面上的投影（这些投影与曲面 Σ 的侧有关，可正可负，其绝对值才是 ΔS_i 在三个坐标面上投影区域的面积），即

$$\varPhi=\sum_{i=1}^{n}\Delta\varPhi_i\approx\sum_{i=1}^{n}\left[P(\xi_i,\eta_i,\zeta_i)(\Delta S_i)_{yz}+Q(\xi_i,\eta_i,\zeta_i)(\Delta S_i)_{zx}+\right.$$
$$\left.R(\xi_i,\eta_i,\zeta_i)(\Delta S_i)_{xy}\right]$$

令 $\lambda=\max\limits_{1\leqslant i\leqslant n}\{\lambda_i\}$，则当 $\lambda\to 0$ 时，取上述和式的极限，就得到流量 $\varPhi$ 的精确值，即

$$\varPhi=\lim_{\lambda\to 0}\left\{\sum_{i=0}^{n}\left[P(\xi_i,\eta_i,\zeta_i)(\Delta S_i)_{yz}+Q(\xi_i,\eta_i,\zeta_i)(\Delta S_i)_{zx}+R(\xi_i,\eta_i,\zeta_i)(\Delta S_i)_{xy}\right]\right\}$$

这样的极限还会在其他问题中遇到。抽去它们的具体意义，就得出对坐标的曲面积分的概念。

（三）对坐标的曲面积分的定义

定义 2　设 Σ 是有向的光滑曲面，函数 $R(x,\ y,\ z)$ 在 Σ 上有定义，把 Σ 任意分成 n 张有向小曲面 $\Delta S_i(i=1,\ 2,\ \cdots,\ n)$，$\Delta S_i$ 同时又表示第 i 张小曲面的面积，ΔS_i 在 xy 平面上的投影为 $(\Delta S_i)_{xy}$。在 ΔS_i 上任取一点 $(\xi_i,\ \eta_i,\ \zeta_i)$，如果极限 $\lim\limits_{\lambda\to 0}\sum\limits_{i=1}^{n}R(\xi_i,\ \eta_i,\ \zeta_i)(\Delta S_i)_{xy}$ 存在，则称此极限值为函数 $R(x,\ y,\ z)$ 在有向曲面 Σ 上对坐标 x、y 的曲面积分，也称为第二类曲面积分。记作

$$\iint\limits_{\Sigma}R(x,y,z)\mathrm{d}s_{xy}=\lim_{\lambda\to 0}\left[\sum_{i=1}^{n}R(\xi_i,\eta_i,\zeta_i)(\Delta S_i)_{xy}\right]$$

其中，$R(x,\ y,\ z)$ 称为被积函数，Σ 称为积分曲面。

若 Σ 是封闭曲面，则曲面积分记作 $\oiint\limits_{\Sigma}R(x,y,z)\mathrm{d}s_{xy}$。

类似地，可以定义函数 $P(x,\ y,\ z)$ 在有向曲面 Σ 上对坐标 y、z 的曲面积分 $\iint\limits_{\Sigma}P(x,$

$y,z)\mathrm{d}s_{yz}$，以及函数 $Q(x,y,z)$ 在有向曲面 Σ 上对坐标 z、x 的曲面积分 $\iint\limits_{\Sigma}Q(x,y,z)\mathrm{d}s_{zx}$：

$$\iint\limits_{\Sigma}P(x,y,z)\mathrm{d}s_{yz} = \lim_{\lambda\to 0}\left[\sum_{i=1}^{n}P(\xi_i,\eta_i,\zeta_i)(\Delta S_i)_{yz}\right]$$

$$\iint\limits_{\Sigma}Q(x,y,z)\mathrm{d}s_{zx} = \lim_{\lambda\to 0}\left[\sum_{i=1}^{n}Q(\xi_i,\eta_i,\zeta_i)(\Delta S_i)_{zx}\right]$$

同样，要指出的是：当 $P(x,y,z)$、$Q(x,y,z)$、$R(x,y,z)$ 在有向光滑曲面 Σ 上连续时，则上述对坐标的曲面积分一定存在。

在应用上出现较多的是上述这三个曲面积分合并起来的形式。为简便起见，人们常记

$$\iint\limits_{\Sigma}P\mathrm{d}s_{yz} + \iint\limits_{\Sigma}Q\mathrm{d}s_{zx} + \iint\limits_{\Sigma}R\mathrm{d}s_{xy} = \iint\limits_{\Sigma}P\mathrm{d}s_{yz} + Q\mathrm{d}s_{zx} + R\mathrm{d}s_{xy}$$

称它为组合的曲面积分。

于是，前面引例所述流体在单位时间内流向 Σ 指定侧的流量就是速度函数 $v(x,y,z)$ 在 Σ 对坐标的组合曲面积分，即

$$\Phi = \iint\limits_{\Sigma}v\cdot\boldsymbol{n}^{\circ}\mathrm{d}s = \iint\limits_{\Sigma}P(x,y,z)\mathrm{d}s_{yz} + Q(x,y,z)\mathrm{d}s_{zx} + R(x,y,z)\mathrm{d}s_{xy}$$

（四）对坐标的曲面积分的性质

对坐标的曲面积分具有与对坐标的曲线积分的类似性质，例如
（1）如果把 Σ 分成 Σ_1 和 Σ_2，则

$$\iint\limits_{\Sigma}P\mathrm{d}s_{yz} + Q\mathrm{d}s_{zx} + R\mathrm{d}s_{xy} = \iint\limits_{\Sigma_1}P\mathrm{d}s_{yz} + Q\mathrm{d}s_{zx} + R\mathrm{d}s_{xy} + \iint\limits_{\Sigma_2}P\mathrm{d}s_{yz} + Q\mathrm{d}s_{zx} + R\mathrm{d}s_{xy}$$

（2）设 Σ 是有向曲面，若将与 Σ 取相反侧的有向曲面记为 Σ^-，则

$$\iint\limits_{\Sigma^-}P(x,y,z)\mathrm{d}s_{yz} = -\iint\limits_{\Sigma}P(x,y,z)\mathrm{d}s_{yz}$$

$$\iint\limits_{\Sigma^-}Q(x,y,z)\mathrm{d}s_{zx} = -\iint\limits_{\Sigma}Q(x,y,z)\mathrm{d}s_{zx}$$

$$\iint\limits_{\Sigma^-}R(x,y,z)\mathrm{d}s_{xy} = -\iint\limits_{\Sigma}R(x,y,z)\mathrm{d}s_{xy}$$

（五）对坐标的曲面积分的计算法

设曲面 Σ 由方程 $z=z(x,y)$ 给出，当 Σ 取上侧时，则曲面的法向量 $\boldsymbol{n}$ 与 z 轴正向的夹角不大于 $\dfrac{\pi}{2}$，于是，曲面的面积元素 $\mathrm{d}s$ 在 xy 平面的投影 $\mathrm{d}s_{xy}$ 不为负值，即 $\mathrm{d}s_{xy}=\mathrm{d}x\mathrm{d}y$。如果 D_{xy} 表示曲面 Σ 在 xy 平面上的投影区域，那么可将对坐标的曲面积分化成在 xy 平面上区域 D_{xy} 的二重积分来计算，即

$$\iint\limits_{\Sigma}R(x,y,z)\mathrm{d}s_{xy} = \iint\limits_{D_{xy}}R[x,y,z(x,y)]\mathrm{d}x\mathrm{d}y$$

如果取 Σ 的下侧，Σ 的法向量 $\boldsymbol{n}$ 与 z 轴正向的夹角为大于 $\dfrac{\pi}{2}$，这时 $\mathrm{d}s$ 在 xy 平面上的投影 $\mathrm{d}s_{xy}$ 不为正值，即 $\mathrm{d}s_{xy} = -\mathrm{d}x\mathrm{d}y$，于是有

$$\iint_{\Sigma} R(x,y,z)\,\mathrm{d}s_{xy} = -\iint_{D_{xy}} R[x,y,z(x,y)]\,\mathrm{d}x\mathrm{d}y$$

类似地，如果 Σ 的方程为 $x = x(y,\ z)$，则有

$$\iint_{\Sigma} P(x,y,z)\,\mathrm{d}s_{yz} = \pm\iint_{D_{yz}} P[x(y,z),y,z]\,\mathrm{d}y\mathrm{d}z$$

上式右端正负号应如下选定：当曲面 Σ 取前侧时，选用正号；取后侧时，选用负号。其中，D_{yz} 是 Σ 在 yz 平面上的投影区域。

如果 Σ 的方程为 $y = y(x,\ z)$，则

$$\iint_{\Sigma} Q(x,y,z)\,\mathrm{d}s_{zx} = \pm\iint_{D_{zx}} Q[x,y(x,z),z]\,\mathrm{d}z\mathrm{d}x$$

上式右端正负号应如下选定：当曲面 Σ 取右侧时，选用正号；取左侧时，选用负号，其中 D_{zx} 是 Σ 在 zx 平面上的投影区域。

例 2　计算 $\displaystyle\iint_{\Sigma}(x+2y+3z)\,\mathrm{d}s_{xy}$，其中，$x+y+z=1$ 在第一卦限的上侧。

解　因为 Σ 的方程为 $z = 1-x-y$，Σ 在 xy 平面的投影区域 D_{xy} 如图 12-13 所示，所以有

$$\iint_{\Sigma}(x+2y+3z)\,\mathrm{d}s_{xy} = \iint_{D_{xy}}[x+2y+3(1-x-y)]\,\mathrm{d}x\mathrm{d}y = \int_0^1\mathrm{d}x\int_0^{1-x}(3-2x-y)\,\mathrm{d}y$$

$$= \int_0^1\left(\frac{5}{2}-4x+\frac{3}{2}x^2\right)\mathrm{d}x = 1$$

例 3　计算曲面积分

$$I = \oiint_{\Sigma}(x+1)\,\mathrm{d}s_{yz} + y\,\mathrm{d}s_{zx} + \mathrm{d}s_{xy}$$

其中，Σ 是三个坐标面与平面 $x+y+z=1$ 围成的四面体表面的外侧，如图 12-14 所示。

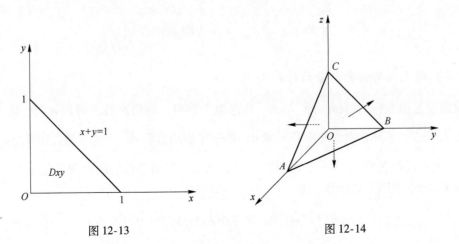

图 12-13　　　　　　　　　　　　　图 12-14

解　由曲面积分的性质

$$I = \oiint (x+1)\mathrm{d}s_{yz} + y\mathrm{d}s_{zx} + \mathrm{d}s_{xy}$$

$$= \iint\limits_{OAB} (x+1)\mathrm{d}s_{yz} + y\mathrm{d}s_{zx} + \mathrm{d}s_{xy} + \iint\limits_{OBC} (x+1)\mathrm{d}s_{yz} + y\mathrm{d}s_{zx} + \mathrm{d}s_{xy} +$$

$$\iint\limits_{OCA} (x+1)\mathrm{d}s_{yz} + y\mathrm{d}s_{zx} + \mathrm{d}s_{xy} + \iint\limits_{ABC} (x+1)\mathrm{d}s_{yz} + y\mathrm{d}s_{zx} + \mathrm{d}s_{xy}$$

又因为

$$\iint\limits_{OAB} (x+1)\mathrm{d}s_{yz} + y\mathrm{d}s_{zx} + \mathrm{d}s_{xy} = 0 + 0 + \left[- \iint\limits_{\substack{0 \le x \le 1 \\ 0 \le y \le 1-x}} \mathrm{d}x\mathrm{d}y \right] = -\frac{1}{2}$$

$$\iint\limits_{OBC} (x+1)\mathrm{d}s_{yz} + y\mathrm{d}s_{zx} + \mathrm{d}s_{xy} = - \iint\limits_{\substack{0 \le y \le 1 \\ 0 \le z \le 1-y}} (0+1)\mathrm{d}y\mathrm{d}z = -\frac{1}{2}$$

$$\iint\limits_{OCA} (x+1)\mathrm{d}s_{yz} + y\mathrm{d}s_{zx} + \mathrm{d}s_{xy} = - \iint 0\mathrm{d}z\mathrm{d}x = 0$$

$$\iint\limits_{ABC} (x+1)\mathrm{d}s_{yz} + y\mathrm{d}s_{zx} + \mathrm{d}s_{xy} = \iint\limits_{\substack{0 \le y \le 1 \\ 0 \le z \le 1-y}} [(1-y-z)+1]\mathrm{d}y\mathrm{d}z +$$

$$\iint\limits_{\substack{0 \le x \le 1 \\ 0 \le z \le 1-x}} (1-x-z)\mathrm{d}z\mathrm{d}x + \iint\limits_{\substack{0 \le x \le 1 \\ 0 \le y \le 1-x}} \mathrm{d}x\mathrm{d}y$$

$$= \frac{2}{3} + \frac{1}{6} + \frac{1}{2} = \frac{4}{3}$$

所以

$$I = -\frac{1}{2} - \frac{1}{2} + \frac{4}{3} = \frac{1}{3}$$

三、高斯（Gauss）公式

高斯公式是阐明空间闭区域上的三重积分与其边界曲面上的曲面积分之间关系的一个重要公式。这个关系可用定理叙述如下。

定理　设空间闭区域 Ω 由分片光滑曲面 Σ 围成。函数 $P(x, y, z)$、$Q(x, y, z)$、$R(x, y, z)$ 在 Ω 上具有一阶连续偏导数，则

$$\oiint\limits_{\Omega} \left(\frac{\partial P}{\partial x} + \frac{\partial Q}{\partial y} + \frac{\partial R}{\partial z} \right) \mathrm{d}V = \oiint\limits_{\Sigma} P\mathrm{d}s_{yz} + Q\mathrm{d}s_{zx} + R\mathrm{d}s_{xy}$$

这里封闭曲面 Σ 的方向取其外侧，该公式称为高斯公式。

证明从略。

利用高斯公式可方便地计算本节例 3。因为

$$P(x, y, z) = x+1, \quad Q(x, y, z) = y, \quad R(x, y, z) = 1, \quad \frac{\partial P}{\partial x} = 1, \quad \frac{\partial Q}{\partial y} = 1, \quad \frac{\partial R}{\partial z} = 0$$

所以由高斯公式，得

$$I = \oiint (x+1)\mathrm{d}s_{yz} + y\mathrm{d}s_{zx} + \mathrm{d}s_{xy} = \oiint\limits_{\Omega} 2\mathrm{d}V = 2 \cdot \frac{1}{6} \cdot 1 \cdot 1 \cdot 1 = \frac{1}{3}$$

❖ **知识拓展**

莫比乌斯环

　　莫比乌斯环，是由德国数学家莫比乌斯和约翰·李斯丁于 1858 年发现的，它可以通过将长方形纸条扭曲 180°黏合得到。莫比乌斯环是拓扑学中一个典型的不可定向空间，形象一点来说，如果一个人在莫比乌斯环上行走，当他回到起点时，自己可能站到了原来的反面，而且没有翻越边界。那么此时，自己就变成了原来的镜像。一张纸有两面，而只有一面的莫比乌斯环，看起来似乎不过是数学中意外发现的一个新奇的玩具。

　　人生，就好比一个莫比乌斯环，从起点出发，经历了高低起伏、明亮阴暗、反转变化、扭曲波折之后，终点又回到起点。人生的起落沉浮，都是人生之中的必然经历，都是人生命运之中所要承载的。不管是幸福或不幸，快乐或痛苦，幸运或悲哀，生活之中所发生的一切事情，都是人生道路上不可或缺的体验和感受，都有其独特的意义和价值。

习题 12-4

1. 计算 $\iint\limits_{\Sigma}(2x+\dfrac{4}{3}y+z)\mathrm{d}s$，$\Sigma$ 是平面 $\dfrac{x}{2}+\dfrac{y}{3}+\dfrac{z}{4}=1$ 在第一卦限部分。

2. 计算 $\iint\limits_{\Sigma}(x+y+z)\mathrm{d}s$，$\Sigma$ 是上半球面 $z=\sqrt{R^2-x^2-y^2}$。

3. 计算 $\oiint\limits_{\Sigma}(x^2+y^2+z^2)\mathrm{d}s$，$\Sigma$ 是由锥面 $z=\sqrt{x^2+y^2}$ 与平面 $z=1$ 围成的立体的表面。

4. 计算 $\iint\limits_{\Sigma}\dfrac{\mathrm{e}^x}{\sqrt{x^2+y^2}}\mathrm{d}s_{xy}$，$\Sigma$ 为锥面 $z=\sqrt{x^2+y^2}$ 被平面 $z=1$、$z=2$ 截部分的内侧。

5. 计算 $\iint\limits_{\Sigma}x^2y^2z\mathrm{d}s_{xy}$，$\Sigma$ 为球面 $x^2+y^2+z^2=R^2$ 下半球面的下侧。

6. 计算 $\iint\limits_{\Sigma}yz\mathrm{d}s_{xy}+xz\mathrm{d}s_{yz}+xy\mathrm{d}s_{zx}$，$\Sigma$ 为圆柱面 $x^2+y^2=R^2$ 被三个坐标面及平面 $z=h(h>0)$ 所截的第一卦限部分的外侧。

7. 计算 $\oiint\limits_{\Sigma}(x-y)\mathrm{d}s_{yz}+(y-z)\mathrm{d}s_{zx}+(z-x)\mathrm{d}s_{xy}$，$\Sigma$ 为球面 $x^2+y^2+z^2=R^2$ 的外侧。

习题答案与提示

第 一 章

习题1-1

1. (1) ×；(2) ∨；(3) ×；(4) ×。

2. (1) $[2,3) \cup (3,5]$；(2) $(1,e)$。

3. (1) 偶；(2) 奇；(3) 奇；(4) 非奇非偶；(5) 非奇非偶。

4. (1) 是，周期 $l = 2\pi$；(2) 是，周期 $l = 2\pi$；(3) 是，周期 $l = 2$；
   (4) 不是周期函数；(5) 是，周期 $l = \pi$。

习题1-2

1. 略。

2. 略。

3. $\lim\limits_{x \to 0^-} f(x) = \lim\limits_{x \to 0^+} f(x) = 1$，$\lim\limits_{x \to 0} f(x) = 1$；$\lim\limits_{x \to 0^-} g(x) = -1$，$\lim\limits_{x \to 0^+} g(x) = 1$，$\lim\limits_{x \to 0} g(x)$ 不存在。

4. 不对。

习题1-3

1. $a = c$（c 为任意常数），$b = 6$。

2. (1) 9；(2) 0；(3) 1；(4) -2；(5) $\dfrac{m}{n}$；(6) k；(7) $\sqrt{2}$；(8) $\dfrac{1}{2}$；

   (9) $\dfrac{1}{4\sqrt{2}}$；(10) $-\dfrac{1}{2}$；(11) $2x$；(12) e^{-5}；(13) $e^{-\frac{1}{2}}$；(14) e^{-8}；(15) e^5；

   (16) $\dfrac{1}{e}$；(17) -2；(18) e^{-6}；(19) $\dfrac{1}{h}$；(20) 2；(21) 2；(22) e；

   (23) $\dfrac{4}{3}$；(24) e；(25) 0。

习题1-4

1. (1) 0；(2) 0；(3) 1；(4) $-\dfrac{1}{2}$；(5) 1；(6) 3。

2. $a = 4$。

3. (1) $x = 1$ 为可去间断点，$x = 3$ 为第二类间断点；

（2）$x=0$ 为可去间断点，$x=\pm1$ 为二类间断点；

（3）$x=0$ 是可去间断点；

（4）$x=0$ 为一类间断点。

习题 1-5

1.（1）1；（2）0。

2.（1）15；（2）1；（3）$\dfrac{1}{2}$；（4）1；（5）$\dfrac{1}{4}$；（6）$\dfrac{1}{2}$。

第 二 章

习题 2-1

1. $y'=3x^2$，$y'\big|_{x=0}=0$。

2. $3x-12y\pm1=0$。

3. 略。

4.（1）$k=1$；（2）$k=2$；（3）$k=2a$。

习题 2-2

1. $y'(1)=14$，$y'(a)=10a+\dfrac{1}{a^2}+\dfrac{3}{a^4}$。

2.（1）$3x^2-2$；（2）$-\dfrac{1}{2\sqrt{x}}\left(1+\dfrac{1}{x}\right)$；（3）$\dfrac{2x}{(x^2+1)^2}$；

　（4）$\dfrac{1-\cos x-x\sin x}{(1-\cos x)^2}$；（5）$\tan x+x\sec^2 x+2\cot x\csc^2 x$；

　（6）$\dfrac{1+x+\ln x}{(1+x)^2}$；（7）$\dfrac{a^x(\sin x\ln a+\cos x)}{1+x}-\dfrac{a^x\sin x}{(1+x)^2}$；

　（8）$\pi x^{\pi-1}+\pi^x\ln\pi$。

3.（1）$4(2x+1)$；（2）$\dfrac{x}{(1-x^2)\sqrt{1-x^2}}$；（3）$-\dfrac{1}{x\ln x(\ln\ln x)^2}$；

　（4）$-\dfrac{2}{3}x(1+x^2)^{-\frac{4}{3}}$；（5）$2\sin 2(2x+5)$；（6）$\dfrac{2x}{1+x^4}$；

　（7）$-\dfrac{x\cos\sqrt{1-x^2}}{\sqrt{1-x^2}}$；（8）$\dfrac{4}{(x^2+4)\sqrt{\tan\dfrac{x}{2}}}$；（9）$\dfrac{\cos 2x}{\sqrt{\sin 2x}}e^{\sqrt{\sin 2x}}$；

　（10）$\dfrac{e^{2x}}{\sqrt{1+e^{2x}}}$；（11）$\dfrac{x}{\sqrt{x^2+a^2}}\left(1+\dfrac{a^2}{x^2+a^2}\right)$；

　（12）$\dfrac{1}{2}\left(\dfrac{1}{\sqrt{x}}+\dfrac{1}{x\sqrt{x}}+\dfrac{1}{x\sqrt{\ln x}}\right)$；（13）$\dfrac{1+2\sqrt{1+x}}{2(1+x)(1+\sqrt{1+x})}$；

（14）$-2\cot 2x$；（15）$x^{\sin x}\left(\cos x\ln x+\dfrac{\sin x}{x}\right)$；

（16）$\dfrac{1}{2}\sqrt{\dfrac{3x-2}{(2x-1)(x+1)}}\left(\dfrac{3}{3x-2}-\dfrac{2}{2x-1}-\dfrac{1}{x+1}\right)$。

习题 2-3

1. $0.71,\ 0.7,\ 0.0701,\ 0.07$。

2. （1）$\dfrac{\cot\sqrt{x}}{2\sqrt{x}}\mathrm{d}x$；（2）$\dfrac{1}{x^2}\left(\sin\dfrac{1}{x}-\cos\dfrac{1}{x}\right)\mathrm{d}x$；（3）$(1-2x^2)\mathrm{e}^{-x^2}\mathrm{d}x$；

　　（4）$-\dfrac{x}{|x|\sqrt{1-x^2}}\mathrm{d}x$；（5）$\dfrac{-2\cos x}{(1+\sin x)^2}\mathrm{d}x$；（6）$-3^{\ln\cos x}\tan x\ln 3\,\mathrm{d}x$；

　　（7）$\dfrac{1}{x^2}(1-\ln x)\mathrm{d}x$；（8）$\dfrac{\mathrm{d}x}{-2x(2-\ln x)\sqrt{1-\ln x}}$。

3. （1）$\dfrac{1}{a}$；（2）$-\dfrac{1}{2}$；（3）$\dfrac{1}{b}$；（4）$-\dfrac{2}{3}$；（5）$-\dfrac{1}{5}$；

　　（6）-1；（7）$\dfrac{1}{2\ln a}$；（8）$\dfrac{1}{3}$；（9）-1；（10）$\dfrac{1}{2}$。

4. （1）0.10005；（2）2.7455。

习题 2-4

1. （1）$\dfrac{xy-y^2}{xy+x^2}$；（2）$\dfrac{y^2-4xy}{x-2xy+3y^2}$；（3）$\dfrac{-a\sin(x+y)}{\mathrm{e}^y+a\sin(x+y)}$；（4）$-\sqrt{\dfrac{y}{x}}$；

　　（5）$\dfrac{2x\cos 2x-y-xy\mathrm{e}^{xy}}{x^2\mathrm{e}^{xy}+x\ln x}$。

2. 切线方程为 $x+y-\dfrac{\sqrt{2}}{2}a=0$，法线方程为 $x-y=0$。

3. （1）$\dfrac{3b}{2a}t$；（2）$\dfrac{\cos\theta-\theta\sin\theta}{1-\sin\theta-\theta\cos\theta}$。

4. $\sqrt{3}-2$。

习题 2-5

1. （1）$\mathrm{e}^{-x^2}(4x^2-2)$；（2）$\dfrac{2(\sqrt{1-x^2}+x\arcsin x)}{\sqrt{(1-x^2)^3}}$；（3）$\dfrac{x}{\sqrt{(x^2-a^2)^3}}$；

　　（4）$2\cos 2x$；（5）$2\arctan x+\dfrac{2x}{1+x^2}$；（6）$\dfrac{2-x^2}{\sqrt{(1+x^2)^5}}$。

2. （1）$2^n\mathrm{e}^{2x}$；（2）$\dfrac{n!}{(1-x)^{n+1}}$；（3）$2^n\sin\left(2x+\dfrac{n\pi}{2}\right)$；

　　（4）$\dfrac{(-1)^n(n-2)!}{x^{n-1}}(n>1)$；（5）$\dfrac{(-1)^n n!}{2}\left[\dfrac{1}{(x-1)^{n+1}}-\dfrac{1}{(x+1)^{n+1}}\right]$；

(6) $\dfrac{2(-1)^n n!}{(1+x)^{n+1}}$。

3. (1) $-2\csc^2(x+y)\cot^3(x+y)$; (2) $\dfrac{e^{2y}(3-y)}{(2-y)^3}$;

(3) $\dfrac{-2(1+y^2)}{y^5}$; (4) $-\dfrac{b^4}{a^2 y^3}$。

4. (1) $\dfrac{1}{t^3}$; (2) $\dfrac{4}{9}e^{3t}$; (3) $-\dfrac{1}{1-\cos t}$; (4) $-\dfrac{1}{2(1+t)^4}$。

5. 略。

6. 略。

第 三 章

习题 3-1

1. C。

2. $\dfrac{\pi}{2}$。

3. $\xi = \dfrac{5\pm\sqrt{13}}{12}$。

4. 有分别位于区间 $(1, 2)$、$(2, 3)$ 和 $(3, 4)$ 内的三个根。

5~12. 略。

13. (1) 1; (2) 2; (3) $\cos a$; (4) $-\dfrac{3}{5}$; (5) $-\dfrac{1}{8}$; (6) $\dfrac{m}{n}a^{m-n}$; (7) 1;

(8) 3; (9) 1; (10) 1; (11) $\dfrac{1}{2}$; (12) $+\infty$; (13) $-\dfrac{1}{2}$; (14) e^a;

(15) 1; (16) 1。

习题 3-2

1. (1) $(-\infty, -1]$、$[3, +\infty)$ 内单调增加, 在 $[-1, 3]$ 上单调减少;

(2) 在 $(0, 2]$ 内单调减少, 在 $[2, +\infty)$ 内单位增加;

(3) 在 $(-\infty, 0]$ 内单调增加, 在 $[0, +\infty)$ 内单调减少;

(4) 在 $\left(-\infty, \dfrac{3}{4}\right]$ 单调增加, 在 $\left[\dfrac{3}{4}, 1\right]$ 单调减少;

(5) 在 $\left(0, \dfrac{1}{2}\right]$ 单调递减, 在 $\left[\dfrac{1}{2}, +\infty\right)$ 单调增加;

(6) 在 $\left[0, \dfrac{\pi}{3}\right]$、$\left[\dfrac{5}{3}\pi, 2\pi\right]$ 单调减少, 而在 $\left[\dfrac{\pi}{3}, \dfrac{5}{3}\pi\right]$ 单调增加;

(7) 在 $(-\infty, +\infty)$ 单调增加;

(8) 在 $[0, n]$ 上单调增加, 在 $[n, +\infty]$ 内单调减少。

2. 略。

3. 略。

4.（1）极小值点 $x=0$，极小值为 0；

（2）极大值点 $x=1$，极大值为 $\dfrac{\pi}{4}-\dfrac{1}{2}\ln 2$；

（3）极小值点 $x=-\dfrac{1}{2}\ln 2$，极小值为 $2\sqrt{2}$；

（4）极大值点 $x=\dfrac{3}{4}$，极大值为 $\dfrac{5}{4}$；

（5）极大值 $y(0)=0$，极小值 $y(1)=-1$；

（6）极大值 $y(1)=2$。

习题 3-3

1.（1）最大值 $y(4)=80$，最小值 $y(-1)=-5$；

（2）最大值 $y(3)=11$，最小值 $y(2)=-14$；

（3）最大值 $y\left(\dfrac{3}{4}\right)=1.25$，最小值 $y(-5)=-5+\sqrt{6}$；

（4）最大值 $y(0)=\dfrac{\pi}{4}$，最小值 $y(1)=0$；

（5）最大值 $y\left(\dfrac{1}{\sqrt{2}}\right)=\sqrt[3]{4}$，无最小值。

2. $x=1$ 时函数有最大值 -29。

3. 底宽为 $\sqrt{\dfrac{40}{4+\pi}}=2.366(\mathrm{m})$。

习题 3-4

1.（1）$(-\infty,2)$ 内凸，$(2,+\infty)$ 内凹，点 $(2,-15)$ 为拐点；

（2）$(-\infty,1)$ 内凸，$(1,+\infty)$ 内凹，无拐点；

（3）$\left(-\infty,-\dfrac{\sqrt{2}}{2}\right)$、$\left(\dfrac{\sqrt{2}}{2},+\infty\right)$ 内凹，$\left(-\dfrac{\sqrt{2}}{2},\dfrac{\sqrt{2}}{2}\right)$ 内凸，拐点为 $\left(-\dfrac{\sqrt{2}}{2},\mathrm{e}^{-\frac{1}{2}}\right)$ 和

$\left(\dfrac{\sqrt{2}}{2},\mathrm{e}^{-\frac{1}{2}}\right)$；

（4）在 $(-\infty,-\sqrt{3})$、$(0,\sqrt{3})$ 内凸，在 $(-\sqrt{3},0)$、$(\sqrt{3},+\infty)$ 内凹，拐

点为 $\left(-\sqrt{3},-\dfrac{\sqrt{3}}{4}\right)$、$(0,0)$、$\left(\sqrt{3},\dfrac{\sqrt{3}}{4}\right)$。

2. 略。

第 四 章

习题 4-1

1.（1）$-\dfrac{1}{x}+C$；（2）$\dfrac{2}{5}x^{\frac{5}{2}}+C$；

（3）$\dfrac{3}{10}x^{\frac{10}{3}}+C$；（4）$-\dfrac{2}{3}x^{-\frac{3}{2}}+C$；

（5）$\dfrac{x^3}{3}-\dfrac{3}{2}x^2+2x+C$；（6）$\sqrt{\dfrac{2h}{g}}+C$；

（7）$\dfrac{x^5}{5}+\dfrac{2}{3}x^3+x+C$；（8）$\dfrac{x^3}{3}+\dfrac{2}{5}x^{\frac{5}{2}}-\dfrac{2}{3}x^{\frac{3}{2}}-x+C$；

（9）$\ln x+\dfrac{x^2}{2}+2x+C$；（10）$x^3+\arctan x+C$；

（11）$x-\arctan x+C$；（12）$2\mathrm{e}^x+3\ln|x|+C$；

（13）$3\arctan x-2\arcsin x+C$；（14）$\mathrm{e}^x-2\sqrt{x}+C$；

（15）$\dfrac{3^x\mathrm{e}^x}{\ln 3+1}+C$；（16）$2x-\dfrac{5\left(\dfrac{2}{3}\right)^x}{\ln 2-\ln 3}+C$；

（17）$\tan x-\sec x+C$；（18）$\sin x-\cos x+C$；

（19）$\dfrac{1}{2}\tan x+C$；（20）$\dfrac{4(x^2+7)}{7\sqrt[4]{x}}+C$。

2. $y=\ln x+1$。

习题 4-2

（1）$\dfrac{1}{5}\mathrm{e}^{5x}+C$；（2）$-\dfrac{1}{8}(3-2x)^4+C$；

（3）$-\dfrac{1}{2}\ln|1-2x|+C$；（4）$-\dfrac{1}{2}(2-3x)^{\frac{2}{3}}+C$；

（5）$-\dfrac{1}{a}\cos ax-b\mathrm{e}^{\frac{x}{b}}+C$；（6）$-2\cos\sqrt{t}+C$；

（7）$\dfrac{1}{11}\tan^{11}x+C$；（8）$\ln|\ln\ln x|+C$；

（9）$-\ln\left|\cos\sqrt{1+x^2}\right|+C$；（10）$\ln|\tan x|+C$；

（11）$\arctan\mathrm{e}^x+c$；（12）$-\dfrac{1}{2}\mathrm{e}^{-x^2}+C$；

（13）$\dfrac{1}{2}\sin(x^2)+C$；（14）$-\dfrac{1}{3}(2-3x^2)^{\frac{1}{2}}+C$；

（15）$-\dfrac{3}{4}\ln|1-x^4|+C$；

（16）$\ln\left|\dfrac{\sqrt{\mathrm{e}^x+1}+\sqrt{\mathrm{e}^x-1}}{\sqrt{\mathrm{e}^x+1}-\sqrt{\mathrm{e}^x-1}}\right|-2\arctan\sqrt{\dfrac{\mathrm{e}^x-1}{\mathrm{e}^x+1}}+C$；

（17）$\dfrac{1}{2\cos^2 x}+C$；（18）$\dfrac{3}{2}\sqrt[3]{(\sin x-\cos x)^2}+C$；

（19）$\dfrac{1}{2}\arcsin\dfrac{2x}{3}+\dfrac{1}{4}\sqrt{9-4x^2}+C$；

（20） $\dfrac{x^2}{2} - \dfrac{9}{2}\ln(x^2 + 9) + C$;　（21） $\dfrac{1}{2\sqrt{2}}\ln\left|\dfrac{\sqrt{2}x - 1}{\sqrt{2}x + 1}\right| + C$;

（22） $\dfrac{1}{3}\ln\left|\dfrac{x - 2}{x + 1}\right| + C$;　（23） $\sin x - \dfrac{\sin^3 x}{3} + C$;

（24） $-\cot x - \dfrac{1}{3}\cot^3 x + C$;　（25） $\dfrac{1}{2}\cos x - \dfrac{1}{10}\cos 5x + C$;

（26） $\ln\left|\dfrac{\sqrt{1 + e^x} - 1}{\sqrt{1 + e^x} + 1}\right| + C$;　（27） $\dfrac{1}{5}\ln\left|\dfrac{x - 3}{x + 2}\right| + C$;

（28） $\dfrac{1}{3}\sec^3 x - \sec x + C$;　（29） $-\dfrac{10^{2\arccos x}}{2\ln 10} + C$;

（30） $(\arctan\sqrt{x})^2 + C$;　（31） $-\dfrac{1}{\arcsin x} + C$;

（32） $-\dfrac{1}{x\ln x} + C$;　（33） $\dfrac{1}{2}(\ln\tan x)^2 + C$;

（34） $\dfrac{a^2}{2}\left(\arcsin\dfrac{x}{a} - \dfrac{x}{a^2}\sqrt{a^2 - x^2}\right) + C$;

（35） $\arccos\dfrac{1}{|x|} + C$;　（36） $\dfrac{x}{\sqrt{1 + x^2}} + C$;

（37） $\sqrt{x^2 - 9} - 3\arccos\dfrac{3}{|x|} + C$;

（38） $\sqrt{2x} - \ln(1 + \sqrt{2x}) + C$;　（39） $\arcsin x - \dfrac{x}{1 + \sqrt{1 - x^2}} + C$;

（40） $\dfrac{1}{2}(\arcsin x - \ln|x + \sqrt{1 - x^2}|) + C$ 。

习题 4-3

（1） $-x\cos x + \sin x + C$;　（2） $\dfrac{1}{2}(x^2 + 1)\ln(x^2 + 1) - \dfrac{1}{2}x^2 + C$;

（3） $x\arcsin x + \sqrt{1 - x^2} + C$;　（4） $-e^{-x}(x + 1) + C$;

（5） $\dfrac{1}{2}e^{-x}(\sin x - \cos x) + C$;　（6） $-\dfrac{2}{17}e^{-2x}\left(\cos\dfrac{x}{2} + 4\sin\dfrac{x}{2}\right) + C$;

（7） $2x\sin\dfrac{x}{2} + 4\cos\dfrac{x}{2} + C$;

（8） $\dfrac{1}{3}x^3\arctan x - \dfrac{1}{6}x^2 + \dfrac{1}{6}\ln(1 + x^2) + C$;

（9） $-\dfrac{1}{2}x^2 + x\tan x + \ln|\cos x| + C$;

（10） $x^2\sin x + 2x\cos x - 2\sin x + C$;

（11） $-\dfrac{e^{-2t}}{2}\left(t + \dfrac{1}{2}\right) + C$;

（12） $x(\ln x)^2 - 2x\ln x + 2x + C$;

（13）$-\dfrac{1}{4}x\cos2x+\dfrac{1}{8}\sin2x+C$；

（14）$\dfrac{x^3}{6}+\dfrac{1}{2}x^2\sin x+x\cos x-\sin x+C$；

（15）$\dfrac{1}{2}(x^2-1)\ln(x-1)-\dfrac{1}{4}x^2-\dfrac{1}{2}x+C$；

（16）$-\dfrac{1}{2}\left(x^2-\dfrac{3}{2}\right)\cos2x+\dfrac{x}{2}\sin2x+C$；

（17）$-\dfrac{1}{x}(\ln^3x+3\ln^2x+6\ln x+6)+C$；

（18）$3\mathrm{e}^{3\sqrt{x}}(\sqrt[3]{x^2}-2\sqrt[3]{x}+2)+C$；

（19）$\dfrac{x}{2}(\cos\ln x+\sin\ln x)+C$；

（20）$x(\arcsin x)^2+2\sqrt{1-x^2}\arcsin x-2x+C$。

第 五 章

习题 5-1

1. （1）$\displaystyle\int_0^1 x^2\mathrm{d}x$ 较大 ；（2）$\displaystyle\int_1^2 x^3\mathrm{d}x$ 较大；（3）$\displaystyle\int_1^2 \ln x\mathrm{d}x$ 较大 ；（4）$\displaystyle\int_0^1 \mathrm{e}^x\mathrm{d}x$ 较大；

（5）$\displaystyle\int_0^{\frac{\pi}{2}} x\mathrm{d}x$ 较大。

2. （1）$6\leqslant\displaystyle\int_1^4 (x^2+1)\mathrm{d}x\leqslant51$；

（2）$\pi\leqslant\displaystyle\int_{\frac{\pi}{4}}^{\frac{5}{4}\pi} (1+\sin^2x)\mathrm{d}x\leqslant2\pi$；

（3）$\dfrac{\pi}{9}\leqslant\displaystyle\int_{\frac{1}{\sqrt{3}}}^{\sqrt{3}} x\arctan x\mathrm{d}x\leqslant\dfrac{2}{3}\pi$；

（4）$-2\mathrm{e}^2\leqslant\displaystyle\int_2^0 \mathrm{e}^{x^2-x}\mathrm{d}x\leqslant-2\mathrm{e}^{-\frac{1}{4}}$。

习题 5-2

1. $\dfrac{\cos x}{\sin x-1}$。

2. 当 $x=0$ 时。

3. （1）$2x\sqrt{1+x^4}$；（2）$(\sin x-\cos x)\cos(\pi\sin^2x)$。

4. （1）$\dfrac{3}{2}$；（2）$2\dfrac{5}{8}$；（3）$\dfrac{\pi}{3}$；（4）$\dfrac{\pi}{3a}$；（5）$\dfrac{3-\sqrt{3}}{3}-\dfrac{\pi}{12}$；（6）$1-\dfrac{\pi}{4}$；

（7）$1+\dfrac{\pi}{4}$；（8）-1；（9）4；（10）$\dfrac{8}{3}$。

5. （1）1；（2）2；（3）$\dfrac{2}{3}(2\sqrt{2}-1)$；（4）$\dfrac{1}{P+1}$。

习题 5-3

1. （1）$7+2\ln2$；（2）$\dfrac{1}{6}$；（3）$1-\dfrac{\pi}{4}$；（4）$\dfrac{\pi}{6}$；（5）$\ln\dfrac{2+\sqrt{3}}{1+\sqrt{3}}$；（6）$\dfrac{\pi}{4}+\dfrac{1}{2}$；

（7）$\dfrac{\pi}{2}$；（8）$e-\sqrt{e}$；（9）$\pi-\dfrac{4}{3}$；（10）$\arctan e-\dfrac{\pi}{4}$；（11）$\dfrac{\sqrt{3}}{9}\pi$；（12）$\dfrac{8}{3}$。

2. （1）0；（2）$\dfrac{3}{2}\pi$；（3）$\dfrac{\pi^3}{324}$；（4）0。

3. （1）$1-\dfrac{2}{e}$；（2）$\dfrac{1}{4}(e^2+1)$；（3）$2\left(1-\dfrac{1}{e}\right)$；

（4）$\left(\dfrac{1}{4}-\dfrac{\sqrt{3}}{9}\right)\pi+\dfrac{1}{2}\ln\dfrac{3}{2}$；（5）$4(2\ln2-1)$；（6）$\dfrac{\pi}{4}-\dfrac{1}{2}$；

（7）$\dfrac{1}{5}(e^\pi-2)$；（8）$2-\dfrac{3}{4\ln2}$；（9）$\dfrac{\pi^3}{6}-\dfrac{\pi}{4}$；

（10）$\dfrac{1}{2}(3\sin1-e\cos1+1)$。

4. 略。

习题 5-4

1. （1）$\dfrac{1}{3}$；（2）π；（3）2；（4）发散；（5）发散；（6）2；（7）$\dfrac{3}{2}$；

（8）$\dfrac{8}{3}$；（9）发散；（10）$\dfrac{\pi}{2}$。

2. 略。

第 六 章

习题 6-2

1. （a）$\dfrac{1}{6}$；（b）1；（c）$\dfrac{32}{3}$；（d）$\dfrac{32}{3}$。

2. （1）$\dfrac{3}{2}-\ln2$；（2）$e+\dfrac{1}{e}-2$；（3）$\dfrac{8}{3}\sqrt{2}$；（4）$\dfrac{1}{3}+\dfrac{\pi}{2}$。

3. $\dfrac{9}{4}$。

4. （1）πa^2；（2）$\dfrac{3}{8}\pi a^2$；（3）$18\pi a^2$。

5. $3\pi a^2$。

6. $\dfrac{8}{3}a^2$。

习题 6-3

1. $\dfrac{\pi R^2 h}{2}$。

2. （1）$\dfrac{\pi}{5}$；（2）$\dfrac{24}{5}\pi$；（3）160π。

4. $1 + \dfrac{1}{2}\ln\dfrac{3}{2}$。

5. $6a$。

6. $8a$。

习题 6-4

1. $25(\text{kg} \cdot \text{cm})$。

2. $5.857 \times 10^4 \pi \text{kJ}$。

3. （1）$2.5088 \times 10^6 (\text{N})$；（2）$5.0176 \times 10^6 (\text{N})$。

4. 大小为$\dfrac{2kmM}{\pi R^2}$，方向为 y 轴的正向。

第 七 章

习题 7-1

1. （1）一阶；（2）二阶；（3）三阶；（4）一阶；（5）二阶；（6）一阶。

2. （1）是；（2）是；（3）不是；（4）是。

3. 略。

4. （1）$y^2 - x^2 = -25$；（2）$y = x\mathrm{e}^{2x}$；（3）$y = -\cos x$。

5. （1）$y' = x^2$；（2）$yy' + 2x = 0$。

习题 7-2

1. （1）$1 + y^2 = C\mathrm{e}^{-\frac{1}{x}}$；（2）$\tan x \tan y = C$；（3）$\mathrm{e}^{y^2} = C(1 + \mathrm{e}^x)^2$；（4）$10^{-y} + 10^x = C$；

（5）$\arctan y = x + \dfrac{1}{2}x^2 + C$；（6）$\sqrt{x^2 + 2xy - y^2} = C$；（7）$1 + \sin\dfrac{y}{x} = Cx\cos\dfrac{y}{x}$；

（8）$x\sin\dfrac{y}{x} = C$；（9）$1 + x + y = \dfrac{1}{C - x}$；（10）$\dfrac{1}{2}(y - x)^2 + x = C$。

2. （1）$y = (C + x)\cos x$；（2）$y = \dfrac{1}{x}(C + \sin x) - \cos x$；（3）$y = \dfrac{C}{\ln x} + ax$；

（4）$x = y[(\ln y)^2 + \ln y + C]$；（5）$y = \dfrac{1}{2}\mathrm{e}^x\left(x^2 - x + \dfrac{1}{2}\right) + C\mathrm{e}^{-x}$；

（6）$\ln(x - y) - \ln y - \dfrac{1}{y} = C$；（7）$x = C\mathrm{e}^{\sin y} - 2(1 + \sin y)$。

3.（1）$\ln y + \dfrac{1}{2}y^2 = \sqrt{1 + x^2} + \dfrac{1}{2e^2} - 2$；（2）$\ln y = \pm\sqrt{1 - \dfrac{2}{x}}$；

（3）$\ln\left(\csc\dfrac{y}{x} - \cot\dfrac{y}{x}\right) = \dfrac{1}{x} - \dfrac{1}{2}$；（4）$y = xe^{2x}$；

（5）$y = \dfrac{\pi - 1 - \cos x}{x}$；（6）$y\sin x + 5e^{\cos x} = 1$；（7）$y = (x + 1)e^x$。

4. $y = 2x$ 及 $y = \dfrac{2}{x}$。

5. $V = Ce^{0.64t} + 50$，$\lim\limits_{t \to +\infty} V = 50$。

习题 7-3

1.（1）$y = \dfrac{x^2}{2}\left(\ln x - \dfrac{3}{2}\right) + C_1 x + C_2$；

（2）$y = \dfrac{x^3}{6} + e^{-x} + C_1 x + C_2$；

（3）$y = x\arctan x - \dfrac{1}{2}\ln(1 + x^2) + C_1 x + C_2$；

（4）$y = C_1\arcsin x + C_2$；

（5）$4(C_1 y - 1) = C_1^2(x + C_2)^2$；

（6）$y = C_1(x - e^{-x}) + C_2$；

（7）$y = \dfrac{1}{4}C_1 x^2 - \dfrac{1}{2C_1}\ln x + C_2$。

2.（1）$y = 2 + \ln\left(\dfrac{x}{2}\right)^2$；（2）$y = -\ln(1 - x)$。

习题 7-4

1.（1）$y = C_1 e^{\frac{x}{2}} + C_2 e^{-x} + e^x$；

（2）$y = C_1\cos ax + C_2\sin ax + \dfrac{e^x}{1 + a^2}$；

（3）$y = C_1 + C_2 e^{-\frac{5}{2}x} + \dfrac{1}{3}x^3 - \dfrac{3}{5}x^2 + \dfrac{7}{25}x$；

（4）$y = C_1 e^{-x} + C_2 e^{-2x} + \left(\dfrac{3}{2}x^2 - 3x\right)e^{-x}$；

（5）$y = e^x\left(C_1\cos 2x + C_2\sin 2x\right) - \dfrac{1}{4}xe^x\cos 2x$；

（6）$y = (C_1 + C_2 x)e^{3x} + \dfrac{x^2}{2}\left(\dfrac{1}{3}x + 1\right)e^{3x}$；

（7）$y = C_1 e^{-x} + C_2 e^{-4x} + \dfrac{11}{8} - \dfrac{1}{2}x$；

（8）$y = C_1\cos 2x + C_2\sin 2x + \dfrac{1}{3}x\cos x + \dfrac{2}{9}\sin x$；

（9）$y = C_1 \cos x + C_2 \sin x + \dfrac{e^x}{2} + \dfrac{x}{2} \sin x$。

2. （1）$y = -\cos x - \dfrac{1}{3} \sin x + \dfrac{1}{3} \sin 2x$；

（2）$y = -5e^x + \dfrac{7}{2} e^{2x} + \dfrac{5}{2}$；

（3）$y = e^x - e^{-x} + e^x (x^2 - x)$。

第 八 章

习题 8-1

1. A 在 xOy 面上，B 在 yOz 面上，C 在 x 轴上，D 在 y 轴上。

2. （1）$(a,\ b,\ -c)$，$(-a,\ b,\ c)$，$(a,\ -b,\ c)$；

（2）$(a,\ -b,\ -c)$，$(-a,\ b,\ -c)$，$(-a,\ -b,\ c)$；

（3）$(-a,\ -b,\ -c)$。

3. xOy 面：$(x_0,\ y_0,\ 0)$；yOz 面：$(0,\ y_0,\ z_0)$；xOz 面：$(x_0,\ 0,\ z_0)$；

x 轴：$(x_0,\ 0,\ 0)$；y 轴：$(0,\ y_0,\ 0)$；z 轴：$(0,\ 0,\ z_0)$。

4. 略。

5. $\left(\dfrac{\sqrt{2}}{2}a,\ 0,\ 0\right)$、$\left(-\dfrac{\sqrt{2}}{2}a,\ 0,\ 0\right)$、$\left(0,\ \dfrac{\sqrt{2}}{2}a,\ 0\right)$、$\left(0,\ -\dfrac{\sqrt{2}}{2}a,\ 0\right)$、$\left(\dfrac{\sqrt{2}}{2}a,\ 0,\ a\right)$、

$\left(-\dfrac{\sqrt{2}}{2}a,\ 0,\ a\right)$、$\left(0,\ \dfrac{\sqrt{2}}{2}a,\ a\right)$、$\left(0,\ -\dfrac{\sqrt{2}}{2}a,\ a\right)$。

6. x 轴：$\sqrt{34}$，y 轴：$\sqrt{41}$，z 轴：5。

7. $(0,\ 1,\ -2)$。

习题 8-2

1. $\boldsymbol{a} + \boldsymbol{b}$，$\boldsymbol{b} - \boldsymbol{a}$，$-\dfrac{1}{2}(\boldsymbol{a} + \boldsymbol{b})$，$\dfrac{1}{2}(\boldsymbol{a} - \boldsymbol{b})$，$\dfrac{1}{2}(\boldsymbol{a} + \boldsymbol{b})$，$\dfrac{1}{2}(\boldsymbol{b} - \boldsymbol{a})$。

2. 略。

3. （1）$\{16,\ 0,\ -20\}$；（2）$\{3m + 2n,\ 5m + 2n,\ -m + 2n\}$。

4. （1）3，$\dfrac{2}{3}$，$\dfrac{2}{3}$，$-\dfrac{1}{3}$，$\dfrac{1}{3}(2\boldsymbol{i} + 2\boldsymbol{j} - \boldsymbol{k})$；

（2）$\sqrt{3}$，$\dfrac{1}{\sqrt{3}}$，$\dfrac{1}{\sqrt{3}}$，$\dfrac{1}{\sqrt{3}}$，$\dfrac{1}{\sqrt{3}}(\boldsymbol{i} + \boldsymbol{j} + \boldsymbol{k})$。

5. $\boldsymbol{i} - 2\boldsymbol{j} + 2\boldsymbol{k}$，$\dfrac{1}{3}$，$-\dfrac{2}{3}$，$\dfrac{2}{3}$。

6. $(3,\ 2,\ 9)$。

7. $\left\{\dfrac{3}{2},\ \dfrac{3}{2},\ \pm\dfrac{3}{\sqrt{2}}\right\}$，$(2,\ 0,\ -1)$。

习题 8-3

1. （1） -18， $10i + 2j + 14k$； （2） $\cos(\widehat{a,b}) = \dfrac{3}{2\sqrt{21}}$。

2. $-\dfrac{3}{2}$。

3. $\pm\dfrac{1}{\sqrt{17}}(3i - 2j - 2k)$。

4. 2。

5. $\lambda = 2\mu$。

7. $\sqrt{129}$ 和 7。

8. $\dfrac{5}{6}\pi$。

习题 8-4

1. $7x - 3y + z - 16 = 0$。

2. $2x - 2y + z - 35 = 0$。

3. （1） $y + 5 = 0$； （2） $x + 3y = 0$； （3） $9y - z - 2 = 0$。

4. $x + y + z = 2$。

5. $x + z - 1 = 0$。

6. $\dfrac{\pi}{3}$。

7. （1） 垂直； （2） 平行。

8. $2x + 3y + z - 6 = 0$。

9. 1。

习题 8-5

1. （1） $\begin{cases} x = \dfrac{1}{2} + \dfrac{1}{2}t \\ y = 3 - t \\ z = \dfrac{1}{4}t \end{cases}$， $\begin{cases} 2x + y - 4 = 0 \\ y + 4z - 3 = 0 \end{cases}$；

   （2） $\begin{cases} x = -5 + t \\ y = -2 \\ z = 1 + 2t \end{cases}$， $\begin{cases} 2x - z + 11 = 0 \\ y = -2 \end{cases}$。

2. $\dfrac{x-1}{-2} = \dfrac{y-1}{1} = \dfrac{z-1}{3}$； $\begin{cases} x = 1 - 2t \\ y = 1 + t \\ z = 1 + 3t \end{cases}$。

3. $\dfrac{x-3}{-4} = \dfrac{y+2}{2} = \dfrac{z-1}{1}$。

4. $16x - 14y - 11z - 65 = 0$。

5. $\dfrac{x}{-2} = \dfrac{y-2}{3} = \dfrac{z-4}{1}$。

6. $8x - 9y - 22z - 59 = 0$。

7. $\dfrac{x-3}{1} = \dfrac{y+3}{1} = \dfrac{z-5}{-3}$。

8. $\dfrac{x-2}{14} = \dfrac{y}{8} = \dfrac{z-1}{-5}$。

9. $x - y + z = 0$。

10. $\left(-\dfrac{5}{3},\ \dfrac{2}{3},\ \dfrac{2}{3} \right)$。

11. $\dfrac{3\sqrt{2}}{2}$。

12. $x + 2y + 1 = 0$。

习题 8-6

1. （1）$(x+1)^2 + (y+3)^2 + (z-2)^2 = 9$；

　（2）$x^2 + (y+2)^2 + z^2 = 20$。

2. 球心 $\left(1,\ \dfrac{1}{2},\ -\dfrac{1}{3} \right)$，半径 $R = 1$。

3. （1）$\dfrac{x^2}{3} + \dfrac{y^2}{4} + \dfrac{z^2}{4} = 1$；$\dfrac{x^2}{3} + \dfrac{y^2}{3} + \dfrac{z^2}{4} = 1$；

　（2）$(x-2)^2 + y^2 + z^2 = 1$；

　（3）$x^2 - y^2 - z^2 = 1$；$x^2 - y^2 + z^2 = 1$。

4. （1）平行于 z 轴的椭圆柱面；

　（2）椭圆抛物面；

　（3）旋转抛物面，由 yz（或 xz）面上的曲线 $z = 2y^2$（或 $z = 2x^2$ 绕 z 轴旋转而成）；

　（4）椭圆锥面；（5）双叶双曲面；

　（6）旋转椭球面，由 xy（或 yz）面上的椭圆 $x^2 + 2y^2 = 1$（或 $2y^2 + z^2 = 1$）绕 y 轴旋转而成；

　（7）旋转单叶双曲面，由 xy（或 yz）面上曲线 $x^2 - 2y^2 = 1$（或 $z^2 - 2y^2 = 1$）绕 y 轴旋转而成；

　（8）圆锥面，由 xz（或 xy）面上的直线 $z = \pm x$（或 $y = \pm x$）绕 x 轴旋转而成。

5. （1）$\begin{cases} x^2 + y^2 - x - 1 = 0 \\ z = 0 \end{cases}$；

　（2）$\begin{cases} x^2 + 2y^2 - 2y = 0 \\ z = 0 \end{cases}$；

　（3）$\begin{cases} 3y^2 - z^2 = 16 \\ x = 0 \end{cases}$ $|z| \leqslant 4$ 及 $\begin{cases} 3x^2 + 2z^2 = 16 \\ y = 0 \end{cases}$。

第 九 章

习题 9-1

1. $t^2 f(x,y)$。

2. 略。

3. $(x+y)^{xy} + (xy)^{2x}$。

4. （1）$\{(x,y)\,|\,y^2 - 2x + 1 > 0\}$；

   （2）$\{(x,y)\,|\,x+y>0,\ x-y>0\}$；

   （3）$\{(x,y)\,|\,x\geqslant 0,\ y\geqslant 0,\ x^2\geqslant y\}$；

   （4）$\{(x,y)\,|\,y-x>0,\ x\geqslant 0,\ x^2+y^2<1\}$；

   （5）$\{(x,y,z)\,|\,r^2<x^2+y^2+z^2\leqslant R^2\}$；

5. （1）1；（2）$\ln 2$；（3）$-\dfrac{1}{4}$；（4）2；（5）2；（6）0。

6. 略。

7. $\{(x,y)\,|\,y^2 - 2x = 0\}$。

习题 9-2

1. （1）$\dfrac{\partial z}{\partial x} = 3x^2 y - y^3,\ \dfrac{\partial z}{\partial y} = x^3 - 3xy^2$；

   （2）$\dfrac{\partial s}{\partial u} = \dfrac{1}{v} - \dfrac{v}{u^2},\ \dfrac{\partial s}{\partial v} = \dfrac{1}{u} - \dfrac{u}{v^2}$；

   （3）$\dfrac{\partial z}{\partial x} = \dfrac{1}{2x\,\sqrt{\ln(xy)}},\ \dfrac{\partial z}{\partial y} = \dfrac{1}{2y\,\sqrt{\ln(xy)}}$；

   （4）$\dfrac{\partial z}{\partial x} = y\left[\cos(xy) - \sin(2xy)\right],\ \dfrac{\partial z}{\partial y} = x\left[\cos(xy) - \sin(2xy)\right]$；

   （5）$\dfrac{\partial z}{\partial x} = \dfrac{2}{y}\csc\dfrac{2x}{y},\ \dfrac{\partial z}{\partial y} = -\dfrac{2x}{y^2}\csc\dfrac{2x}{y}$；

   （6）$\dfrac{\partial z}{\partial x} = y^2(1+xy)^{y-1},\ \dfrac{\partial z}{\partial y} = (1+xy)^y\left[\ln(1+xy) + \dfrac{xy}{1+xy}\right]$；

   （7）$\dfrac{\partial u}{\partial x} = \dfrac{y}{z}x^{\frac{y}{z}-1},\ \dfrac{\partial u}{\partial y} = \dfrac{1}{z}x^{\frac{y}{z}}\cdot\ln x,\ \dfrac{\partial u}{\partial z} = -\dfrac{y}{z^2}x^{\frac{y}{z}}\cdot\ln x$；

   （8）$\dfrac{\partial u}{\partial x} = \dfrac{z(x-y)^{z-1}}{1+(x-y)^{2z}},\ \dfrac{\partial u}{\partial y} = -\dfrac{z(x-y)^{z-1}}{1+(x-y)^{2z}},\ \dfrac{\partial u}{\partial z} = -\dfrac{(x-y)^z\ln(x-y)}{1+(x-y)^{2z}}$。

2. 略。

3. $\dfrac{\pi}{4}$。

4. （1）$\dfrac{\partial^2 z}{\partial x^2} = 12x^2 - 8y^2,\ \dfrac{\partial^2 z}{\partial y^2} = 12y^2 - 8x^2,\ \dfrac{\partial^2 z}{\partial x\partial y} = \dfrac{y^2 - x^2}{(x^2+y^2)^2}$；

(2) $\dfrac{\partial^2 z}{\partial x^2} = y^x \cdot \ln^2 y,\ \dfrac{\partial^2 z}{\partial y^2} = x(x-1)y^{x-2},\ \dfrac{\partial^2 z}{\partial x \partial y} = y^{x-1}(1 + x\ln y)$。

5. $f_{xx}(0,\ 0,\ 1) = 2, f_{xz}(1,\ 0,\ 2) = 2, f_{yz}(0,\ -1,\ 0) = 0, f_{zzx}(2,\ 0,\ 1) = 0$。

习题 9-3

1. (1) $\left(y + \dfrac{1}{y}\right)\mathrm{d}x + \left(1 - \dfrac{1}{y^2}\right)\mathrm{d}x$；

　(2) $-\dfrac{1}{x}\mathrm{e}^{\frac{y}{x}}\left(\dfrac{y}{x}\mathrm{d}x - \mathrm{d}y\right)$；

　(3) $-\dfrac{x}{(x^2 + y^2)^{\frac{3}{2}}}\ (y\mathrm{d}x - x\mathrm{d}y)$；

　(4) $yzx^{yz-1}\mathrm{d}x + zx^{yz} \cdot \ln x\mathrm{d}y + yx^{yz} \cdot \ln x\mathrm{d}z$。

2. $\dfrac{1}{3}\mathrm{d}x + \dfrac{2}{3}\mathrm{d}y$。

3. $\Delta z = -0.119,\ \mathrm{d}z = -0.125$。

4. $0.25\mathrm{e}$。

5. 2.039。

6. $3.8\mathrm{cm}^3$。

习题 9-4

1. $\dfrac{\partial z}{\partial x} = 4x,\ \dfrac{\partial z}{\partial y} = 4y$。

2. $\dfrac{\partial z}{\partial x} = \dfrac{2x}{y^2}\ln(3x - 2y) + \dfrac{3x^2}{(3x - 2y)y^2},\ \dfrac{\partial z}{\partial y} = -\dfrac{2x^2}{y^3}\ln(3x - 2y) - \dfrac{2x^2}{(3x - 2y)y^2}$。

3. $\mathrm{e}^{\sin t - 2t^3}(\cos t - 6t^2)$。

4. $\dfrac{3(1 - 4t^2)}{\sqrt{1 - (3t - 4t^3)^2}}$。

5. $\dfrac{\mathrm{e}^x(1 + x)}{1 + x^2 \mathrm{e}^{2x}}$。

6. 略。

7. (1) $\dfrac{\partial u}{\partial x} = 2xf_1' + y\mathrm{e}^{xy}f_2',\ \dfrac{\partial u}{\partial y} = -2yf_1' + x\mathrm{e}^{xy}f_2'$；

　(2) $\dfrac{\partial u}{\partial x} = \dfrac{1}{y}f_1',\ \dfrac{\partial u}{\partial y} = -\dfrac{x}{y^2}f_1' + \dfrac{1}{z}f_2',\ \dfrac{\partial u}{\partial z} = -\dfrac{y}{z^2}f_2'$；

　(3) $\dfrac{\partial u}{\partial x} = f_1' + yf_2' + yzf_3',\ \dfrac{\partial u}{\partial y} = xf_2' + xzf_3',\ \dfrac{\partial u}{\partial z} = xyf_3'$。

8. 略。

9. 略。

10. $\dfrac{\partial^2 z}{\partial x^2} = 2f' + 4x^2 f'',\ \dfrac{\partial^2 z}{\partial x \partial y} = 4xyf'',\ \dfrac{\partial^2 z}{\partial y^2} = 2f' + 4y^2 f''$。

11. $\dfrac{y^2 - e^x}{\cos y - 2xy}$。

12. $\dfrac{x+y}{x-y}$。

13. $\dfrac{\partial z}{\partial x} = \dfrac{yz - \sqrt{xyz}}{\sqrt{xyz} - xy}$, $\dfrac{\partial z}{\partial y} = \dfrac{xz - 2\sqrt{xyz}}{\sqrt{xyz} - xy}$。

14. $\dfrac{\partial z}{\partial x} = \dfrac{z}{x+z}$, $\dfrac{\partial z}{\partial y} = \dfrac{z^2}{y(x+z)}$。

15 ~ 17. 略。

18. $\dfrac{2y^2 z e^z - 2xy^3 z - y^2 z^2 e^z}{(e^z - xy)^3}$。

19. $\dfrac{z(z^4 - 2xyz^2 - x^2 y^2)}{(z^2 - xy)^3}$。

20. 略。

习题 9-5

1. 切线方程：$\dfrac{x - \left(\dfrac{\pi}{2} - 1\right)}{1} = \dfrac{y-1}{1} = \dfrac{z - 2\sqrt{2}}{\sqrt{2}}$；法平面方程：$x + y + \sqrt{2}z = \dfrac{\pi}{2} + 4$。

2. 切线方程：$\dfrac{x-1}{16} = \dfrac{y-1}{9} = \dfrac{z-1}{-1}$；法平面方程：$16x + 9y - z - 24 = 0$。

3. $P_1(-1, 1, -1)$ 及 $P_2 = \left(-\dfrac{1}{3}, \dfrac{1}{9}, -\dfrac{1}{27}\right)$。

4. 切平面方程：$x + 2y - 4 = 0$；法线方程：$\begin{cases} \dfrac{x-2}{1} = \dfrac{y-1}{2} \\ z = 0 \end{cases}$。

5. 切平面方程：$x - y + 2z = \pm\sqrt{\dfrac{11}{2}}$。

6. 略。

7. 极大值：$f(2, -2) = 8$。

8. 极大值：$f(3, 2) = 36$。

9. 极小值：$f\left(\dfrac{1}{2}, -1\right) = -\dfrac{e}{2}$。

10. 极大值：$z\left(\dfrac{1}{2}, \dfrac{1}{2}\right) = \dfrac{1}{4}$。

11. 当两边都是 $\dfrac{l}{\sqrt{2}}$ 时，可得最大的周长。

12. 当长、宽、高都是 $\dfrac{2a}{\sqrt{3}}$ 时可得最大体积。

13. 最长距离为 $\sqrt{9 + 5\sqrt{3}}$，最短距离 $\sqrt{9 - 5\sqrt{3}}$。

第 十 章

习题 10-1

1. （1）$V = \iint\limits_{D} 4\left(1 - \dfrac{x}{2} - \dfrac{y}{3}\right)\mathrm{d}\sigma$，$D$：$0 \leqslant x \leqslant 2$，$0 \leqslant y \leqslant 3\left(1 - \dfrac{x}{2}\right)$；

　（2）$V = \iint\limits_{D}(2x^2 + y^2)\mathrm{d}\sigma$，$D$：$-2 \leqslant x \leqslant 2$，$x^2 \leqslant y \leqslant 4$；

　（3）$V = \iint\limits_{D}(2 - 4x^2 - y^2)\mathrm{d}\sigma$，$D$：$-\dfrac{\sqrt{2}}{2} \leqslant x \leqslant \dfrac{\sqrt{2}}{2}$，$-\sqrt{2 - 4x^2} \leqslant y \leqslant \sqrt{2 - 4x^2}$；

　（4）$V = \iint\limits_{D}\sqrt{4 - x^2 - y^2}\mathrm{d}\sigma$，$D$：$-1 \leqslant x \leqslant 1$，$-\sqrt{1 - x^2} \leqslant y \leqslant \sqrt{1 - x^2}$；

2. （1）π；（2）$\dfrac{2}{3}\pi R^3$。

3. （1）$\iint\limits_{D}(x + y)^2\mathrm{d}\sigma \geqslant \iint\limits_{D}(x + y)^3\mathrm{d}\sigma$；

　（2）$\iint\limits_{D}(x + y)^3\mathrm{d}\sigma \geqslant \iint\limits_{D}(x + y)^2\mathrm{d}\sigma$；

　（3）$\iint\limits_{D}\ln(x + y)\mathrm{d}\sigma \geqslant \iint\limits_{D}[\ln(x + y)]^2\mathrm{d}\sigma$；

　（4）$\iint\limits_{D}\ln^2(x + y)\mathrm{d}\sigma \geqslant \iint\limits_{D}\ln(x + y)\mathrm{d}\sigma$。

4. （1）$0 \leqslant I \leqslant 2$；（2）$0 \leqslant I \leqslant \pi^2$；（3）$2 \leqslant I \leqslant 8$；（4）$36\pi \leqslant I \leqslant 100\pi$。

习题 10-2

1. （1）$\dfrac{8}{3}$；（2）$\dfrac{20}{3}$；（3）1；（4）$-\dfrac{3}{2}\pi$。

2. （1）$\dfrac{6}{55}$；（2）$\dfrac{64}{15}$；（3）$\mathrm{e} - \mathrm{e}^{-1}$；（4）$\dfrac{13}{6}$。

3. 略。

4. （1）$\int_0^1 \mathrm{d}x \int_x^1 f(x, y)\mathrm{d}y$；（2）$\int_0^4 \mathrm{d}x \int_{\frac{x}{2}}^{\sqrt{x}} f(x, y)\mathrm{d}y$；

　（3）$\int_{-1}^1 \mathrm{d}x \int_0^{\sqrt{1-x^2}} f(x, y)\mathrm{d}y$；（4）$\int_0^1 \mathrm{d}y \int_{2-y}^{1+\sqrt{1-y^2}} f(x, y)\mathrm{d}x$；

　（5）$\int_0^1 \mathrm{d}y \int_{\mathrm{e}^y}^{\mathrm{e}} f(x, y)\mathrm{d}x$；（6）$\int_{-1}^0 \mathrm{d}y \int_{-2\arcsin y}^{\pi} f(x, y)\mathrm{d}x + \int_0^1 \mathrm{d}y \int_{\arcsin y}^{\pi-\arcsin y} f(x, y)\mathrm{d}x$。

5. $\dfrac{7}{2}$。

6. $\dfrac{17}{6}$。

7. 6π。

8. （1） $\int_0^{\frac{\pi}{4}} d\theta \int_0^{\sec\theta} f(r\cos\theta, r\sin\theta) r dr + \int_{\frac{\pi}{4}}^{\frac{\pi}{2}} d\theta \int_0^{\csc\theta} f(r\cos\theta, r\sin\theta) r dr$；

　　（2） $\int_{\frac{\pi}{4}}^{\frac{\pi}{3}} d\theta \int_0^{2\sec\theta} f(r\cos\theta, r\sin\theta) r dr$；

　　（3） $\int_0^{\frac{\pi}{2}} d\theta \int_{(\cos\theta+\sin\theta)^{-1}}^1 f(r\cos\theta, r\sin\theta) r dr$；

　　（4） $\int_0^{\frac{\pi}{4}} d\theta \int_{\sec\theta\tan\theta}^{\sec\theta} f(r\cos\theta, r\sin\theta) r dr$。

9. （1） $\dfrac{3}{4}\pi a^4$；（2） $\dfrac{1}{6}a^3[\sqrt{2}+\ln(1+\sqrt{2})]$；（3） $\sqrt{2}-1$；（4） $\dfrac{1}{8}\pi a^4$。

10. （1） $\pi(e^4-1)$；（2） $\dfrac{\pi}{4}(2\ln2-1)$；（3） $\dfrac{3}{64}\pi^2$。

11. （1） $\dfrac{9}{4}$；（2） $14a^4$；（3） $\dfrac{2}{3}\pi(b^3-a^3)$。

12. $\dfrac{3}{32}\pi a^4$。

习题 10-3

1. （1） 27；（2） $\dfrac{\pi}{2}-1$。

2. （1） $\dfrac{16}{3}\pi$；（2） $\dfrac{2\pi}{15}R^5$。

3. （1） 8π；（2） $\dfrac{\pi}{4}(2-\sqrt{2})R^4$。

4. （1） 4；（2） 2π；（3） $\dfrac{\pi}{6}$。

第 十 一 章

习题 11-1

1. （1） $\dfrac{1}{2n-1}$；（2） $(-1)^{n-1}\dfrac{n+1}{n}$；（3） $\dfrac{x^{\frac{n}{2}}}{2\cdot4\cdot6\cdots(2n)}$；（4） $(-1)^{n-1}\dfrac{a^{n+1}}{2n+1}$。

2. （1） 发散；（2） 收敛；（3） 发散。

3. （1） 收敛；（2） 发散；（3） 发散；（4） 发散；（5） 收敛。

习题 11-2

1. （1） 发散；（2） 发散；（3） 收敛；（4） 收敛；（5） $a>1$ 时收敛，$a\le1$ 时发散。

2. （1） 发散；（2） 收敛；（3） 收敛；（4） 收敛；（5） 收敛；（6） 收敛。

3. （1） 收敛；（2） 收敛；（3） 发散；（4） 收敛；（5） 发散；（6） 发散。

习题 11-3

1. (1) 条件收敛；(2) 绝对收敛；(3) 绝对收敛；(4) 条件收敛；(5) 绝对收敛；
 (6) 条件收敛；(7) 发散。

2. 当 $0 < P \leqslant 1$ 时条件收敛；当 $P > 1$ 时绝对收敛。

习题 11-4

1. (1) $(-1, 1)$；(2) $[-1, 1]$；(3) $(-\infty, +\infty)$；

 (4) $[-3, 3)$；(5) $\left[-\dfrac{1}{2}, \dfrac{1}{2}\right]$；(6) $[-1, 1]$；

 (7) $(-\sqrt{2}, \sqrt{2})$；(8) $[4, 6]$。

2. (1) $\dfrac{1}{(1-x)^2} (-1 < x < 1)$；

 (2) $\dfrac{1}{4}\ln\dfrac{1+x}{1-x} + \dfrac{1}{2}\arctan x - x (-1 < x < 1)$；

 (3) $\dfrac{1}{2}\ln\dfrac{1+x}{1-x} (-1 < x < 1)$。

习题 11-5

1. (1) $a^x = \displaystyle\sum_{n=0}^{\infty} \dfrac{(x\ln a)^n}{n!}, (-\infty, +\infty)$；

 (2) $\ln(a + x) = \ln a + \displaystyle\sum_{n=1}^{\infty} (-1)^{n-1}\dfrac{1}{n}\left(\dfrac{x}{a}\right)^n, (-a, a]$；

 (3) $\sin^2 x = \displaystyle\sum_{n=1}^{\infty} (-1)^{n-1}\dfrac{(2x)^{2n}}{2(2n)!}, (-\infty, +\infty)$；

 (4) $\sinh x = \displaystyle\sum_{n=1}^{\infty} \dfrac{x^{2n-1}}{(2n-1)!}, (-\infty, +\infty)$；

 (5) $\dfrac{1}{(1+x)^2} = \displaystyle\sum_{n=0}^{\infty} (-1)^n (n+1)x^n, (-1, 1)$；

 (6) $\dfrac{x}{\sqrt{1+x^2}} = x + \displaystyle\sum_{n=1}^{\infty} (-1)^n\dfrac{2(2n)!}{(n!)^2}\left(\dfrac{x}{2}\right)^{2n+1}, (-1, 1)$。

2. $\sin x = \dfrac{1}{\sqrt{2}}\left[1 + \left(x - \dfrac{\pi}{4}\right) - \dfrac{\left(x - \dfrac{\pi}{4}\right)^2}{2!} - \dfrac{\left(x - \dfrac{\pi}{4}\right)^3}{3!} + \cdots\right] (-\infty < x < +\infty)$。

3. $\dfrac{1}{x} = \dfrac{1}{3}\displaystyle\sum_{n=0}^{\infty} (-1)^n\dfrac{(x-3)^n}{3^n}, (0, 6)$。

4. $\dfrac{1}{x^2 + 3x + 2} = \displaystyle\sum_{n=0}^{\infty}\left(\dfrac{1}{2^{n+1}} - \dfrac{1}{3^{n+1}}\right)(x+4)^n, (-6, -2)$。

习题 11-6

1. （1） 1.0986； （2） 0.9994。

2. （1） 0.4940； （2） 0.487。

习题 11-7

1. （1） $f(x) = \dfrac{e^{2\pi} - e^{-2\pi}}{\pi}\Big[\dfrac{1}{4} + \sum\limits_{n=1}^{\infty} \dfrac{(-1)^n}{n^2 + 4}(2\cos nx - n\sin nx)\Big]$,

   $(x \neq (2n+1)\pi,\ n = 0,\ \pm 1,\ \pm 2,\ \cdots)$;

   （2） $f(x) = \dfrac{a-b}{4}\pi + \sum\limits_{n=1}^{\infty}\Big\{\dfrac{[1 - (-1)^n](b-a)}{n^2\pi}\cos nx + \dfrac{(-1)^{n-1}(a+b)}{n}\sin nx\Big\}$,

   $[x \neq (2n+1)\pi,\ n = 0,\ \pm 1,\ \pm 2,\ \cdots]$。

2. （1） $2\sin\dfrac{x}{2} = \dfrac{18\sqrt{3}}{\pi}\sum\limits_{n=1}^{\infty}(-1)^{n-1}\dfrac{n\sin nx}{9n^2 - 1},\ (-\pi,\ \pi)$;

   （2） $f(x) = \dfrac{1 + \pi - e^{-\pi}}{2\pi} + \dfrac{1}{\pi}\sum\limits_{n=1}^{\infty}\Big\{\dfrac{1 - (-1)^n e^{-\pi}}{1 + n^2}\cos nx + \Big[\dfrac{-n + (-1)^n n e^{-\pi}}{1 + n^2} +$

   $\dfrac{1}{n}(1 - (-1)^n)\Big]\sin nx\Big\},\ (-\pi, \pi)$。

3. （1） $f(x) = \dfrac{11}{12} + \dfrac{1}{\pi^2}\sum\limits_{n=1}^{\infty}\dfrac{(-1)^{n+1}}{n^2}\cos 2n\pi x,\ (-\infty,\ +\infty)$;

   （2） $f(x) = -\dfrac{1}{4} + \sum\limits_{n=1}^{\infty}\Big\{\Big[\dfrac{1 - (-1)^n}{n^2\pi^2} + \dfrac{2\sin\dfrac{n\pi}{2}}{n\pi}\Big]\cos n\pi x + \dfrac{1 - 2\cos\dfrac{n\pi}{2}}{n\pi}\sin n\pi x\Big\}$,

   $(x \neq 2k,\ 2k + \dfrac{1}{2},\ k = 0,\ \pm 1,\ \pm 2,\ \cdots)$;

   （3） $f(x) = -\dfrac{1}{2} + \sum\limits_{n=1}^{\infty}\Big\{\dfrac{6}{n^2\pi^2}[1 - (-1)^n]\cos\dfrac{n\pi x}{3} + \dfrac{6}{n\pi}(-1)^{n+1}\sin\dfrac{n\pi x}{3}\Big\}$,

   $[x \neq 3(2k+1),\ k = 0,\ \pm 1,\ \pm 2,\ \cdots]$。

第 十 二 章

习题 12-1

（1） $2\pi a^{2n+1}$；   （2） $\sqrt{2}$；   （3） $\dfrac{1}{12}(5\sqrt{5} + 6\sqrt{2} - 1)$；   （4） $e^a\Big(2 + \dfrac{\pi}{4}a\Big) - 2$；

（5） $\dfrac{\sqrt{3}}{2}(1 - e^{-2})$。

习题 12-2

1. （1） $-\dfrac{56}{15}$；   （2） $-\dfrac{\pi}{2}a^3$；   （3） 0；   （4） -2π；   （5） $\dfrac{k^3\pi^3}{3} - a^2\pi$；   （6） 13；

(7) $\dfrac{1}{2}$；(8) $-\dfrac{14}{15}$。

2. (1) $\dfrac{34}{3}$；(2) 11；(3) 14；(4) $\dfrac{32}{3}$。

3. $\displaystyle\int_{\Gamma}\dfrac{P+2xQ+3yR}{\sqrt{1+4x^2+9y^2}}\,\mathrm{d}s$。

习题 12-3

1. (1) $\dfrac{1}{30}$；(2) 8。

2. (1) $\dfrac{3}{8}\pi a^2$；(2) 12π；(3) πa^2。

3. $-\pi$。

4. (1) $\dfrac{5}{2}$；(2) 236；(3) 5。

5. (1) 12；(2) 0；(3) $\dfrac{\pi^2}{4}$；(4) $\dfrac{\sin 2}{4}-\dfrac{7}{6}$。

习题 12-4

1. $4\sqrt{61}$；

2. πR^3；

3. $\pi(\sqrt{2}+1)$；

4. $2\pi\mathrm{e}(\mathrm{e}-1)$；

5. $\dfrac{2\pi}{105}R^7$；

6. $\left(\dfrac{R}{3}+\dfrac{\pi}{8}h\right)hR^2$；

7. $4\pi R^3$。

参 考 文 献

［1］同济大学数学系. 高等数学［M］. 7 版. 北京：高等教育出版社，2014.

［2］周誓达. 微积分［M］. 6 版. 北京：中国人民大学出版社，2019.

［3］李宏伟，李晓红，韦立宏. 高等数学［M］. 2 版. 长春：东北师范大学出版，2019.

［4］上海交通大学数学系. 高等数学［M］. 上海：上海交通大学出版社，2017.

［5］刘艳，罗星海. 高等数学［M］. 重庆：重庆大学出版社，2019.

［6］薛峰，潘劲松. 应用数学基础［M］. 北京：高等教育出版社，2020.

［7］唐少强. 微积分引导［M］. 北京：北京大学出版社，2018.

［8］龚升. 简明微积分［M］. 北京：高等教育出版社，2006.

［9］张天德. 高等数学辅导及习题精解［M］. 杭州：浙江教育出版社，2018.